高等职业教育畜牧兽医类专业
系列教材

Farming

新形态教材

畜牧场规划与环境控制

主　编　杨　敏　　卓　勇
副主编　林　燕　　刘静波
　　　　郑良焰　　谢　丹

重庆大学出版社　国家一级出版社
全国百佳图书出版单位

内容提要

本书面向我国畜牧业高质量发展重大需求,结合现代化、集约化养殖一线实际现状,将内容分为畜禽生产环境与应激防治技术、养殖场规划与设计技术、畜禽生产环境控制技术、养殖废弃物处理技术四大模块,共计16 个项目,以模块→项目→任务进行编排,通过"知识树"将各类知识点连接,将环境因素影响畜禽健康和生产性能的基本规律、污染物调控与减排技术、养殖场废弃物综合处理措施等相关知识有机融合。

本书难度适宜、结构合理、实用性突出,充分考虑了畜牧业实际生产面临的突出问题,也满足了高职高专技能应用型人才培养目标。本书融合了课程思政要素,旨在培养"知农爱农"的新型人才,为推进农业现代化和乡村振兴提供支撑。

本书可供高职高专院校和职业本科院校畜牧兽医类相关专业师生使用,也可供畜禽养殖一线从业人员参考。

图书在版编目(CIP)数据

畜牧场规划与环境控制 / 杨敏,卓勇主编. -- 重庆:重庆大学出版社,2024.8. --(高等职业教育畜牧兽医类专业系列教材). -- ISBN 978-7-5689-4695-7

I. TU264

中国国家版本馆 CIP 数据核字第20246SD025号

畜牧场规划与环境控制
XUMUCHANG GUIHUA YU HUANJING KONGZHI
杨 敏 卓 勇 主 编
策划编辑:袁文华
责任编辑:杨育彪　　版式设计:袁文华
责任校对:关德强　　责任印制:赵 晟
*
重庆大学出版社出版发行
出版人:陈晓阳
社址:重庆市沙坪坝区大学城西路 21 号
邮编:401331
电话:(023)88617190　88617185(中小学)
传真:(023)88617186　88617166
网址:http://www.cqup.com.cn
邮箱:fxk@cqup.com.cn(营销中心)
全国新华书店经销
重庆市正前方彩色印刷有限公司印刷
*
开本:889mm×1194mm　1/16　印张:23　字数:697 千
2024 年 8 月第 1 版　2024 年 8 月第 1 次印刷
印数:1—3 000
ISBN 978-7-5689-4695-7　　定价:59.00 元

随着我国现代养殖业向集约化、规模化、专业化方向发展，畜禽养殖产生的粪污及恶臭等导致环境承载压力增大，养殖污染问题日益凸显，畜禽高效生产受到严重制约，畜牧生产环境控制理论及技术提升迫在眉睫。习近平总书记多次指出："我们既要绿水青山，也要金山银山。宁要绿水青山，不要金山银山，而且绿水青山就是金山银山。"并强调实行最严格的生态环境保护制度以推进生态文明建设。"畜牧场规划与环境控制"作为高职高专院校及职业本科院校畜牧兽医类相关专业的一门主干课程，与时俱进地修订相关内容、提高教材编写质量，旨在提升畜牧兽医专业学生和养殖一线从业人员对畜禽健康生产环境控制理论与技术的认知水平，提升相关人员的环境控制与生产废弃物处理能力，为解决产业关键问题起到支撑作用。

为贯彻落实为党育人、为国育才，坚持立德树人的根本任务，契合新时期下畜牧产业发展新问题、新要求，以适应绿色低碳时代背景下服务现代畜牧业紧缺人才需要为目标，以畜牧兽医及相关专业学生就业需求为导向，以模块→项目→任务进行编排，通过"知识树"将各类重点连接，形成总体框架。

本书面向畜牧业高质量发展新需求，立足于畜牧场规划与环境控制理论最新科技成果，结合养殖场温度、湿度、通风、光照、有害气体控制、养殖粪污处理与利用等生产实际，将内容分为畜禽生产环境与应激防治技术、养殖场规划与设计技术、畜禽生产环境控制技术、养殖废弃物处理技术四大模块，每个模块以理论易难认知和生产流程学习为逻辑，依次按项目、任务进行编排，共计16个项目，每个项目都包括知识目标、技能目标、素质目标，用生产真实案例导入模块和项目任务，激发学生自主思考，提升解决实际养殖生产问题技能。项目后设置广度和深度适宜的技能训练、拓展学习、数字学习资料，目的在于提升畜禽生产环境控制理论认知水平、专业技能、职业素养。

本书由杨敏、卓勇担任主编，经养殖生产企业一线从业人员招华任、杨阳、郑诚、宋修瑜、米勇、陈龙、李明亮、周思君、刘子乐、杨军等共同研讨后拟订全书畜牧场规划与环境控制提纲内容。杨敏、卓勇负责全书提纲构建及统稿、修订、校稿工作，邓继辉教授指导全书编写。项目1和项目2由卓勇编写，郑诚修改；项目

3 由刘子乐、花伦编写，周思君修改；项目 4 由谢丹编写，祝丹、李明亮修改；项目 5 由李宇、彭津津编写，杨军修改；项目 6 由郭雅旭、万健美编写，鲁志平修改；项目 7 和项目 8 由郑良焰、宋修瑜编写，陈龙修改；项目 9 和项目 10 由杨敏编写，米勇修改；项目 11 由林燕、黎爽编写，宋修瑜修改；项目 12 和项目 13 由刘静波、万海峰编写，招华任修改；项目 14 由王迪编写，邓继辉修改；项目 15 和项目 16 由郭蓉、李韵、邬旭龙编写，刘静波修改。本书编写人员由高等院校专家及教授、职业院校教师及长期从事养殖生产相关企业人员组成，将新理念、新技术、新工艺等融入教材。

本书基于《养殖场环境卫生与畜禽健康生产》（杨敏、邓继辉主编，重庆大学出版社，2021），在修订过程中，编写团队深入温氏食品集团股份有限公司、四川驰阳农业开发有限公司、青岛派如环境科技有限公司、湖南誉隆环保科技有限公司、长沙绿丰源生物有机肥料有限公司、四川丽天牧业有限公司、宁夏恒泰元种禽有限责任公司、四川省鑫牧汇科技有限公司、四川源耦科技有限公司等多家企业调研和进行图片采集，并得到以上企业的大力支持与帮助，在此深表感谢。

本书还参阅了国内外相关文献，并引用了其中的一部分资料，编者对这些文献的作者表示衷心感谢。四川农业大学吴德教授在本书编写过程中给予了建设性意见，在此表示最诚挚的感谢。

由于本书编写团队水平有限，错误和疏漏在所难免，恳请读者批评指正。

编　者
2024 年 3 月

D irectory
目 录

模块一
畜禽生产环境与应激防治技术

◆ **模块导读**

　　规模化生产条件下，高温高湿、光照不当、空气和水体污染、噪声污染、粪污排放、有害气体等养殖环境变化，致使动物产生应激反应，导致神经系统活动紊乱、内分泌失调、胃肠溃疡等病变，严重危害畜禽的健康。因此，本模块主要介绍畜禽生产环境与应激、应激与畜禽生产、动物福利、应激防治技术与应用，帮助学生掌握养猪、养鸡养牛、及养羊生产中应激防治技术。

◆ **模块教学案例**

"裸鸡"

　　张某到某蛋鸡养殖企业场实习。按照生物安全防控规定进入蛋鸡舍之后，张某发现在明亮的蛋鸡舍里有很多蛋鸡没有完整的羽毛，甚至还发现部分蛋鸡啄食同伴的羽毛、肛门、伤口等现象，导致"裸鸡"现象。张某向饲养员请教上述现象的原因，饲养员说，每当温湿度、光照等养殖环境异常，就会导致"裸鸡"的发生，"裸鸡"虽然也能产蛋，但会对蛋鸡后续养殖效益产生重大影响。

　　思考：请你站在张某角度分析鸡场产生"裸鸡"的原因及其危害，并以养殖技术管理员身份提出自己的看法。

◆ **知识目标**

　　1. 理解畜禽生产环境、环境应激、动物福利的概念。

　　2. 掌握养猪、养鸡及养牛羊生产中应激防治技术。

　　3. 掌握养殖场动物福利的实行措施。

◆ **技能目标**

　　1. 熟练运用畜禽生产环境与应激等相关理论。

　　2. 能针对不同的养殖对象可能出现的应激，制订相应的预防措施。

　　3. 具备科学制订相应动物福利方案的能力。

◆ **素质目标**

　　1. 具有重视环境、爱护环境、保护环境的职业意识。

　　2. 具备保护动物、热爱生命、珍视生命的价值观。

　　3. 具有严谨、认真的职业精神。

◆ 模块知识导图

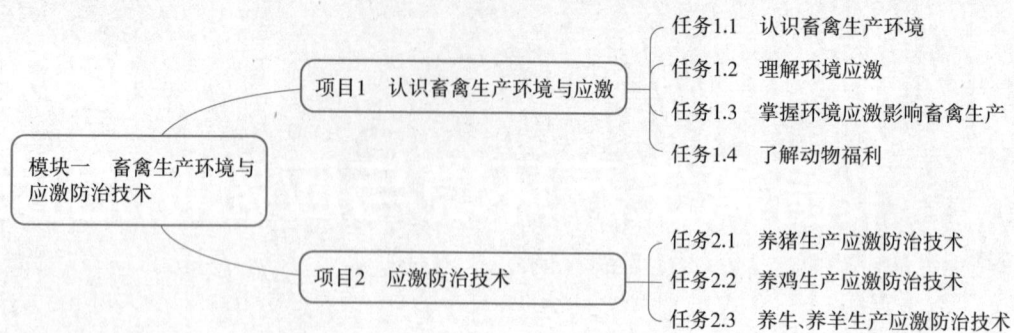

模块一　畜禽生产环境与应激防治技术

项目1　认识畜禽生产环境与应激
- 任务1.1　认识畜禽生产环境
- 任务1.2　理解环境应激
- 任务1.3　掌握环境应激影响畜禽生产
- 任务1.4　了解动物福利

项目2　应激防治技术
- 任务2.1　养猪生产应激防治技术
- 任务2.2　养鸡生产应激防治技术
- 任务2.3　养牛、养羊生产应激防治技术

项目 1
认识畜禽生产环境与应激

◆ 项目提要

　　现代畜禽养殖多以规模化、集约化、产业化为主要特点，因畜禽养殖品种抗病力低下，所以密闭的畜禽舍内养殖环境就成了防治动物应激的关键控制点。掌握环境应激的紧急处理技能和日常应激管理注意事项是预防动物应激综合征的必备技能。本项目主要阐述畜禽生产环境与应激、应激与畜禽生产、动物福利的概念，并对如何防治环境应激和制订动物福利保障措施进行了简单介绍。

◆ 项目教学案例

　　某家庭农场饲养仔猪，在冬季气温骤降时发生精神不安、采食量下降、腹泻不止、生长停滞等现象。

　　思考：请你根据养猪户提供的养殖场景，分析该养猪户的仔猪出现上述问题原因，并提出解决方案，为养猪户降本增效建言献策。

◆ 知识目标

　　1.了解各种环境因素对动物健康的影响。
　　2.理解并掌握动物应激的原因、危害和防治方法。
　　3.了解动物福利的概念和意义，努力改善动物福利。

◆ 技能目标

　　1.能针对养殖动物制订环境控制方案。
　　2.具备针对养殖场情况制订防治应激综合征方案的能力。

◆ 素质目标

　　1.具有爱护环境、保护环境的责任意识。
　　2.具备刻苦钻研、勇于探索的职业态度。

任务 1.1　认识畜禽生产环境

畜禽环境与应激、应激防治技术

【学习目标】

　　深刻理解并掌握畜禽生产环境的概念，能针对不同养殖环境进行畜禽生产环境质量的评价。

【任务实施】

一、畜禽生产环境

　　畜禽生产环境是存在于畜禽周围可直接或间接影响畜禽生产的自然与社会因素的总体，而每一个因素又称为环境因素。畜禽从外界环境中不断获取物质、能量和信息的同时又受到各种环境因素的影响。同时，畜禽生产也影响着周围环境，其影响的性质和程度因环境条件的不同而异。环境因素一般存在有利和有害两个方面的作用，应对其分辨，做到趋利避害。

二、畜禽生产环境因素分类

畜禽生产环境因素一般可分为物理因素、化学因素、生物因素和社会因素。前三项通常主要是自然因素，而社会因素多为人工因素。

（一）物理因素

物理因素主要有温热、光照、噪声、地形、地势、海拔、土壤、牧场和畜舍等。在物理因素中，牧场和畜舍一般均为人为因素，包括舍内的通风、光照和采暖等。物理因素看似简单，但对生产影响较大，尤其是温热和光照的控制（图1-1-1），是保障畜禽健康养殖的必要条件。

（a）温热　　　　　　　　　　　　　　（b）光照

图 1-1-1　畜禽生产环境中的物理因素（温热和光照）

（二）化学因素

化学因素包括空气中的氧气、二氧化碳、有害气体，土壤、饲料、水中的化学成分等（图1-1-2）。畜禽舍中的有害气体主要分为内源性的和外源性的。内源性的主要为畜禽的粪尿和尸体等分解产生的氨和硫化氢等。而外源性的主要为工业生产排放的氮氧化物、硫化物、氯化物等。

（a）土壤　　　　　　　　　　　　　　（b）饲料

（c）饮水　　　　　　　　　　　　　　（d）有害气体

图 1-1-2　畜禽生产环境中的化学因素

（三）生物因素

饲料与牧草的霉变、有毒有害植物、各种寄生虫和病原微生物等都是生物因素（如图1-1-3）。

图 1-1-3　畜禽环境中的生物因素（霉变玉米）

（四）社会因素

社会因素包括畜禽本身和人为的管理措施。例如，畜群大小与来源、饲养密度、饲喂次数与方法等。饲养密度是影响动物生产性能的重要环境因素（表 1-1-1）。

表 1-1-1　饲养密度（只 /m²）对肉鸡生长性能的影响

项目	8	10	12	14	16
日增重 /g	33.82 ± 1.31	34.42 ± 1.80	31.92 ± 2.03	32.01 ± 0.91	32.11 ± 1.42
日采食量 /g	100.71 ± 1.62	100.52 ± 0.32	95.11 ± 2.73	95.13 ± 4.42	94.82 ± 0.32
料重比	2.98 ± 0.10	2.93 ± 0.17	2.99 ± 0.15	2.98 ± 0.12	2.96 ± 0.15

（引自：贺卫华，翟晓虎，汪春雪，等.饲养密度对肉鸡生长性能、抗氧化能力和免疫功能的影响［J］.中国饲料，2019（24）：29-31.）

三、常见环境因素对畜禽健康的影响

环境因素是影响畜禽生产性能的重要因素之一，不良的养殖环境会严重影响畜禽养殖的经济效益；同时，畜禽生产过程产生的废弃物也会对环境造成破坏，不利于绿色农业的发展。

（一）温度和湿度

畜禽对温度敏感，过高或过低的温度都会对它们的健康产生负面影响。高温和高湿容易导致中暑、呼吸困难、脱水、皮肤病和脚部疾病等问题。同时，湿度也会增加病原体的滋生和传播的可能性。而低温则可能导致体温下降、冻伤和新生动物死亡等现象。在生产中，有效温度比临界温度下限每低 1 ℃，仔猪（10 kg）每天将多耗料 5 g；对于 50 kg 体重的猪，有效温度超过临界温度上限 1 ℃，采食量将减少 5%，增重降低 7.5%。

（二）空气质量

空气质量对畜禽的健康也有很大影响。畜禽长期吸入空气中的污染物，如粉尘、氨气和细菌等，会对其呼吸系统造成损害，进而引发呼吸道疾病和免疫系统功能缺陷等一系列问题。不良通风条件还容易导致传染病的扩散。根据农业部（现农业农村部）在颁发的农业行业标准《畜禽场环境质量标准》（NY/T 388—1999），按照日平均值计算，各畜禽场空气环境质量标准见表 1-1-2。

表 1-1-2　各畜禽场空气环境质量标准

动物类别	氨气 /（mg·m⁻³）	硫化氢 /（mg·m⁻³）	二氧化碳 /（mg·m⁻³）
雏鸡	10	2	1 500
成鸡	15	10	1 500
哺乳母猪	15	10	1 500

续表

动物类别	氨气 /（mg·m^{-3}）	硫化氢 /（mg·m^{-3}）	二氧化碳 /（mg·m^{-3}）
仔猪	26	10	1 500
育肥猪	26	10	1 500
种公猪	26	10	1 500
牛	20	8	1 500

（三）饮水质量

水是生命之源，其质量对畜禽健康生产至关重要。畜禽饮水中出现污染物，则会对畜禽的营养代谢产生不良影响，并对消化道、肝脏和泌尿系统产生负面影响，导致畜禽消化系统疾病、泌尿系统疾病等。

（四）饲料质量和饲喂管理

饲料质量和饲喂方式直接影响畜禽的生长发育和免疫能力。饲料源危害因子如（霉菌毒素、重金属、抗营养因子等）会导致畜禽的消化系统疾病、免疫力下降和生长发育受阻等问题。不合理的饲喂管理可能导致营养缺乏、消化问题以及代谢性疾病的发生。

（五）饲养密度

饲养密度是指单位动物所占有的栏舍面积或者单位面积和体积所饲养动物的数量。饲养密度直接影响畜禽养殖的生产成本、生理状态等。饲养密度过低，导致生产设备浪费，成本增加；但饲养密度过大，不仅会导致畜禽间的竞争加剧，而且会提高畜禽之间疾病传播的风险。体重15～30 kg的小猪，饲养密度应该控制在0.8～1.0 m^2/头；体重30～60 kg的中猪，饲养密度应该控制在2.0～2.5 m^2/头；体重60～100 kg的大猪，饲养密度应该控制在2.5～3.5 m^2/头。饲养密度对畜禽生产的影响与季节有关，如夏季温度升高，猪舍内部温度也会随之升高，猪的散热量增大，不利于防暑降温，导致猪食欲不振、采食量下降、起卧频率增大、活动量增大、作息时间缩短，空气质量也会变差。随着猪群饲养密度的增加，猪群福利下降，猪只应激反应也随之增多，导致猪只生理和行为失调，健康水平下降。饲养密度对生长猪生长性能的影响见表1-1-3。

表 1-1-3　饲养密度对生长猪生长性能的影响

饲养密度	1.52 m^2/头	1.14 m^2/头	0.91 m^2/头	0.76 m^2/头
日增重 /g	777.28	764.51	738.39	716.51
日采食量 /g	1 708.59	1 694.75	1 686.18	1 663.64
料重比	2.2	2.21	2.29	2.32

（引自：黄必昌.饲养密度对猪群生产性能及健康影响［J］.畜牧兽医科学（电子版），2023（19）：20-22.）

（六）光照和噪声

适当的光照和安静的环境对畜禽的生理节律和行为表现具有重要影响。光照不足会影响畜禽的生长发育、繁殖能力和免疫功能。过高的噪声会导致畜禽的惊恐和紧张，影响其食欲和生长发育。

（七）社会环境因素

社会环境因素可以间接影响畜禽的健康。例如，政策法规、经济状况、养殖技术和管理水平等都会对畜禽健康产生影响。

四、部分环境指标的测定方法

部分环境指标的测定方法见表 1-1-4。

表 1-1-4　部分环境指标的测定方法

检测指标	方　法
空气质量	使用气体分析仪［图 1-1-4（a）］、颗粒物浓度仪、生物传感器等设备进行测定
温度和湿度	使用温湿度计［图 1-1-4（b）］、环境监测仪器进行测定
噪声水平	使用声级计［图 1-1-4（c）］、频谱分析器进行测定
水质	使用水质分析仪［图 1-1-4（d）］、pH 计、溶解氧仪等设备进行测定

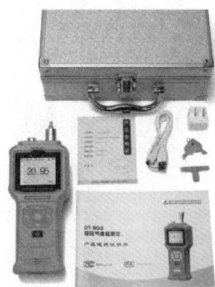

（a）便携式气体分析仪　　　（b）温湿度计　　　（c）声级计　　　（d）便携式水质分析仪

图 1-1-4　部分环境指标测定仪器

练一练

1. 简述畜禽生产环境的概念。
2. 畜禽生产环境因素分为哪几类？
3. 畜禽生产环境质量的评价方法有哪些？

拓展学习

我国畜禽养殖业面临的主要环境问题

20 世纪 80 年代后期，畜禽养殖业迅速发展，养殖规模逐渐扩大。为保障大中城市畜产品供应供给，畜禽养殖业多集中在大中城市周边。由于养殖规模、养殖方式和分布区域发生了变化，导致畜禽养殖污染呈现总量增加、程度加剧和范围扩大的趋势。

首先，畜禽废弃物总量很大。国家环境保护总局（现生态环境部）2000 年对全国 23 个规模化畜禽养殖集中的省、市调查显示，我国 1999 年畜禽废弃物总量约为 19 亿 t，约是工业固体废物的 2.4 倍（我国工业当年产生的工业固体废物为 7.91 亿 t），畜禽废弃物中含有大量的有机污染物，仅 COD 一项就达 7 118 万 t，已远远超过工业和生活污水污染物的 COD 之和。

其次，畜禽废弃物污染环境相当严重。据调查，由于畜禽废弃物总量很大，且 90% 以上的畜禽养殖场没有综合利用和污水治理设施，导致 20 世纪畜禽废弃物污水任意排放现象极为普遍，加剧了河流、湖泊的富营养化，造成了严重的环境污染。据调查估计，目前畜禽废弃物中氮、磷的流失量已大于化肥的流失量，分别约为化肥流失量的 122% 和 132%。畜禽废弃物产生的环境污染，已成为我国农村面源污染的主要来源之一。

最后，畜禽废弃物污染严重威胁和影响大中城市的区域环境质量。许多规模化畜禽养殖场为便于运输，大多建在大中城市近郊，由于城市近郊无足够的土地消纳大量畜禽废弃物，加之监管不力，畜禽污染物的排放给大中城市带来了巨大的环境压力，严重影响大中城市的环境质量。上海市对黄浦江上游污染源调查表明，畜禽废弃物污染已占污染总负荷的36%，并分别超过居民生活、农业、乡镇工业和餐饮业对环境的影响，是造成黄浦江严重污染的主要原因之一，严重影响和威胁上海的环境质量。

因此，为了更好地促进畜禽养殖业持续稳定发展，需要广大养殖户和相关部门共同努力，将养殖场环境问题严格纳入生态环境保护的规划中，有针对性地采取相关防治措施，共同维护良好的养殖、生活环境。

任务 1.2 理解环境应激

【学习目标】

针对养殖场畜禽生产管理岗位要求，理解造成动物应激的原因、机制和分类，熟练掌握应激的判断标准和应急处理措施。

【任务实施】

一、应激基本概念

为理解应激对畜禽的影响，需先理解应激的含义。畜禽对干扰或妨碍机体正常机能的内外环境刺激，产生生理和行为上非特异性反应的过程称为环境应激。但近年来也有不少学者认为，应激也可能是特异性的反应。现代生物学将应激简单地定义为内环境稳态失衡的一种状态，而将干扰内环境稳态的事件或因子称为应激源。当动物暴露于应激源时，可产生应激反应，此反应是指为抵消应激源效应而重新建立内环境稳态的一系列生理和行为反应。

应激（stress）一词来源于英文，原意为"压力""紧张""应力"等。自从1935年加拿大病理生理学家塞里（H.Selye）提出应激学说后，20世纪50年代出现于我国医学刊物上。随着我国畜牧业现代化的发展，畜牧兽医界对应激的译名有过争论，曾有"逆境""不良反应"，甚至农业工程界仍译为"应力"。后来逐渐公认为刘士豪教授的"应激"一词。目前，应激尚无明确定义。

（一）应激反应过程

应激反应过程经历以下三个发展阶段，如图1-1-5所示。

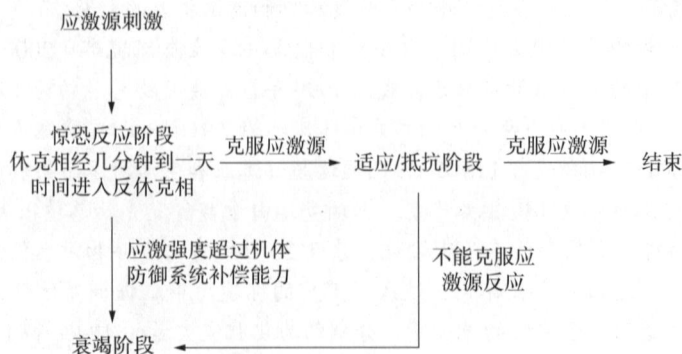

图 1-1-5 应激反应过程

1. 惊恐反应阶段

本阶段又称应激警觉阶段，是畜禽有机体对应激源作用最早的反应，畜禽有机体尚未获得适应。根据生理生化变化指标的不同，将该阶段分为休克相和反休克相。休克相伴随着体温和血压下降、血管舒张、肌肉紧张度降低、高血钾、低血氯、抵抗力下降，分解代谢占优势。休克相除直接导致畜禽衰竭死亡外，在一般情况下，经几分钟到一天时间，即可进入反休克相。反休克相是畜禽有机体防卫反应得到加强、血压上升、血钠和血氯增加、血糖有所提高、血钾减少、抵抗力提高。反休克相一般来说是向适应阶段过渡或与适应阶段合并的阶段。

2. 适应 / 抵抗阶段

若应激源作用十分强烈，畜禽可能在短时间内死亡；若畜禽能经受应激源作用而存活下来则进入适应阶段。动物在适应阶段主要表现为：畜禽有机体各种机能得到平衡，其新陈代谢逐步趋于正常，合成代谢占优势，血液中各种白细胞含量趋于正常，血液变稀，肾上腺素含量趋于正常，抵抗力高于正常水平。如果应激源作用很弱或作用停止，那么应激反应的发展就此结束，若畜禽有机体此时不能克服应激源反应，就会重新丧失适应，进入衰竭阶段。

3. 衰竭阶段

衰竭阶段反应类似于惊恐反应阶段，但比惊恐反应阶段急剧。畜禽出现淋巴结肿大，血液中淋巴细胞、嗜酸性粒细胞增加，异化作用占主导地位，机体组织蛋白、脂肪分解，出现严重营养不良，体重急降；同时骨髓中细胞成分减少，骨骼疏松。畜禽有机体营养物的储备耗尽，新陈代谢呈现不可逆变化，各功能系统陷入紊乱状态，适应机能受到破坏而衰竭死亡。

（二）应激的生理机制

应激的目的是克服应激因子的危害性，以保持体内平衡。畜禽在面临应激因子的作用时，机体就会产生一系列反应。这些反应的性质大致可分为生理性和心理性两大类，其生理意义在于消除或减轻应激，将生理上或心理上的紧张状态进行调整，以恢复机体的内部平衡。应激的生理机制如图 1-1-6 所示。

应激过程中，产生生理反应的同时也会产生心理反应，这主要表现在动物的情绪和行为上。动物的情绪是动物机体对客观事物与其需要之间的关系的反映，它是动物对食物、饮水、空气、阳光、活动和休息等的需要是否得到满足的情况下产生的，而动物的行为活动都要受心理活动情绪的支配和调节。环境应激的出现，总是伴随着某种情绪的产生。实验证明，只有当外界的环境刺激足以引起动物产生时，如兴奋、愤怒或恐惧等情绪状态时，机体才会出现应激。

（三）个体对环境应激源的反应类型及其适应性

畜禽的应激反应分为主动反应和保守 - 退缩反应两种类型。前者主要表现为领域性攻击行为，后者表现为凝滞不动和较低的攻击性。不同应对类型个体有其相应的应激反应及神经内分泌学基础。自动应对类型个体在面对环境应激源时，采取战斗 - 逃避对策，其糖皮质激素和 5- 羟色胺（5-HT）神经递质水平以及副交感活性相对较低，而性激素水平及交感神经活性相对较高，且表现出心率增加、支气管扩张等现象，这增加了患高血压及心律失常疾病的风险，可导致个体猝死。由于其交感神经的活性较高，而 HPA 轴的活性较低，自动应对类型个体以 Th1 细胞介导的细胞免疫为主，有较强的抗病毒和抗细菌等微生物感染的能力，但在人上易引发自身免疫病、非典型抑郁症和慢性疲劳，对畜禽生理的影响尚不确定。而反应应对类型个体采取不动 - 隐藏对策以消除和减缓恶劣环境的威胁。动物采取不动行为时，它们不易被捕食者发现和攻击，如果被捕获，则有可能由于紧张不动使捕食者对其失去兴趣而放弃。使动物捕食者采取对其不动行为失去兴趣时，此类型个体有相对较高的 HPA 轴活性、糖皮质激素及 5-HT 神经递质水平，但这种反应也可能刺激动物对食物的摄取，导致腹部脂肪堆积，也可能导致胴体品质（如肉质）下降。由于此类个体

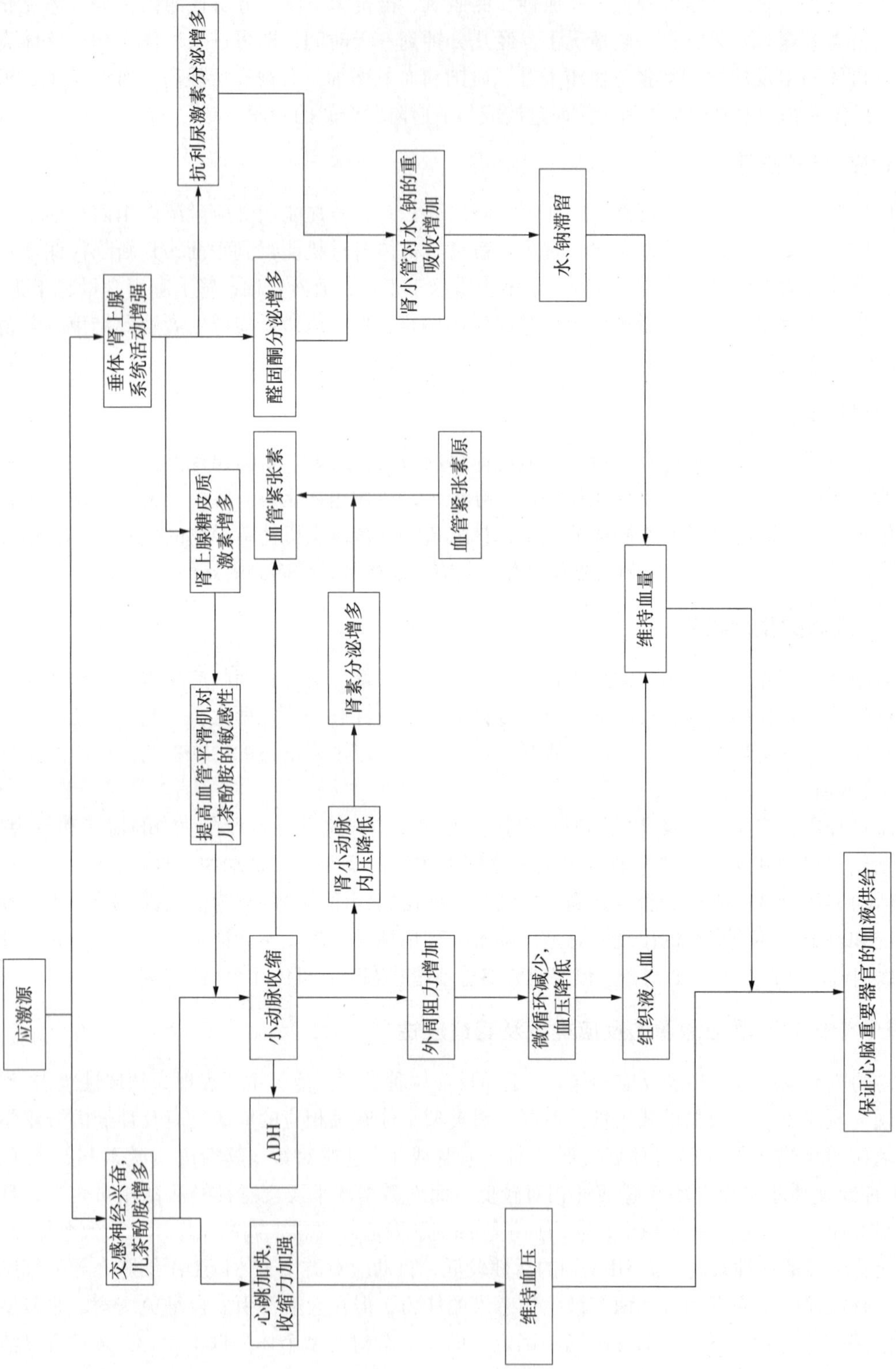

图 1-1-6　应激的生理机制

对新环境具有较高的探究行为，增大了感染寄生虫的风险。

二、环境应激的分类

（一）温度应激

温度应激包括热应激和寒冷应激。动物的热应激通常就是指当环境温度超过维持正常生理功能的环境温度范围的情况下，动物的生理状况变化和生产性能改变的状态。寒冷应激通常是指动物对环境温度突然下降的刺激或是长期处于低温环境中所产生的系列生理或病理反应。

（二）湿度应激

畜禽舍内相对湿度是一个被普遍认识而不重视的环境因素，在畜禽生产中，湿度经常被忽视。一般认为，空气湿度对动物的影响是与温度相结合共同起作用的。适温时，动物的适宜相对湿度是 60%～70%，低于 40% 为低湿，高于 80% 为高湿。低湿或高湿都会对动物产生应激，不利于动物的生产性能。

（三）光照应激

光照主要包括光色、光照时间、光照强度和光照制度等。不合理的光照，光照时间或光照强度的突然改变，都会对动物造成应激，产生不良反应。

（四）噪声应激

噪声是指在动物的听阈范围内无规律变化和非周期性震动的声音总和。噪声可引起动物紧张不安，引起动物行为和心理上的反应。声音超过世界卫生组织规定标准 45 dB，或异常音、突发音以及反复出现的其他噪声，对畜禽都十分敏感，如鞭炮、飞机、汽车、火车等发出的噪声都能使动物产生应激反应，影响生产性能。

（五）运输应激

规模化养殖的畜禽在进出养殖场、转群、集中屠宰前都需要运输（图 1-1-7），这个过程会消耗动物的体力和水分，因而运输过程不可避免会发生应激。运输应激主要与捕抓、混群造成的恐惧、疼痛、拥挤、相互攻击以及运输途中运动应激、热应激、饥饿、缺水等一系列因素有关。运输应激会严重影响动物的内分泌代谢、机体免疫力和畜产品品质。

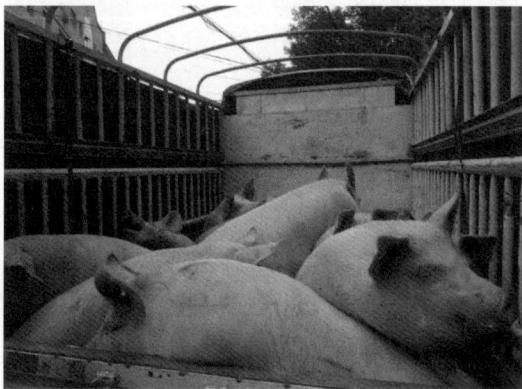

图 1-1-7　运输中产生应激的猪

（六）饲养密度应激

饲养密度通常用一定面积或体积的空间内饲养畜禽的数量或体重来表示。家禽、猪、牛等动物密度通常使用单位面积饲养的动物数量来计算；水生动物密度按单位体积的动物数量和体重来表示。饲养密度过大（图 1-1-8），使个体生活空间不足，采食量和采水量降低，引发动物攻击行为和应激反应，同时也增加畜舍环境的负担，使畜舍卫生条件下降，细菌、病毒繁殖力增加，畜禽抵抗力降低，易诱发畜禽传染性疾病。

图 1-1-8　猪群饲养密度过大

（七）有害气体浓度、粉尘和微生物超标应激

畜禽舍内空气的有害气体主要包括氨气、带有恶臭气味的硫化氢及空气粉尘等。氨气被认为是畜禽舍内对动物影响最大的有害气体，也是当前畜禽养殖过程中亟须控制的重要环境因子之一。

三、环境应激的测定方法

动物面临应激源时，促肾上腺皮质激素释放激素（CRH）、脑啡肽酶（NEP）、内啡肽（EP）的分泌几乎是瞬时的，在动物研究中难以测定。但是，促肾上腺皮质激素和糖皮质激素需几分钟后在血液中的水平才能升高，且能维持较长一段时间。因此，这两种激素在动物中容易测定。促肾上腺皮质激素是小分子量的蛋白激素，易降解，测定其血液含量前需用特定的抗凝处理、冷却离心和冷冻保存。糖皮质激素是类固醇激素，相对稳定和不易分解，可在 −20 ℃条件下保存数月后用放免法或酶免疫法测定。因此，在有关应激的研究中，主要测定血清或血浆中的糖皮质激素含量。需要注意，由于动物暴露于应激源后，在 3 分钟左右的时间内，其血液中的糖皮质激素含量很快升高，所以测定糖皮质激素及应激反应的取样方法尤为重要。

目前，主要有以下三种方法评估动物的应激反应。

1. 应激前后糖皮质激素的测定

对实验个体进行应激的前后取样测定。该方法可在不同动物种间进行比较，但该结果仅反映了应激的整体效应。

2. 测定尿或粪便中糖皮质激素含量

该方法测定的糖皮质激素含量反映了粪便从肠道排出前或排尿前 24 小时所经历的应激状况。在取样时，如果不清楚来自粪便样本的个体性别、社群等级以及在收集粪便和尿液期间是否经历应激，该指标仅反映整个种群的平均应激状况。此外，由于糖皮质激素的分泌存在日节律性变化，因此，如果对粪便和尿液收集的时间不清楚，就可能对结果的解释复杂化或出现偏差。但该方法的最大优点是对动物无损伤和结果不受取样方法的影响，已大量应用于动物应激的研究。

3. 下丘脑 - 垂体 - 肾上腺轴负反馈功能的测定

此类方法是通过用标准化的人为施加应激源来评估动物应激反应能力及负反馈功能。具体有两种方法，即应激源刺激和激素刺激。在应激源刺激方法中，一般把对动物的捕获作为应激源。由于被应激动物的糖皮质激素在 3 ～ 5 分钟就能增加，因此，基础血样在捕获的 3 分钟内抽取，然后，在一定的间隔时间段内（如 5 分钟、10 分钟、30 分钟）抽取血样。激素刺激方法为通过注射外源性激素，测定实验个体在一系列时间段内的糖皮质激素含量。该方法的优点在于不受捕获前及捕获时所产生的应激反应的影响。该方法由两个实验步骤组成，即地塞米松抑制实验和促肾上腺皮质激素刺激实验。地塞米松是人工合成的糖皮质激素药物，可通过负反馈作用降低促肾上腺皮质激素的释放而抑制糖皮质激素的分泌。在地塞米松抑制实验中，如果注射地塞米松个体的糖皮质激素水平没有降低，则表明该个体处于慢性应激状态，其负反馈功能受到损害。促肾上腺皮质激素刺激实验则是评估肾上腺对促肾上腺皮质激素的直接应答能力。慢性应激动物在被注射促肾上腺皮质激素后，其肾上腺较正常动物有较低的反应。

练一练

1. 应激是（　　）。
    A. 机体受强烈因素刺激所引起的病理性反应
    B. 机体受强烈因素作用所引起的非特异性全身性适应性反应
    C. 由躯体性或情绪性刺激引起的
    D. 只有疾病时才出现的反应
    E. 由交感神经兴奋引起的

2. 应激包括（　　）。
    A. 紧张阶段、抵抗阶段和衰竭阶段　　　　B. 警觉阶段、阻抗阶段和衰竭阶段
    C. 警觉阶段、抵抗阶段和枯竭阶段　　　　D. 警觉阶段、抵抗阶段和衰竭阶段

3. 应激是指（　　）。
    A. 畜禽对外界环境刺激所产生的反应　　　B. 畜禽对外界环境刺激所产生的反应过程
    C. 各种因素引起人体的生理反应加剧　　　D. 畜禽对运动刺激所产生的调节过程
    E. 畜禽在情绪激动时的变化

4. 机体处于应激如创伤、感染等情况下，下列关于能量代谢的变化中，错误的是（　　）。
    A. 机体出现高代谢和分解代谢　　　　　　B. 脂肪动员加速
    C. 蛋白质分解加速　　　　　　　　　　　D. 处理葡萄糖能力增强
    E. 机体处于负氮平衡

5. 应激时对抗有害刺激最有利的反应是（　　）。
    A. 糖皮质激素分泌增多　　　　　　　　　B. 胰高血糖素分泌增多
    C. 生长激素分泌增多　　　　　　　　　　D. 肾素分泌增多
    E. 胰岛素分泌增多

拓展学习

运输环境改善对猪肉品质的影响

　　运输应激是畜牧生产中最主要的应激因素之一，运输过程中的环境变化、颠簸、心理压力等应激因素都会严重影响畜禽的生产性能、健康状况和肉品质，并给畜牧业带来巨大损失。研究发现，猪在运输过程中脾气变得狂躁，使其受伤的概率增加，运输带来的能量代谢的紊乱会导致其采食量减少、生长性能下降。同时运输应激会引起猪血浆皮质酮升高，使机体处于较强的应激状态，并且加剧了其骨骼肌能量代谢和脂质过氧化进程，降低了肉品质。

　　有研究表明，运输后休息 4 小时以上的猪，其 PSE 肉（pale, soft and exudative meat，也称白肌肉或"水煮样"肉）的发生率明显降低，且肌肉的 pH 值可提高 0.2 以上。此外，夏季运输时，运输车应通风良好、密度适中。在通风良好、饲养密度为 2.5 头 /m² 、温度为 15 ℃以下的条件下运输，猪肉品质受的影响较小。在运输时间上，冬季应选择晴天日间进行运输，增加秸秆或其他保温材料铺垫，夏季应选择阴雨天或夜间运输，并在运输期间不定期进行洒水降温。此外，宰前两周在日粮中添加一水肌酸，可缓解长途运输应激，并通过降低肌肉的

糖酵解速率来起到改善宰后肉品质的作用。

猪肉品质不仅影响口感与风味，也与广大消费者的健康息息相关，在关注猪肉产量的同时，猪肉品质也应获得足够的重视，特别是环境应激导致的肉品质下降。因此，我们可以通过优化饲养环境、提高动物福利、发展新的屠宰程序等来最大限度地减少劣质肉的发生，这有利于促进我国畜牧业的可持续发展。

任务1.3　掌握环境应激影响畜禽生产　·······

【学习目标】

针对养殖场畜禽生产管理岗位技术要求，深刻理解应激对生产的危害，熟练掌握各种应激状况下的预防和治疗手段，熟练运用常备药品解决畜禽应激导致的健康问题。

【任务实施】

一、应激的危害

实际生产中动物受到的环境应激以热应激较为常规。环境的任何刺激作用于动物机体时，可以产生两种效应：①特殊的环境刺激引起特殊的反应；②各种环境刺激引起共同的、不具有特异性的反应。

（一）影响动物采食量和生产性能

动物受到应激时，胃肠道蠕动减慢，使胃内充盈，通过感受器传到下丘脑采食中枢，使采食中枢受到部分抑制。研究证明，热应激导致动物生长率下降的63%是因采食量减少引起的。高温应激时，动物皮肤表面血管膨胀充血，导致流经消化道的血流量不足，从而影响营养物质的消化吸收，导致采食量下降。高温应激影响动物的生长发育及生产性能，使采食量、平均日增重及饲料转化率显著降低。而动物受到冷应激时，基础代谢率升高，能量代谢和采食量增加。试验表明，冷应激使动物死亡率明显增加，饲料转化率明显降低，低温影响死亡率尤其是0～7天死亡率随温度降低明显增加。高湿度在高温条件下对生产性能和肉品质的影响较大。高湿度的影响还间接表现在高湿使垫料水分增加，导致垫料容易发酵，使得畜禽舍内氨气浓度升高。

母猪产后采食量变化图如图1-1-9所示。

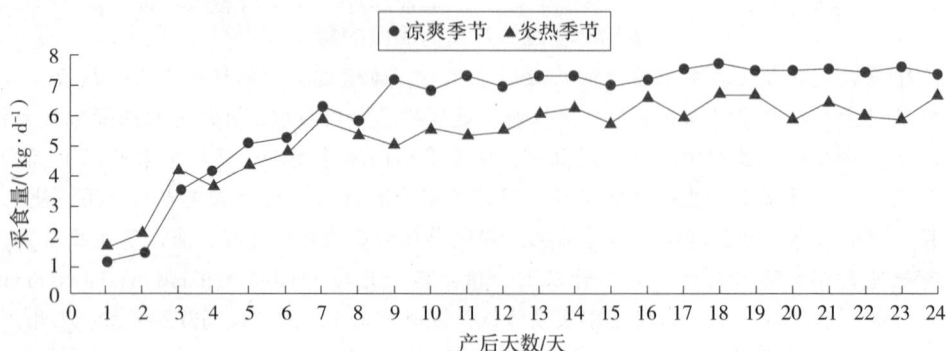

图 1-1-9　母猪产后采食量变化图

（引自：唐彩琰，王晶晶，何闪，等.热应激如何影响哺乳母猪的采食行为［J］.国外畜牧学（猪与禽），2021，41（4）：7-9.）

动物对光照强度非常敏感，强光照会刺激动物，加大动物的运动量而降低生长率。降低光照强度能促进动物采食，促进增重，但饲料转化率不受光照强度的影响。对动物而言，噪声是一种潜在的应激因素，一般认为当噪声较大时，动物容易发生骚动，造成饲粮浪费，使总耗料量增加，料重比升高，降低动物的生产性能。饲养密度通过影响动物的采食、饮水、行走和空气卫生等影响生长，高密度导致采食量显著减少。畜禽舍内高浓度的有害气体，如高浓度氨气应激可使动物日增重和采食量降低，料重比升高，死淘率上升。

热应激也会显著影响畜产品品质，其对牛乳成分和乳理性状的影响见表 1-1-5。

表 1-1-5　热应激对牛乳成分和乳理性状的影响

项目	非热应激	热应激	P 值
乳脂肪 %	3.89	3.98	0.16
乳蛋白 %	3.32	3.37	0.18
脂蛋白 %	1.17	1.18	0.48
非脂	8.84	8.81	0.60
菌落总数 / 个	1.51	1.77	0.45
酸度	13.65	13.51	0.33

（引自：李春来，孙守强.热应激条件下不同胎次奶牛采食量和产奶性能差异的研究［J］.当代畜牧，2022（3）：5-7.）

（二）影响机体免疫

应激可能会通过营养不足导致器官生长受阻，造成动物免疫器官（如胸腺和法氏囊）萎缩，法氏囊重及囊体比下降。研究结果显示，热应激可降低动物免疫器官指数，造成脾脏、胸腺损伤，影响其发育及免疫功能。对热应激动物免疫器官形态的动态变化、细胞凋亡试验结果显示，随着热应激时间的延长，胸腺和脾脏的相对重量显著下降，对脾脏的影响尤为明显，主要表现为实质细胞的萎缩、消失性病变，无明显的实质细胞崩解坏死、炎性细胞浸润、炎性充血等病理变化，显著妨碍免疫器官的发育。热应激还可导致动物体液免疫和细胞免疫受到抑制，有细胞排空、淋巴细胞核固缩或碎解现象，严重影响体液免疫功能；胸腺皮质变薄，髓质中间质细胞增多，淋巴细胞减少，皮质髓质的淋巴细胞都有核固缩或碎解现象，T 淋巴细胞生成减少，使细胞免疫功能受到影响。热应激对动物免疫器官细胞凋亡的影响研究发现，高温应激能明显影响动物免疫器官细胞凋亡。

有学者发现在运输过程中动物血液中的异嗜白细胞与淋巴细胞比值（H/L）明显升高，饲养密度不影响动物血液 H/L 值。还有研究表明氨气浓度增加、电击和热应激使动物异嗜白细胞显著增加，同时淋巴细胞则显著降低，H/L 值显著增加，且随着应激源数量增加，H/L 值也相应升高；冷应激使动物机体抵抗力下降，细胞免疫功能降低；高浓度氨气条件下，动物免疫功能显著降低。

（三）影响血液生理生化指标

应激能改变动物体内营养物质的代谢方向及血液生化指标。热应激时，血清中钙离子、钾离子和钠离子浓度显著降低。试验显示动物在高温环境下，血清葡萄糖、总蛋白、白蛋白、球蛋白均显著下降。急性应激时动物深部体温逐渐升高，而且环境温湿度越高对动物深部体温影响越大。研究表明，血浆甲状腺素浓度与采食量呈正相关，而与环境温度呈负相关。这主要是由于动物在高温时为了减少代谢产热，甲状腺活动也减少，血液总三碘甲腺原氨酸（T3）浓度降低。应激过程中由于采食量下降，营养摄入不足，需动员体储备分解供能，长期的肌肉营养不良导致肌细胞膜功能和通透性受到破坏，肌肉中的肌酸激酶（CK）逸入血液致血清 CK 浓度升高。运输应激、长时间慢性湿度和氨应激将使动物血浆 CK 浓度显著增加。

（四）增加疾病风险

应激的隐性危害在于它是疾病发生的"导火索"。应激和免疫力下降会导致包括传染病在内的许多疾病发生。环境应激可导致肺炎的发生，冷应激引起动物腹水综合征［图1-1-10（a）］发生率高于对照组。相对湿度低会导致呼吸道黏膜变干，畜群易受到病毒和大肠杆菌等的侵害。

畜禽舍内氨气浓度达到一定量时，会发生病毒感染，禽类球虫病［图1-1-10（b）］发病率升高。我国动物养殖业多年来普遍采用24小时光照或23：1的连续光照制度，使动物易于发生肺动脉高压综合征、腿部疾病［图1-1-10（c）］和猝死综合征等疾病。突然的噪声应激和骤变高温能引起动物大批死亡［图1-1-10（d）］，造成严重经济损失。

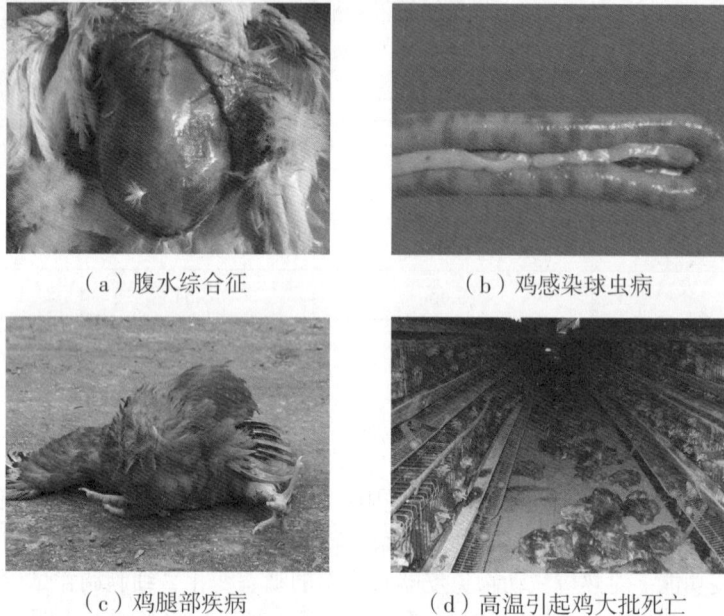

（a）腹水综合征

（b）鸡感染球虫病

（c）鸡腿部疾病

（d）高温引起鸡大批死亡

图1-1-10　应激导致的疾病

（五）影响肉品质

环境应激影响肉品质，主要导致PSE肉，以及少数产生DFD肉，如图1-1-11所示。高温应激可提高肉剪切力、提高胸肌和腿肌的滴水损失，表现出PSE肉特征。高温环境使动物胸肌亮度值、红度值及与黄度值之比均提高，肉品质降低。应激会降低动物体内蛋白质沉积，降低胸肌率和腿肌率；促进脂肪合成，显著提高腹脂率，减少胴体可食用部分。高温时，机体能量用于沉积腹脂的效应大于肌肉中的脂肪沉积，因此，高温下胴体腹脂率显著增加，影响动物的产肉效率。动物后期低湿度慢性应激使动物宰后胸肌存放5天和7天时的硫代巴比妥酸反应物水平升高，胸肌的剪切力增加，滴水损失有升高趋势。

运输应激会改变肌肉宰前及宰后一系列肌肉的代谢活动，进而改变糖原降解速度、pH及滴水损失。长距离的宰前运输会使得肌肉处于消耗疲劳状态，动物经过5小时运输后，肌肉相关指标会出现DFD肉特征。

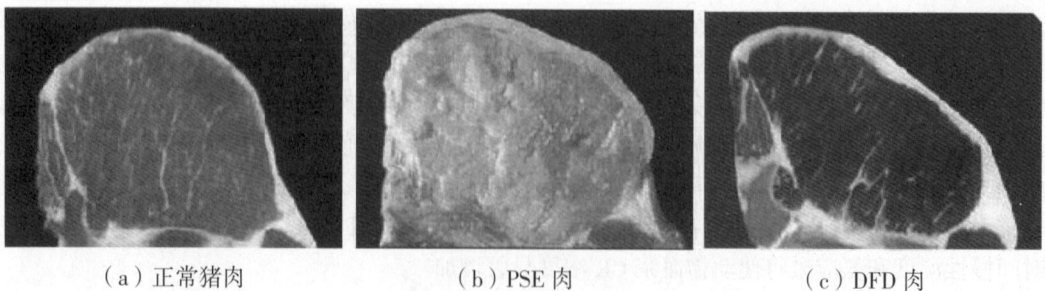

（a）正常猪肉

（b）PSE肉

（c）DFD肉

图1-1-11　猪肉品质

（六）损伤机体器官

动物受到环境应激时，机体会出现各种病理学变化，使脏器受到损伤。高温应激使动物肝脏发生病理变化，肝脏功能严重受损，高温高湿应激后肠绒毛出现水肿、断裂，有些区域肠绒毛显著变短，甚至绒毛出现成片缺失的现象。绒毛断裂或成片缺失可能与肠道质量减轻有关，热应激还导致动物十二指肠、空肠和回肠的黏膜损伤、水肿。

高浓度的氨气急性应激会使动物口腔黏膜充血，气管纤毛脱落，支气管腔出血，整个气管上皮细胞脱落坏死出现充血、出血现象，炎性细胞浸润；肺脏出血、淤血现象非常明显，呼吸毛细管、肺房以及三级支气管内充满大量的红细胞，肺小叶间隔因为淤血水肿而增宽。

二、减少环境应激措施

（一）培育抗应激品种

动物对应激的敏感程度与遗传基因有关，通过育种方法选育抗应激品种，淘汰敏感度高的动物，建立抗应激种群是解决动物应激的重要手段。例如，氟烷基因（RYR1）检测，剔除阳性个体，可增强猪对应激的抵抗力。

（二）合理利用现有的敏感种群

外种猪（如皮特兰、长白猪）的氟烷敏感基因频率高达 70% ～ 80%，但其个体瘦肉率、生长速度快。可采用配套杂交的方式，将敏感猪作为父本，以应激敏感度低的地方培育种、大白猪等品种作为母本，产下的商品代猪敏感性大大降低，提高了养殖场的经济效益。

（三）注意营养调控，多补充维生素等抗应激物质

在应激反应中，动物对某些营养物质的需要量特别是免疫系统的营养需求量相应提高，这样就可能造成某些营养物质的相对缺乏，影响免疫系统的功能。可在饲料中添加容易缺乏且与营养物质代谢密切相关的营养元素，如维生素类（维生素 E、维生素 C、维生素 A、维生素 B_2、维生素 B_6）；微量元素类（有机铬、铜、铁、锰、锌、镁、硒等）；常量元素类（钙、磷、钠）；氨基酸类（蛋氨酸、胱氨酸、精氨酸和谷氨酸等）。

（四）良好的饲养环境

畜舍选地很重要，一要远离居民居住区和交通大道旁；二要选择地势高，房屋朝向要坐北朝南，利于冬暖夏凉，便于通风换气。畜禽建筑设计（场址选择、牧场布局、畜舍类型和材料）和环境工程设计（通风、防暑、保温、粪尿处理），设备选择与利用（笼具、光照、给水、给料、转群等设备），都要符合动物正常生理要求。尽量为畜禽创造一个比较舒适的环境条件，以免酷暑严寒、粪尿污染、空气污浊等造成应激。饲养密度合理，光照制度符合动物生理要求，转群运输、兽医防治的实施要得当，并应依据动物个体大小和用途确定饲养密度和圈舍空间。

（五）精细饲养，把握关键环节

在饲养生产过程中，管理方面要尽可能做到精细，一切以满足动物的生理特点为标准，减少和避免应激反应发生。在实际的饲养生产过程中，母畜的分娩前后、仔畜断奶前后、转群前后、运输前后、免疫前后、保育阶段、气候突变等，这些阶段都是应激反应的高发阶段，都要精心地饲养管理，避免应激发生。

（六）温和管理，引进动物福利理念

在日常饲养管理中，需要饲养员温和对待动物，忌讳时常对动物进行粗暴恐吓和殴打。此外，还要有足够的耐心，充分利用动物的习性和条件反射能力加以诱导训练，尽快让动物的日常生活和行为方式变得有规律，提高训练和诱导的效果。尽量减少转群、并圈，减少环境和饲料的变化

幅度，尽量不更换饲养员，给予动物良好的管理，让动物的身体及心理与环境相协调。

（七）做好疫病防控，加强环境卫生

疾病本身是一种应激反应，在日常管理中要做好环境的卫生和消毒工作，做好预防接种免疫，预防传染性疾病的发生。因为任何疾病都是应激因素，除引起特殊的组织器官损伤外，还会引起患病机体的严重应激反应。因此，做好疫病防控，加强环境卫生非常重要。

（八）添加有针对性的抗应激添加剂

幼龄动物断奶可引发断奶应激综合征。可提高日粮可消化性，并在日粮中添加维生素 E 和微量元素硒抗应激；热应激时，可在日粮或饮水中添加碳酸氢钠、氯化铵、氯化钾等维持电解质和酸碱平衡，也可在日粮中补充维生素 C 和维生素 E。其他一些抗热应激添加剂，如阿散酸、酸化剂、葡萄糖、酶制剂、甜菜碱、中草药添加剂等均可减少畜禽热应激的发生，补充铬也可抗应激；对于运输应激，可在运输前添加具镇静安神作用的中草药，如刺五加、柴胡，可调节体温、抗热应激，天麻可对抗惊厥，远志可降低动物对应激源的敏感性，缓解其攻击性行为。

（九）对严重应激反应动物的治疗

局部肿胀型：肿胀部位用热毛巾进行热敷 10 ~ 15 天，肿胀部位可转小或消失。

过敏型：对于严重反应的猪、牛可肌内注射 0.1% 盐酸肾上腺素或地塞米松磷酸钠等并结合对症治疗。对已休克的猪除迅速注射上述药物外，还要迅速针刺耳尖尾根和蹄头，放血少许，并将去甲肾上腺素 2 mg 加入 10% 葡萄糖注射液中静滴。

📝 **练一练**

1. 环境应激的危害有哪些？
2. 如何降低环境应激对畜禽的影响？

📖 **拓展学习**

应激与心理健康

应激不仅给畜禽生产带来极大的影响，也与人类健康息息相关。从宏观的角度看，适度的精神应激可提高个体的警觉水平，激发机体的活力，有利于个体的生存与创造；超出个体承受能力的精神应激则带来精神创伤，成为直接的病因导致某些疾病的发生，或影响某些疾病的发展与预后，或对个体的生理、心理发育产生深远的影响，从而参与某些疾病或某些行为易感素质的形成。

个体对应激的反应有两种表现：一种是活动抑制或完全紊乱，甚至发生感知记忆的错误，表现出不适应的反应，如目瞪口呆、手忙脚乱、陷入窘境；另一种是调动各种力量，活动积极，以应对紧急情况，如急中生智、行动敏捷、摆脱困境。在应激状态下，生化系统发生激烈变化，肾上腺素以及各腺体分泌增加，身体活力增强，使整个身体处于充分动员状态，以应对意外的突变。长期处于应激状态，对人的健康不利，甚至会有危险。

因此，一方面我们需要适度的应激来刺激大脑，使我们处于一种兴奋、积极的情绪中；另一方面也需要防止过度应激带来的消极影响，积极地调节情绪，改善应激带来的消极影响。

任务 1.4　了解动物福利

【学习目标】

针对养殖场畜禽养殖情况，学会设计养殖场动物福利项目。

【任务实施】

一、动物福利

动物福利是指动物如何适应其所处的环境，满足其基本的自然需求。科学证明，如果动物健康、感觉舒适、营养充足、安全、能够自由表达天性并且不受痛苦、恐惧和压力威胁，则满足动物福利的要求。高水平动物福利则更需要疾病免疫和兽医治疗，适宜的居所、管理、营养、人道对待和人道屠宰。动物福利尤指动物的生存状况；而动物所受的对待则有其他术语加以描述，如动物照料、饲养管理和人道处置。

二、动物福利实施原则

（一）动物福利五大"自由"

1965 年，英国政府为回应社会诉求，委任 Roger Brambell 教授对农场动物的福利事宜进行研究。根据研究结果，英国于 1967 年成立农场动物福利咨询委员会（1979 年改组为农场动物福利委员会）。该委员会提出动物都会有渴求"转身、弄干身体、起立、躺下和伸展四肢"的自由，其后更确立动物福利的"五大自由"。按照现在国际上通认的说法，动物福利被普遍理解为以下五大自由：

①享受不受饥渴的自由，保证提供动物保持良好健康和精力所需要的食物和饮水。

②享有生活舒适的自由，提供适当的房舍或栖息场所，让动物能够得到舒适的睡眠和休息。

③享有不受痛苦、伤害和疾病的自由，保证动物不受额外的疼痛，预防疾病并对患病动物进行及时治疗。

④享有生活无恐惧和无悲伤的自由，保证避免动物遭受精神痛苦的各种条件和处置。

⑤享有表达天性的自由，被提供足够的空间、适当的设施以及与同类伙伴在一起。

（二）畜牧业生产体系中的动物福利总则

①进行遗传选择一定要考虑动物的卫生及福利。

②引入新环境的动物应适合当地气候，并能适应当地的疫病、寄生虫和营养条件。

③动物所处环境，如地面（行走路面、休息地面等）应与动物种类相适宜，尽量降低动物受伤、疫病或寄生虫传染的风险。

④动物所处环境应保证动物能够舒适地休息，安全、舒适地移动，包括可正常地改变体位、表现各种本能行为。

⑤动物的社会分群管理应设法保障动物积极的社会行为，尽量减少动物遭受伤害、应激、长期恐惧。

⑥密闭空间的空气质量、温度和湿度应有利于保持良好的动物卫生状况，不应产生不适。在极端气候条件下，应确保不妨碍动物进行自然体温调节。

⑦动物应能获得与其年龄及需求相符的充足饲料与饮水，维持正常的卫生及繁殖状况，避免长时间的饥渴、营养不良或脱水。

⑧应通过良好的管理方法，尽可能防控疫病和寄生虫病。应将有严重健康问题的动物隔离并及时治疗，无法治疗或治愈时，应及时进行人道宰杀。

⑨在无法避免使用造成疼痛操作的情况下，应采取可行手段将疼痛降至最低。

⑩对动物进行的操作应能促进人与动物之间的良好关系，不应对动物造成伤害、恐慌、持久的恐惧或可避免的应激。

⑪动物所有者及管理人员应具备足够的技能和知识，确保按照这些原则对待动物。

三、我国动物福利现状

1988 年，我国颁布《实验动物管理条例》。1989 年，我国颁布《中华人民共和国野生动物保护法》，此外，我国还先后颁布了《动物检疫管理办法》《中华人民共和国陆生野生动物保护实施条例》《中华人民共和国水生野生动物保护实施条例》和《国内贸易部饲料管理办法》等一系列法律法规。2004 年，北京市政府法制办起草的《北京市动物卫生条例（征求意见稿）》虽未通过，却是动物福利在我国的新发展。

（一）受保护的动物范围过窄

按国际通用的标准，动物可划分为农场动物、实验动物、伴侣动物、工作动物、娱乐动物和野生动物，各种动物地位平等，应该得到同等的保护。然而我国只有保护野生动物的《中华人民共和国野生动物保护法》和保护实验动物的《实验动物管理条例》，其他动物却不在法律的保护范围之内。《中华人民共和国野生动物保护法》的保护范围也相当窄，仅仅保护珍贵濒危的陆生、水生野生动物和有益或有重要经济价值、科学研究价值的陆生野生动物，其他动物的保护长期处在无法可依的状态。

（二）法律法规数量较少

我国有关动物保护方面的法律法规少且零散，尚未形成完整的法律体系，而有的国家（如英国）有关动物福利方面的专门性法律有 10 多部，如动物保护法、鸟类保护法、野生动植物及乡村法、宠物法、兽医法等，不仅涉及的面广，而且一直在不断修订。我国动物保护的法律原则性条款太多，可操作性不够强。

四、农场动物福利养殖的保障措施

农场动物福利是指根据动物生长的特性，通过采用现代生产技术和科学管理，改善农场动物养殖环境，保障动物在饲养、运输、屠宰等过程中的福利，提高农场动物心理和精神方面的健康水平。

在畜禽养殖业快速发展，国际贸易进程加快的大背景下，动物福利逐渐成为越来越多国家和地区关注的焦点。福利养殖不仅关系人类健康与环境友好，更对畜禽养殖业的健康发展产生深远影响。

（一）因地制宜，科学布局

在畜禽舍选址、规划设计时要充分考虑畜禽的生活习性。可将畜禽舍建在地势高燥、有适当坡度、地下水位低、排水良好和向阳背风的地方。畜禽舍土壤选择透气、透水性强，质地均匀，抗压、自净能力强的砂壤土。畜禽舍周边交通既要方便又要避免噪声干扰。畜禽舍外围建设围墙和隔离绿化带，形成天然绿色屏障。畜禽舍距离交通主干线 300 m 以上的距离。

在饲养规模控制上，可适当减小养殖规模。例如，单位饲养面积上只饲养 2～3 头奶牛，以此增大奶牛的活动空间，有利于减少应激，增加产奶量；或是限定养殖场最大饲养规模（猪类：种猪 500 头、育肥猪 3 000 头；牛类：奶牛 200 头、肉牛 1 000 头；蛋鸡 7 000 只；绵羊 1 000 只）。

（二）精心设计农场内部设施

畜禽舍是畜禽的主要生长环境，畜禽舍内环境安静干燥、设施适宜，有利于畜禽的生长发育。在畜禽舍设计时，必须根据不同畜禽的生产需要和当地的自然条件，选择合适的材料和畜禽舍结构形式，对畜禽舍的保温隔热、排水防潮、通风换气和采光照明等问题进行全面考虑、精心设计和施工，确保动物得到足够的食物和水，提供适宜的饲养环境和空间，避免拥挤和条件恶劣，给畜禽舍营造一个良好的小环境。

（三）疾病预防和治疗

在养殖过程中，动物的疾病会极大地损害养殖户的养殖效益，做好畜禽疾病预防和治疗，也是实施动物福利的一种途径。

①从事动物饲养、屠宰、经营、隔离、运输等活动的单位和个人应当加强管理，保持畜禽养殖环境卫生清洁、通风良好、合理的环境温度和湿度；确保水生动物养殖场所具有合格水源、独立进排水系统，保持适宜的养殖水环境。

②从事动物饲养、屠宰、经营、隔离、运输等活动的单位和个人应当建立并执行动物防疫消毒制度，科学规范开展消毒工作，及时对病死动物及其排泄物、被污染的饲料和垫料等进行无害化处理。

③从事动物饲养、屠宰、经营、隔离等活动的单位和个人应控制车辆、人员、物品等进出，并严格消毒。

④动物饲养场和隔离场所、动物屠宰加工场所、动物和动物产品无害化处理场所应当取得动物防疫条件合格证；经营动物、动物产品的集贸市场应当具备相应的动物防疫条件。

⑤应使用营养全面、品质良好的饲料。畜禽养殖应使用清洁饮水，鼓励采取全进全出、自繁自养的饲养方式。

⑥养殖场户可根据本地区疫病流行情况，合理制订免疫程序，对危害严重的疫病实施免疫。

⑦养殖场户应根据国家和本地区的动物疫病防治要求，主动开展疫病净化工作。

⑧饲养种用、乳用动物的单位和个人，应按照相应动物健康标准等规定，定期开展动物疫病检测；检测不合格的，应当按照国家有关规定处理。

（四）运输条件改善

制定动物运输标准，确保动物在运输过程中得到适当的休息、饮水和饲料供应，避免过度拥挤和受伤。例如，在卸车时：①伤病猪在不需要帮助能自己走下运输车时，必须被转移到指定的伤病区；②没有外界帮助，猪不能走动，可以使用拖车或木板来移动；③不能采用提或拽头、耳朵、蹄、尾巴或身体其他可能引起不必要痛苦的任何部位来移动猪；④在移动遭受严重应激的猪时，如果导致痛苦加剧，那么必须采用合适的急宰方法在车上结束它的生命。

（五）屠宰方式改善

制定合理的屠宰标准，确保动物在屠宰过程中避免痛苦和压力，并采用尽可能无痛和快速的屠宰方法。宰前静养管理能够让动物有机会得以休息并从运输的疲劳中恢复过来。静养 12 ～ 24 小时，给予充分的饮水，宰前 3 小时停止饮水可以提高动物福利，提高猪肉品质，减少 PSE、DFD 肉比例。在麻电致昏时，要保证这种无意识状态延续得足够长。为达到有效击晕，必须紧紧地将电极放置在头部，保证电极横跨大脑的两边，使电流经最短的路线穿过头骨进入脑部，从而防止动物遭受任何的疼痛。如果首次击晕失败，应该立刻对猪进行再次击晕，不能电死，因为麻电后心脏仍跳动，猪只处于昏迷状态。在电击后无意识、无知觉的状态很短暂，为确保动物死亡，并防止其苏醒，应尽量在击晕后 10 秒内进行无延迟放血，这样会更安全、更容易、也更准确。出于设备和人员的原因，屠宰时间最长不能超过 15 秒。屠宰时刀口要正、准，不得割破食管和气管，不得刺破心脏造成呛嗝、淤血，以减少血肉。

（六）动物福利教育宣传

开展动物福利教育宣传活动，加强公众对动物福利的认识和关注，推动人们尊重和关心动物，倡导以爱护动物为出发点的行为。

📝 练一练

以肉猪屠宰为例，制订从猪场运输到屠宰过程中的动物福利方案。

📖 拓展学习

动物福利，你我都应关注

备受全球关注和期待的"2019第三届世界农场动物福利大会"在青岛召开，来自全球的国际机构代表、专家学者、畜牧企业代表等近400人齐聚一堂，围绕动物福利实施的经验和标准、畜牧业可持续发展、农产品的优质化发展，以及动物福利对品牌塑造的作用等热点话题展开深入探讨与交流。

我国近年来在动物福利领域取得了巨大进展。但是，需要做的工作仍有很多。联合国粮农组织驻华代表马文森表示，动物福利是一项长期的事业，粮农组织愿意在政策咨询、标准制定、能力建设、意识提高等领域，为中国和全球的动物福利事业做出贡献。

中国农业国际合作促进会会长翟虎渠指出，动物福利是人类社会文明进步的标志，是人类福利总体水平上升的象征，关系到一个国家的国际声望。农场动物福利与人类健康密切相关，动物福利产品所承载的健康优质理念被越来越多的消费者认可，终端需求的驱动将极大促进动物福利全产业链发展。

中国农业农村部总畜牧师马有祥在开幕式致辞中表示，中华人民共和国成立70年来，畜牧业发展已经跨越了解决供给问题、解决质量安全问题两个大台阶，稳步迈向高质量发展阶段。伴随着畜牧业的持续健康发展，农场动物福利事业也同步发展，取得了显著成效。下一步，中国将继续顺应经济社会发展的客观要求，积极推动促进动物福利有关工作。

因此，我们应站在全局的高度来关注动物福利，因为它是大拼图中不可或缺的一块，涉及食品安全与粮食安全，人类与动物健康，环境与生态发展以及可持续发展。动物福利是所有政府部门、社区、拥有和关心动物的人们、民间团体、教育机构、兽医和科学家等的共同责任。

项目2
应激防治技术

◆ 项目提要

　　应激对畜禽的生长育肥、产乳、产蛋和繁殖性能都会产生较大的影响，造成巨大的经济损失。掌握并灵活应用应激防治技术是畜禽生产技术岗位的必备技能。本项目主要阐明养殖场猪、鸡、牛、羊生产应激防治技术。

◆ 项目教学案例

　　某养猪企业养户反应，猪群在转圈之后，猪只出现后肢发软、卧地不起、呼吸急促等症状。据悉，在转圈过程中，由于天气炎热，养户对猪进行了驱赶。

　　思考：试分析养户反映问题的原因，并提出解决方案，为养户解决当下问题精准施策。

◆ 知识目标

　　1.了解应激的概念、应激的致病机理、应激与疾病的关系。

　　2.理解生产中防控应激的原理和技术。

　　3.掌握特定环境应激的防治技术。

◆ 技能目标

　　1.能熟练掌握养殖场所需各种应激防治技术。

　　2.具备针对养殖场情况制定合理的饲养管理制度的能力。

◆ 素质目标

　　1.具有吃苦耐劳的精神。

　　2.具备刻苦钻研、勇于探索的职业态度。

任务 2.1　养猪生产应激防治技术

【学习目标】

　　深刻理解并掌握在养猪生产中的应激因素及防治技术。

【任务实施】

一、引起猪应激综合征的因素

　　养猪生产中常见的环境应激主要有物理环境应激、化学环境应激、饲养管理应激、生产工艺应激、病理应激、心理应激、运输应激等。

（一）物理环境应激

　　圈舍过冷、过热，处于强辐射、低气压、贼风、强噪声等环境均能产生物理环境应激。

（二）化学环境应激

　　空气中的 CO_2、NH_3、H_2S 等有毒有害气体浓度过高，还有各种化学毒物和药剂等会导致猪只产生化学环境应激。例如，冬天猪舍中的氨、硫化氢等有毒有害气体会对猪产生刺激，损伤猪只呼吸道黏膜，降低猪只抵抗力。

（三）饲养管理应激

饲养过程中，营养不良或营养过剩、营养不平衡、急剧变更日粮和饲养水平、饮水不足和水质不洁、水温过低等也会使猪只产生应激。

（四）生产工艺应激

生产工艺应激包括饲养规程变更、饲养员更换、断奶、称重、转群、抓捕、驱赶、缺乏运动、饲养密度过大、饲槽宽度不足、组群过大等。生产工艺应激常见于猪断奶、转群时，饲养密度过大，造成空气质量不良，猪群出现咬耳和咬尾现象，抵抗力降低，采食量下降等。其中，仔猪断奶是一种综合应激，包括断奶本身、称重、分组、饲料改变、环境改变等，仔猪断奶后15天内，出现采食量下降、烦躁不安、攻击性加强、生长停滞（俗称掉奶膘）、腹泻、并发水肿病和抗病力下降等现象。

（五）病理应激

任何疾病都是应激因素，除引起特殊的组织器官损伤外，都会引起患病机体的严重应激反应。毒力强的致病因子可使猪精神沉郁、采食量下降、生长减慢，母猪流产或死胎。

（六）心理应激

争斗、惊吓、饲养员的粗暴对待以及其他能引起心理紧张的因素都有可能会刺激猪只产生心理应激。

（七）运输应激

在装卸和运输过程中，许多超阈值的刺激同时作用于猪，会降低生猪的防御机制导致猪发烧，如果猪的呼吸频率超过80次/分，体温超过39.7 ℃，就表明动物出现了严重的运输应激。此外，长距离运输时更容易造成猪脱水、失重甚至死亡，尤其是当路况较差、密度过大、拥挤、通风不良、温度过高时，应激更严重。

（八）其他应激

其他常见的应激包括母猪查情与配种、妊娠、分娩、哺乳等特殊的生理活动，均会对母畜造成强烈的刺激而引起生理性应激。高产母猪通常会发生分娩应激综合征，母猪出现肢蹄软弱、蹄裂、产后瘫痪、采食量下降、便秘现象，导致机体消瘦，抗病力下降，严重时引起后续繁殖障碍而淘汰。

二、猪生产中的应激防治技术

（一）猪应激反应的预防措施

①在建设养猪场时，要科学合理地开展选址工作，尽量将养猪场建设在远离嘈杂区域，确保养猪场周围不存在噪声源与过多的外界干扰。

②确保猪舍具备良好的控风、控温、控湿、控光等环境控制条件，结合实际情况适时对相关环境因素进行调整，做好保温防暑。

③合理调节猪群饲养密度，科学设计饲养流程，强化饲料营养管理，确保饲料营养均衡。

④采用物理和化学手段（如膨化、发酵等）消减饲料中霉菌毒素、重金属、抗营养因子等饲料源危害因子，也可在饲粮中强化维生素E和有机硒等抗应激营养素。

⑤应加强猪只遗传育种选育繁殖工作，通过氟烷试验、肌酸磷酸激酶活性检测、血型鉴定等

手段淘汰应激易感猪。

⑥加强饲养管理工作，消减各种应激源。做好圈舍通风换气，提高空气质量，保持环境卫生，管控圈舍噪声；善待猪只，断奶前少抓猪，少注射给药，禁止野蛮抓捕与驱赶；防止突然更换饲料等。

⑦加强运输管理。结合猪的调运数量来选择相应的运输车型，并针对运输车辆进行系统消毒，结合实际情况采用相应的防护措施，如防雨与遮阳措施；合理地控制装车时间，炎热季节将装运时间设置在早晚期间；装车后要合理隔离，及时清除粪尿及腐败物，注意通风和保温，运输过程中应尽量避免颠簸；对运输中烦躁不安的猪注射少量镇静剂；当猪到达目的地后，可采用喷雾消毒的方式来对运输车辆与猪体表进行消毒。

⑧药物防控。针对不可避免的应激源，可使用镇静剂氯丙嗪、安定等，从而降低应激所致的死亡率。

⑨加强母猪配种前、后及哺乳期的管理，应特别注意预防子宫炎、乳房炎及产前、产后不采食现象发生。

（二）猪应激反应的治疗措施

治疗猪应激反应的措施要始终遵循对症治疗的原则，根据应激源的性质与机体反应程度来选择相应的抗应激药物。对于那些出现早期症状的病猪，要及时将其转移到非应激环境中单独饲养，同时用凉水喷洒皮肤；对于那些症状轻微的病猪大多能逐步自行恢复；对那些已出现皮肤发紫及肌肉僵硬等症状的病猪必须及时为其注射镇静剂、糖皮质激素、抗过敏药及缓解酸中毒的药物。目前，常用的镇静剂有盐酸氯丙嗪与盐酸塞拉嗪，常用的皮质激素有地塞米松及可的松等，常用的抗过敏药有巴比妥、水杨酸钠及盐酸苯海拉明等。如选用盐酸氯丙嗪作为镇静剂，剂量为 $1 \sim 2$ mg/kg 体重。

📝 练一练

> 1. 简述猪生产中的应激因素。
> 2. 简述猪应激反应的预防措施。
> 3. 简述猪应激反应的治疗措施。

📖 拓展学习

畜牧业中的杨凤先生：一寸赤心惟报国

杨凤（1920—2015），云南丽江人，先后担任四川大学农学院牧医系教研室主任，动物营养研究所所长，四川农学院副院长、院长，四川农业大学校长、名誉校长，中国动物营养学会会长和名誉会长等职。杨凤先生毕生致力于动物营养学科的人才培养和科学研究工作，立志于振兴中国的养殖业，为我国的养猪业和饲料工业的现代化做出了突出贡献。他先后主持国家和省级重大课题 11 项，在国内首先提出用消化能作为能值评定体系，主持制定了四川猪的营养需要和中国南方猪饲养标准，共同主持制定了全国猪的饲养标准，在动物微量元素营养研究和中国饲料营养价值的评定研究中做出了重要贡献。

杨凤先生为国立志，他最初选择的是化工专业，但当他看到当时国内落后的养殖业与国外先进的养殖技术的巨大差距时，便怀揣着一颗赤诚爱国之心转学养殖。1941 年起，杨凤先后在国立西南联合大学、美国艾奥瓦州州立农工学院攻读学士、硕士和博士学位。1951 年，就在杨凤即将获得动物营养学博士学位的时候，他响应国家号召向校方提出了回国的要求。校方导师劝他留在美国，但他毅然放弃了在美国即将获得的博士学位和优厚生活条件回国工作，在四川农业大学从事教学科研和管理工作。

　　不论历史时代如何，杨凤先生始终胸怀献身教育之志，数十年如一日地潜心立德树人，育人塑才，为人师表，培养了一批又一批人才。杨凤所在的动物营养与饲料学科点更是在 1987 年全国动物营养学专业硕士研究生教育和学位授予质量检查评估中获总分第一，次年在全国畜牧学科类各专业博士点评审中也获总分第一，1989 年、2001 年、2007 年被评为国家重点学科，其研究生教育成果获四川省优秀教学成果一等奖、国家级教学成果优秀奖，主编的全国统编教材《动物营养学》获农业部优秀教材一等奖、国家级优秀教学成果二等奖，被列为面向 21 世纪课程教材，并获首届省级、国家级精品课程。

　　杨凤先生一生以强烈的爱国情怀和报国之志，带领和团结广大教职工艰苦奋斗、拼搏奉献，他始终以兴农报国为己任，是潜心科研、服务"三农"的模范和榜样。他呕心沥血、言传身教、教书育人、甘为人梯，表现了高尚的师德精神和学者风范，是我们农业从业者后辈们的学习典范。

任务 2.2　养鸡生产应激防治技术

【学习目标】

理解并掌握在养鸡生产中的应激因素及防治技术。

【任务实施】

一、引起鸡应激综合征因素

养鸡生产中常见的应激主要有环境应激、生理应激、管理应激、疾病和药物应激、营养应激等。从广义的概念来讲，管理应激、病原应激、营养应激也属于环境应激范畴。

（一）环境应激

环境应激是指养殖环境不佳所致的应激，如温度、湿度、通风、光照、舍内有害气体等。鸡生长和发育对温度、湿度、饲养密度、光照、空气质量、饮水等因素都有一定的要求，否则导致环境应激。

1. 温度

温度在 18 ~ 23 ℃、相对湿度在 60% ~ 70% 时，鸡的生长速度和产蛋性能最佳。环境温度急剧变化时，如夏季温度超过 30 ℃，冬季温度低于 5 ℃，日温差 10 ℃以上，鸡的生产性能显著下降。当环境温度达到 30 ℃以上时，还会导致公鸡精子生成减少，母鸡性成熟推迟，受精率明显下降，血钙含量降低，血液酸碱平衡失调，严重时引起死亡。寒冷还会使鸡群扎堆，弱小雏鸡被压伤、压死情况增加。

2. 光照

不合理的光照时长、光照强度、光照周期，都能导致动物下丘脑－垂体功能发生显著变化，从而导致应激。蛋鸡对光照应激十分敏感，可造成产蛋率的显著下降。

3. 气体

鸡群饲养密度过大、通风不良、粪污堆积受潮的情况下易产生大量氨气等有害气体。动物长期暴露在高浓度氨的环境中，不但造成肉鸡生长速度变慢、蛋鸡的产蛋量下降，还会损害机体的呼吸道黏膜屏障，引起呼吸道疾病的发生。

4. 噪声

家禽听觉发达，对噪声敏感。若声音超过世界卫生组织规定标准 45 dB 时，或异常音、突发音以及反复出现的噪声。如鞭炮、飞机、汽车、火车等发出的噪声，都能使鸡产生应激反应，导致食欲降低和产蛋量下降，甚至死亡。

（二）生理应激

生理应激是指动物为了完成必要的生产活动而产生的应激。如蛋鸡的换羽、产蛋和孵化、种鸡的人工授精等为了完成正常生理活动而产生的应激。

（三）管理应激

管理应激是指管理不当所致的应激，如突然更换饲料、高密度饲养、噪声、转群运输、断喙、断水禁食、强制换羽、疫苗接种等。由于饲养管理不当而造成的应激，是养鸡生产中最常见的也是影响最大的应激。

1. 饮水

饮水供应不足、水质不佳、饮水器设计和管理不当，同时水温过高和过低、断水、水体污染等，均是引起动物应激的重要原因。

2. 饲养密度

合理的饲养密度对于家禽生产性能的发挥十分重要，不仅能提高鸡群的均匀度，而且能减少鸡群内部的相互攻击，降低胸、腿、爪外伤，以及啄肛等恶癖的发生。合理的饲养密度也能降低舍内氨气浓度，减少呼吸道疾病的发生率。

3. 捕捉、断喙

捕捉和断喙对鸡来说都是一个很强的应激，显著降低生产性能。为了减轻断喙的应激，要求断喙时操作要熟练、快速，并尽可能在幼龄时进行。为了减少重复应激，生产中有时将免疫接种和断喙同时进行，但这也增加了应激的程度。

4. 雏鸡运输

雏鸡的转群、移动、远距离运输，都会消耗鸡的体力和水分，是一种严重的应激，应尽量缩短运输时间，到达后给予充足的饮水，并在饲料中添加抗菌药物和维生素添加剂。

5. 疫苗接种

疫苗接种虽然是防疫措施中的一个不可缺少的环节，但无论是哪种途径的接种，都是一种应激。疫苗进入体内产生免疫过程也是一种应激。若雏鸡发生病源感染同时进行疫苗免疫，则可能会加剧机体的免疫应激。

（四）疾病与药物性应激

养鸡生产中因病原感染导致传染病、寄生虫病等各类疫病发生时，可造成非常严重的免疫应激，引起各类炎症风暴导致组织损伤。

当发生慢性或隐性感染某些细菌、病毒或内外寄生虫病时，由于机体与这些病原之间处于相对的平衡，成为慢性或亚临床无症状感染。然而一旦感染其他疾病，或养殖环境恶化，则可表现出严重的临床症状，造成巨大的损失。采用药物治疗时，若药物投服不当、过量或长时间用药，轻则影响肠内维生素的合成，引起皮下出血，重则出现中毒等应激症状。某些环境消毒剂的选择和使用不当也会造成应激。

（五）营养性应激

营养性应激是指鸡因营养不足或过量、营养不平衡、饲料源危害因子含量过高等所致的应激。

二、鸡生产中的应激防治技术

（一）加强环境控制

保持鸡舍温、湿度相对稳定，天气剧变时要严防鸡群遭受寒冷侵袭，防止贼风；炎热季节时要采取降温措施防止鸡群发生中暑，如搭建遮阴棚、配置遮阳网、采用降温设备、加强鸡舍通风等。此外，鸡舍相对湿度应保持在 50%～60%，当鸡舍湿度低于 50%、饲养环境过分干燥时，可采用喷雾水气的方法提高鸡舍环境的湿度；采用良好的通风供氧设备，定期清理鸡粪，减少鸡舍有害气体的产生，减轻有害气体（如氨气、硫化氢、二氧化碳等）对呼吸道黏膜的损伤；保持鸡舍内安静，防止出现突发性的噪声和恐吓。保持合适的饲养密度，让每只鸡都有充足的生长空间，每鸡占笼底面积不少于 500 cm²，地面散养或网上平养密度以 6～8 只/m² 为宜。实施正确的光照制度，育成鸡实行 8 小时光照，产蛋鸡实行 16 小时光照，光照强度以 3～5 W/m² 为宜。

（二）科学饲养，加强管理

根据鸡不同的生长发育阶段，制订科学合理的饲料配方。配制饲粮时应杜绝发霉变质的饲料原料。

对于养鸡生产中不可避免的应激因素，如运输、防疫、断喙等，可在饲料中进行营养强化：

（1）维生素 鸡处在应激状态时，可在应激前后 2～3 天在饮水或饲料中添加维生素。研究发现，日粮中添加维生素 C（200 mg/kg）有助于热应激条件下的鸡维持正常体温；维生素 E 有保护细胞膜和防止氧化的作用，还可缓解热应激条件下肾上腺素释放引起的免疫抑制。

（2）微量元素 应激能造成鸡对某些微量元素相对缺乏或需要量增加，适当补充可减轻应激反应，也可补充饲喂锌、碘、铬等元素。

（3）电解质 鸡热应激时呼吸加快，呼出大量的 CO_2，血液中碳酸氢根离子含量降低，容易发生呼吸性碱中毒。在饮水或饲料中添加碳酸氢钠、碳酸氢钾、氯化钾、氯化钠等电解质，可维持酸碱平衡，缓解热应激。

（4）药物 部分药物（如安定）有较强的镇定作用，能降低中枢神经系统机能的紧张度，表现出抗应激效果。因此，在鸡转群、断喙、接种疫苗前 1～1.5 小时，在饲料或饮水中加入具有镇定作用的药物，如氯丙嗪 500 mg/（kg 饲料）、溴化钠 7 mg/（kg 体重）、延胡索酸 1 g/（kg 饲料）。

（5）中草药添加剂 部分天然中草药（如钩藤、菖蒲、延胡索酸、枣仁等）具有抗应激作用，能降低鸡群骚动，保持安静；投喂清热泻火、清热燥湿、清热凉血的中草药（如石膏、黄芪、柴胡等），可维持鸡群正常食欲，提高鸡体抵抗力。

（6）其他添加剂 有些添加剂能促进鸡群营养的消化吸收能力（如酶制剂）、抗病毒能力（如酸化剂）。此外，在饲粮中添加适量的益生菌、益生元吸附剂等，可降低排泄物中有害气体的产生量。

建立健全饲养管理制度，规范饲养管理规程，控制环境对鸡群的应激危害。更换鸡饲料时，应逐量渐进替换；饲养密度随着鸡的日龄增长适度调整；光照增加不可过快，光照强度要适宜；针对产蛋高峰的蛋鸡，一定要保持充足的光照时间，做好断电时的应急措施；在放养过程中要加强巡视，观察鸡群健康状况，做到早发现、早治疗，防止群发性传染病的发生；针对胆小、免疫力低、易受应激影响的品种要及时淘汰。

（三）做好疾病防治

在场址的选择上，首先，要选择地势高、干燥的地方，远离交通要道，减少噪声引起的应激，但也要便于运输。其次，选址要远离畜禽加工厂及养殖场。场址要求生产、生活、服务区分开。进口门口要有消毒池，并且要求定期更换消毒药。每幢鸡舍都应有消毒槽。鸡舍内的水槽、料槽都要定期消毒，严格执行免疫程序，定期进行免疫预防，防止疫病发生。饲养方式要以全进全出为主，蛋鸡饲养结束后鸡舍应空舍一段时间，严格进行消毒后再进新雏。禁止外界人员和其他物品进入鸡场，彻底消灭昆虫、老鼠、苍蝇、蚊虫，防止病原传播。根据实际情况饲喂适量的抗菌药物，避免感染细菌。最后，应对病鸡进行无害化处理，预防因传染病造成的应激综合征，并且要有一定的免疫制度，可根据当地疫病情况和鸡场的实际情况制订。

练一练

> 制订一份蛋鸡养殖场热应激防治方案。

拓展学习

> **康相涛寄语农业工作者：要有爱国精神和"三农"情怀**
>
> 　　康相涛院士是河南农业大学动物科技学院教授，博士生导师，中原学者，农业农村部农业科研杰出人才及其创新团队带头人，国家蛋鸡产业技术体系遗传育种岗位专家，河南省首席科普专家。三十多年来，他致力于地方鸡资源发掘利用研究，在实践创新中摸索出让"土鸡"变"凤凰"的密码，先后获得 2008 年国家技术发明二等奖和 2018 年国家科学技术进步奖二等奖各 1 个，培育 2 个国审新品种，授权 32 项发明专利。2021 年，他带领团队和澳大利亚西澳大学合作，成功解析了影响鸡生长遗传密码，其成果发表在国际著名期刊《分子生物学与进化》（IF＝16.24）上，为破解畜禽种业"卡脖子"问题提供了强力的技术支撑。
>
> 　　2023 年 11 月 23 日，河南新晋院士康相涛接受记者采访时分享了农业工作者应该怎样培养创新精神。康相涛院士表示，一定要有爱国的精神和强烈的"三农"情怀。特别是我们从事农业、从事畜牧业是要和行业产业最基础的养殖场、养殖户，直接就是和我们的家畜家禽接触。所以说如果你没有这种"三农"情怀，你不可能把科技工作持续地做下去。同时作为一名科技工作者，要时刻关注着国家战略发展的需求。要围绕国家的战略发展去开展科学工作，还要有创新的信念持续探索，要追求真理，要有探索未知的勇气，还要有承受失败的毅力！我们想做好一件事，做好一件创新工作或做出一件突破性的工作，靠一个人是不行的，必须要有团队协作！

任务 2.3　养牛、养羊生产应激防治技术

【学习目标】

深刻理解并掌握养牛、养羊生产中的应激因素及防治技术。

【任务实施】

一、引起牛羊应激综合征因素

牛羊的养殖根据生产目的、规模、饲养方式等差异可分为多种类型，引起牛羊应激的因素主要包括环境应激、生理应激、营养和饲养管理应激、疾病和药物应激等方面。

（一）环境应激

（1）温度应激　牛羊对热应激敏感，环境温度过高会对采食量、能量代谢、内分泌系统、免疫系统、繁殖系统等产生重要影响。当环境温度超过牛羊的热中性区时，动物体温将升高，导致代谢变化。同时，热应激会增加牛羊呼吸频率以散热，但长时间的快速呼吸会导致体液和电解质失衡。高温会使牛羊通过出汗和皮肤的水分蒸发，增加脱水风险。奶牛在环境温度达到 25 ～ 27 ℃时采食量开始下降，在 40 ℃时的采食量比 18 ～ 20 ℃时低 60%。肉牛在温度高于 25 ℃时，采食量降幅可达 35% 甚至以上。

冷应激会对牛羊营养代谢、生产性能、繁殖活动、免疫水平产生重要影响。冷应激会导致牛羊体温下降，可能引发体温过低（低温症）。环境温度过低会提升基础代谢以保持温度稳定，显著降低生长、泌乳、繁殖等活动。但部分高寒地区的牛羊品种（如牦牛）对低温的耐受力较强。

（2）有害气体应激　在集约化生产条件下，牛羊舍内常见的有害气体包括氨气、硫化氢、二氧化碳和甲烷等，这些气体不仅会影响牛羊的呼吸道健康，还会影响生产性能和环境质量。目前牛羊产生的甲烷气体已成为国内外畜牧业高度关注的关键问题。放牧或半放牧条件下牛羊遭受有害气体应激的情况较少。

（3）其他环境应激　舍饲养殖条件下，突然或持续的噪声（如机器噪声、交通噪声）会引起牛羊的恐慌和应激。光照不足会影响牛羊的生物节律和繁殖性能，过度光照会引起应激反应。引入新个体、群体重组或争斗都会导致社会应激。

（二）生理应激

繁殖期的牛羊在正常生产过程中，妊娠、泌乳、分娩等活动产生的生理性应激对牛羊的影响也较大。因牛羊胎儿个体较大，产生难产、产后瘫痪等概率较高，其分娩过程能造成十分剧烈的炎症应激和氧化应激。

（三）营养和饲养管理应激

饮水不足或质量不佳、水温控制不当会加剧冷热应激。牛羊在缺水情况下，体内酸碱平衡紊乱、消化液分泌与养分吸收减弱、代谢产物排泄障碍，导致高渗性脱水、代谢性酸中毒等症状，若在此条件下发生营养不均衡，则将加剧动物应激。饲料中的霉菌毒素、重金属等危害因子也会造成持续性的炎症和氧化应激。运输过程中，通常会伴随严重的心理应激，加上运输车厢内动物拥挤，水分、粪尿蒸发的影响，往往在车厢内形成高热、高湿的小气候，引起牛羊发生脱水、心力衰竭、肺瘀血、肺水肿、全身血液循环衰竭、消化机能减退等应激反应。

（四）疾病和药物应激

与其他动物（猪、鸡等）相似的是，亚临床症状、急性病原感染、慢性疾病、疼痛与不适等均能引起动物严重的免疫应激。而在对动物进行药物治疗过程中，药物引起的过敏反应、肝肾损伤、耐药性、药物残留等问题均能显著引起动物的应激。

二、牛羊生产中的应激防治技术

（一）预防措施

（1）预防热应激的发生　高温高湿是造成牛羊应激的主要应激源之一。针对放牧养殖类型，应在放牧场和圈舍中搭建遮阴棚，以减少太阳直射，提高动物的舒适度。在圈舍内安装风扇或通风设备，保持空气流通，可降低温度和湿度。针对集约化的舍饲养殖类型，应在圈舍中安装湿帘降温系统，通过水蒸发带走热量，降低圈舍内温度；也可在高温时段通过喷雾系统给牛羊降温，但需注意避免圈舍湿度过高。

充足且高质量的饮水是防控热应激的关键措施之一，在提供高质量饮水情况下，应保持饮水器的清洁，定期检测水源，避免水温过高；也可以在饮水中添加电解质和维生素，帮助维持体液平衡。

（2）提升营养和饲养管理水平　根据不同季节的需求及时调整饲料的配方；按照性别、体重、强弱进行分圈饲养，按照不同环境条件设计日粮配方。对牛羊而言，优质干草、青绿饲料、不含饲料源危害因子（霉菌毒素、重金属、抗营养因子）或含量低于限量水平的饲料原料是减少环境应激的首要措施。此外，及时清除粪尿，保持舍内干燥，合理安排通风换气，使用微生态制剂、有害气体吸附剂能够降低舍内有害气体浓度，减少病原感染风险。

（3）制定严格的生物安全制度　根据当地牛羊流行病的发生发展规律，制定严格的生物安全防控措施，定期进行驱虫，合理安排消毒时间和频次。科学接种疫苗，疫苗前后应注意环境温度适宜、没有疫病发生。不能在动物处于疾病状态下进行免疫。

（二）治疗措施

（1）热应激的治疗措施　牛羊发生热应激后，应尽快实施降温措施，可对动物及时进行喷水降温，并在舍内安装大功率风扇。在严重情况下，可以考虑使用镇静剂，帮助牛羊平静下来，减轻热应激反应；也可使用非甾体抗炎药物（NSAIDs）减轻炎症反应。

（2）其他一般性应激综合征治疗措施　牛羊发生应激反应后，通常会出现咳嗽、流涕和流泪等症状，可用青霉素 160 万国际单位、链霉素 100 万国际单位混合肌内注射，每天 2 次，连用 3 天；或用林可霉素注射液 10 mL 肌内注射，连用 3～5 天。若出现发热症状，可同时肌内注射安乃近或安痛定 5～10 mL。

（3）病原菌感染导致应激的治疗　由各类致病菌感染导致消化道疾病或其他病症时，可用庆大霉素、环丙沙星或恩诺沙星 10 mL 进行肌内注射。腹泻严重和出现脱水的羊只用 5% 葡萄糖 250 mL＋10% 樟脑磺酸钠 4 mL＋维生素 C 100 mg 混合静脉注射。为了防止酸中毒，可静脉注射 2% 的碳酸氢钠溶液 50～100 mL。

（4）肢蹄疾病的治疗　养殖环境发生急剧变化时可导致肢蹄疾病的发生。发病后，可用 0.1% 的高锰酸钾溶液清洗患部，除去结痂，并涂抹碘甘油和冰硼散，严重者可采用清热解毒药物和抗菌药物进行对症治疗，避免继发感染而出现伤亡。

练一练

制订一份肉牛养殖场应激防治方案。

拓展学习

关于"强制换羽"

　　人工强制换羽，就是人为地给鸡施加一些应激因素，在应激因素作用下，使其停止产蛋、体重下降、羽毛脱落从而更换新羽。强制换羽的目的，是使整个鸡群在短期内停产、换羽、恢复体质，然后恢复产蛋，提高蛋的质量，达到延长鸡的经济利用期。据估计在巴西每年有超过 2 200 万只鸡被强制换羽，而在美国商业蛋型蛋鸡管理上，大多数鸡蛋生产商采用饲料限制的方法强迫鸡群休产换羽。目前，诱导羽毛脱换的方法主要分为禁食法（又称饥饿法）和非禁食法两大类，而禁食法换羽包括全饥饿法和阶段性饥饿控制法。饥饿法换羽是通过断水、断料、断光、人为地施加应激因素，从而打乱鸡的生长规律。作为一种重要的诱导换羽方法，全饥饿法不仅可以降低换羽费用，还可以明显缩短蛋鸡换羽的时间。该法通常是根据鸡的体重及状态停料 9～13 天，停水 3 天左右，期间保证每天 8 小时的光照，经历 1 周左右的停产，再恢复喂料、增加光照，母鸡生殖器官会迅速发育，最终达到母鸡短时间内恢复产蛋的目的。而阶段性饥饿控制法，主要是以日失重率作为限饲依据，通过限制饲喂实现的一种诱导换羽法。相比全饥饿法，该法略有改进，但操作相对而言较为烦琐，适合在祖、父母代种鸡场使用。

饥饿法强制换羽的优点是操作简单，省时省力，一般的养殖场可以使用。

缺点是不符合现在动物福利的要求，在实施操作的过程中蛋鸡存在一定的死亡率；对前期准备工作要求较高。

考虑到动物福利问题，近年来国外许多学者逐渐开始探求一些饥饿强制换羽的替代方法，在非禁食法研究方面取得了新的突破。总的来说，禁食法诱导换羽的替代方法均是通过日粮限制、降低营养水平或改变基础饲粮的方式迫使机体内的某种或某些特定营养素失衡，进而达到实现休产换羽的目的。

模块二
养殖场规划与设计技术

◆ **模块导读**

　　畜禽养殖场区的规划与设计直接关系到畜禽健康和养殖生产效率。畜禽养殖区规划主要包括场址选择、场区设施设置、功能分区、道路系统设计等。本模块围绕如何科学规划设计养殖场，从总体规划到具体介绍，详细阐述养殖场申报准备到布局建设过程所需要的理论与技能知识。场区规划应满足畜禽生产防疫要求、健康养殖与动物福利、畜禽生长环境与清洁生产、集约化规模化养殖与节能技术等。

◆ **模块教学案例**

　　2018年5月，《问政湖南》显示，全体村民请愿叫停长沙市浏阳市淳口镇鹤源居委会西山组一个大型养猪场（红头养猪场）。围绕红头养猪场超量饲养、环境污染等方面问题提出请愿，淳口镇人民政府给予了及时答复：猪场存栏问题。经核实，长沙市环保局环评批复中限定红头养猪场存栏数不得超过3 000头。浏阳市环保局和淳口镇环保站针对猪场存栏数超量事实，已下达现场监察文书，责令猪场立即整改，在6个月时间内将存栏数控制在3 000头以内。目前，存栏数已下降至4 000头左右，淳口镇将与将市环保局督促红头养猪场在7月2日前存栏数严格控制在3 000头以内。如养猪场在规定时间内未能达到要求，将依法立案查处。自红头养猪场建成投产以来，市、镇两级环保部门多次对猪场进行巡查执法，进行过立案查处和行政处罚，下达监察整改文书10多次，督促企业全力整改，抓好污染防治。目前，红头养猪场养殖废水已建有雨污分流、干湿分离、管网收集、沼气池厌氧发酵、六级沉淀池净化等处理措施，处理后由粪罐车运输至种植基地进行种养平衡综合利用，养殖粪水严禁对下游淳口河流水体排放。为降低臭气传播，环保部门要求养猪场每天在饲料中添加微生物，每天喷洒除臭剂两次以上，控制水泡粪停留时间，统一收集处理。但进入高温季节或向风方向，猪粪臭气和猪身体味确实对周边群众生产生活带来不良影响。

　　思考：1. 红头养猪场在布局与规划上有哪些不足？
　　　　　2. 养殖场的规划设计与生产稳定有何关系？
　　　　　3. 针对红头养猪场存在的不足应该如何整改？

◆ **知识目标**

　　1. 了解畜禽养殖场申报前期的准备工作。
　　2. 掌握畜禽养殖场（猪、鸡、牛羊）场址的选择和布局方法。
　　3. 熟悉畜禽生产中常用的设施设备。

◆ **技能目标**

　　1. 能正确选择畜禽养殖场的场址。

2. 能初步设计各类畜禽养殖场的生产工艺方案。

3. 能初步设计畜禽场的总平面图。

◆ 素质目标

1. 具有爱岗敬业、协作创新的职业精神。

2. 具备求真务实、勇于探索的职业态度。

3. 具有爱护、保护生态环境的责任意识。

◆ 模块知识导图

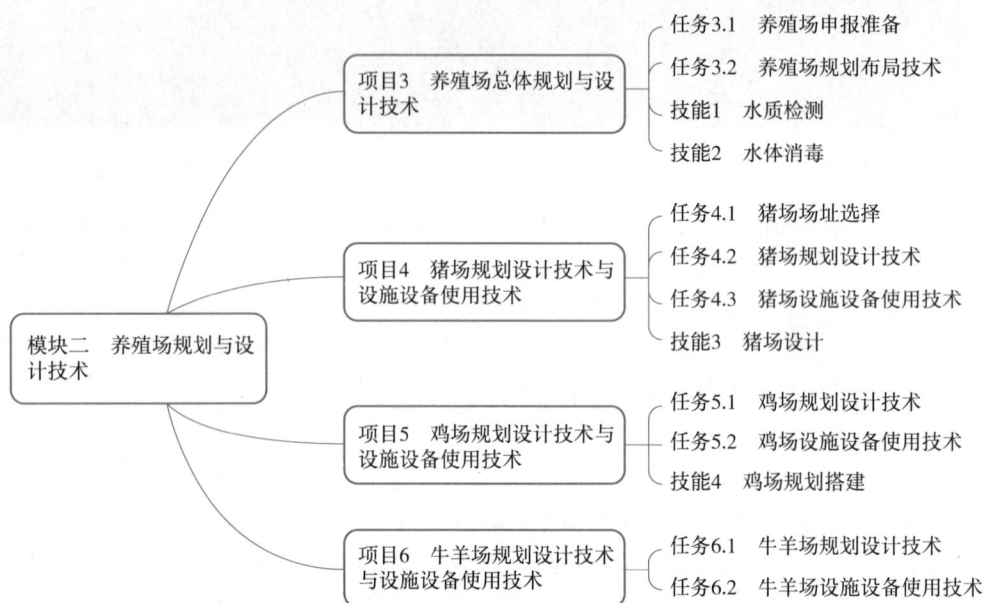

```
                                              ┌─ 任务3.1  养殖场申报准备
                          ┌─ 项目3  养殖场总体规划与设 ┤  任务3.2  养殖场规划布局技术
                          │    计技术            │  技能1   水质检测
                          │                     └─ 技能2   水体消毒
                          │
                          │                     ┌─ 任务4.1  猪场场址选择
                          ├─ 项目4  猪场规划设计技术与 ┤  任务4.2  猪场规划设计技术
                          │    设施设备使用技术      │  任务4.3  猪场设施设备使用技术
  模块二  养殖场规划与设 ──┤                     └─ 技能3   猪场设计
    计技术              │
                          │                     ┌─ 任务5.1  鸡场规划设计技术
                          ├─ 项目5  鸡场规划设计技术与 ┤  任务5.2  鸡场设施设备使用技术
                          │    设施设备使用技术      └─ 技能4   鸡场规划搭建
                          │
                          └─ 项目6  牛羊场规划设计技术 ┌─ 任务6.1  牛羊场规划设计技术
                               与设施设备使用技术    └─ 任务6.2  牛羊场设施设备使用技术
```

项目 3
养殖场总体规划与设计技术

◆ **项目提要**

在现代养殖体系中，畜禽养殖场区的规划设计直接关系到畜禽的健康和养殖生产效益。养殖场的规划与设计一般是用文字材料和图纸阐明养殖场生产工艺，既是前期进行畜禽场规划和畜禽舍设计的依据，也是畜禽牧场投产后指导生产的方针。本项目主要介绍养殖场申报准备、养殖场规划布局、养殖场水源选择。

◆ **项目教学案例**

合山养猪场由邵阳市某公司投资建设，是新建年产 4 万头商品活大猪生产线、年加工 10 万头生猪加工线项目。其环境影响报告书已在 2012 年获得邵阳县环保局的批复通过，项目环评手续完备，但生产管理中环保问题突出。

该养猪场自 2013 年投产以来，排放的粪尿污水及有害气体未经任何处理就直接排放到下游一个占地 22 亩（1 亩≈666.67 m²）、深 6 m 的小型水库中，水库达到一定排水位置后，又直接排放到下游 200 多亩农田中，导致农作物无法生长，下游农田几近荒芜。此外，超标的污水还渗透到村里的 3 口公用水井及 80 余口私人水井中，遭当地村民抗议。当地村民接受采访时反馈"井水上浮着一层肉眼都能看到的脏物，看起来就像猪的排泄物"。

政府组织调查后发现，该养猪场建成后未严格执行环保"三同时"制度，主体工程投入使用后，配套的污染防治设施未建成，导致养殖过程中产生废水未经处理直接排放，污染周边环境，于 2016 年 7 月责令其停业整改。

思考：1. 为做好"绿色养殖"工作，养殖场申报前应该做好哪些准备？

2. 配套设施前期规划不足，可能会对养殖生产管理带来哪些影响？

3. 如何在项目投产前做好设计与管理工作？

◆ **知识目标**

1. 了解畜禽养殖场申报前期的准备工作。

2. 理解畜禽养殖场的生产工艺制订及配套设备设施设计。

3. 掌握畜禽养殖场场址选择和布局方法。

4. 掌握畜禽养殖场规划布局的基础知识。

◆ **技能目标**

1. 能正确选择畜禽养殖场场址。

2. 能够初步设计畜禽场生产工艺方案。

3. 能够识别畜禽场设计图。

4. 能初步设计畜禽场总平面图。

◆ **素质目标**

1. 具有精诚合作、勇于创新的岗位精神。

2. 具有勇于负责、敢于负责的精神。

3. 具备就就业业、艰苦卓绝的职业态度。

任务 3.1　养殖场申报准备

【学习目标】

熟悉养殖场申报前的准备流程，能够自主完成申报前工作计划。

【任务实施】

合理的畜牧场工艺设计应该既适合当地的自然条件、社会条件、市场需求及经济技术水平，又能采用最先进的科学技术，以保证生产工艺的实施和生产水平的提高。为保证畜牧场设计科学合理，在进行畜牧场设计前，必须调查拟建场地的地形、地势、水源、土壤、地质水文资料、历史上的自然灾害和畜禽疫情，当地建筑习惯，场地周围的工厂、居民点和其他牧业情况。必须了解当地自然社会经济状况、畜产品市场状况、饲料及能源供应、粪污处理能力、劳动力市场情况、交通运输条件、建设投资能力及资金来源等情况。

一、工艺设计

设置畜牧场之前，畜牧场的工艺设计应根据经济条件、技术力量、社会和生产需求，并结合环保要求进行。现代化畜牧场普遍采用的是分阶段饲养和全进全出的生产工艺。在制订畜牧场工艺设计方案时，必须充分考虑现代畜牧场的生产工艺特点，结合当地实际情况，使设计方案既科学、先进，又切合实际，能够付诸实践。畜牧场的工艺设计内容包括畜牧场的性质和规模、主要生产指标、畜群组成和周转方式、饲养管理方式、卫生防疫制度、畜牧兽医技术参数和标准、畜禽舍的样式和主要尺寸、畜牧场附属建筑和设施等。工艺设计方案应既科学先进又切合实际，且应具体详细，具有可操作性。

（一）畜牧场的性质和规模

不同性质的牧场，如种畜场、繁殖场、商品场，它们的公母比例、畜群组成和周转方式不同，对饲养管理和环境条件的要求不同，所采取的畜牧、兽医技术措施也不同。因此，在工艺设计中必须明确规定牧场性质，并阐明其特点和要求。

畜牧场的性质必须根据社会和生产的需要来决定。原种场、祖代场必须纳入国家或地方的良种繁育计划，并符合有关规定和标准。确定牧场性质，还须考虑当地技术力量、资金、饲料等条件，经调查论证后方可决定。

所谓畜牧场规模一般是指畜牧场饲养家畜的数量，通常以存栏繁殖母畜头（只）数表示，或以年上市商品畜禽头（只）数表示，或以常年存栏畜禽总头（只）数表示。畜牧场规模是进行畜牧场设计的基本数据。畜牧场规模的确定除必须考虑社会和市场需求、资金投入、饲料和能源供应、技术和管理水平、环境污染等各种因素，还应考虑畜牧场劳动定额和房舍利用率。例如，某商品蛋鸡场，其管理定额为每人饲养蛋鸡 5 000 ～ 6 000 只，则每栋蛋鸡舍容量就应为 5 000 ～ 6 000 只，或为其倍数，全场规模也应是管理定额的倍数。此外，鸡场规模还应考虑蛋鸡舍与其他鸡舍的栋数比例，以提高各鸡舍利用率，并防止出现鸡群无法周转的情况。蛋鸡生产一般为三阶段饲养：育雏阶段一般为 0 ～ 6 周或 7 周龄；育成阶段一般为 7 或 8 周龄至 19 或 20 周龄；产蛋阶段一般为 20 或 21 周龄至 72 或 76 周龄。为便于防疫和管理，应按三阶段设计三种鸡舍，实行"全进全出制"的转群制度，每批鸡转出或淘汰后，对鸡舍和设备进行彻底清洗和消毒，并空舍一段时间后再进新鸡群。工艺设计应调整每阶段的饲养时间（饲养日数加消毒空舍日数）恰成比例，就可使各种鸡舍的栋数也恰成比例。表 2-3-1 是制订鸡群周转计划和鸡舍比例的两种方案。

表 2-3-1　蛋鸡场鸡群周转计划和鸡舍比例方案举例

方　案	鸡群类别	周　龄	饲养天数	消毒空舍天数	占舍天数	占舍天数比例	鸡舍栋数比例
Ⅰ	雏　鸡	0～7	49	19	68	1	2
	育成鸡	8～20	91	11	102	1.5	3
	产蛋鸡	21～76	392	16	408	6	12
Ⅱ	雏　鸡	0～6	42	10	52	1	1
	育成鸡	7～19	91	13	104	2	2
	产蛋鸡	20～76	399	17	416	8	8

（引自：李震钟.家畜环境卫生学附牧场设计［M］.北京：农业出版社，1993.）

（二）主要生产指标

主要生产指标包括畜禽公母比例、种畜禽利用年限、情期受胎率、年产窝（胎）数、窝（胎）产活仔数、仔畜初生重、种蛋受精率、种蛋孵化率、年产蛋量、畜禽各阶段的死淘率、耗料定额和劳动定额等。

制订生产指标必须根据畜禽品种的生产力、技术水平和管理水平、饲养人员素质等，使指标高低适中，经努力可以实现。

制订畜牧场生产指标，不仅为设计工作提供依据，而且为投产后实行定额管理和岗位责任制提供依据。生产指标一定要高低适中，指标过高，不但不能完成任务，而且依此设计的房舍、设备也不能充分利用；如果指标过低，则不能充分发挥工作人员的劳动生产潜力，据此设计的房舍设备无法满足生产需要。

（三）畜禽组成及周转方式

根据畜禽不同生长发育阶段的特点和对饲养管理的不同要求，分成不同类群。在工艺设计中，应定出各类畜禽的饲养时间和消毒空舍时间，分别算出各类群畜禽的存栏数和各类畜舍的数量，并绘出畜群周转图。

在集约化畜牧场生产工艺上，应尽量采用"全进全出"的周转模式，一栋畜舍只饲养同一类群的畜禽，要求同时进舍，并一次性装满畜禽，到规定时间后又要求同时出舍。畜舍和设备经彻底消毒、检修后空舍几天再接受新群，这样有利于卫生防疫，可防止疫病的交叉感染。目前，我国的鸡场大多采用"全进全出"的饲养制度。

（四）饲养管理方式

饲养管理方式包括饲养方式、饲喂方式、饮水方式、清粪方式等。

1. 饲养方式

饲养方式是指为便于饲养管理而采用的不同设备、设施（如栏圈、笼具等），或每圈容纳的畜禽数量多少，或畜禽管理不同形式。按饲养管理设备和设施不同，饲养方式可分为笼养、网栅饲养、缝隙地板饲养、板条地面饲养和地面平养；按每圈畜禽数量多少，饲养方式可分为单体饲养和群养；按管理形式，饲养方式可分为拴系饲养、散放饲养、无垫草饲养和厚垫草饲养。

饲养管理方式关系到畜舍内部设计及设备的选型配套，也关系到生产的机械化程度、劳动效率和生产水平。在设计牧场时，要根据实际情况，论证确定拟建牧场的饲养管理方式，在工艺设计中应加以详尽说明。

2. 饲喂方式

饲喂方式是指不同的投料方式或饲喂设备，可分为手工喂料和机械给料，或分为定时限量饲喂和自由采食。饲料料型关系到饲喂方式和饲喂设备的设计，稀料、湿拌料宜采用普通饲槽进行定时限量饲喂，而干粉料、颗粒料则采用自动料箱进行自由采食。

3. 饮水方式

饮水方式可分为定时饮水和自由饮水，所用设备有水槽和各式饮水器。饮水槽饮水（如长流水、定时给水、贮水）不卫生、管理麻烦，现多用于牛、羊、马生产，在猪和鸡生产中已被淘汰。饮水器可用于各种畜禽生产，具有干净卫生的优点。

4. 清粪方式

清粪方式可分为干清粪、水冲粪、水泡粪。干清粪是将粪和尿水分离并分别清除。畜床的结构和设施应能迅速、有效地将粪便与尿水分开，并便于人工清粪或机械清粪。水冲粪、水泡粪工艺是在漏缝地板下设粪沟，前者沟底有坡度，每天多次用水将沟内粪污冲出舍外，后者沟为平底或有坡，沟内积存粪尿和水，即将积满时，提起沟端的闸板排放沟中的稀粪。该两种清粪方式虽可提高劳动效率，降低劳动强度，但耗水耗能较多，舍内卫生状况变差，更主要的是，粪中的可溶性有机物溶于水，使污水处理难度大大提高，难以将粪污进行资源化合理利用，且容易造成环境污染。

（五）卫生防疫制度

疫病是养殖生产中的最大威胁，积极有效的对策是贯彻"预防为主，防重于治"方针，工艺设计应据此制定出严格的卫生防疫制度。为了有效防止疫病的发生和传播，畜牧场必须严格执行《中华人民共和国动物防疫法》，工艺设计应据此制定出严格的卫生防疫制度。畜牧场设计还必须从场址选择、场地规划、建筑物布局、绿化、生产工艺、环境管理、粪污处理利用等方面全面加强卫生防疫，并在工艺设计中逐项加以说明。经常性的卫生防疫工作，要求具备相应的设施、设备和相应的管理制度，在工艺设计中必须对此提出明确要求。例如，畜牧场应杜绝外面车辆进入生产区，因此，饲料库应设在生产区和管理区交界处，场外车辆由靠管理区一侧的卸料口卸料，各栋畜舍用场内车辆在靠生产区一侧的领料口领料。而对于产品的外运，应靠围墙处设装车台，车辆停在围墙外装车。场大门须设车辆消毒池，供外面车辆入场时消毒。各栋畜舍入口处也应设消毒池，供人员、手推车出入消毒。人员出入生产区还应经过消毒更衣室，有条件的单位最好进行淋浴。此外，工艺设计应明确规定设备、用具要分栋专用，场区、畜舍及舍内设备要有定期消毒制度。对病畜隔离、尸体剖检和处理等也应做出严格规定，并对应有相关的消毒设备和处理设施。

（六）畜牧兽医技术参数与标准

畜牧场工艺设计应提供有关的各种参数和标准，作为工程设计的依据和投产后生产管理的参考。其中包括各种畜群要求的温度、湿度、光照、通风、有害气体允许浓度等环境参数；畜群大小及饲养密度、占栏面积、采食宽度及饮水高度、通道宽度、非定型设备尺寸、饲料日消耗量、日耗水量、粪尿及污水排放量、垫草用量等参数；冬季和夏季对畜舍墙壁和屋顶内表面的温度要求等设计参数。

（七）畜禽舍的样式和主要尺寸

畜舍样式应根据畜禽的特点，并结合当地气候条件，常用建材和建筑习惯，建成无窗畜舍、有窗畜舍、开放舍、半开放舍等。畜舍主要尺寸是指畜舍的长、宽、高，应根据畜禽种类、饲养方式、场地地形及尺寸设计确定。

（八）畜牧场附属建筑及设施

畜牧场附属建筑包括行政办公用房、生产用房、技术业务用房、生产的附属用房。附属设施包括地秤、产品装猪台、除粪场等，均应在工艺设计中做出具体要求。

二、场址选择

家庭饲养少量畜禽可利用现有空闲民房外，规模化畜牧场应选择适宜的场地建场。场址选择主要考虑场地的地形、地势、水源、电力、交通及社会联系等条件，不同种类的畜禽场在进行场址选择时，需要考虑的条件，尤其是社会联系存在一定的差异，如在进行猪场规划时，需要考虑到与周围功能设施（如屠宰场、动物固废处理场等）的距离，尽量避免"非瘟"等疫病有害因素；又如在进行鸡场规划时需要远离噪声源（如机场、公路、靶场等）。总之不同畜禽场的场址选择既有其共性，又有区别，需要结合畜禽本身的生长习性和生理有害因素，具体设计规划原则可分别见本模块的项目 4、项目 5 和项目 6。

📝 **练一练**

1. 请思考畜禽场的工艺设计和场址规划之间有怎样的联系。
2. 结合所学知识，请以本地的"畜禽养殖标准化示范场"为例，总结其在工艺设计和场地选址方面的优点。

📖 **拓展学习**

畜禽养殖标准化示范场

按照《国务院办公厅关于加快推进畜禽养殖废弃物资源化利用的意见》的要求，紧紧围绕实施乡村振兴战略，加快推进畜牧业现代化，大力推进质量兴牧、绿色兴牧，全面提升畜牧业质量效益竞争力，农业农村部每年都会下达当年的《畜禽养殖标准化示范创建活动工作方案》（以下简称《方案》）。

《方案》中涵盖了以生猪、奶牛、蛋鸡、肉鸡、肉牛和肉羊等多种规模化养殖场，通过养殖场申请创建、专家指导、省级验收、材料复核、现场核查、评审确定，每年创建 100 个左右现代化的畜禽养殖标准化示范场，共创建 1 000 个。目的是建设出一批生产高效、环境友好、产品安全、管理先进的畜禽养殖标准化示范场。畜禽养殖标准化示范场的建设对畜牧行业的发展有导向作用，评定通过的企业和畜禽养殖场不仅可以获得当地畜牧行政主管部门和市场监督管理部门的支持，还可以作为业内标杆获得政府的推广，提高企业的知名度和竞争力。

任务 3.2 养殖场规划布局技术

养殖场规划
布局技术

【学习目标】

熟悉养殖场规划布局原则，能根据实际情况对养殖场场地、建筑物、配套设施等进行合理布局。

【任务实施】

一、场地规划与建筑物布局

场地选定之后，需根据场地的地形、地势和当地主风向，有计划地安排养殖场不同建筑功能区、道路排水、绿化等地段的位置。根据场地规划方案和工艺设计对各种建筑物的要求，合理安排每栋建筑物和各种设施的位置、朝向和相互之间的距离，称为建筑物布局。场地规划与建筑物布局主要考虑不同场区和建筑物之间的功能关系，场区小气候改善，以及养殖场的卫生防疫和环境保护。

（一）场地规划

1. 畜牧场的分区规划原则

①在体现建场方针、任务的前提下，做到节约用地。

②全面考虑家畜粪尿、污水的处理利用。

③合理利用地形地物，有效利用原有道路、供水、供电线路及原有建筑物等，以减少投资，降低成本。

④为场区今后的发展留有余地。

2. 养殖场的分区规划

养殖场通常分为管理区（包括行政和技术办公室、车库、杂品库、更衣消毒和洗澡间、配电室、水塔、宿舍、食堂、娱乐室等）、生产区（包括各种畜舍、饲料贮存、加工、调制等建筑物）、隔离区（包括病畜隔离舍、兽医室、尸体剖检和处理设施、粪污处理及贮存设施等）三个功能区（图2-3-1），有的养殖场将生产区中辅助生产区独立分出后将整个养殖场分为四个功能区。在进行场地规划时，主要考虑人、畜卫生防疫和工作方便，考虑地势和当地全年主风向来合理安排各区位置。

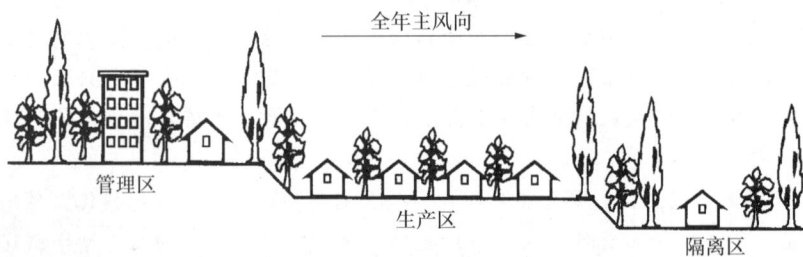

图 2-3-1　养殖场按地势和风向划分场区示意图

（引自：李蕴玉.养殖场环境卫生与控制［M］.北京：高等教育出版社，2002.）

（1）管理区（生活区）　担负畜牧场经营管理和对外联系的区域，应设在与外界联系方便的位置。场大门设于该区，门前设消毒池，两侧设门卫和消毒更衣室。车库、料库应在该区靠围墙设置，车辆一律不得进入，也可将消毒更衣室、料库应设于该区与生产区隔墙处，场大门只设车辆消毒池，可允许进入管理区。有家属宿舍时，应单设生活区，生活区应设在管理区的上风向、地势较高处。

（2）生产区　是畜牧场的核心区域，应设于全场中心地带。规模较小的畜牧场，可根据不同畜群的特点，统一安排各种畜舍。大型的畜牧场，则进一步划分种畜、幼畜、育成畜、商品畜等小区，以方便管理和有利于防疫。

（3）隔离区　是畜牧场病畜、污物集中之地，是卫生防疫和环境保护工作的重点，应设在全场下风向和地势最低处。为运输隔离区的粪尿污物出场，宜单设道路通往隔离区。

畜牧场分区示意图如图2-3-2所示。

图 2-3-2　畜牧场分区示意图

隔离猪舍、出猪台、观察室、死畜处理室布局示意图如图 2-3-3 所示。

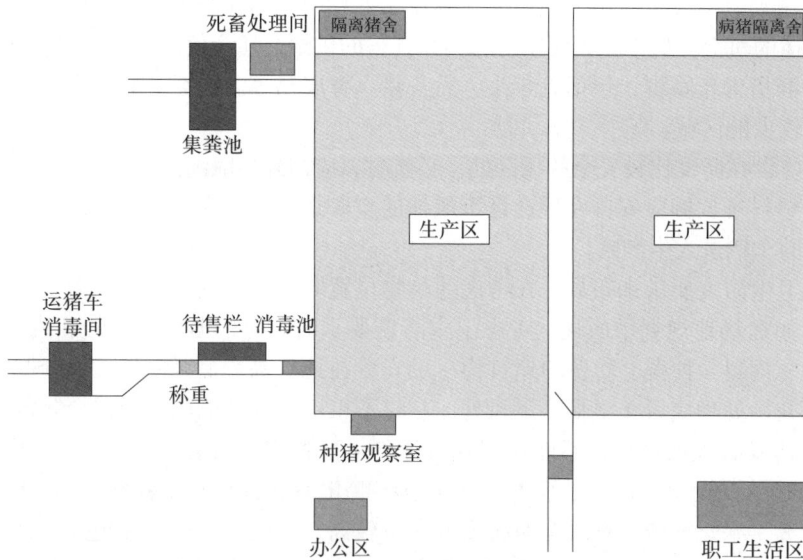

图 2-3-3　隔离猪舍、出猪台、观察室、死畜处理室布局示意图

（二）建筑物布局

养殖场建筑物的布局，就是合理设计各种房舍建筑物及设施的排列方式和次序，确定每栋建筑物每种设施的位置、朝向和相互之间的距离。养殖场建筑物布局直接影响场区环境状况、卫生防疫条件、畜舍小气候状况、生产组织、劳动生产率及基础投资等。因此，养殖场建筑布局必须考虑各建筑之间的功能关系、小气候的改善、卫生防疫、防火和节约用地等，根据现场条件进行设计布局。为合理设计畜牧场建筑物布局，须先根据所规定的任务与要求（养哪种家畜、养多少、产品产量），确定饲养管理方式、集约化程度和机械化水平、饲料需要量和饲料供应情况（饲料自产、购入与加工调制等），然后进一步确定各种建筑物的形式、种类面积和数量。在此基础上综合考虑场地的各种因素，制订最佳的布局方案。

1. 建筑物的位置

确定建筑物的位置时主要考虑它们之间的功能关系、卫生防疫及生产工艺流程要求。

（1）根据功能关系来布局　功能关系是指房舍建筑物和设施在畜牧生产中的相互关系（图 2-3-4）。在安排各建筑物位置时，应将相互有关、联系密切的建筑物和设施靠近设置，以便于生产联系。不同畜群彼此应有较大的卫生间距，大型养殖场最好达 200 m 以上。

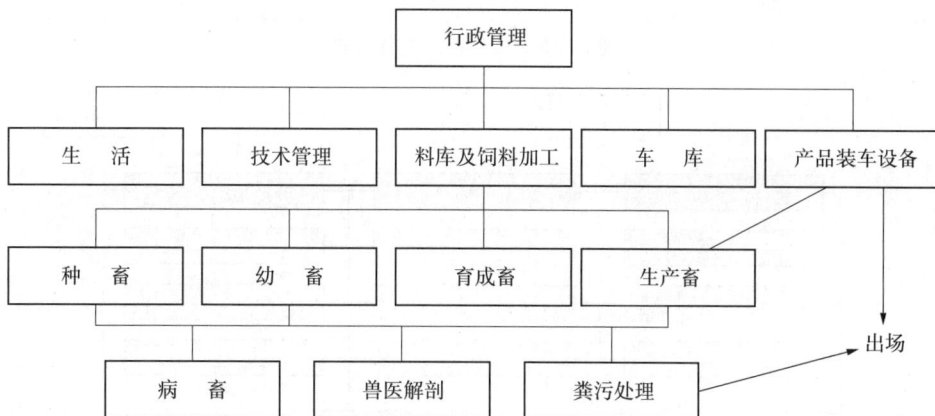

图 2-3-4　养殖场建筑物和设施的功能关系

①商品畜群包括奶牛群、肉牛群、肥育猪群、蛋鸡群、肉羊群等。商品畜禽管理方式多采用

高密度、机械化、自动化。畜群产品应及时出场销售，畜群饲料、产品、粪便的运送量大，与场外的联系比较频繁。一般将要出售的畜群安排在靠近场门交通比较方便的地段，以减少外界疫情向场区深处传播的机会。奶牛群为便于青绿多汁饲料的供给，还应使其靠近场内的饲料地。

②育成畜群指青年畜群，包括青年牛、后备猪、育成鸡等。这类畜群应安排在空气新鲜、阳光充足、疫病较少的区域。

③种畜群应设在防疫比较安全的场区处，必要时，应与外界隔离。

④干草和垫料堆放棚应安排在生产区下风抽的空旷地方。注意防止污染，并尽量避免场外运送干草、垫料的车辆进入生产区。

（2）根据卫生防疫要求来布局　在考虑建筑物位置时，不能只考虑功能需要，也不能违背卫生防疫要求。如在场地规划中所述，考虑卫生防疫要求时，应根据场地地势和当地全年主方向，将办公、生活、饲料、种畜、幼畜的建筑物尽量安置在地势高、上风向处。生产群可置于相对较低处，病畜及粪污处理应置于最低、下风处。有时不得不牺牲功能联系而保全防疫需要。如家禽孵化室是一个污染较大的区域，不能强调其与种禽、育雏的功能关系，应主要考虑防疫的需要。大型养禽场最好单独设孵化场，小型养禽场也应将孵化室安置在防疫较好又不污染全场的地方，并设围墙或隔离、绿化地带。育雏舍对防疫要求也较高，且因某些疫病在免疫接种后需较长时间才产生免疫力，如与其他鸡舍靠近安置，则易发生免疫力产生之前的感染。因此，大型鸡场宜单设育雏舍，小型鸡场则应与其他鸡舍保持一定距离，并设围墙严格隔离。

（3）根据生产工艺流程安排来布局

①商品猪场。商品猪场的生产工艺流程：种猪配种→妊娠→分娩哺育→保育或育成→育肥→上市（图2-3-5）。因此，应按种公猪舍、空怀母猪舍、妊娠母猪舍、产房、断奶仔猪舍、肥猪舍、装猪台等顺序来安排建筑物与设施。饲料库、贮粪场等，与每栋猪舍都发生联系，其位置应考虑"净道"（运送饲料、产品和用于生产联系的道路）和"污道"（运送粪污、病畜、死畜的道路）的分开布置（图2-3-6），并尽量使其至各栋猪舍的线路最短距离相差不大。

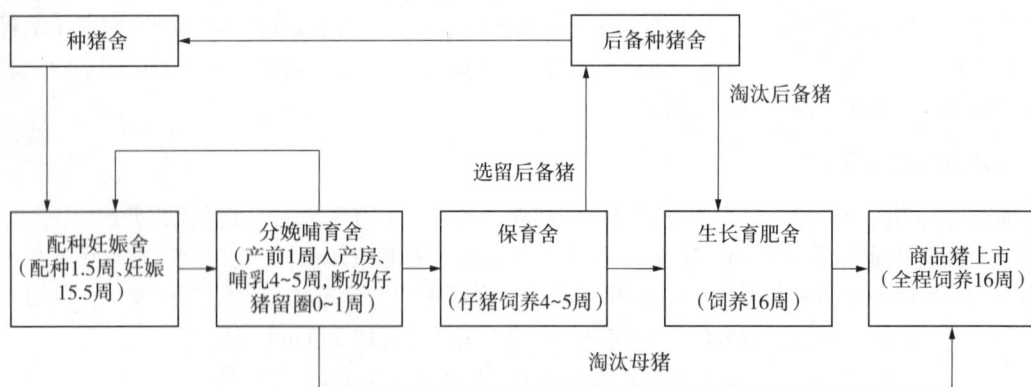

图2-3-5　猪生产工艺流程图

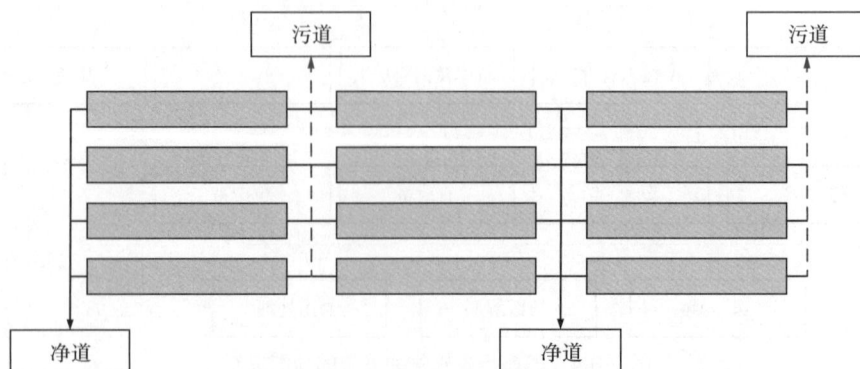

图2-3-6　猪舍内部道路布局图

②种鸡场。种鸡场的生产工艺流程：种蛋孵化→育雏（又分幼雏、中雏、大雏）→育成→产蛋→孵化→销售（种蛋或鸡苗）。因此，鸡舍布局根据主风向应当按下列顺序配置，即孵化室、育雏舍、中雏舍、育成鸡舍、产蛋鸡舍，即孵化室建在上风向，成鸡舍在下风向，这样能使幼雏舍得到新鲜空气，从而减少发病机会，同时，也能避免由成鸡舍排出污浊空气造成疫病传播。

2. 建筑物的排列

畜牧场建筑物一般横向成排（东西），竖向成列（南北）。排列合理与否，关系到场区的小气候、畜舍的光照、通风、建筑物之间的联系、道路和管线铺设的长短、场地的利用率等，要求尽量做到合理、整齐、紧凑、美观。尽量避免狭长排列，否则会造成饲料、粪污的运输距离加大，管理和工作联系不便，道路、管线加长，增加建场投资。生产区尽量按方形或近似方形排列为好。一般 4 栋以内，宜单列 ［图 2-3-7（a）］；超过 4 栋时，呈双列或多列 ［图 2-3-7（b）、（c）］。

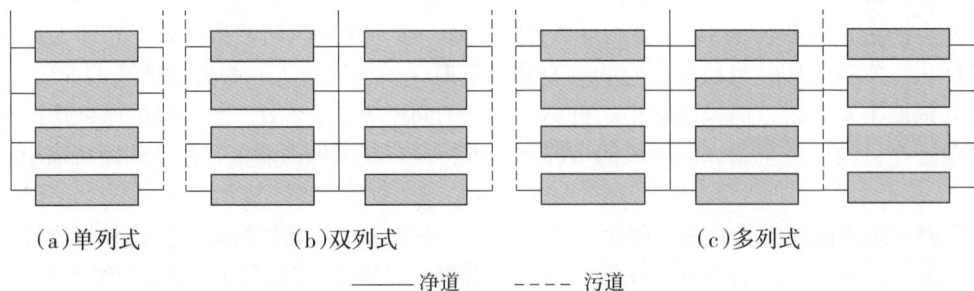

（a）单列式　　　　　（b）双列式　　　　　　　（c）多列式

———— 净道　　　- - - - 污道

图 2-3-7　养殖场建筑物排列布置模式图

3. 建筑物的朝向

确定养殖场建筑物的朝向主要考虑其日照和通风效果。畜舍建筑物一般为长矩形，纵墙面积比山墙（端墙）面积大得多，门窗也都设在纵墙上。因此，确定畜舍朝向时，冬季应使纵墙接受较多的太阳光照，尽量减少盛行风对纵墙的吹袭；夏季则应尽量减少太阳对纵墙的照射，增加盛行风对纵墙的吹袭，这样的朝向才能使畜舍冬暖夏凉。

（1）根据日照确定朝向　在我国，冬季太阳高度角小，方位角（指太阳在平面上与正南方向所夹的角）变化范围也小（图 2-3-8）。南向畜舍的南墙接受太阳光多，照射时间相对较长，照进舍内也较深（图 2-3-9），有利于防寒。夏季则相反，南向畜舍的南墙接受太阳照射较少，照射时间也较短，光线照入舍内较浅，因此有利于防暑。所以从防寒和防暑要求来看，畜舍朝向向南或南偏东、偏西 45°内为宜。

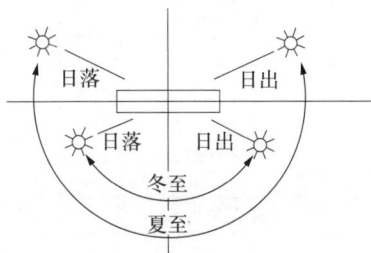

图 2-3-8　冬季、夏季太阳方位变化　　　图 2-3-9　南向畜舍日照情况

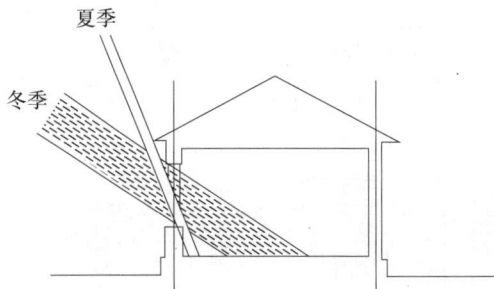

（2）根据通风要求确定朝向　我国地处亚洲东南季风区，夏季盛行南风或东南风，冬季多为东北风或西北风。可向当地气象部门了解本地风向频率图。为了防止冬季主风向吹袭畜舍纵墙，减少冷风渗入舍内，畜舍的纵墙应与冬季主风向形成 0°～45°夹角。为了增强夏季自然通风，保证舍内通风均匀，纵墙与夏季主风形成 30°～45°夹角。

4. 建筑物的间距

相邻两栋建筑物的纵墙之间的距离称为间距。间距大，前排畜舍不致影响后排采光，并有利于通风排污、防疫和防火，但会增加占地面积；间距小，可节约占地面积，但不利于采光、通风和防疫、防火，影响畜舍小气候。因而需从日照、通风、防疫和防火等方面合理确定建筑物间距。

（1）根据日照来确定畜舍间距　为了使南排畜舍在冬季不会遮挡北排畜舍的日照，一般按一年中太阳高度角最低的"冬至日"计算，也就是要保证"冬至日"9：00至17：00这段时间，日光能够照满畜舍的南墙，这就要求畜舍间距不小于南排畜舍的阴影长度。经计算，朝南向的畜舍，当南排畜舍净高（檐高）为 H 时，要满足北排畜舍上述日照要求，在北纬40°的北京地区，畜舍间距约需 $2.5H$，在北纬47°地区，则需 $3.7H$，因此，在我国的大部分地区，间距保持 $3 \sim 4H$，可基本满足日照的要求。

（2）根据通风要求来确定畜舍间距　为了不影响位于下风向畜舍的通风效果，同时又能免受上风向畜舍排除的污浊空气污染，在确定畜舍间距时，应避免下风向的畜舍处于相邻上风向畜舍的涡风区内。实践表明，当风向垂直吹向畜舍纵墙时，涡风区最大，约为其檐高的5倍（ $5H$ ），当风向与纵墙不垂直时，涡风区缩小。可见，畜舍的间距为 $3 \sim 5H$，即可满足通风排污和卫生防疫要求。在目前广泛采用纵向通风的情况下，因排风口在两侧山墙上，畜舍间距可缩小到 $2 \sim 3H$。

（3）根据防火间距来确定畜舍间距　防火间距大小取决于建筑物材料、结构和使用特点，可参照我国建筑防火规范。畜舍建筑一般为砖墙，混凝土屋顶或木质屋顶，耐火等级为Ⅱ或Ⅲ级，防火间距为 $6 \sim 8\,m$。

综上所述，在我国的大部分地区，畜舍间距不小于 $3 \sim 5H$，就可满足日照、通风、排污、防疫和防火等要求，当采用纵向通风时，间距保持在 $2 \sim 3H$ 即可（图2-3-10）。

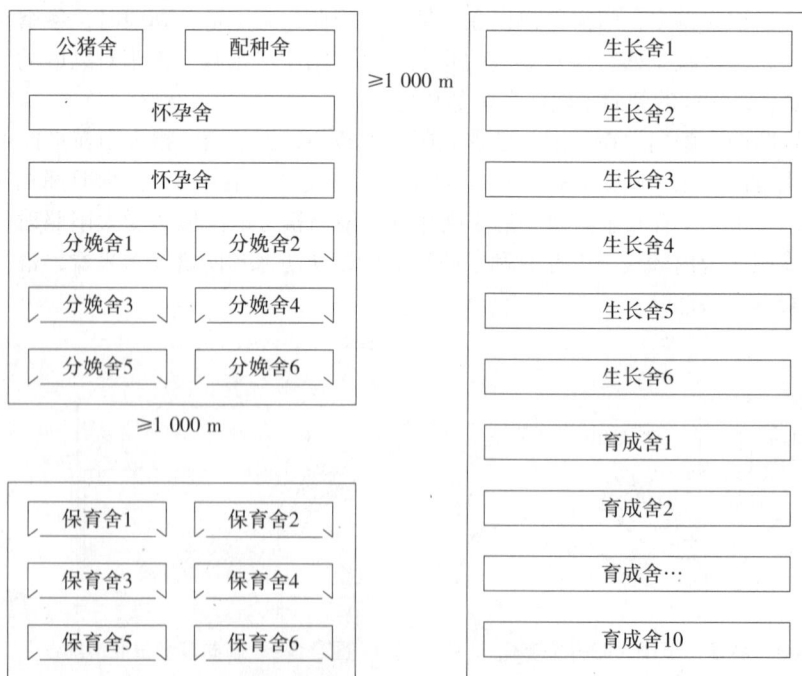

图 2-3-10　猪舍平面布置示意图

规模化猪场总设计图如图 2-3-11 所示。

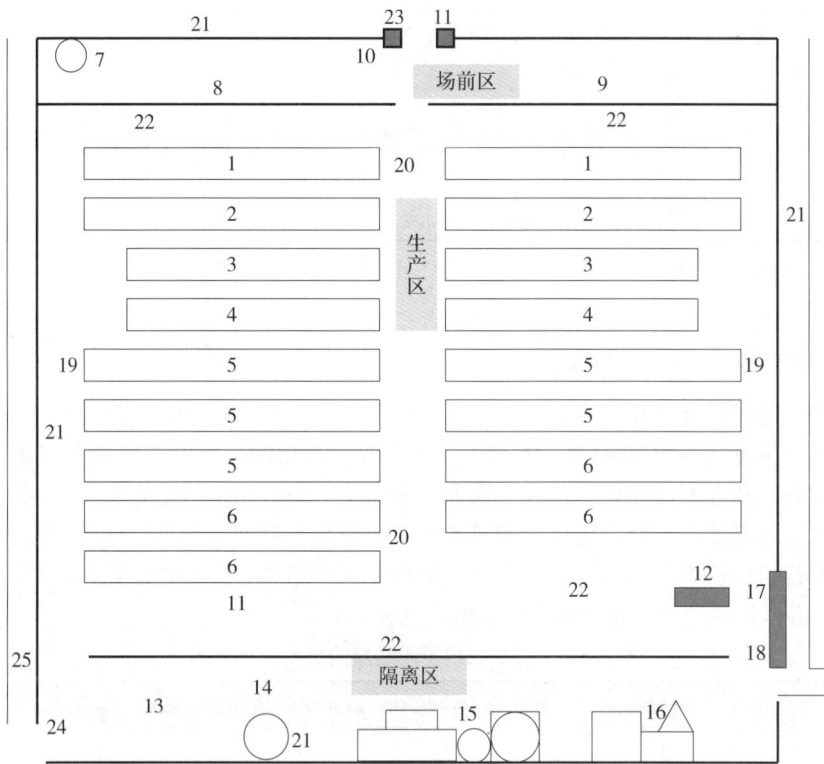

1—配种舍；2—妊娠舍；3—产房；4—保育舍；5—生长舍；6—育肥舍；7—水泵房；8—生活、办公用房；9—生产附属房；10—门卫；11—消毒室；12—厕所；13—隔离舍及剖检室；14—死猪处理设施；15—污水处理设施；16—粪污处理设施；17—选猪间；18—装猪台；19—污道；20—净道；21—围墙；22—绿化隔离带；23—场大门；24—粪污出口；25—场外污道

图 2-3-11　规模化猪场总设计图

二、配套设施的规划与布局

（一）防护设施

由于养殖场易受到外来污染因素的侵害，做好初期防护设施规划与建设工作是保证生产稳定运行的前提。为防止外来人员、车辆、动物与场区内的流通，需要在养殖场四周规划防护设施，如在养殖场四周建立高墙或坚固的防疫沟，必要时还可在高墙上增设刺网或在防疫沟内倒入水或消毒液，但这种防疫沟一般造价较高，也费人工。

各不同功能区之间也可设较小的防疫沟或围墙，同一功能区内的不同场区也可增设绿化隔离林带。不同日龄的畜禽最好分区域管理，留足防疫安全距离（100～200 m）。

（二）道路设施

1. 道路设施基本要求及分类

养殖场的道路设施承担着全场的货物、产品和人员的运输任务，在规划与布局之初，需要满足分流分工、联系简洁、绿化和防疫等要求，还需要预留出道路设施的空间，具体要求为道路设施的路面最小宽度处能够允许两辆中型火车安全错车，即 6～7 m。场内道路按照功能可分为净道和污道，净道用于人员出入、运输饲料，污道用于运输粪污、病死畜禽；按道路的作用可分为主干道、次干道、辅助道、引道和人行道（表 2-3-2）。

表 2-3-2　养殖场道路分类

类型	适用范围
主干道	用于主要出口及车流频繁地段
次干道	用于生产舍与舍之间的交通运输
辅助道	用于生产辅助区的变电所、水泵房、水塔；生产区的污道、消防道等
引道	建（构）筑物出入口；与主、次干道，辅助道相连接的道路
人行道	仅供工作人员或非机动车行走

（引自：刘继军，贾永全.畜牧场规划设计［M］.2 版.北京：中国农业出版社，2018.）

2. 道路设计构成及设计标准

场内道路构造应符合平坦坚固、宽度适当、坡度平缓、曲线段少、经济合理、节约能源的原则。路面材料可根据条件修成柏油、混凝土、砖石或焦渣路面，也可选用沙土路面、条石路面，优先选择沙石路面和混凝土路面，保证晴雨通车和防尘。净道路面最小宽度要保证饲料运输车辆的通行，宜用水泥混凝土路面，也可选用整齐的石块或条石路面。污道路面宜用水泥混凝土，也可用碎石、砾石、石灰渣土路面。与畜禽舍、饲料库、产品库、兽医建筑物、贮粪场等连接的道路一般是次干道，各种道路主要技术指标及做法见表 2-3-3。

表 2-3-3　养殖场内不同道路的技术指标要求

道路名称	路面宽度 /m	路肩宽度 /m	最小转弯半径 /m	最大纵向坡度 /%	最小纵向坡度 /%	横向坡度 /%
主干道	3.5 ～ 7	1 ～ 1.5	9 ～ 12	6 ～ 8	0.2	1 ～ 1.5
次干道	3 ～ 4.5	1	9	8	0.2	1 ～ 1.5
辅助道	3	1	9	8	0.2	1.5 ～ 2
引道	3	0	0	8	0.2	—
人行道	2	—	0	—	0.2	2 ～ 3

注：表中"—"表示该项未做要求。

（引自：刘继军，贾永全.畜牧场规划设计［M］.2 版.北京：中国农业出版社，2018.）

3. 道路规划设计要求

首先，道路规划设计应与场区总平面布置、竖向设计、绿化等协调一致，各种道路两侧应留有绿化和排水明沟所需的地面；其次，应适应生产工艺流程，路线尽量简洁，以保证场内外运输畅通；最后，必须满足畜禽生产特色要求，净道可按次干道考虑，污道可按辅助道考虑，应分别有出入口，保证不得交叉，生活区与外部相连道，可按主干道考虑，管理区之间联系可按辅助道考虑。道路一般与建筑物长轴平行或垂直布置，场内道路至相邻建（构）筑物最小距离见表 2-3-4。

此外，养殖场道路布置形式不能采用工厂的环状布置形式，一般采用枝状尽端式布置法，枝干为生产区的主送饲道，枝权为通向各畜禽舍出入口的车道（引道），这种布置形式比较灵活，适用于山地或平缓地，可将各畜禽舍有机地联系起来。另外，可根据场地地形在尽端设回车场，回车场要保证过往车辆可顺利掉头。

表 2-3-4　养殖场内相邻建（构）筑物最小距离

位置或设施	至相邻建（构）筑物最小距离	最小距离值 /m
畜禽舍外墙	当建筑物面向道路一侧无出入口时	1.5
	当建筑物面向道路一侧有出入口且有单车引道时	8
	当建筑物面向道路一侧有出入口但无单车引道时	3

续表

位置或设施	至相邻建（构）筑物最小距离	最小距离值 /m
建筑物外墙	消防车至建筑物外墙	5 ~ 25
围墙	当围墙有汽车出入口时，出入口附近	6
	当围墙无汽车出入口而路边有照明电杆	2
	当围墙无汽车出入口而路边无照明电杆	1.5
绿化	乔木（至树干中心线）	1 ~ 1.5
	灌木（到灌木丛边缘）	1
装卸台边缘	当汽车平行站台停放	3 ~ 3.5
	当汽车垂直站台停放	10.5 ~ 11

（引自：刘继军，贾永全.畜牧场规划设计［M］.2 版.北京：中国农业出版社，2018.）

（三）给排水系统

给水及排水问题是养殖场规划和布局时必须考虑的综合问题之一，它直接影响养殖场的疾病防控、环境控制和运营管理，与畜禽的健康生长、经济效益及投资回报等问题息息相关，是一个在初期规划时就应该统筹规划的大问题。

1. 给水系统

给水系统由取水、净水、输配水三个部分组成，包括水源、水处理设施与设备、输水管道、配水管道。大部分畜牧场的建设位置均远离城镇，不能利用城镇给水系统，因此都需要独立的水源。一般是自己打井和建设水泵房、水处理车间、水塔、输配水管道等。

为了充分地保证用水，在计算养殖场用水量及设计给水设施时，需要先估算好每日用水量，做好分配的同时必须按单位时间内最大用水量来计算。养殖场用水量为生活用水、生产用水及消防和灌溉等其他用水量的总和。

生活用水包括饮用、洗衣洗澡及卫生用水，一般可按照每人每日 120 ~ 150 L 计算；生产用水包括畜禽饮用、饲料调制、畜体清洁、饲槽与用具刷洗、畜舍清扫等所消耗的水，各种畜禽每日需水量可参考表 2-3-5；其他用水包括消防、灌溉和不可预见用水等，消防用水是一种突发用水，可利用养殖场内外的江河湖塘等水源，也可停止其他用水保证消防用水；绿地灌溉用水可利用经过处理后的污水，在管道计算时也可不考虑；不可预见用水包括给水系统损失、新建项目用水等，可按总用水量的 10% ~ 14% 考虑。

表 2-3-5 各类家畜（禽）每日需水量

禽畜类别	次级分类	需水量 /［L·d^{-1}·头（只）$^{-1}$］
猪	哺乳母猪	25 ~ 30
	公猪、空怀母猪及妊娠母猪	15 ~ 16
	断奶仔猪	1.8 ~ 2
	育成育肥猪	5.5 ~ 6
牛	泌乳牛	根据产奶量计算 [a]
	育肥牛	3 ~ 5［冬季，单位以需水量 /（L·kg^{-1}）饲料干重计］ 6 ~ 8［其他季节，单位以需水量 /（L·kg^{-1}）饲料干重计］
	公牛及后备牛	40 ~ 50

续表

禽畜类别	次级分类	需水量 /［L·d⁻¹·头（只）⁻¹］
牛	犊牛	10 ～ 30
	后备牛	14 ～ 36
	干奶牛	34 ～ 49
羊	成年绵羊	体重的 0.06 ～ 0.1 倍
	羔羊	体重的 0.1 ～ 0.15 倍
	肉羊	体重的 0.05 ～ 0.15 倍
兔	—	0.4 ～ 0.6（夏季）
鸡、火鸡 b	—	0.1 ～ 0.3（冬季）
鸭 c	—	0.5 ～ 0.75
鹅 c	—	0.4 ～ 0.6

注：a 具体计算方法：产奶量在 13.6 kg/d，需水量为 68 ～ 83 L/d；产奶量在 22.7 kg/d，需水量为 87 ～ 102 L/d；产奶量
在 36.3 kg/d，需水量为 114 ～ 136 L/d；产奶量在 45.5 kg/d，需水量为 132 ～ 155 L/d；

b 该类别雏禽用水量减半；

c 日饮水量需要根据采食量动态调控。

按照养殖场日用水量总和设计好设施后，需要注意的是用水量并非均衡的，在每个季度、每天的各个时间内都有变化。普遍规律为夏季用水量远比冬季多，上班后白天清洁畜舍与畜体时用水量骤增，夜间用水量很少。因此，为了充分地保证用水，在计算养殖场用水量及设计给水设施时，必须按单位时间内最大用水量来计算。

设计养殖场给水管网时，可以采用树枝状管网（图 2-3-12）。干管应该按照供水的主要方向设计，管网的布置应考虑到重力因素，利用高度差运输水，减少动力设施的能耗；管线设计时应以最短距离向用水量最大的畜舍供水，管线尽可能短，降低成本；综合考虑环保因素，在避免不同畜舍交叉污染的同时利用好中水；管道选用的参数可以参照表 2-3-6。

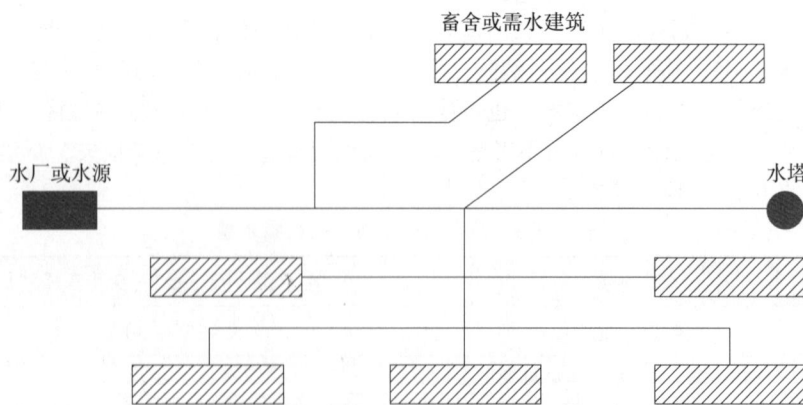

图 2-3-12　畜禽场树枝状管网布管示意图

表 2-3-6　无缝管直径参数表　　　　　　　　　　（单位）

公称直径	无缝管尺寸	公称直径	无缝管尺寸
DN10	Φ14 × 2	DN20	Φ25 × 2（2.5）a
DN15	Φ18 × 2	DN25	Φ32 × 3

续表

公称直径	无缝管尺寸	公称直径	无缝管尺寸
DN32	$\Phi 38 \times 3$	DN300	$\Phi 325 \times 6$（7，8）
DN40	$\Phi 45 \times 3$（3.5）	DN350	$\Phi 377 \times 8$（9，10）
DN50	$\Phi 57 \times 3$（3.5）	DN400	$\Phi 426 \times 8$（9，10）
DN65	$\Phi 76 \times 4$	DN450	$\Phi 480 \times 8$（9，10）
DN80	$\Phi 89 \times 4$	DN500	$\Phi 530 \times 8$（9，10）
DN100	$\Phi 108 \times 4$	DN600	$\Phi 630 \times 8$（9，10）
DN125	$\Phi 133 \times 4$（5）	DN700	$\Phi 720 \times 10$
DN150	$\Phi 159 \times 4$（5，6）	DN800	$\Phi 820 \times 10$
DN200	$\Phi 219 \times 5$（6）	DN900	$\Phi 920 \times 10$
DN250	$\Phi 273 \times 6$（7，8）	DN1 000	$\Phi 1 020 \times 10$

注：DN 是指管道的公称直径，既不是外径也不是内径，是外径与内径的平均值，称平均内径；a 括号内外分别表示欧洲
　　标准体系和美洲标准体系。

2. 排水系统

畜禽养殖中会产生大量的废水，极容易对周边环境造成污染，设计合理的畜牧场排水系统对维持养殖场的稳定运行有积极意义，排水系统应由排水管网、污水处理站、出水口组成。排水主要是指雨雪水、生活污水、生产污水（家畜粪污和清洗废水）。

养殖场排水量计算时应综合考虑以上排水总流量。雨水量估算按照当地最大降水量计算，主要由径流系数、设计暴雨强度和汇水面积等因素决定，具体计算方式可参考《室外排水设计标准》（GB 50014—2021）。生活污水主要是办公区的生活用水，一般较少，可以忽略不计或按照目前城镇居民污水排放量进行计算，生活污水管道可采用最小管径 150 ～ 200 mm。生产污水是畜禽场最大的污水量，主要因饲养家畜种类、饲养工艺与模式、生产管理水平、地区气候条件等不同而不同，其估算是以在不同饲养工艺模式下，单位规模的畜禽饲养量在一个生长生产周期内所产生的各种生产污水量为基础定额，乘以饲养规模和生产批数，再考虑地区气候因素加以调整。

排水管线常设置在各种道路的两旁及畜禽运动场的周边，采用斜坡式排水管沟，尽量减少污物积存及被人、畜禽损坏。排放过程应该采用分流排放方式，即雨水和生产生活污水分别采用两个独立系统，且为了整个场区的环境卫生和防疫需要，生产与生活污水一般采用暗埋管渠（冻土层以下，以免因受冻而阻塞）将污水集中排到粪污处理站；雨水采用专用的排水管渠道收集，不将雨水排入粪污处理系统中。

（四）绿化设施

养殖场规划合理的绿化设施可以调节小气候，减弱噪声，净化空气，起到防火和防疫、美化环境等作用。绿化设施的规划应结合本地的气候、土壤，选择适宜的花草树木，场区的总绿化率不低于 20%。

1. 绿化带

绿化带具有防疫、隔离、美化环境的作用，应设置在隔离区、粪污处理区以及围墙侧或两侧。在场界周围种植乔木和灌木混合林带，如属于乔木的大叶杨、早柳、垂柳、钻天杨、榆树及常绿针叶树等；属于灌木的紫穗槐、刺榆、醋栗和榆叶梅等。特别是场界的北、西侧，更应加宽这种

混合林带（宽度达 10 m 以上，一般至少种 5 行），以起到防风阻沙的作用。场区隔离林带主要用以分隔场内各区及防火，如在生产区、住宅区及生产管理区的四周都应有这种隔离林带，一般可用北京杨、大青杨（辽杨）、榆树等，其两侧种灌木（种植 2～3 行，总宽度 3～5 m），必要时在沟渠的两侧各种植 1～2 行，以便切实起到隔离作用。

2. 道路绿化

场区内外道路两旁，一般种 1～2 行，常用树冠整齐的乔木或亚乔木（如槐树、杏树、唐槭等），可根据道路的宽窄选择树种的高矮。在靠近建筑物的采光地段，不应种植枝叶过密、枝干过于高大的树种，以免影响畜禽舍的自然采光。

3. 运动场遮阴林

在运动场的南及西侧，应设 1～2 行遮阴林。一般可选枝叶开阔、生长势强、冬季落叶后枝条稀少的树种，如北京杨、加拿大杨、大青杨、槐、枫及唐槭等；也可利用爬墙虎或葡萄树来达到同样的目的。运动场内种植遮阴树时，可选用枝条伸展、树冠开阔的果树类，以增加遮阴、观赏及经济价值，但必须采取保护措施，以防畜禽损坏。

（五）电力通信设施

电力工程包括有电力的施工、线路迁移以及输配电、日常用电等诸多环节，施工过程中的各项技术要求应严格执行，电力通信设施是养殖场现代化建设的重要体现，也是养殖场现代化管理的必要设施。经济、安全、稳定、可靠的供配电系统搭配快捷通畅的通信设施，保证养殖场生产的稳定运行与外界市场的紧密联系。

养殖场中的供电系统包括电源、输电线路、配电线路、用电设备等，规划内容主要包括有用电负荷估算、电源与电压的选择、配电所的容量与设置、配电线路布置。

养殖场用电负荷包括办公、职工宿舍食堂等辅助建筑和场区照明等的生活用电，畜舍、饲料加工、孵化、清粪、挤奶、供排水、粪污处理等生产用电。照明用电量根据各类建筑照明用电定额和建筑面积计算，用电定额与普通民用建筑相同；生活电器用电根据电器设备额定容量之和，并考虑同时系数求得。生产用电根据生产中所使用的电力设备的额定容量之和，并考虑同时系数、需用系数求得。在规划初期可根据已建的同类畜牧场的用电情况来类比估算。

养殖场应尽量利用周围已有的电源，若没有可利用的电源，需要远距离引入或自建。孵化厅、挤奶厅等地方不能停电，因此为了确保养殖场的用电安全，一般场内还需要自备发电机，防止外界电源中断使畜牧场遭受巨大损失。养殖场的使用电压一般为 220/380 V，变电所或变压器的位置应尽量居于用电负荷中心，最大服务半径要小于 500 m。

（六）其他配套设施

养殖场配套设施规划目的是维护并保证生产的稳定运行，在设计和规划初期需要综合考虑各类设施之间的关系，如需要共同设计给排水系统和电力设施，各动力装置的安装、利用和输配电走线方式等不仅要满足当前的产能需要，还要满足将来的增产需求。

本模块仅介绍了场区必备的配套设施，其他可供选择的配套设施未做详尽介绍。如四季气候差异较大的北方地区，饲喂反刍动物需要的专用青贮设施；又如某些禽类养殖场采用就地屠宰、冷链运输的方式，则需要配备冷藏加工设施等，此外养殖场必备的环境控制设施和粪污处理设施可见本书的模块三和模块四。

三、养殖场水源选择与应用技术

水是畜禽赖以生存的重要的环境之一，也是畜禽有机体的重要组成部分。畜体内的一切生理活动，如体温调节、营养输送、废物排泄等都需要有水来参与完成。水不仅是维持生命的必需物质，还是体内微量元素的供给来源之一；此外，畜牧业生产过程中畜舍及用具的清洗、饲料调制、畜体清洁和改善环境都需要大量的水。当水质不好或水体受到污染时，轻则影响畜禽健康、生长发育和生产性能，严重时引起畜禽疾病或危及生命。

（一）水源的种类及卫生特征

1. 地面水

地面水是由降水沿地面坡度径流汇集而成，包括江、河、湖、塘、水库及海水等。但其水质与水量受自然条件影响大，受污染的机会多，往往水质浑浊，含微生物较多。用作饮用水源时，一般要经过净化和消毒处理，不宜直接饮用。未经特别保护的地面水，一般不便于卫生防护。由于受到流域生活污水、农业废水、工业废水的污染，因此常引起中毒性疾病的发生和介水传染病的传播。

地面水一般含矿物质较少，水质较软，水量充足，取用方便。一般来讲，流动性大、水量大的水体自净能力也强，故地面水是畜禽生产中使用最广泛的水源。

2. 地下水

地下水是由地面水与降水渗透到土壤和地壳而形成的。由于渗透时经过地质层过滤，水中所含悬浮物、有机物及微生物等大部分被清除，所以水质比较清洁透明，杂质少，含微生物量少，尤其是深层地下水，由于不透水层的覆盖，不易受到污染，水质较好。但地下水溶解了部分的矿物质，所以含矿物较多，硬度较大，甚至有可能某些有害物质严重超标。

浅层地下水水位较高，污染物可能通过土壤渗透，故仍然存在污染的可能。深层地下水层存在溶洞、断层、裂隙等情况时，仍有可能受到污染。因地下水的卫生防护问题，仍不能忽视，应该定期进行水质监测，了解其卫生学特点，以便作相应的净化和消毒。

3. 降水

降水包括雨水、雪水，是天然形成的清洁、质软的水源，但当它从大气中降落时，往往吸收了空气中的各种杂质及可溶性气体，可能受到相应的污染。降水收集困难，储存不便，水量少或不稳定，除个别非常缺水的地区外，一般不用作人畜饮用水源。

（二）水体污染及其对畜禽的危害

自然界的水在其不断循环的过程中，常因天然的或人为的原因而受到污染，从而有可能给畜禽健康带来直接或间接的危害。

1. 水中有机物对畜禽的危害

生活污水、畜产污水以及造纸、食品工业废水等都含有大量的腐败性有机物，其涉及范围广，排出量大，如不经处理，污染范围也非常大。腐败性有机物在水中首先使水混浊，当水中氧气充足时，在好气菌的作用下，含氮有机物最终被分解为硝酸盐类的稳定无机物。水中溶解氧耗尽时，有机物进行厌氧分解，产生甲烷、硫化氢、硫酸之类的恶臭，使水质恶化，不适于饮用。有机物分解的产物有的是水生生物的优质营养素，造成水质过肥而形成水体富营养化，水生生物大量繁殖，更加大了水的浑浊度，大量消耗水中的氧，威胁贝类和藻类的生存，造成鱼类死亡，水中死亡的水生动植物残体在缺氧条件下厌氧分解，水质变黑，产生恶臭。

此外，在粪便、生活污水等废弃物中往往含有某些病原微生物及寄生虫卵，而水中大量的有机物为其提供了生存和繁殖条件，可能由此造成疾病的传播和流行。

水体有机物质污染可用溶解氧（DO）、化学需氧量（COD）和生化需氧量（BOD）表示。我国《地表水环境质量标准》（GB 3838—2002）规定，对于饮用水水源地一、二级保护区的地面水（Ⅱ、Ⅲ级标准），地面溶解氧大于等于 $6 \sim 5$ mg/L，化学需氧量小于等于 $15 \sim 20$ mg/L，五日生化需氧量（BOD_5）小于等于 $3 \sim 4$ mg/L，粪大肠菌群小于等于 $2\,000 \sim 10\,000$ 个 /L。化学需氧量和生化需氧量的数值越大，则污染越严重。

2. 水中微生物对畜禽的危害

水中的微生物主要是腐物寄生菌。水中有机物含量越高，微生物的含量也越多。当水体被病原微生物污染后，有可能引起某些传染病的传播与流行，如猪丹毒、猪瘟、马鼻疽、结核病、布氏杆菌病等。

介水传染病的发生和流行，取决于水体受污染的程度以及畜禽接触污水的时间等因素。在自然条件下，由于水体的自净作用（如稀释、日光照射、生物拮抗作用等），水体中的病原微生物会很快死亡。偶然的一次污染，不一定会造成传染病的流行，但绝不能因此忽视可能引起传染、流行的危害性。所以，对动物尸体及排泄物以及可能受到病原微生物污染的水，应经过消毒处理，不可污染水源。

3. 水中有毒物质对畜禽的危害

污染水体的有毒物质种类很多，主要来自工业废水和农药。常见的无机毒物有铅、汞、砷、铬、镉、氰化物以及各种酸与碱等；有机毒物有酚类化合物、有机氯农药、有机磷农药、合成洗涤剂等。

有毒物质对畜禽的危害程度，取决于毒物性质、浓度和作用时间等因素。在一般情况下，水中毒物浓度不会很高，因此饮水引起急性中毒的比较少见。但如果水源长期受到污染，往往能导致慢性中毒。

水体受污染后，还可造成很多间接危害，如恶化水体的感官性状，使水产生异臭、异味，妨碍水体的自净作用。

4. 水中致癌物质对畜禽的危害

水中致癌物质主要来自石油、颜料、化学、燃料等工业废水，常见的有砷、铬、镍、苯胺、芳香烃等。

5. 水中放射性物质对畜禽的危害

天然水中放射性物质的含量极微，一般是由人为的污染引起，当有人工放射性元素进入水体时，放射性物质含量急剧增加，严重危害畜禽健康。

（三）水源的选择及防护

养殖场应具有充足、品质良好的水源，场址的选择尽量远离化工厂、造纸厂、屠宰场等，以免水源受到污染，饮用水必须经过卫生检验后才能给动物饮用。规模化养殖场要自建机井、水塔，统一净化消毒处理达标后以管道直通各栋猪舍。比较理想的水源是干净无毒的地下水、地面水。自繁自养年出栏 1 万头的猪场，每天用水量可按 $100 \sim 150\,t$ 计；小规模养户可于各取水点分散取水，净化消毒处理达标后给畜禽饮用。

1. 水源选择的原则

（1）水量充足　必须能满足牧场内职工生活、牧场生产用水的需要，以及消防和灌溉用水，并应考虑长期规划发展需要的用水量。职工的生活用水量可按每人 $20 \sim 40\,L/d$ 计算，夏天考虑高限，冬天可按低限计算。畜禽需水量按照表 2-3-5 计算。

（2）水质良好　经过处理后的水源水，应符合生活饮用水的卫生要求。

（3）取用方便　选择水源还要考虑取水方便、节省投资。

（4）便于防护　水源周围的环境卫生条件应较好，没有大的污染源，便于进行卫生防护。取水点应设在城镇和工矿企业的上游。

2. 水源的卫生防护

用河、湖、水库水作为水源时，应选好取水点，周围半径 $100\,m$ 水域内不得有任何污染源，取水点上游 1 000 m、下游 100 m 水域内不得有污水排放口。在取水处可设置汲水踏板或建汲水码头伸入河、湖、水库中，以便能汲取远离岸边的清洁水，也可在岸边修建自然渗滤或砂滤井，对改善地面水水质有很好的效果。

自然渗滤井、河、湖、塘、水库岸边为砂土、砂壤土时，则可修建自然渗滤井，如图 2-3-13 所示，即在离岸边 5～30 m 处打井，利用土质的自然渗滤作用使地面水中悬浮的杂质及微生物得以清除，使水质得到改善。

砂滤井（沟、层）用细砂、粗砂及矿石铺成，利用砂石的过滤作用改善水质，如图 2-3-14 所示。一方面，水流经砂滤层时，悬浮的杂质被隔滤下来；另一方面，在砂石层表面有大量的微生物存在，并形成薄薄的一层生物膜。生物膜有隔滤作用和吸附作用，可以滤除并吸附水中细小的杂质与微生物。

另外，以池塘水作为水源时，应采取分塘取水的方法，将水质较好的作为专门饮用水，不准做其他用途，以防污染。

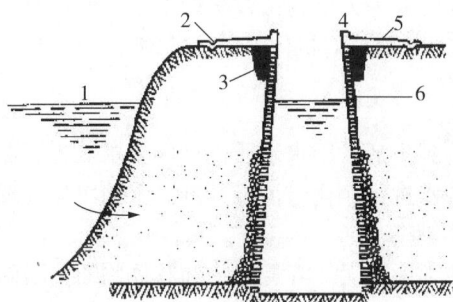

图 2-3-13　自然渗滤井

1—河塘水；2—排水沟；3—黏土；4—井栏；5—井台；6—井筒位线

图 2-3-14　岸塘边砂滤井

1—井台边栏；2—井台；3—踏步；4—挂桶钩；5—最高水位；6—竹或木浮子；7—水塘；8—坠石；9—砂滤井；10—砂；11—石子；12—贮水井；13—连通管

（引自：姚崇旦.家畜环境卫生学［M］.上海：上海科学技术文献出版社，1988.）

（四）水体的净化与消毒

水体的恢复与水体受污染的程度相关，一般来说，水体受到轻微污染后可通过自身的"净化系统"将水质恢复到之前水平，但当水体受污染水平严重时则需要一定的干预手段才能恢复水质。

1. 水体的自净

水体自净的广义是指受污染的水体由于物理、化学、生物等方面的作用，使污染物浓度逐渐降低，经一段时间后水质部分或完全得到恢复，水体的这种功能称作水体的自净能力（或称同化能力）；水体自净的狭义一般是指水体内微生物氧化分解有机污染物而使水体净化的过程。

水体的自净与污染物种类、性质、排入量、浓度和水体本身的物理、化学、生物等因素有密切关系。水体的自净作用从净化的机制来看，可分为以下几类。

（1）物理净化　污染物质进入水体后，由于被混合稀释、沉降与挥发（逸散）等物理过程，使其在水中浓度降低，最后达到不能引起毒害作用的程度。

（2）化学净化　污染物质由于氧化还原、酸碱反应，分解、化合等过程，使其在水中的浓度降低。比如，水中溶解的二氧化碳，能中和进入水体的少量碱性废水。同时酸性废水和碱性废水相互之间也可互相中和一部分。但是这些中和作用是有限度的，如排入过多的酸性或碱性废水，仍可使水的 pH 值改变。

（3）生物净化　通过生物活动可引起污染物质降低，尤其是水中微生物对有机物的氧化分解作用特别重要。比如，进入水体中的有害微生物，由于日光紫外线的照射（表层）、水生生物间的拮抗作用、噬菌作用以及不适宜的生活环境（如营养、pH 值、温度）等因素的影响，可能逐渐死亡。

水体自净的卫生学意义在于被污染的水体通过水的自净过程，逐渐变为在卫生学意义上无害的水体。具体表现为：有机物转变为无机物；致病性微生物死亡或发生变异；寄生虫卵减少或失去其生活力而死亡；毒物的浓度下降或对机体不发生危害。

2. 水体的净化

一般水源水质不能直接达到生活饮用水水质标准的要求。为了保证饮用安全，使饮用水的水质符合卫生要求，必须对水源水进行净化与消毒处理。水的净化处理方法有沉淀（自然沉淀与混凝沉淀）、过滤、特殊的净化处理等。

（1）混凝沉淀　地面水中常含有泥沙等悬浮物和胶体物质，因而使水的浑浊度较大，当水流速度减慢或停止时，水中较大的悬浮物质可因重力作用而逐渐下沉，从而使水得到初步澄清，称为自然沉淀。一般要在专门的沉淀池中进行，需要一定的时间。

悬浮在水中的微胶体粒子多带有负电荷，胶体粒子彼此之间互相排斥，不能凝集成比较大的颗粒，故可长期悬浮而不沉淀。如果加入一定量的混凝剂，使之与水中的重碳酸盐生成带正电荷的胶状物，带正电荷的胶状物与水中原有的带负电荷的胶体粒子互相吸引，凝集形成较大的絮状物而沉淀，称为混凝沉淀。这种絮状物表面积的吸附力均较强，可吸附一些不带电荷的悬浮微粒及病原体共同沉降，因而使水的物理性状大大改善，可减少病原微生物 90% 左右。常用的混凝剂有铝盐（硫酸铝、碱式氯化铝、明矾）、铁盐（硫酸亚铁、三氯化铁）、有机高分子絮凝剂（聚丙烯酰胺、聚乙烯亚胺、聚丙烯酰胺），近年来国内外也有研究学者利用天然高分子物质开发出其他的有机混凝剂，植物瓜尔胶片在经过助凝剂（通常是小分子醇及其取代物）改性后絮凝稳定性更好，且无生物毒害性。

猪场常用混凝剂如图 2-3-15 所示。

①硫酸铝（或明矾）混凝沉淀法。混凝剂的用量与水的浑浊度有关，可根据情况适度增减。硫酸铝的一般用量为 50 ～ 100 mg/L，即每 50 kg 水加硫酸铝 2.5 ～ 5 g。集中式给水可建自然沉淀池与混凝沉淀池，分散式给水可将明矾碾碎加入水中，用棍棒顺一个方向搅动，待出现絮状物（矾花）时即可，静置约 0.5 小时后，水即可澄清。

（a）明矾　　　　　　　　　　　　（b）氯化铝

图 2-3-15　猪场常用混凝剂

硫酸铝要与水中的重碳酸盐作用后才可生成氢氧化铝胶体，因此，当水中的碱度不足和重碳酸盐的含量很低时，需加入适量的熟石灰才能保证有良好的混凝效果。熟石灰的用量约为硫酸铝的 1/3。

②碱式氯化铝法。碱式氯化铝是一种新型净化剂，其特点是使用方便、用量少，因其分子量较大，故吸附力强，形成的絮状物多、沉淀快、净化效率高，对温度及 pH 值的适应范围宽，不需要加入其他碱性助凝剂。使用时可将碱式氯化铝液体逐滴滴入水内，当水中出现絮状物时即可，静置后水便可澄清，或按 30 ～ 100 mg/L 的用量加入水中，数分钟即可形成絮状物沉淀。

③聚丙烯酰胺法。聚丙烯酰胺作助凝剂使用时，如原水浊度低，宜先加其他混凝剂，使胶粒脱稳到一定程度（约半分钟）后，再加聚丙烯酰胺溶液，可更好地发挥后者的作用；如原水浊度高，宜先加聚丙烯酰胺，使它先吸附部分胶粒，以节省其他混凝剂用量。聚丙烯酰胺常含有微量未聚合的单体，其毒性甚高。因而建议：饮水中丙烯酰胺的浓度，经常使用（每年 1 月以上）时不应超过 0.01 mg/L；非经常使用时，不应超过 0.1 mg/L。

（2）过滤　过滤是使水通过滤料得到净化。通过过滤，可除去 80% ～ 90% 的细菌及 99% 左右的悬浮物，也可除去水中臭、味、色度以及寄生虫卵等。

常用的滤料是砂，故也叫砂滤。另外，也可掺入矿渣、煤渣等。但应注意，用这些物质做滤料时，不应含有对机体有害的化学物质和致病的微生物。

集中式给水需修建各种形式的砂滤池。分散式给水水源在河、塘岸边可修建砂滤池或砂滤井。砂滤井底应铺有约 1.5 m 厚的卵石层，0.7 m 厚的黄砂层。砂滤井和清水井最好都要加盖。使用 2 ～ 3 个月后，将井中表层的黄砂清洗干净后再填入，重新放水过滤。每隔 2 ～ 3 年必须将全部滤料取出洗净后再用，以确保良好的过滤效果。

3. 水体的消毒

水经过混凝沉淀和砂滤处理后，病原菌仍有可能存在。为了确保饮用水的安全，必须经过要再经过消毒处理。饮用水消毒有两大类，即物理消毒法（如煮沸消毒、紫外线消毒、超声波消毒等）和化学消毒法（如臭氧法、高锰酸钾法、氯化法等）。化学消毒法的种类最多，目前我国主要采用氯化消毒法，因此法安全、经济、有效。

（1）氯化消毒原理　氯化消毒法是用氯或含有效氯的化合物进行消毒的一种方法。各种氯化消毒剂在水中水解生成次氯酸，次氯酸可破坏微生物生物膜蛋白质，使膜的通透性发生障碍，细胞渗透压改变，从而致细胞死亡。同时，次氯酸的氧化能力强，可破坏微生物细胞中含巯基酶的活性，使微生物很快死亡。

常用氯化消毒剂在水中产生次氯酸的反应式：

$$Cl_2 + H_2O \longrightarrow HClO$$
$$HClO \rightleftharpoons H^+ + ClO^-$$

（2）氯化消毒剂　常用的氯化消毒剂有漂白粉、漂白粉精和液态氯等。小型水厂和一般分散式给水多用漂白粉或漂白精，集中式给水主要用液态氯。漂白粉的杀菌能力取决于所含"有效氯"。新制的漂白粉含有效氯 35% ～ 36%，放置一段时间后，有效氯减少，一般在 25% ～ 30%。漂白粉的性质不稳定，易受日光、潮湿、二氧化碳的作用使有效氯含量减少，当含量减少到 15% 时，即不适于供饮水消毒用。故应避光、密封，于阴暗干燥处保存。漂白粉精的有效氯含量为 60% ～ 70%，性质较漂白粉稳定，多制成片剂，以方便投料使用。

（3）氯化消毒方法　根据不同水源及不同的供水方法，消毒方法可以多种多样，现介绍分散式给水消毒法。

①常量氯化消毒法。为按常规加氯量进行饮水消毒的方法（表 2-3-7）。

表 2-3-7　对不同水源进行消毒的加氯量

水源种类	加氯量 /（mg·L⁻¹）	水中加漂白粉量 /（g·t⁻¹）
深井水	0.5 ～ 1.0	2 ～ 4

续表

水源种类	加氯量 / (mg · L⁻¹)	水中加漂白粉量 / (g · t⁻¹)
浅井水	1.0 ~ 2.0	4 ~ 8
土坑水	3.0 ~ 4.0	12 ~ 16
泉水	1.0 ~ 2.0	4 ~ 8
河、湖水（清洁透明）	1.5 ~ 2.0	6 ~ 8
河、湖水（水质混浊）	2.0 ~ 3.0	8 ~ 12
塘水（环境较好）	2.0 ~ 3.0	8 ~ 12
塘水（环境不好）	3.0 ~ 4.5	12 ~ 18

（引自：蔡长霞. 畜禽环境卫生［M］. 北京：中国农业出版社，2006.）

a. 井水消毒是直接在井中按井水量加入氯化消毒剂。首先根据井的形状测量井水的水量，用下列公式：

$$园井水量（m^3） = 水深（m）× [水面半径（m）]^2 × 3.141\ 6$$
$$方井水量（m^3） = 水深（m）× 水面长度（m）× 水面宽度（m）$$

根据井水量及井水加氯量（表 2-3-7），计算出应加的漂白粉，放入碗中，先加少量水调成糊状，再加水稀释，静置，取上清液倒入井中，用水桶将井水搅动，使其充分混匀，0.5 小时后，水中余氯应为 0.3 mg/L，即可取用。

b. 缸水消毒是将水库、河、湖或塘水放入水缸中，若水质混浊应预先经混凝沉淀或过滤后再行消毒。先将漂白粉配成 3% ~ 4% 消毒液（每毫升消毒液约含有效氯 10 mg），按每 50 kg 水加 10 mL 计算，将配好的漂白粉液加入缸中，搅拌混匀经 30 分钟，即可取用。

漂白粉液应随用随配，不应放置过久，否则药效将受损失。若用漂白粉精片进行消毒，按 100 L 加 1 片（每片含有效氯 200 mg）即可。

为了减少每天对井或缸水进行加氯消毒的烦琐手续，可用持续氯消毒法，在井或缸中放置装有漂白粉或漂白粉精片的容器，装漂白粉的容器可因地制宜地采用塑料袋、竹筒、广口瓶等，在容器上钻孔，由于取水时水波振荡，氯液不断由小孔溢出，使水中经常保持一定的有效氯量。加到容器中的氯化消毒剂量可为一次加入量的 20 ~ 30 倍；一次放入，可持续消毒 10 ~ 15 天，效果良好。

②过量氯化消毒法。主要适用于新井投入使用前，旧井修理或淘洗后，居民区或畜牧场发生介水传染病时，井水大肠菌值或化学性状发生显著恶化时或水井被洪水淹没或落入异物等情况下，加入常量氯化消毒加氯量的 10 倍（即 10 ~ 20 mg/L）进行饮用水消毒。在处理消毒污染井水时，一般在投入消毒剂后，等待 10 ~ 12 小时再用水。若此时水中氯气味太大，可用汲出旧水不断渗入新水的方法，直至井水失去显著氯味方可应用。

（4）影响氯化消毒效果的因素

①加氯量和接触时间。要保证氯化消毒的效果，必须向水中加入足够的消毒剂及保证有充分的接触时间。加入水中氯化消毒剂的用量，通常按有效氯计算。一般情况下，清洁水的加氯量为 1 ~ 2 mg/L，使药物和水接触 30 分钟后，水中仍有余氯 0.2 ~ 0.4 mg/L，即可收到较为满意的消毒效果。

②水的 pH 值。次氯酸是一种弱酸，当 pH < 7 时，主要以次氯酸形式存在，pH > 7 时，则次氯酸可离解成次氯酸根。次氯酸的杀菌效果可超过次氯酸根 80 ~ 100 倍。消毒时水呈弱酸性效果较好。

③水温。水温高，杀菌效果好；水温低时，加氯量应适当增加，才会收到应有的消毒效果。

④水的浑浊度。当水质浑浊时，水中含有较多的有机物和无机物，它们可以消耗一定的氯量，

而且悬浮物内部包藏的细菌也不易被杀灭，故浑浊度高的水必须预先经过沉淀和过滤处理，再行氯化消毒才可确保饮水安全。

（5）饮水消毒的注意事项　选用安全有效的消毒剂；正确掌握浓度；检查动物的饮水量；避免破坏免疫作用，在饮水中投放疫苗或气雾免疫前后各 2 天，计 5 天内，必须停止饮水消毒；供水系统的清洗消毒，供水系统应定期冲洗（通常每周 1～2 次），可防止水管中沉积物产生，饮水槽和饮水器也要定期清理消毒。

（6）水的特殊处理

①除铁。水中的溶解性铁盐，通常是以重碳酸亚铁、硫酸亚铁、氯化亚铁等形式存在，有时为有机胶体化合物（腐殖酸铁）。重碳酸亚铁可用氧化法使其成为不溶解的氢氧化铁；硫酸亚铁或氯化亚铁可加入石灰石，在高 pH 条件下氧化为氢氧化铁，再经沉淀过滤清除之；有机胶体化合物可用硫酸铝或聚羟基氯化铝等混凝沉淀法除去。

②除氟。可在水中加入硫酸铝（每除去 10 mg/L 的氟离子，需投加 100～200 mg/L 的硫酸铝），或碱式氯化铝（0.5 mg/L），经搅拌、沉淀而除氟。在有过滤池的水厂，可采用活性氧化铝法。

③软化。水质硬度超过 25～40 度时，可用石灰、碳酸钠、氢氧化钠等加入水中，使钙、镁化合物沉淀而除去硬度，也可采用电渗析法、离子交换法等。

④除臭。活性炭粉末作滤料将水过滤可除臭，或在水中加活性炭混合沉淀后，再经砂滤除臭，也可用大量氯除臭。若地面水中藻类繁殖发臭，可再投加硫酸铜（1 mg/L 以下）灭藻。

（7）简易自来水　在无自来水的地方，为了改善人、畜饮用水的卫生条件，可建立各种小型的简易自来水系统。即在深井口上建井房，将水送上清水塔，用管道将水送到用水点。如以地面水为水源的地方，则需经过净化和消毒处理，可因地制宜修建简单的沉淀池、砂滤池、加氯池和清水贮水池，然后再送入供水管道。以深层地下水为水源的地方，不需特殊净化处理，仅需氯化消毒即可供饮用。

畜牧场简易自来水厂，应选在地势较高、附近无污染的地方。若以江河水做水源，应建在居民区的上游，进水口附近应围以竹篱或水柱作为卫生防护区；进水管口要安装筛网，以阻挡较大的悬浮物进入水泵。

（五）养殖场水质标准与评价

1. 水质卫生标准

我国现已公布和贯彻执行多个水质卫生标准，《生活饮用水卫生标准》（GB 5749—2022）是对人畜饮用水水质评价和管理的依据，与人畜健康有直接关系，其中，水质常规指标共 39 项，水质常规指标及限值详情见表 2-3-8。

表 2-3-8　生活饮用水水质常规指标及限值

序号	指标	限值
一、微生物指标		
1	总大肠菌群 /（MPN/100 mL 或 CFU/100 mL）	不应检出
2	大肠埃希氏菌 /（MPN/100 mL 或 CFU/100 mL）	不应检出
3	菌落总数 /（MPN/100 mL 或 CFU/100 mL）	100
二、毒理指标		
4	砷 /（mg·L^{-1}）	0.01
5	镉 /（mg·L^{-1}）	0.005
6	铬（六价）/（mg·L^{-1}）	0.05
7	铅 /（mg·L^{-1}）	0.01

续表

序号	指标	限值
8	汞 / (mg · L^{-1})	0.001
9	氰化物 / (mg · L^{-1})	0.05
10	氟化物 / (mg · L^{-1})	1
11	硝酸盐（以 N 计）/ (mg · L^{-1})	10
12	三氯甲烷 / (mg · L^{-1})	0.06
13	一氯二溴甲烷 / (mg · L^{-1})	0.1
14	二氯一溴甲烷	0.06
15	三溴甲烷	0.1
16	三卤甲烷（三氯甲烷、一氯二溴甲烷、二氯一溴甲烷、三溴甲烷的总和）	该类化合物中各种化合物的实测浓度与其各自限值的比值之和不超过 1
17	二氯乙酸 / (mg · L^{-1})	0.05
18	三氯乙酸 / (mg · L^{-1})	0.1
19	溴酸盐 / (mg · L^{-1})	0.01
20	亚氯酸盐 / (mg · L^{-1})	0.7
21	氯酸盐 / (mg · L^{-1})	0.7
三、感官性状和一般化学指标		
22	色度（铂钴色度单位）/ 度	15
23	浑浊度（散射浑浊度单位）/NTU	1
24	臭和味	无异臭、异味
25	肉眼可见物	无
26	pH	不小于 6.5 且不大于 8.5
27	铝 / (mg · L^{-1})	0.2
28	铁（ mg · L^{-1})	0.3
29	锰（ mg · L^{-1})	0.1
30	铜（ mg · L^{-1})	1.0
31	锌 / (mg · L^{-1})	1.0
32	氯化物 / (mg · L^{-1})	250
33	硫酸盐 / (mg · L^{-1})	250
34	溶解性总固体 / (mg · L^{-1})	1 000
35	总硬度（以 CaCO$_3$ 计）/ (mg · L^{-1})	450
36	高锰酸盐指数（以 O$_2$ 计）/ (mg · L^{-1})	3
37	氮（以 N 计）/ (mg · L^{-1})	0.5
四、放射性指标		
38	总 α 放射性 / (Bq · L^{-1})	0.5（指导值）
39	总 β 放射性 / (Bq · L^{-1})	0.5（指导值）

除以上标准以外，农业部（现农业农村部）针对畜禽饮用水水质还专门颁发了标准，可参照《无公害食品　畜禽饮用水水质》（NY 5027—2008）（表 2-3-9）。

表 2-3-9　畜禽饮用水水质安全指标（NY 5027—2008）

项目		标准值	
		畜	禽
感官性状及一般化学指标	色	≤ 30°	
	浑浊度	≤ 20°	
	臭和味	不得有异臭、异味	
	总硬度（以 CaCO₃ 计）/（mg·L⁻¹）	≤ 1 500	
	pH	5.5 ～ 9.0	6.5 ～ 8.5
	溶解性固体 /（mg·L⁻¹）	≤ 4 000	≤ 2 000
	硫酸盐（以 SO₄²⁻ 计）/（mg·L⁻¹）	500	250
细菌学指标	总大肠杆菌数，MPN/100 mL	成年畜 ≤ 100，幼畜和禽 ≤ 10	
毒理学指标	氟化物（以 F⁻ 计）/（mg·L⁻¹）	≤ 2.0	≤ 2.0
	氰化物 /（mg·L⁻¹）	≤ 0.20	≤ 0.05
	砷 /（mg·L⁻¹）	≤ 0.20	≤ 0.20
	汞 /（mg·L⁻¹）	≤ 0.01	≤ 0.001
	铅 /（mg·L⁻¹）	≤ 0.10	≤ 0.10
	铬（六价铬）/（mg·L⁻¹）	≤ 0.10	≤ 0.05
	镉 /（mg·L⁻¹）	≤ 0.05	≤ 0.10
	硝酸盐（以 N 计）/（mg·L⁻¹）	≤ 10.0	≤ 3.0

另外，禽类饮水健康管理除满足以上标准的限定值以外，还有其他要求，如水源中的某些微量元素对鸡的生产健康有着非常明显的影响，具体影响和处理方法可见表 2-3-10。

表 2-3-10　水源对鸡的生产健康影响

污染物、矿物质或离子	平均水平	最大可接受水平	说明和处理
细菌学指标			
总细菌	0 CFU/mL	100 CFU/mL	细菌总数是系统清理程度的一个指标，数量多并不表示有害细菌的存在，但它增加致病有机体的风险，高细菌水平会影响水的味道，导致鸡只饮水量减少
大肠杆菌	0 CFU/mL	0 CFU/mL	粪便大肠菌群的存在意味着水不适合家禽或人饮用
pH	6.8 ～ 7.5	7.6	pH<5 会导致金属部件腐蚀（长期暴露），对饮水设备有害。pH>8 会影响水消毒剂的有效性，也与高碱度有关，这可能会导致家禽的"苦味"减少饮水量
总硬度（以 Ca、Mg 计）	60 ～ 180 mg/L	见说明	硬度会引起水垢，降低管道体积，饮水困难或漏水。水的硬度分类：0 ～ 60 mg/L 软水；61 ～ 120 mg/L 中度硬水；121 ～ 180 mg/L 硬；>180 mg/L 非常硬

续表

污染物、矿物质或离子	平均水平	最大可接受水平	说明和处理
天然元素			
钙（Ca）	60 mg/L	N/A	钙是没有上限的，鸡类对钙的耐受力很强。>110 mg/L 时可能需要软化剂，聚磷酸盐或酸化剂防止结垢
氯（Cl）	14 mg/L	250 mg/L	当与高钠含量的水结合时，会产生盐水，充当泻药导致拉稀。盐水会促进肠球菌的生长，从而引起肠道问题。盐水会破坏繁殖鸡的生殖道，导致蛋壳质量问题。治疗方法：反渗透，降低饲料中盐的含量，与非盐水混合。保持水清洁，每天使用双氧水或碘水等消毒剂来防止微生物生长
铜（Cu）	0.002 mg/L	0.6 mg/L	
铁（Fe）	0.2 mg/L	0.3 mg/L	鸡只能忍受铁的金属味，但高铁会导致水线漏水，并促进大肠杆菌和假单胞菌的生长。处理方法包括用氯、二氧化氯或臭氧氧化，然后过滤
铅（Pb）	0	0.02 mg/L	长期接触会导致种鸡骨骼脆弱和受精率问题
镁（mg）	14 mg/L	125 mg/L	高浓度的 Mg 起泻药的作用而引起拉稀，特别是当高浓度的硫酸盐存在时
锰（Mn）	0.01 mg/L	0.05 mg/L	会在过滤器和水线上产生黑色颗粒状残留物。锰能促进细菌生长。在鸡群中，锰可能会干扰铜的吸收和利用。处理方法包括在 pH＝8 的条件下用氯、二氧化氯或臭氧氧化，然后过滤。绿砂过滤也是一种选择
硝酸盐	10 mg/L	25 mg/L	如果硝酸盐转化为亚硝酸盐，则会由于亚硝酸盐与血红蛋白结合而导致生长和饲料转化率低下。硝酸盐的存在可能表明粪便污染，故也要检测细菌。可通过反渗透去除
钠（Na）	32 mg/L	50 mg/L	当与高氯化物结合时，会产生盐水，可以作为泻药引起拉稀。盐水会促进肠球菌的生长，从而引起肠道问题。盐水会破坏产蛋鸡的生殖道，导致蛋壳质量问题。治疗方法：反渗透，降低饮食含盐量，与非盐水混合。保持水清洁，每天使用双氧水或碘水等消毒剂来防止微生物生长
硫酸	125 mg/L	250 mg/L	硫酸盐会导致鸡只拉稀。如果水中有臭鸡蛋的气味，那么就存在产生硫化氢的细菌，系统将需要冲击氯化以及建立良好的日常水处理程序。硫酸盐可以通过将水曝气进入蓄水池，用过氧化氢、氯或二氧化氯处理，然后过滤来去除。随着硫酸盐水平的升高，过氧化氢是首选，因为它几乎需要 2∶1 的消毒剂和硫酸盐氧化
锌	N/A	1.5 mg/L	

　　地表水环境质量标准对全国的江河、湖泊、水库等具有使用功能的地表水水域，按不同功能，提出了环境质量要求，是管理、评价和保护水源的依据。

　　废水排放标准，为了全面贯彻地面水水质卫生标准，我国在《污水综合排放标准》（GB 8978—1996）中，按地面水域使用功能要求和污水排放去向，对向地面水水域和城市下水道排放的污水分别执行一、二、三级标准。根据工业废水中有害物质影响的大小，将目前排放的工业废水分为两类，并分别规定了最高容许排放浓度。

第一类，能在环境或动植物体内蓄积，对机体健康产生长远影响的有害物质，在车间或车间处理设备排出口的废水中，其含量就应符合规定，并不得用稀释的方法代替必要的处理；第二类，其长远影响小于第一类的有害物质，在工厂排出口的水质应符合规定。

我国于 2001 年发布了《畜禽养殖业污染物排放标准》（GB 18596—2001），其中规定了养殖废水排放标准，后续其他省（市）（如广东省、上海市）也根据此标准相继出台了地方养殖废水排放，各标准中对五日化学需氧量（BOD_5）、化学需氧量（COD）、悬浮物（SS）、总磷、微生物等都有严格要求（表 2-3-11 和表 2-3-12）。

表 2-3-11　集约化畜禽养殖业水污染物最高允许日均排放浓度

指标要求	国家标准[a]	广东省标准[b]		浙江省标准[c]
		珠三角地区	其他地区	
五日化学需氧量（mg/L）	150	140	150	140
化学需氧量（mg/L）	400	380	400	380
悬浮物（mg/L）	200	160	200	160
总磷（以磷计）（mg/L）	80	70	80	70
粪大肠杆菌群数（个/100 mL）	1 000	1 000	1 000	1 000
蛔虫卵（个/L）	2.0	2.0	2.0	2.0

注：a 引自《畜禽养殖业污染物排放标准》（GB 18596—2001），国家质量监督检验检疫总局，2001.

　　b 引自《畜禽养殖业污染物排放标准》（DB 44/613—2009），广东省质量技术监督局，2009.

　　c 引自《畜禽养殖业污染物排放标准》（DB 33/593—2005），浙江省质量技术监督局，2005.

表 2-3-12　上海市畜禽养殖场水污染物排放浓度限值及单位产品基准排水量[a]

序号	污染物指标	排放限度	污染物排放监控位置
1	pH	6～9	
2	悬浮物（SS）	30	
3	五日生化需氧量	20	
4	化学需氧量	60	
5	氨氮	5（8）[b]	
6	总氮（以氮计）	15	畜禽养殖场废水总排放口
7	总磷（以磷计）	5	
8	粪大肠菌群数（个/100 mL）	500	
9	蛔虫卵（个/L）	2	
10	总铜	0.5	
11	总锌	2	
单位产品基准排水量	标准猪（m³/百头·天）[c]	0.8	排水量计量位置与污染物排放监控位置一致

注：a 单位：mg/L（pH 值除外）；

　　b 每年 11 月 1 日至次年 3 月 31 日执行括号内的排放限值；

　　c 百头为存栏数，其他种类的畜禽的单位产品基准排水量折算方法为 1 头奶牛折算成 10 头猪，1 头肉牛折算成 5 头猪，30 只蛋鸡折算成 1 头猪，60 只肉鸡折算成 1 头猪，3 只羊换算成 1 头猪。

（引自：《畜禽养殖业污染物排放标准》（DB 31/1098—2018），上海市环境保护局，2018。）

2. 畜禽饮用水水质卫生评价

水体污染包括水质、底质、水生生物三个方面的污染。对水质卫生评价应从水质本身、底质、水生生物三个方面进行综合观察和分析，主要通过流行病学调查、环境调查、水质检验来进行水质卫生评价。

（1）感官性状

①水温。水的比热很大，水温不容易发生较大的波动，如果改变超过正常的变动范围，表明水体有被污染的可能。水温可影响水中细菌繁殖、氧气在水体中的溶解量，以及影响水的自净作用。在水质检验时，采水样的同时，必须记录水温。

②颜色。清洁的水浅时无色，深时呈浅蓝色。被污染的水，可出现各种各样的颜色。一般用钴铂比色法测定，用"度"表示。如水体含腐殖质时呈棕或棕黄色；大量藻类在水体繁殖时呈绿色或黄绿色；含大量低价铁的深层地下水，汲出地面后氧化成高铁而呈现黄褐色。

③浑浊度。浑浊度是表示水中所含悬浮物多少的指标，以 1 kg 蒸馏水中含有 1 mL 二氧化硅为一个浑浊度单位。泥沙、有机物、矿物、生活废水、工业废水都可使浑浊度增加。水的浑浊度可影响水的感官性状和净化消毒效果。

④臭和味。清洁水无异臭、无异味。当水中含有人畜排泄物、垃圾、生活污水、工业废水或硫化氢时，可出现不同程度的臭气。水中溶解的各种盐类和杂质，可产生异味。如铁盐带涩味，硫酸镁带苦味等。臭的强度，一般用嗅觉判断分为六级，并同时记录臭的性质，如鱼腥臭、泥土臭和腐烂臭等。味的表示法与臭类同。但在检验有污染可疑的水时，须经煮沸后才能尝味。

⑤肉眼可见物。水中的肉眼可见物是水质不清洁的标志，饮用水中不得含有。

（2）化学指标

① pH 值。天然水的 pH 值多为 7.2 ～ 8.6。水体被工业废水和生活污水污染时，pH 值可能发生明显的变化。我国《无公害食品　畜禽饮水水质标准》规定，禽饮用水 pH 值在 6.5 ～ 8.5。如水被有机物严重污染时，有机物被氧化分解而产生大量二氧化碳，使水体的 pH 值大大降低。

②总硬度。水的硬度是指水中钙、镁离子的含量。能够经煮沸生成沉淀而除去的碳酸盐硬度称为暂时硬度，煮沸后仍存在于水中的非碳酸盐硬度称为永久硬度，二者之和称为总硬度。以 1 L 水中含有相当于 10 mg 氧化钙的钙、镁离子量为 1°，小于 8° 为软水，大于 17° 为硬水。我国《无公害食品　畜禽饮水水质标准》规定水的总硬度（以 $CaCO_3$ 计）不超过 1 500 mg/L，即 25°。

地面水的硬度随水流经过的地区的地质不同而不同，地下水的硬度往往比地面水高，其程度随地质而异。水体被工业废水和含大量有机物的生活污水污染后，其硬度可能增高。

畜禽可以饮用不同硬度的水，主要是长期的饮用习惯和适应过程。但饮用软水的畜禽如突然改饮硬水，或由饮硬水改饮软水时，则畜禽暂不适应，会引起胃肠功能紊乱，出现消化不良性腹泻（所谓"水土不服"），经过一段时间后即可逐渐适应。过软的水质不能使畜禽获得必要的无机盐类，畜禽也不喜爱饮用。

③氮化合物。氮化合物包括氨氮、亚硝酸盐氮和硝酸盐氮，简称"三氮"。氨氮是含氮有机物氧化分解的初级产物。人、畜粪便中含氮有机物不稳定，容易分解为氨，故水中氨氮含量增高时，表示人畜粪便的新近污染。当水中有氧存在时，氨可进一步被微生物转化为亚硝酸盐（亚硝化细菌的作用）、硝酸盐（硝化细菌的作用）。因而水中亚硝酸盐氮含量增高，表明有机物分解过程还在继续，污染危险依然存在。硝酸盐是含氮有机物分解的最终产物，如水中仅有硝酸盐含量增高，氨氮、亚硝酸盐氮含量均低甚至没有，说明污染时间已久，现已趋于自净。一般认为畜禽饮用水中硝酸盐氮含量不应超过 10 mg/L，含量过高（超过 20 mg/L），会引起人畜血红蛋白血症，使血红蛋白失去结合氧气的能力，发生组织缺氧，甚至窒息死亡。

"三氮"在水体检测中的卫生学意义，在于可以根据它们含量的变化规律了解水体的污染与自净状况（表 2-3-13）。

表 2-3-13　"三氮"在水体检测中的卫生学意义

氨氮	亚硝酸盐氮	硝酸盐氮	卫生学意义
+	−	−	表示水新近受到污染
+	+	−	水受到较近期污染，分解在进行中
+	+	+	一边污染，一边自净
−	+	+	污染物分解，趋向自净
−	−	+	分解已完成（或来自硝酸盐土层）
+	−	+	过去污染已基本自净，目前又有新近污染
−	+	−	水中硝酸盐被还原成亚硝酸盐
−	−	−	清洁水或已自净

（引自：冯春霞.家畜环境卫生［M］.北京：中国农业出版社，2001.）

④溶解氧（DO）。溶解于水中的氧，称为溶解氧。水温越低，溶解氧含量越高；反之亦然。在正常情况下，清洁地面水的溶解氧接近饱和状态。水生植物由于光合作用而放出氧，使水中溶解氧呈过饱和状态。地下水由于不接触空气，溶解氧较少。

溶解氧是水中有机物进行氧化分解的重要条件。大量有机物污染水体时，溶解氧急剧消耗，水中溶解氧急剧降低，故溶解氧可以作为判断水体是否受到有机物污染的间接指标。

⑤生化需氧量（BOD）。水体有机物在微生物作用下，进行生物氧化分解所消耗的溶解氧量称为需氧量。水中有机物越多，生化需氧量就越大。在一定范围内，温度越高，生物氧化作用越剧烈，完成全部过程所需的时间也越短。在实际工作中，常以 20 ℃条件下，培养 5 天后 1 L 水中减少的溶解氧量（BOD_5）来表示。

BOD_5 能相对地反映出水中有机物的含量，是评价水体污染的重要指标。因为当有机物刚污染水体不久，或由于水体温度较低，有机物分解缓慢，即使污染较严重，水中氨氮量和溶解氧量也可能反映不出污染状况，而生化需氧量则能反映出来。但是，水体中如存在亚硝酸盐、亚硫酸盐等还原性无机物质时，也会增加水体的生化需氧量，这时必须作全面具体分析，结合其他指标，进行综合评价。清洁水、河水 BOD_5 一般不超过 2 mg/L。

⑥化学耗氧量（COD）。用化学氧化剂氧化 1 L 水中的有机物所消耗的氧量。水中有机物含量越多，耗氧量也越高。被氧化的物质包括水中能被氧化的有机物和还原性无机物，但不包括化学上较稳定的有机物，因此只能相对地反映出水中有机物含量。同时因其测定完全脱离有机物在水体中分解的条件，故不如生化需氧量准确。

⑦氯化物与硫酸盐。天然水中一般都含有氯化物和硫酸盐，含量因地质条件不同而差异很大，但在同一地区内，水中氯化物与硫酸盐含量通常是相对恒定的。如果突然发生变化，可怀疑水体污染。水中硫酸根离子的增加会影响水味，并可使畜禽胃肠机能失调，引起腹泻。

（3）毒理学指标

①氟化物。地面水一般含氟较少，有的地区则地下水含氟较多。水体中的氟来自磷灰石矿层和工业废水，水中含氟低于 0.5 mg/L 时可引起人畜龋齿，而高于 1.5 mg/L 可致人畜地方性氟中毒（斑釉齿、骨氟症）。我国《无公害食品　畜禽饮水水质标准》规定氟化物含量不得超过 2 mg/L。

②氰化物。水体中的氰化物多来自工业废水污染。氰化物有剧毒，作用于呼吸酶，引起组织内窒息，并可使水呈杏仁臭。我国《无公害食品　畜禽饮水水质标准》规定氰化物含量家畜和家禽分别不得超过 0.2 mg/L 和 0.05 mg/L。

③重金属离子。水体中的有毒重金属离子主要有砷、硒、汞、镉、六价铬、铅等。他们在水

体中的含量与土壤、工业废水、农药污染等有关。往往极少的含量也会造成人畜中毒。

砷是传统的剧毒药，俗称砒霜。成年人口服 100～300 mg 即可产生急性中毒而致死；长期饮用含砷量为 0.2 mg/L 的水可导致慢性中毒，表现为肝肾炎症、神经麻痹、皮肤溃疡。硒可破坏一系列酶系统，对肝、胃、骨髓和中枢神经系统发生不良作用。汞的毒性很强，在机体内不易分解，排泄较慢，有机汞的毒性远高于无机汞，主要作用于神经系统、心肾和胃肠道。六价铬主要蓄积在肝、肾、脾脏中，引起慢性中毒和致癌。铅进入机体内，引起神经系统和血液系统的病变。铅可在体内蓄积，随同钙一同代谢，引起慢性铅中毒等。

（4）细菌学指标　水体受到工业废水、生活废水和人畜粪便污染时，可使水体细菌大量增加，通常引起人畜肠道传染病的介水传播和流行。但水中细菌很多，直接检验水中各种病原菌方法复杂，时间长，而且得到的阴性结果也不能绝对保证流行病学上的安全。通常检查水中的细菌总数、总大肠菌群、游离余氯来间接判断水质受到细菌污染的状况。

①细菌总数。细菌总数是指 1 mL 水在普通琼脂培养基中，于 37 ℃经 24 小时培养后所生长的细菌群落总数。水中细菌总数越多，说明水体污染越严重，同时也说明水体中存在着有利于细菌生长繁殖的条件。但是水中细菌总数的增加，并不能直接说明全是病原菌的存在，细菌总数指标只能相对地评价水质是否受到污染。

②总大肠菌群。总大肠菌群是指一群需氧及兼性厌氧、在 37 ℃生长时能使乳糖发酵，在 24 小时内产酸产气的呈革兰氏阴性无芽孢杆菌的统称。通常有大肠菌群指数和大肠菌群值两种表示方法。

大肠菌群指数是指 1 L 水样中所含有大肠菌群的数目。大肠菌群值是指发现一个大肠菌群的最小水量，即多少毫升水中发现一个大肠菌群数。

两种指标的关系：

$$大肠菌群指数 = \frac{1\,000}{大肠菌群值}$$

大肠菌群在肠道内数量最多，检验技术较简单，能直接反映水体受人、畜粪便污染的状况。我国《无公害食品　畜禽饮水水质标准》规定成年畜水中总大肠菌群数不得超过 100 MPN/100 mL（MPN/100 mL 意为 100 mL 测样中大肠菌群的最大可能数），幼畜不得超过 10 MPN/100 mL。

③游离余氯。水的消毒一般多用氯化法。为了保证饮用水的安全，氯化消毒后水中必须剩余一定的氯，称为余氯。若水中测不出余氯，表明水的消毒还不彻底，水中有余氯，则消毒已经基本安全，杀菌能力有余。因此，余氯是用来评价氯化消毒效果的一项指标。我国《饮用水卫生标准》规定，在氯与水接触 30 分钟后，游离余氯含量不应低于 0.3 mg/L，自来水管网末梢水中含量不应低于 0.05 mg/L。

✐ 练一练

1. 如何做好养殖场的水源选择和防护工作？

2. 有一圆形浅井，水深 3 m，水面直径 1 m；另一方形浅井，水深 2 m，水面长度 2 m，水面宽度 1.5 m。现要用常量氯化消毒法对饮水进行消毒，每个井需用的漂白粉（含有效氯 25%）的范围是多少？

📖 拓展学习

配套设施也有"法律规定"

厦门某生猪养殖户，拥有近 1.5 万头生猪，2018 年因违反《畜禽规模养殖污染防治条例》和《中华人民共和国环境保护法》，被法院判赔 34 万余元。

　　2011 年以来，该养殖户未经行政机关审批、备案，擅自在厦门某地畜禽养殖禁养区内非法占地建设养猪场，进行规模化生猪养殖总数近 1.5 万头。该生猪养殖场仅建设了沼气工程，并未配套建设其他污染防治设施进行综合防治与无害化处理，存在粪尿及清洗猪舍污水未经处理直接排放至周边农用地及裸露环境，以及生猪粪便随意堆放、未进行无害化处理及病死猪随意丢弃等现象，粪尿污水得不到及时处理，随意的排放严重污染了周围环境，特别是猪场附近的土壤生态系统。

　　无序、失范的畜禽养殖已成为继工业污染、生活污水垃圾污染之后的第三大污染源，是当前不可忽视的环境问题之一。《中华人民共和国环境保护法》第四十九条明确规定，畜禽养殖场、养殖小区、定点屠宰企业等的选址、建设和管理应当符合有关法律法规规定。从事畜禽养殖和屠宰的单位和个人应当采取措施，对畜禽粪便、尸体和污水等废弃物进行科学处置，防止污染环境。《畜禽规模养殖污染防治条例》第十三条也规定，畜禽养殖场、养殖小区应当根据养殖规模和污染防治需要，建设相应的畜禽粪便、污水与雨水分流设施、畜禽粪便、污水的贮存设施、畜污厌氧和堆沤、有机肥加工、制取沼气、沼渣沼液分离和输送、污水处理的、畜禽尸体处理等综合利用和无害化处理设施……未建设污染防治配套设施、自行建设的配套设施不合格或者委托他人对畜禽养殖废弃物进行综合利用和无害化处理的，畜禽养殖场、养殖小区不得投入生产或者使用。

　　作为行业从业者，我们不仅要有较高的专业水平，更要有基本的法律意识，在未来的工作中严守法律红线。

技能 1　水质检测

【学习目标】

　　掌握水样的采集、保存和化学分析的方法，为选择水源和评定水质打好基础。

【实训准备】

　　（1）实训器材　溶氧仪、pH 计、取水装置、胶头滴管等。

　　（2）试剂　池塘水、溶解氧测定试剂盒；pH 值测定试剂盒；氨氮测定试剂盒；亚硝酸盐测定试剂盒等。

【实训内容】

（一）水样采集和水样保存

1. 水样采集

　　供理化检验用的水样应有代表性，采集、贮运过程不改变其理化特性。一般采集 2 ～ 3 L。

　　采集水样的容器，以硬质玻璃瓶或塑料瓶为宜（图 2-3-16）。水样中含油类时用玻璃瓶，测定金属离子时用塑料瓶为好。供细菌卫生学检验用的水样，所用容器必须先消毒杀菌，并需保证水样在运送、保存过程中不受污染。

　　采集自来水及具有抽水设备的井水时，应先放水数分钟弃之不用，使积留于水管中的杂质流去，然后再将水样收集于瓶中。采集无抽水设备的井水或江河、水库等地面水的水样时，可将采样器浸入水中，使采

图 2-3-16　水样采集器

样瓶口位于水面下 200 ～ 300 mm，然后拉开瓶塞，使水进入瓶中。

2. 水样保存

采样和分析的间隔时间尽可能缩短，某些项目的测定，应现场进行，如 pH 值和浑浊度等。有的项目则需在采集的水样瓶中加入适当的保存品，或在低温保存。如加酸保存可防止重金属形成沉淀和抑制细菌对一些项目影响，加碱可防止氰化物等组分挥发，低温保存可抑制细菌的作用和减慢化学反应的速率等。

（二）水的物理性状指标的检测

1. 颜色检测

以烧杯盛水样于白色背景上，以肉眼直接观察水的颜色。若水样浑浊，应先静置澄清或离心沉淀后观察上清液的颜色。一般以描述法表示，如无色、淡黄色、黄色、深黄色、棕黄色、黄绿色等。定量测定可用铂钴标准比色法或铬钴标准比色法，以"度"表示。

2. 臭和味描述

取 100 mL 水样，置于 250 mL 三角瓶中，振荡后从瓶口嗅水的气味。必要时将水样加热至沸腾，稍冷后嗅气味和尝味。记录在常温与煮沸时有无异臭和异味。如有，则用适当词句描述之：臭——泥土臭、腐败臭、鱼腥臭、粪便臭、石油臭等；味——苦、甜、酸、涩、咸等。也可按六级表示其强度。

3. 浑浊度检测

取水样直接观察，按透明、微浑浊、浑浊、极浑浊等情况加以描述；也可取水样于比色管中，与浑浊度标准液进行比较，用相当于 1 mg 白陶土在 1 L 水中所产生的浑浊程度作为 1 个浑浊度单位，以"度"表示。

4. 肉眼可见物检测

将水样摇匀，直接观察，以肉眼可见物多、少量词描述。

（三）水的化学指标的测定

1. pH 值测定

pH 值是水中氢离子活度倒数的对数值。水的 pH 值可选 pH 电位计法、pH 试纸法、pH 试剂盒法测定。pH 电位计法比较准确，pH 试纸法和 pH 试剂盒法简易方便，但准确性较差。

（1）pH 电位计法

①仪器：精密酸度计。

②试剂：pH 标准缓冲溶液甲（苯二甲酸氢钾在 105 ℃烘干 2 小时，称取 10.21 g 溶于纯水，稀释至 1 000 mL）；pH 标准缓冲液乙（称取磷酸二氢钾 355 g、磷酸二氢钠 346 g，溶于纯水中，并稀释至 1 000 mL）；pH 标准缓冲液丙（称取 3.81 g 硼酸钠，溶于纯水中，并稀释至 1 000 mL）。三种标准缓冲溶液的 pH 值在 20 ℃时，分别是 4.00、6.88、9.22。

③检测步骤：玻璃电极在使用前放入纯水中浸泡 24 小时以上；用 pH 标准缓冲溶液甲、乙、丙检查仪器和电极是否正常；用接近于水样 pH 的标准缓冲溶液校正仪器刻度；用纯水淋洗两电极数次，再用水样淋洗 6 ～ 8 次，然后插入水样中，1 分钟后直接从仪器上读出 pH。

（2）pH 试纸法

使用广泛 pH 试纸（pH 值为 1 ～ 12）或精密 pH 试纸（pH 值为 5.5 ～ 9.0），伸入水样数秒钟，与标准色板对照，即可测出水样 pH 值，方法简易，但不够精确。

（3）pH 试剂盒法

①材料：pH 值测定试剂盒（图 2-3-17）。

②检测步骤：先用池水冲洗取样管两次，再取水样至管的刻度线，往管中加入 pH 试剂 5 滴，摇匀后与标准色阶自上而下目视比色，与管中溶液色调相同的色标即是水样的 pH 值。取样时，池水浑浊可过滤或放置澄清后取上层清液再按上述方法测试。

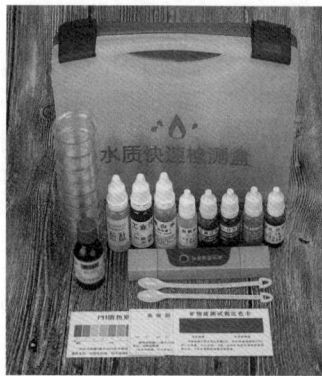

图 2-3-17　pH 试剂盒法

2. 总硬度测定

①原理：乙二胺四乙酸二钠（EDTA）在 pH 值为 10 的条件下，与水样中钙、镁离子生成无色可溶性络合物，络黑 T 指示剂则与钙、镁离子生成紫红色络合物。用 EDTA 滴定使络黑 T 游离出来，溶液即由紫红色变为蓝色。

②仪器：10 mL（或 25 mL）滴定管，125 mL 三角瓶等。

③试剂：0.01 mol/L EDTA 标准溶液（称取 3.72 g EDTA，溶于纯水中，稀释至 1 000 mL）；锌标准溶液（称取 0.6～0.8 g 的锌粒，溶于 1∶1 盐酸中，水浴溶解，计算锌的物质的量浓度）；Mg-EDTA 缓冲溶液（16.9 g 氯化铵溶于 143 mL 浓氢氧化铵中配成 pH 值为 10 的缓冲溶液，称取 0.78 g 硫酸镁及 1.178 g EDTA 溶于 50 mL 纯水中，加入 2 mL 上述 pH 值为 10 的缓冲溶液和 5 滴络黑 T 指示剂。用 EDTA 溶液滴定至溶液由紫红色变为天蓝色，加入余下 pH 值为 10 的缓冲溶液，并用纯水稀释至 250 mL，如溶液又变为紫色，在计算结果时应扣除试剂空白）。

④检测步骤：EDTA 溶液标定，吸取 25 mL 锌标准溶液于 150 mL 三角瓶中，加入 25 mL 纯水，加氨水调至近中性，再加 2 mL 缓冲溶液及 5 滴络黑 T 指示剂，用 EDTA 溶液滴定至溶液由紫红色变为蓝色，按下式计算 EDTA 溶液的浓度：

$$EDTA - 2Na \text{ 溶液的浓度（mol/L）} = m\frac{V_1}{V_2}$$

式中　m——锌标准溶液的浓度，mol/L；

V_1——锌标准溶液的体积，mL；

V_2——EDTA 溶液的体积，mL。

水样测定，吸取 50 mL 水样于 150 mL 三角瓶中，加入 0.5 mL 盐酸羟胺溶液及 1 mL 硫化钠溶液。加入 1～2 mL Mg-EDTA 缓冲溶液及 5 滴络黑 T 指示剂，立即用 EDTA 标准溶液滴定，溶液由紫红色变成蓝色即为终点。水样的总硬度按下式计算：

$$TH = c\frac{V_1 \times 50.05}{V_2}$$

式中　TH——水样的总硬度，mg/L；

c——EDTA 溶液浓度，mol/L；

V_1——EDTA 溶液的消耗量，mL；

V_2——水样的体积，mL。

3. 氨氮测定

水样中的氨氮极不稳定，除加入适合的保存剂并且在冷藏条件下运输，还必须在最短时间内完成分析。

（1）纳氏比色法（简化）

①原理：在碱性条件下，水中氨与纳氏试剂生成黄至棕色化合物，其色度与氨氮含量成正比。

②仪器：500 mL 全玻璃蒸馏器、试管、标准色列等。

③试剂：酒石酸钾钠（粉）。

氨氮标准液：将氯化铵在 105 ℃烘烤 1 小时，冷却后称取 0.381 9 g，溶于纯水中，定容至 100 mL。吸取 1 mL 此溶液，用纯水定容到 100 mL，此溶液 1 mL 含 0.01 mg 氨氮。

纳氏试剂：先称取 50 g 碘化钾，溶于 50 mL 无氨蒸馏水，向其中逐滴加入氯化汞饱和溶液（25 g 氯化汞溶于热的无氨蒸馏水中），直至生成的碘化汞红色沉淀不再溶解为止。再向其中加入氢氧化钾溶液（150 g 氢氧化钾溶于 300 mL 无氨蒸馏水中），最后用无氨蒸馏水稀释至 1 L。再追加 0.5 mL 氯化汞饱和溶液。盛于棕色瓶中，用橡皮塞塞紧，避光保存。静置后，使用其上层澄清液。

无氨蒸馏水：每升蒸馏水中加入 2 mL 浓硫酸和少量高锰酸钾，蒸馏，收集蒸馏液。

④检测步骤：

a. 取水样 4 mL 于小试管中。

b. 另取小试管 6 支，分别加入氨氮标准溶液 0、0.1、0.2、0.4、0.8、2.0 mL，加无氨蒸馏水至刻度（4 mL）。

c. 加入酒石酸钾钠粉末 1 小匙（2 ~ 3 粒大米容积），混匀使其充分溶解。

d. 向各管加入纳氏试剂 1 ~ 2 滴，混匀，放置 10 分钟后比色。

e. 按表 2-3-14 确定水样中氨氮含量。如现场测定无条件配制标准色列，可按表 2-3-14 第 4、5 列试管侧面和上面观察的颜色，以概略定量符号表示。

表 2-3-14　氨氮测定比色列

管号	加标准溶液量 /mL	氨氮含量 / (mg · L^{-1})	从试管侧面观察	从试管上面观察	概略定量符号
1	0	0	无色	无色	−
2	0.1	0.25	无色	极弱黄色	+/−
3	0.2	0.50	极弱黄色	浅黄色	+
4	0.4	1.00	浅黄色	明显黄色	+ +
5	0.8	2.00	明显黄色	棕黄色	+ + +
6	2.0	5.00	棕黄色	棕黄色沉淀	+ + + +

（2）试剂盒法

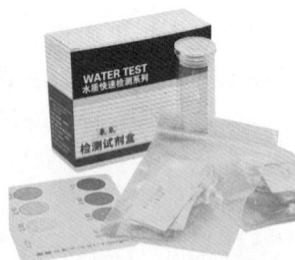

图 2-3-18　氨氮测定比色

使用氨氮测定试剂盒对水质进行测定（图 2-3-18）：先用池水冲洗取样管两次，再取水样至管的刻度线（若水样需过滤应先加几滴稀酸）。往管中加入氨氮试剂 10 滴，盖上瓶盖颠倒摇均，打开瓶盖再加入氨氮试剂 10 滴，盖上瓶盖摇均放置 5 分钟与标准色阶自上而下目视比色，与管中溶液色调相同的色标即是池水氨氮的含量（mg/L）。（参考指标：氨氮不超过 0.2 mg/L）

若取池底水样，取样后放置数分钟，待试样澄清后取上层清液再按上述方法测试。若试剂加完后立即出现浑浊应弃掉，将池水中过滤后再测试。

4. 亚硝酸盐氮测定

水中亚硝酸盐氮是标志水体被有机物污染的指标之一。它是含氮化合物分解的中间产物，不稳定，易氧化成硝酸盐，也可被还原成氨。它的含量与硝酸盐和氨的含量结合考虑，可推出水体污染程度及净化能力。

（1）重氮化偶合比色法（简化）

①原理：亚硝酸盐与格氏试剂生成紫红色化合物，其颜色深浅与亚硝酸盐氮量成正比。

②仪器：试管、移液管、标准色列等。

③试剂：

亚硝酸盐氮标准溶液：称取干燥分析纯亚硝酸钠 0.246 2 g，溶于少量水中，倾入 1 L 容量瓶内，加蒸馏水至刻度。临用时取此溶液 1.0 mL，加蒸馏水稀释至 100 mL。此溶液 1.00 mL 相当于

0.000 5 mg 亚硝酸盐氮。

格氏试剂：称取酒石酸 8.9 g、对氨基苯磺酸 1 g、α - 萘胺 0.1 g、磨细混合均匀，保存于棕色瓶中。

无亚硝酸盐氮的蒸馏水：取普通蒸馏水，加氢氧化钠呈碱性，蒸馏，收集蒸馏液。

④检测步骤：

a. 取水样 4 mL 于小试管中。

b. 另取小试管 6 支，分别加入亚硝酸盐氮标准溶液 0、0.05、0.16、0.8、2.4、4.0 mL，加无亚硝酸盐氮的蒸馏水至刻度（4 mL）。

c. 向各管加入格氏试剂一小匙，摇匀，使其溶解，放置 10 分钟后观察颜色。

d. 按表 2-3-15 确定水样中亚硝酸盐氮含量；如现场测定无条件配置标准色列，可按表 2-3-15 第 4、5 列试管侧面和上面观察的颜色，以概略定量符号表示。

表 2-3-15　亚硝酸盐氮测定比色列

管号	加标准溶液量 /mL	亚硝酸盐氮含量 /（mg·L^{-1}）	从试管侧面观察	从试管上面观察	概略定量符号
1	0	0	无色	无色	−
2	0.05	0.006	无色	极弱玫瑰红色	+/−
3	0.16	0.02	极弱玫瑰红色	浅玫瑰红色	+
4	0.80	0.1	浅玫瑰红色	明显玫瑰红色	++
5	2.40	0.3	明显玫瑰红色	深红色	+++
6	4.00	0.5	深红色	极深红色	++++

（2）试剂盒法

①仪器：亚硝酸盐测定试剂盒。

②检测步骤：使用亚硝酸盐氮测定试剂盒对水质进行测定。先用池水冲洗取样管两次，再取水样至管的刻度线，向管中加入一玻璃勺亚硝酸盐试剂，摇动使其溶解。5 分钟后，自上而下与标准色卡目视比色，色调相同的色标即是水样的亚硝酸盐量含量（以氮计：mg/L）。

若水样混浊应过滤后再取样；若亚硝酸盐量超过色所指色标，可用不含水量亚硝酸盐水（如凉开水）冲稀一定倍数，再按上述方法测试；若试剂结块，压碎后再用不影响测试结果。（参考指标：亚硝酸盐不超过 0.01 mg/L）

5. 硝酸盐氮测定（马钱子碱比色法）

①原理：在浓硫酸条件下，硝酸盐与马钱子碱作用，产生黄色化合物（初显樱红色，冷却后转变为黄色）。黄色的深浅基本上和硝酸盐浓度成正比例关系。

②仪器：试管、移液管、标准色列。

③试剂：浓硫酸和马钱子碱。

④检测步骤：

a. 取水样 2 mL 于小试管中。加入约 1.5 mL 浓硫酸，混合，冷却。

b. 投入少量马钱子碱结晶，用力振荡。此时在水样中形成明显的红色，经过一些时间转变为黄色。

c. 按表 2-3-16 确定硝酸盐氮概略含量。

表 2-3-16　硝酸盐氮测定比色列

从侧方观察时水样颜色	硝酸盐氮含量 /（g·L^{-1}）
与蒸馏水比较时则能识别出的淡黄色	0.5
刚能看见的淡黄色	1.0

续表

从侧方观察时水样颜色	硝酸盐氮含量 / (g · L⁻¹)
很浅的淡黄色	3.0
浅淡黄色	5.0
淡黄色	10.0
浅黄色	25.0
黄色	50.0
深黄色	100.0

6. 溶解氧测定

（1）碘量法

①原理：水样中加入硫酸锰和碱性碘化钾，水中溶解氧将低价锰氧化成高价锰，生成四价锰的氢氧化物棕色沉淀。加酸后，氢氧化物沉淀溶解形成可溶性四价锰 $Mn(SO_4)_2$，后者与碘离子反应释出与溶解氧量相当的游离碘，以淀粉作指示剂，用硫代硫酸钠滴定释出碘，可计算溶解氧的含量。

②仪器：250 mL 溶解氧采样瓶、250 mL 碘量瓶、25 mL 滴定管等。

③试剂：浓硫酸。

硫酸锰溶液：称取 48 g 硫酸锰（$MnSO_4 · 4H_2O$ 或 36.4 g $MnSO_4 · H_2O$）溶于蒸馏水中，过滤后稀释至 100 mL。

碱性碘化钾溶液：称取 50 g 氢氧化钠及 15 g 碘化钾，溶于蒸馏水中，稀释至 100 mL。静置 1～2 天，倒出上层澄清液备用。

高锰酸钾溶液：称取 6 g 高锰酸钾，溶于蒸馏水中，并稀释至 1 000 mL。

2% 草酸钾溶液：称取 2 g，溶于蒸馏水中，并稀释至 100 mL。

5% 淀粉溶液称取 0.5 g 可溶性淀粉，用少量水调成糊状，再加入刚煮沸的蒸馏水冲稀至 100 mL。冷却后加入 0.1 g 水杨酸或 0.4 g 氧化锌保存。

0.025 mol/L 硫代硫酸钠标准溶液，将经过标定的硫代硫酸钠溶液用适量蒸馏水稀释至 0.025 mol/L。

④检测步骤：

a. 水样采集和保存：采集水样时，先用水样冲洗溶解氧瓶后，沿瓶壁直接注入水样至瓶口，立即加入 2 mL 硫酸锰溶液。加试剂时应将吸管的末端插入瓶中，然后慢慢往上提，再用同样方法加入 2 mL 碱性碘化钾溶液。盖紧瓶塞，将样瓶颠倒混合数次，此时会有黄色到棕色沉淀物形成。水样应在 4～8 小时内分析。

b. 样品的测定：将现场采集的水样加以震荡，待沉淀物尚未完全沉至瓶底时，加入 2 mL 浓硫酸，盖好瓶塞，摇匀至沉淀物完全溶解为止。用移液管吸取 100 mL 经过上述处理的水样，加入 250 mL 碘量瓶中，用 0.025 mol/L 硫代硫酸钠溶液滴定，至溶液呈淡黄色，加入 1 mL 0.5% 淀粉溶液，继续滴定至蓝色退尽为止，记录硫代硫酸钠溶液用量 V（mL）。

c. 计算：

$$溶解氧 = \frac{M \times V \times (1/2) \times 16 \times 1\,000}{V_水}$$

式中　M——硫代硫酸钠溶液浓度，mol/L；

　　　V——滴定时消耗硫代硫酸钠体积，mL；

　　　16——氧摩尔质量，g/mol；

　　　$V_水$——水样体积，mL。

（2）仪器测定法

①仪器：便携式溶氧仪（图 2-3-19）。

②检测步骤：便携式溶氧仪的使用方法和操作规范可参考仪器所附说明书。

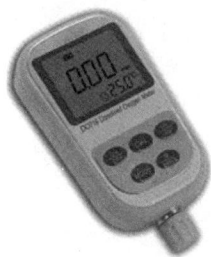

图 2-3-19　便携式溶氧仪

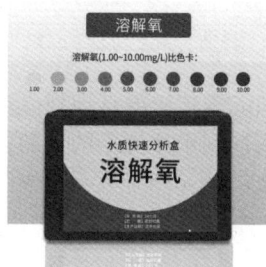

图 2-3-20　溶解氧测定比色

（3）试剂盒法

①仪器：溶解氧测定试剂盒。

②检测步骤：使用溶解氧测定试剂盒对水质进行测定（图 2-3-20）。先用池水冲洗取样管两次，再用池水充满取样管，依次往取样管中加入溶解氧试剂 1 和溶解氧试剂 2 各五滴，立即盖上瓶盖，上下颠倒数次，静置 3～5 分钟，打开瓶盖，再加入溶解氧试剂 3 五滴，盖上瓶盖颠倒摇动至沉淀完全溶解［若不全溶解可再加溶解氧试剂 3（1～2 滴）］，用吸管取出部分溶液至比色管的刻度处，然后与标准卡自上而下目视比色，色调相同的色标即是溶解氧含量（mg/L）。

若池水浑浊，待反应完后比色前过滤，然后再与标准色卡比色。

【实训反思与总结】

通过课程学习和实训训练，是否掌握养殖场水质的采样及各理化指标的检测，能否胜任养殖场生产岗位水质质检相关化验任务。

技能 2　水体消毒

养殖场水源
消毒

【学习目标】

掌握常用水体消毒液的配置、施用方法，评价水体消毒合格的方法，为养殖场消毒和评定消毒方法打好基础。

【实训准备】

（1）实训器材　500 mL 烧杯、100 mL 容量瓶若干、玻璃棒、培养皿、生化培养箱 / 恒温摇床、三角瓶、高压蒸汽灭菌锅 / 高压锅、实验用电炉、平板涂布器等。

（2）试剂　琼脂、牛肉膏、蛋白胨、氢氧化钠（片剂）、二氯异氰脲酸钠、高锰酸钾等试剂等。

【实训内容】

（一）污水样采集和保存

污水样采集和保存操作与技能 1 相同，但本次可在养殖场不同圈舍或场地进行水体采样，采样后做好标记工作。

（二）消毒剂的准备

二氧化氯的准备：选择有效成分为 50～100 mg/ 片的二氧化氯商品，根据消毒方法与水混溶后分别配置，本药品可能会对人体呼吸系统带来损伤，实验时请做好个人防护工作。

持续消毒剂的配置：取有效浓度为 50 mg 的二氧化氯泡腾片打成粉状备用。

（三）消毒方法的选择

1. 一次消毒法

原理：一次性添加二氧化氯消毒剂到养殖场封闭的水体中，利用二氧化氯可使微生物细胞内蛋白质发生变性，从而达到水体消毒的目的，该法适用于养殖场水线前端以及封闭式水体（如蓄水池）的消毒中。

仪器：烧杯、玻璃棒。

试剂：二氧化氯。

消毒方法：将二氧化氯粉剂按照有效浓度 50 mg 加入 1 L 水样中，搅拌至二氧化氯消毒剂完全溶解后浸泡 10 分钟，对比消毒前后菌群数量变化情况。

2. 持续消毒法

原理：添加二氧化氯消毒剂到养殖场流动的水体中，多次连续地达到水体消毒的目的，该法适用于养殖场水线的中后端以及流动水体（如水井）的消毒中。

仪器：烧杯、玻璃棒。

试剂：二氧化氯。

消毒方法：取有效浓度为 50 mg 的二氧化氯粉剂，加入 250 mL 污水中，待 10 分钟后取样 1 次，取样结束后继续加入 250 mL 污水，重复以上步骤，直至污水量达 1 L，消毒过程中应该保证持续消毒剂完全浸没在水中，必要时可在施用时待消毒剂完全浸没后，再进行实验。其间只进行取样，不再添加另外的二氧化氯粉剂，对比 4 次水样中菌群数量变化情况。

（四）牛肉膏蛋白胨培养基的配置

①仪器：高压锅 / 高压蒸汽灭菌锅、实验用电炉、培养皿、三角瓶等。

②试剂：牛肉膏，蛋白胨，NaCl，琼脂，1 mol/L NaOH，1 mol/L HCl 等。

③配置方法：

a. 称量：按照牛肉膏 3 g、蛋白胨 10 g、NaCl 5 g、琼脂 20 g、水 1 000 mL 的配方依次加入烧杯中，牛肉膏常用玻棒挑取，放在小烧杯或表面皿中称量，用热水溶化后倒入烧杯。也可放在称量纸上，称量后直接放入水中，这时如稍微加热，牛肉膏便会与称量纸分离，然后立即取出纸片。蛋白胨很易吸潮，在称取时动作要迅速。

b. 溶化：在上述烧杯中可先加入少于所需要的水量，用玻棒搅匀。然后在石棉网上加热使其溶解。待药品完全溶解后，补充水分到所需的总体积。如果配制固体培养基，将称好的琼脂放入已溶化的药品中，再加热溶化，在琼脂溶化的过程中，需不断搅拌，以防琼脂煳底使烧杯破裂。最后补足所失的水分。

c. 调 pH：在未调 pH 前，先用精密 pH 试纸测量培养基的原始 pH 值，如果 pH 偏酸，用滴管向培养基中逐滴加入 1 mol/L NaOH，边加边搅拌，并随时用 pH 试纸测其 pH 值，直至 pH 值达 7.6。反之，则用 1 mol/L HCl 进行调节。注意 pH 值不要调过头，以避免回调，否则，将会影响培养基内各离子的浓度。

d. 分装：按实验要求，将调节 pH 结束后的培养基倒入培养皿中，其间注意培养基的完整性且不宜过厚，分装结束后盖上平板，按照 6 个 / 组用牛皮纸包扎好。

e. 灭菌：将分装好的三角瓶、培养皿、平板涂布器置于高压蒸汽灭菌锅中，三角瓶和培养皿需要用牛皮纸封口或包装好。利用高压蒸汽灭菌锅时，设置好灭菌锅自动化条件后灭菌 30 分钟以上。利用高压锅灭菌时，保证水开后灭菌时间达 60 分钟，可间歇加热灭菌，直至灭菌结束，灭菌结束后将仪器取出，置于 135 ℃烘箱中烘干备用，培养基在涂布前从灭菌锅中取出。

　　f.涂布和培养：涂布前使用70%酒精将操作台、手套、双手依次消毒灭菌，取出灭菌后的涂布器，取1 mL待测水样梯度稀释至10^{-4}浓度，每个浓度下都分别均匀涂布在培养皿中，倒平板，置于生化培养箱中恒温37 ℃培养24小时，于24小时后对平板菌落进行计数。

　　g.检测结果：最终检测结果按照不同梯度浓度下对应的菌落数。

（五）消毒方法的评价

　　待所有水样消毒结束并采样后，取出培养基，进行涂布和培养操作。待菌群培养结束后，完善下表相关信息，最少菌落数越少，所在的平板梯度系数的倍数越高，则说明该消毒方法对水体的消毒效果越好。消毒前后菌群培养数变化表见表2-3-17。

表2-3-17　消毒前后菌群培养数变化表

消毒方法	最少菌落数/个	最少菌落数所用的梯度稀释倍数/10^n
一次消毒法		
持续消毒1次		
持续消毒2次		
持续消毒3次		
持续消毒4次		

【实训反思与总结】

　　①是否掌握水体消毒液的配制及使用方法？是否理解水体消毒是否合格的评价方法？能否为养殖场水体消毒建言献策？

　　②在同样的消毒剂和污水情况下，试分析消毒方法导致消毒效果差异的原因。

　　③一次消毒法和持续消毒法在对养殖场不同水体的消毒过程中应该注意哪些细节？试从消毒剂的添加频率和添加方式进行分析。

项目 4

猪场规划设计技术与设施设备使用技术

◆ 项目提要

猪场规划设计直接影响猪场生产管理效率和经济效益。科学合理的猪场规划设计方案可以帮助农户和养殖企业提高生产效益、降低疾病风险、提升动物福利、便于管理和操作，减少人力成本。本项目主要介绍猪场场址选择与规划、猪场规划设计要点，并对猪场常见设施设备进行了分类介绍。

◆ 项目教学案例

2020 年，黑龙江省黑河市某处养猪场发生了河水倒灌。河水倒灌的面积大概 3 000 m²，将近 700 头都被困在水里面，消防员到场后，立即启用专业设备开展排水工作。但由于猪舍的地势比较低，给消防员排水过程带来了很大的阻碍，长时间的浸泡造成猪只的应激反应明显，造成猪场巨大损失。

思考： 1. 造成本次悲剧发生的原因是什么？

2. 猪场选址应考虑哪些因素？

◆ 知识目标

1. 理解并掌握猪场选址要点。

2. 掌握猪场布局和建筑物整体设计方法。

3. 熟悉猪场生产中常用的设施设备。

◆ 技能目标

1. 能根据选址要点，综合选择场址。

2. 能熟练进行猪场区域规划、建筑设计。

3. 能正确使用猪场生产中常用的设施设备。

◆ 素质目标

1. 具有爱岗敬业、协作创新的精神。

2. 具备刻苦钻研、勇于探索、科学严谨的职业态度。

3. 具备绿色养殖及动物福利意识。

任务 4.1 猪场场址选择

【学习目标】

理解并掌握猪场选址要点，能根据拟建猪场性质、规模等，结合自然与社会条件，综合选择场址。

【任务实施】

正确选择猪场场址对养猪生产、防疫能起到事半功倍的作用。选择场址应根据猪场的性质、规模和任务，综合考虑场地的地形地势、水源水质、周围环境和当地气候等自然条件。同时，应考虑饲料及能源供应，交通运输，产品销售，以及养殖场与周围工厂、居民点及其他畜禽场的距离，当地农业生率、猪场粪污就地处理的能力等社会条件，进行全面调查，综合分析后再作出决定。

一、地形与地势

（一）地形

地形是指场地形状、大小和地面设施情况。作为猪场的地形，要求开阔、整齐、有足够的面积。地形开阔，是指场地上原有房屋、树木、河流、沟坎等地物要少，可减少施工前清理场地的工作量或填挖土方量。地形整齐，是指场地不要过于狭长或边角过多，否则不利于场区建筑物的合理布局和对场地的充分利用，还会增加场区防护设施的投资，并给运输、管理造成不便。场地面积大小是确定场址的重要环节，要综合考虑生产、管理和生活区的实际需要与今后扩建、粪便处理、种植与发展的需要，要留有充分余地。根据各地兴办规模化猪场的成功经验，猪场生产区面积一般可按繁殖母猪每头 $45 \sim 50 \ m^2$、上市商品育肥猪每头 $3 \sim 4 \ m^2$ 计。如出栏 1 000 头，总用地面积按不少于 5 亩的标准匡算。

（二）地势

地势是指场地的高低起伏状况。养猪场场地应选择在地势高燥处，避免选择低洼潮湿地，并远离沼泽地区，以保证场内环境干燥。地势要向阳避风，应避开山凹地和长形谷地。在不同地区选择猪场场址时对地势、地形要求不同。平原地区，场址应选择在较周围稍高的地方，以利于排水。同时要对当地的地下水位进行考察和了解，最好选择地下水位低于建筑物地基深度 0.5 m 以下的地方。对于山区而言，场址应选择在稍微平缓的地带，坡面向阳且总坡度最好不超过 25%，建筑区的坡度最好控制在 2.5% 以内。同时还要注意当地的地质构造情况，应尽量避开断层、滑坡、塌方的地段，还要避开坡底、谷地及风口，以免受山洪和暴风雪的袭击。而在靠近河流、湖泊的地区，场址要选择在较高的地方，应高出当地历史最高洪水水位线以上，确保汛期不受洪水威胁。

二、土壤与水源

（一）土壤

畜牧场场地的土壤情况对畜禽影响很大。一般情况下，猪场土壤要求透气性好，易渗水，热容量大。这样可抑制微生物、寄生虫和蚊蝇的滋生，并可使场区昼夜温差较小。在沙土类、黏土类和壤土类三种典型土壤中，以壤土类最为理想。土壤化学成分通过饲料或水影响猪的代谢和健康，某些化学元素缺乏或过多，都会造成地方病，如缺碘造成甲状腺肿，缺硒造成白肌病，多氟造成斑釉齿和大骨节病等。土壤里的许多病原微生物可存活多年，而土壤又难以彻底进行消毒。因此，土壤一旦被污染则多年具有危害性，选择场址时应避免在旧猪场址或其他畜牧场场地上重建或改建。

（二）水源

猪场在生产过程中，水既要能满足全场生产及生活的需要，又要考虑防火及未来发展的需要，因此必须有一个可靠的水源。在进行场址选择时，要求猪场的水源水质良好、水量充足、取用方便、易于净化和消毒。

若拟建场区附近有地方自来水公司供水系统，可以尽量引用，但需了解水量能否保证。在地面水、地下水和降水三类水源中，应优先考虑利用地下水，但要注意地下水资源的检验与保护。在将地面水作为猪场的水源时，应尽量选用水量大、流动的地面水。供饮用的地面水一般应进行人工净化和消毒处理。天然降水（雨水）只有在缺水的地方才考虑作为猪场的水源。猪群的用水量可根据拟建猪场的性质和各类猪的需水量进行估算，见表 2-4-1。我国标准《规模猪场建设》（GB/T 17824.1—2022）规定，在干清粪工艺猪场，每 100 头基础母猪规模每日猪群饮水总量和总供水量分别不低于 5 t 和 20 t，炎热和干燥地区供水量还应在此基础上增加 25%。

表 2-4-1　不同猪群的需水量

猪群类型	日需水量 /（L·头⁻¹）
种公猪	25
成年母猪	25
哺乳母猪	60
断奶仔猪	5
生长育肥猪	15

注：表中用水量标准包括猪饮水，冲洗猪舍、猪栏和调制饲料等用水。

三、社会联系

社会联系是指猪场与周围社会的关系，如与居民区、工厂及其他养殖场的关系。猪场场址应位于法律、法规明确的禁养区之外，并与区域主体功能区规划、环境功能区划、土地利用规划、城乡规划、畜牧业发展规划、畜禽养殖污染防治规划等规划相协调。

（一）与居民区、工厂及其他养殖场的关系

猪场场址的选择，必须遵循公共卫生原则，既要使养殖场的畜产废弃物不污染环境，同时也要防止受周围环境的污染。因此，畜牧场应设在居民区的下风处，且地势低于居民区，但要离开居民区污水排出口，更不应选在化工厂、屠宰场、制革厂等容易造成环境污染企业的下风处或附近。场址与居民点的间距应在 500 m 以上；与其他畜牧场、畜产品加工厂的间距应不小于 500 m；与畜产品物流贸易市场的间距应在 2 000 m 以上；与主要公路、铁路距离应在 500 m 以上。

（二）交通条件

猪场的交通运输主要是饲料、畜产品及肥料的运送。特别是大型商品养殖场，进出物资的运输任务繁重，对外联系密切，要求交通运输方便。但交通干线往往又是疫病传播的途径，因此，选择场址时既要考虑到交通便利，又要与交通干线保持一定的距离。一般距一、二级公路与铁路应不少于 300 ～ 500 m，距三级公路（省内公路）应不少于 150 ～ 200 m，距四级公路（县级和地方公路）不少于 50 ～ 100 m，养殖场应有专用道路与主要公路相连接。

（三）供电条件

选择场址时，还应重视供电条件，特别是机械化程度较高的养殖场，更要具备可靠的电力供应。为减少供电投资，应靠近输电线路，尽量缩短新线架设距离。尽可能采用工业与民用双重供电线路，或设有备用电源，以确保生产正常进行。

（四）城乡建设规划

近年来，我国的城乡建设发展迅猛，一些原本为农闲地的地段可能受当地城镇建设规划等影响而不宜作为猪场的场址。因此，在猪场选址时应考虑当地城镇和乡村居民点的长远发展，不要在城镇建设发展方向上选址，以免造成频繁的搬迁和重建，造成不必要的经济损失。

（五）其他社会联系

场址选择还应考虑产品的就近销售，以缩短距离，降低成本和减少产品损耗。同时，也应注

意粪污和废弃物的就近处理和利用，防止污染周围环境。

四、猪场类型与投入资金

猪场类型有原种猪场，种猪扩繁场，自繁自养的商品猪场，还有专门的仔猪繁育场和专门的育肥场。不同类型的猪场，其生产工艺、栏舍类型、栏舍面积、占地面积不同。在选址时，要充分考虑不同类型猪场的特殊要求。因猪场类型、工艺、建筑类型、设备等的不同，现代化猪场投资差异很大，以年出栏 1 万头（商品猪自繁自养）为例，需投入 1 200 万～1 700 万元。因此，在选址与规划布局时，要进行合理的资金匡算，考虑投资能力，切忌盲目投资过大导致资金链断裂，猪场生产经营出现恶性循环。

五、选址要求

在具体选址时，要综合以上所有因素，根据因素及其重要程度进行评价分析，最好能预选 2～3 个场址，认真比较和筛选后，最终选择一个最佳场址。

练一练

> 1. 在山区地区，猪场选址的地形、地势有何要求？
> 2. 简述猪场选址应该考虑的社会联系。

拓展学习

> **养猪行业的禁养区、限养区、适养区如何划定？**
>
> 禁养区是指环境敏感区域或者对养猪业有严格限制的区域，主要是为了保护生态环境和水资源。禁养区一般位于水源保护区、生态保护区、国家级风景名胜区、世界自然遗产等重要生态区域。在这些区域内禁止进行养猪业活动，以防止养猪业排放的废水、废气和生活垃圾对环境造成污染。
>
> 限养区是指养猪业发展有一定限制的区域，主要是为了控制养猪规模和防止养猪业过度集中。限养区的划定主要考虑各种环境因素，如土壤肥力、水资源、空气质量等，以及当地农业资源的可持续利用能力。限养区的目的是通过科学的规划和管理，确保养猪业的健康发展，并减少对环境的负面影响。
>
> 适养区是指具备良好条件、适宜养猪业发展的区域。适养区一般是在禁养区和限养区之外的地区，根据当地的农业资源、天然气候条件、市场需求等因素来确定。适养区的划定需要考虑养猪业的发展前景，同时也要兼顾环境保护和农村经济发展的平衡。

任务 4.2　猪场规划设计技术

【学习目标】

了解猪场布局原则，理解并掌握猪场布局和建筑物整体设计方法，并能熟练进行猪场区域规划、建筑设计。

【任务实施】

在猪场场址选好以后，根据猪群的组成，饲养工艺要求，以及喂料、清粪等方案，结合当地的地形、自然环境、交通运输条件等进行猪场总体规划布局。总体布局对猪场基建投资特别是以后长期经营费用影响很大。猪场总体布局涉及分区、朝向、间距、道路、流线、建筑物合并和层数等问题。

一、猪场总体规划布局

（一）总体规划的一般原则

①满足生产工艺要求，创造良好生产和生活环境。
②合理利用地形，减少土方量，降低造价，节约土地。
③保证建筑物满足采光、通风、防疫、防火等间距要求。
④充分考虑废弃物处理与利用，保证清洁生产。
⑤长远考虑，为场区今后的发展留有余地。

（二）猪场的总体布局

在进行场地规划时，主要考虑地势和当地全年主风向，当地势与风向不能同时满足时，出于排洪排污和防疫需要，应优先考虑地势。同时应考虑人、畜卫生防疫和工作方便，来合理安排各区位置。猪场根据生产特点，一般分为以下几个区域。猪场分区关系示意图如图 2-4-1 所示。

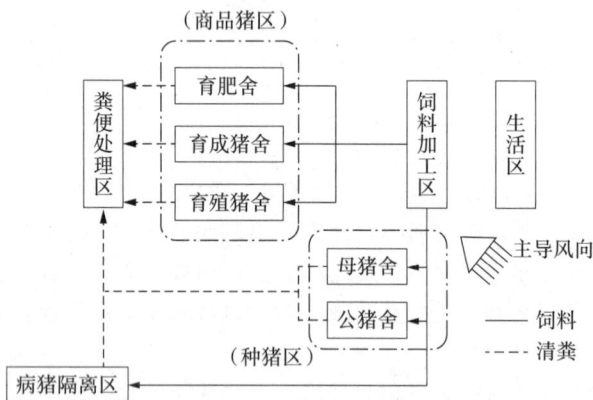

图 2-4-1 猪场分区关系示意图

1. 生产区

生产区是猪场中的主要建筑区，其中种猪舍要与其他猪舍分隔开，形成种猪区，应设在人流较少和猪场的上风向为宜。种公猪舍要放在较僻静的地方，以免影响母猪。有的猪场强调种公猪一定要放在上风向，其原因是公猪比较宝贵，需要最佳的环境卫生。繁殖猪舍、分娩猪舍应该在比较好的位置，分娩猪舍要建在繁殖猪舍的附近，与育成猪舍要靠近，以便猪只的转圈。育肥舍应设在离装猪台较近、处于下风向或偏风向的位置。

2. 生活区

养猪场生活区都要求单独设立，包括办公室、职工宿舍等，既要照顾工作方便，又一定要与猪舍隔离开来。在进入猪场时都要通过门卫室、消毒室进行严格的防疫消毒。生活区应位于生产区常年主导风向的上风向及地势较高处。

3. 饲料加工区

饲料加工区包括原料仓库、饲料加工调制间、饲料成品仓库，各库之间相对独立。成品仓库与生产区相连，与外部绝对隔离（包括车辆、包装袋、工具等），这样有利于猪场的防疫安全。

4. 废弃物处理区

废弃物处理区主要包括污水、粪便处理区和病死猪处理区。整个废弃物处理区应位于场区常年主导风向的下风向或侧风向，以及地势较低处。粪便通常采用干清粪，污水通过专用管道输入集污池，然后通过沼气发酵或者生态处理模式，降低污水浓度达标后排出。为运输隔离区的粪尿污物出场，宜单设道路通往隔离区。

5. 配套区域

对功能区作整体布局时，要考虑猪舍整体的协调性和各功能区的相互联系。整个猪场必须与外界完全隔绝，设计美观、操作方便；猪场的道路应设置南北主干道，东西两侧设置边道。水塔的位置应尽量安排在猪场的地势最高处。人流、物流、动物流应采取单一流向，防止环境污染和疫病传播；要设置好隔离消毒设施，如双重隔离带、防鸟网、消毒池、更衣室、消毒室、男女浴室等。

二、猪舍总体规划

猪舍总体规划时，首先应确定采用的生产工艺、产品类型、采用的设备，然后确定各类猪栏数量，计算各类猪舍栋数，最后完成各类猪舍的布局安排。

（一）猪场的生产工艺参数

猪场实际生产过程中需要根据猪的日龄、类别等划分为不同的种群，猪舍则根据猪群类别和生产工艺需求确定内部构造、设备选型等。猪的种群可划分为种公猪、种母猪（空怀母猪、妊娠母猪、哺乳母猪）、哺乳仔猪、育肥猪和后备种猪等。工艺设计需要根据猪场的性质、饲养品种、工作人员的综合技术水平、管理水平、机械化程度、市场需求和气候条件等因素综合考虑，因地制宜地选择工艺参数。猪场正常饲养管理条件下，各猪群可供参考的生产工艺参数见表 2-4-2。

表 2-4-2　猪场各猪群的生产工艺参数

猪群类型	序号	指标	参数	单位
公猪群	1	后备公猪饲养天数	70	天
	2	初配体重	130～140	kg
	3	死淘率	5	%
	4	公母比（自然交配）	1:25	
	5	公母比（人工授精）	1：（100～200）	
	6	种公猪年更新率	50	%
母猪群	7	后备母猪饲养天数	70	天
	8	初配体重	120～130	kg
	9	死淘率	5	%
	10	断奶至发情平均天数	7	天
	11	情期受胎率	85	%
	12	受胎分娩率	98	%
	13	妊娠期	114	天
	14	确认妊娠天数	35	天
	15	妊娠分娩率	85～95	%
	16	妊娠母猪提前进产房	3～7	天
	17	经产母猪年产仔窝数	2.1～2.4	窝
	18	经产母猪窝产活仔数	8～12	头

续表

猪群类型	序号	指标	参数	单位
母猪群	19	基础母猪年更新率	30～50	%
	20	哺乳期	21～35	天
哺乳仔猪群	21	哺乳天数	21～35	天
	22	哺乳期成活率	90	%
保育猪群	23	饲养天数	35～49	天
	24	保育期成活率	95	%
生长育肥猪群	25	饲养天数	100～110	天
	26	生长育肥期成活率	98%	

（二）规模化猪场生产工艺流程

规模化养猪生产把猪从新生命形成至猪出栏上市整个饲养过程，依据不同生长、发育时期的生理特征划分为若干个连续的饲养阶段。

1. 三段式饲养工艺流程

三段式饲养工艺流程：空怀及妊娠期—哺乳期—生长育肥期。

三段式饲养二次转群适用于规模较小的养猪企业，其特点是简单、周转次数少、猪舍类型少，节约建筑费用。

2. 四段式饲养工艺流程

四段式饲养工艺流程：空怀及妊娠期—哺乳期—仔猪保育期—生长育肥期。

四段式饲养将三段式饲养中仔猪保育阶段独立出来。仔猪保育阶段一般饲养5周，体重达到20 kg，转入生长育肥舍。断奶仔猪对环境要求比较高，这样便于采取措施提高成活率。

3. 五段式饲养工艺流程

五段式饲养工艺流程：空怀配种期—妊娠期—哺乳期—仔猪保育期—生长育肥期。

五段式饲养与四段式饲养流程相比，把空怀配种母猪和妊娠母猪分开，单独成群，有利于配种，提高繁殖率。空怀母猪配种后观察35天，确定没有返情的母猪转入妊娠舍，饲养至产前3～7天转入分娩舍。这种工艺的优点是断奶母猪复膘快、发情集中、便于发情鉴定，容易把握配种时机。

4. 六段式饲养工艺流程

六段式饲养工艺流程：空怀配种期—妊娠期—哺乳期—仔猪保育期—生长期—育肥期。

六段式饲养与五段式饲养相比，是将生长育肥期分为生长期和育肥期，各饲养7～8周。仔猪从出生到出栏经过哺乳、保育、育成、育肥四段。此工艺流程的优点是可以最大限度地满足猪生长发育对饲料营养、环境管理等的不同要求，充分发挥其生长潜力，提高养猪效率。缺点是由于环节较多，增加了转群次数，会造成猪群的应激反应。

5. 三点式工艺流程

对于年出栏10万头以上的猪场，建议设置繁殖母猪场、仔猪保育场和育肥猪场，各个场区按单元实行全进全出。这样不但利于防疫，方便管理，而且可以避免因猪场过于集中而给疫情防控、环境控制和粪污处理带来压力。

（三）猪场批次化生产技术

随着规模化猪场的发展，疫病防控工作越来越难做，只有做到猪群全进全出，才能做到彻底地清洗消毒，从而隔断疾病的传播，猪场批次化生产的概念由此而生。利用现代生物技术包含同期发情、同期配种、同期分娩等技术，根据母猪群大小进行全年生产批次设计，以实现全年全场有序、均衡批次化生产目标管理。

批次化生产的意义：

（1）猪场数据真实、准确的需要　在连续生产的猪场，由于产房里的母猪、小猪不能做到全进全出，就给数据的统计准确性造成了很大障碍，批次化生产能真实反映猪场生产情况，从而施行精细化管理。

（2）最大限度地利用产房等设施　根据产房数量，参考以往的配种受胎率，确定每批配种数量，最大限度地利用产床，减少资源浪费。

（3）均衡生产　同一批次猪只日龄一致，体内抗体水平一致；免疫更准确。猪群饲喂程序更具有针对性；猪只的需求温度更一致，环控更易控制。

（4）有利于健康管理　批次化管理可以使猪群状态同步化，从而可以保证栏位有足够的时间消毒和干燥，有利于卫生管理。

（5）提升员工工作效率　批次化管理体系改变传统的连续生产模式，可以集中在一段时间内完成相应母猪群的生产管理（诱情、查情、配种、分娩等），有序、高效地安排相关工作。

批次间隔的选择见表 2-4-3。

表 2-4-3　批次间隔的选择

参数	1 周批	12 天批	18 天批	21 天批	28 天批	35 天批
繁殖周期 / 天	14～147	144	144	147	140	143
哺乳天数 / 天	21～28	25	25	28	21	24
提前上产床 + 洗消 / 天	7～14	11	11	14	7	11
产房分批 / 批	5	3	2	2	1	1
适用经产母猪规模 / 头	≥ 1 200	800～1 500	500～1 000	400～1 000	≤ 800	≤ 800

（四）猪群结构及猪栏计算

【举例 1】　以 2 500 头自繁自养场为例，采用单周批生产，四段式饲养工艺，全年以 52 周计（图 2-4-2）。

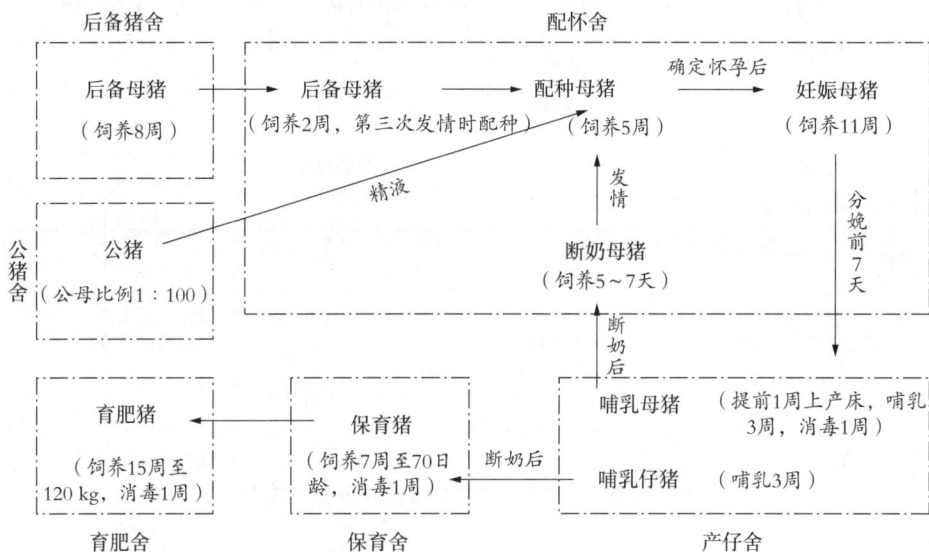

图 2-4-2　2 500 头母猪自繁自养场工艺流程

1. 后备母猪舍

每批次所需后备舍猪数：$2\,500 \times 0.4$（更新率）$/0.6$（挑选率）$/52 \approx 32$ 头，饲养 8 周，共 256 头；其中，配置约 4 周的大栏用于首次发情前使用，另配置约 4 周的限位栏用于首次发情后使用。

2. 产仔舍

每批次产仔母猪数：$2\,500 \times 2.2$（年产胎次）$/52 \approx 106$，取 112 头（设计余量），即每周有 112 头母猪产仔，一个生产单元 56 头，则每批次需要用 2 个单元。

哺乳期饲养 3 周，空栏消毒和下一批提前进产房需 2 周时间，共 5 周，则共需要 10 个单元，共 560 个产床。

3. 配怀舍

每批次配种母猪数：$112/0.98$（妊娠分娩率）$/0.85$（受胎率）≈ 136 头，配种饲养 5 周，需要 $136 \times 5 = 680$ 个栏体；断奶母猪空怀休养 1 周，共需要 112 个栏体；后备母猪饲养 2 周，共需 $32 \times 2 = 64$ 个栏体。

每批次妊娠母猪数：$112/0.98 \approx 115$ 头，妊娠饲养 11 周，需 $115 \times 11 = 1\,265$ 个栏体。

则共需 $680 + 112 + 64 + 1\,265 \approx 2\,121$ 个母猪限位栏栏，另需配部分大栏供病猪及调配使用。

4. 保育舍

每批次保育仔猪数：112×12（窝均产仔）$\times 0.90$（哺乳存活率）$\approx 1\,210$ 头，保育每栏饲养 50 头，则每批次需要 24 个保育大栏。保育阶段饲养 7 周至 70 日龄，空栏消毒 1 周，则共占栏 8 周，需 $24 \times 8 = 192$ 个保育大栏。

5. 育肥舍

每批次育肥猪数：$1\,210 \times 0.95$（保育存活率）$\approx 1\,150$ 头，每栏饲养 50 头共需约 24 个育肥大栏。育肥饲养 15 周，空栏消毒 1 周，共占栏 16 周，共需 $24 \times 16 = 384$ 个育肥大栏。

6. 公猪舍

按公母比例 $1 : 100$ 计算，共需公猪栏位 $2\,500/100 = 25$ 个栏位。

【举例2】 以 1 000 头母猪自繁自养场为例，采用 18 天批生产，五段式饲养工艺（图 2-4-3）。

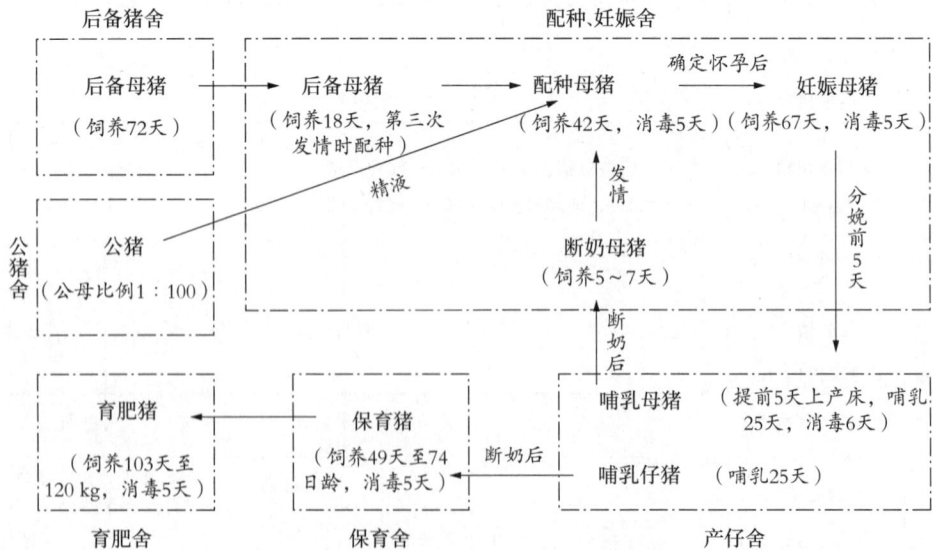

图 2-4-3　1 000 头母猪自繁自养场工艺流程

1. 后备母猪舍

每批次所需后备舍猪数：1 000×0.4（更新率）/0.6（挑选率）/365×18＝33 头，饲养 72 天（即 4 个批次），共 33×4＝132 头；设计一半大栏一半限位栏。

2. 产仔舍

每批次产仔母猪数：1 000×2.2（年产胎次）/365×18＝108，取 112 头（设计余量），即每批次有 112 头母猪产仔，一个生产单元 56 头，则每批次需要用 2 个单元。

哺乳期饲养 25 天，空栏消毒和下一批提前进产房需 11 天时间，共 36 天（即 2 个批次），则共需要 4 个单元，共 224 个产床。

3. 配种、妊娠舍

（1）配种单元　每批次配种母猪数：112/0.98（妊娠分娩率）/0.85（受胎率）≈136 头。空怀待配 7 天，配种 35 天确认怀孕后继续饲养至 42 天，消毒 5 天，共 54 天（即 3 个批次），需要 136×3＝408 个栏体；后备母猪饲养 18 天（即 1 个批次），共需 33 个栏体。

共需 408＋33＝441 个栏体。另需配部分大栏供病猪及调配使用。

（2）妊娠单元　每批次妊娠母猪数：112/0.98＝115 头，妊娠饲养 67 天，消毒 5 天，共 72 天（即 4 个批次），需 115×4＝460 个栏体。另需配部分大栏供病猪及调配使用。

4. 保育舍

每批次保育仔猪数：112×12（窝均产仔）×0.90（哺乳存活率）＝1 210 头，保育每栏饲养 50 头，则每批次需要 24 个保育大栏。保育阶段饲养 49 天，消毒 5 天，共 54 天（即 3 个批次）。

共需 24×3＝72 个保育大栏。

5. 育肥舍

每批次育肥猪数：1 210×0.95（保育存活率）＝1 150 头，每栏饲养 50 头共需约 24 个育肥大栏。育肥饲养 103 天，消毒 5 天，共 108 天（即 6 个批次），共需 24×6＝144 个育肥大栏。

6. 公猪舍

按公母比例 1∶100 计算，共需公猪栏位 1 000/100＝10 个栏位。

（五）计算各类猪舍所需建筑面积

计算出各类猪栏的数量后，即可参考得出各类猪栏所需面积，计算出各类猪舍所需建筑面积，各类猪栏所需面积参数见表 2-4-4。

表 2-4-4　猪栏所需面积参数表

猪群类别	每栏建议饲养头数 / 头	每头占栏面积 /m²
种公猪	1	5.5 ～ 7.5
空怀、妊娠母猪	1	1.8 ～ 2.5
哺乳母猪	1	3.7 ～ 4.2
后备母猪	4 ～ 6	1.0 ～ 1.5
培育仔猪	10 ～ 25	0.3 ～ 0.4
育成猪	15 ～ 20	0.5 ～ 0.7
育肥猪	10 ～ 28	0.7 ～ 1.0

（六）猪舍的布局

完成上述计算后就可按生产工艺流程，将各类猪舍在生产区内作出平面布局安排。一般猪舍多按一定方向排列成"行列式"，分为"紧密型"和"疏散型"两种（图2-4-4）。

1. 紧密型布局

各栋猪舍之间距较小（为猪舍高度1.5～2倍），两栋猪舍间无走道，常用作猪只运动场。这种布局紧凑，占地少，道路管线等都很节省［图2-4-4（a）］。但通风差，对防火、防疫不利，只能用作小型猪场。

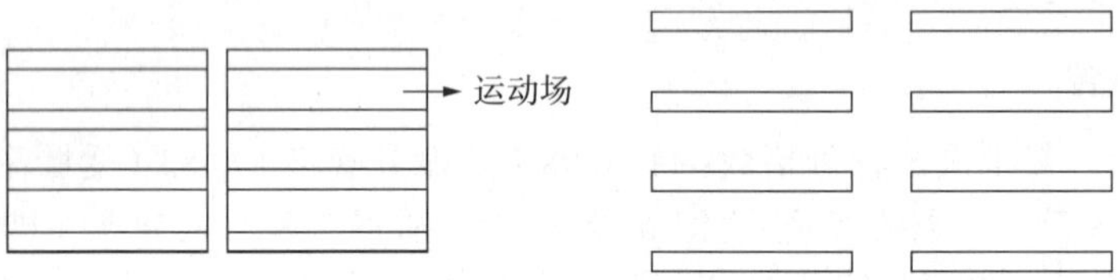

（a）紧密型 　　　　　　　　　　　　　（b）疏散型

图2-4-4　猪舍的布局

2. 疏散型布局

各栋猪舍之间有一定的距离，中间还有通道，并可种植绿化，对日照、通风、防火、防疫等都有利，但占地大，道路管线等都比较费，造价高，工厂化养猪场大都采用疏散型布局［图2-4-4（b）］。

猪舍的规格、数量、形状力求实用、经济，在整体上兼顾整齐、美观。在生产实践中生产工艺不同，采用设备不同、饲养管理水平不同、产品不同、治污方式不同等，都会影响到猪舍的规格发生变化。但是，万变不离其宗，只要熟练掌握猪的生理生长规律，就可以设计出科学合理的猪舍。同时猪舍的布局设计随着科学的发展在不断改进和创新，因此在设计建造猪舍过程中，切忌迷信权威或过分依赖设备厂家的设计。一定要因地制宜，一切实用的、经济的、有利于提高效率和生产水平的设计都是科学合理的。

三、猪场生产区建筑设计

（一）猪舍建筑形式的选择

猪舍的种类和建筑形式多种多样。按层数，可分为单层猪舍、多层猪舍；按其外围护结构完整性，可分为开放式、半开放式、封闭式等；按屋顶形式，可分为平屋顶、单坡式、双坡式、拱顶式、半气楼式等；按舍内猪栏排列方式，可分为单列式、双列式和多列式等。

1. 按猪舍层数选择

多层猪舍具有节省占地面积的优点，可将猪舍的容量最大化，提供更多的饲养空间。然而，多层建筑也存在一些挑战和限制。一是土建及设备投资和运转费用远远高于单层式猪舍；二是多层猪舍的承重墙、构造柱等结构设置使猪舍内猪栏、喂料、排粪系统难以合理布置，难以在各层楼板上保持一定的地面坡度；设置排水沟、漏缝地板以及保持粪沟的一定深度和坡度，也都有一定难度；三是各层猪舍通风系统的进气口和排气口位置受到限制，通风换气困难；四是不便管理，即使是采用升降机运送猪群和饲料等物品，各层防疫和日常管理也远不如单层猪舍来得方便。传统的单层式猪舍易于建造和维护，并且有较低的成本，也可以更好地适应地形和环境条件的变化。因此，目前我国以单层式猪舍为主。

2. 按猪舍外围护结构选择

（1）开放式猪舍　开放式是指一面或四面无墙的畜舍（图2-4-5）。有三面墙的开放式猪舍，一般南面无墙全部敞开，用运动场的围墙或围栏做分隔；无任何围墙的开放式猪舍，只有屋顶和地面，外加一些围栏，除对雨、雪、太阳辐射等有一定的遮挡外，几乎暴露于外界环境中。开放式猪舍结构简单、造价低廉，自然通风和采光好，小气候与舍外空气相差不大。这类猪舍一般多建于炎热地区，能获得充足的阳光和新鲜的空气，同时猪只能自由地到运动场活动，有益于猪只的健康，但舍内昼夜温差较大，保温防暑性能差，需做好棚顶的隔热设计。

图 2-4-5　开放式猪舍　　　　　图 2-4-6　半开放式猪舍

（2）半开放式猪舍　半开放式的猪舍上有屋顶、东、西、北三面为满墙，南面为半截矮墙，上半部分开敞，可设运动场或不设运动场（图 2-4-6）。多用于单列的小跨度猪舍，冬季可使用卷帘遮挡开敞部分进行保暖防寒。由于一面墙为半截墙、跨度小，因而通风换气良好，白天光照充足，一般不需人工照明、人工通风和人工采暖设备，基建投资少，运转费用低，但通风又不如开放舍。因此，这类畜舍适用于冬季不太冷而夏季又不太热的地区使用。

（3）封闭式猪舍　封闭式猪舍是由屋顶、外墙以及地面构成的全封闭状态的猪舍，依赖机械通风换气、自动控温、人工补光等工程手段，创造适合猪群生长的最佳小气候环境（图 2-4-7）。根据有无窗户，可将封闭猪舍分为有窗封闭舍和无窗封闭舍。

有窗封闭畜舍四面有墙，纵墙上设窗，跨度可大可小。跨度小于 10 m 时，可开窗进行自然通风和光照，或进行正压机械通风，也可关窗进行负压机械通风。由于关窗后封闭较好，故采取供暖或降温措施的效果较半开放式好，耗能也较少。

无窗封闭猪舍也称"环境控制舍"，四面设墙，墙上无窗，进一步提高了畜舍的密封性和与外界的隔绝程度，但通风、光照、供暖、降温、排污、除湿等，均需靠设备调控。无窗式畜舍在国外应用较多，且多为复合板组装式，它能创造较适宜的舍内环境，但土建和设备投资较大，对电能的依赖和消耗大，对建筑物的密闭程度要求也比较严格，建设投资和运行成本较高。

图 2-4-7　封闭式猪舍

3. 按猪舍屋顶形式选择

（1）平屋顶　平屋顶一般采用钢筋混凝土现浇板或预制板，排水方式可采用无组织排水或有组织排水 ［图 2-4-8（a）］。

（2）单坡式　单坡式是屋顶由一面坡构成，跨度很小、构造简单、排水顺畅、通风采光良好、造价低，但冬季保温性能差 ［图 2-4-8（b）］。

（3）双坡式　双坡式根据两面坡长可分为等坡和不等坡两种。我国大部分养殖场建筑多采用双坡式［图2-4-8（c）］。优点与单坡式基本相同，且保温性能较好，但造价略高。

（4）拱顶式　拱顶式结构材料有砖石和轻型钢材［图2-4-8（d）］。砖石结构为砌筑而成，可以就地取材，造价低廉；而轻钢结构配件可以预制，快速装配，施工速度快，可迁移。

（5）半气楼式　屋顶呈高低两部分，在高低落差处设置窗户，供南侧采光和整栋舍的通风换气，也可配合机械通风［图2-4-8（e）］。

通常单坡式屋顶适用于公猪舍或其他采用单列的猪舍。北方地区选用单坡式或南坡短、北坡长的不等坡屋顶，可在冬季获得较好的太阳辐射。此外，有些猪舍往往根据当地的建筑习惯、施工条件和结构造价等，建成平顶式、锯齿式、联合式等类型的猪舍。由于屋顶形式不同，故对猪舍温热环境会有较大影响。

（a）平屋顶　　　　　　　　　　（b）单坡式　　　　　　　　　　（c）双坡式

（d）拱顶式　　　　　　　　　　（e）半气楼式

图2-4-8　猪舍屋顶形式示意图

4. 按猪栏排列方式选择

（1）单列式　一般猪栏在舍内南侧排成一列［图2-4-9（a）］，猪舍内北侧设走道，具有通风和采光良好、舍内空气清新、能防潮、建筑跨度简单等优点。北侧设有走道，更有利于保暖防寒，且可在舍外南侧设运动场。但单列式建筑利用率较低，劳动效率与生产水平较低。一般中小型猪场建筑和猪舍建筑多采用此种类型。

（2）双列式　双列式是在舍内将猪栏排成两列［图2-4-9（b）］，中间设通道或两侧设通道，此设计一般不设运动场。其优点是便于管理，利于实现机械化饲养，建筑利用率高；缺点是采光、防潮不如单列猪舍，北侧猪栏比较阴冷。育成、育肥舍一般采用此种形式。

（3）多列式　多列式是猪栏排列成三列及以上，一般设置偶数列居多［图2-4-9（c）］。其主要优点是栏位集中，运输线路短，工作效率高；散热面积小，有利于冬季保温。但建筑构造复杂，建筑结构跨度增大；自然采光不足，自然通风效果较差。因此，这类猪舍多用于寒冷地区的大群育成、育肥猪的饲养管理。

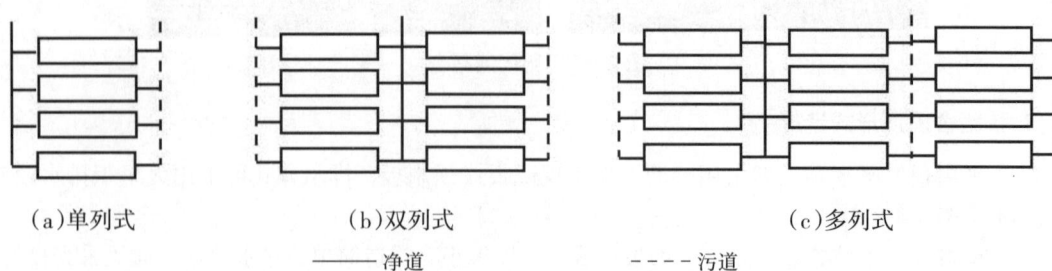

（a）单列式　　　　　　　　（b）双列式　　　　　　　　（c）多列式

——净道　　　　　　　- - - - 污道

图2-4-9　猪栏排列方式

（二）猪舍建筑平面设计

猪舍建筑平面设计主要解决的问题是根据不同猪群的特点，合理布置猪栏、走道和门窗，精心组织饲料路线和清粪线路。

1. 猪舍平面布置形式

圈栏排布（单列、双列、三列）选择及其布置，要综合考虑饲养工艺、设备选型、每栋猪舍应容纳的头数、饲养定额、场地地形等情况。选用定型设备时，可根据设备尺寸及围栏排列计算猪舍的长度和跨度。若选用非定型设备，则需要根据每圈容纳头数、猪只占栏面积标准和采食宽度标准来确定；若饲槽沿猪舍长度布置，则应按照采食宽度确定每个圈栏的宽度。走道面积一般占猪舍面积的 20% ～ 30%，因此饲喂走道宽度一般为 0.8 ～ 1 m，清粪通道一般宽 1 ～ 1.2 m。一般情况下，采用机械喂料和清粪，走道宽度可以小一些，而采用人工送料和清粪，则走道需要宽一些。

2. 猪舍跨度和长度计算

猪舍的跨度主要由圈栏尺寸及其布置方式、走道尺寸及其数量、清粪方式与粪沟尺寸、建筑结构类型及其构建尺寸等决定。猪舍长度由工艺流程、饲养规模、饲养定额、机械设备利用率、场地地形等因素决定，一般不超过 70 m。猪舍过长生产管理不方便，且机械通风受到影响。

3. 门窗及通风洞口的平面布置

门的位置要根据饲养人员的工作和猪只转群路线的需要而设置。为饲养人员、猪只转群、手推车出入的门宽应在 1.2 ～ 1.5 m，门外设坡道。猪舍的外门宽度不应小于 1.5 m，应采用双扇门。猪栏圈门宽不小于 0.8 m，所有的门一律往外开启。

窗的设置应考虑采光和通风的要求，面积大，则采光好，通风换气好，但冬季散热和夏季传热多，不利于保温防暑。窗、地面积比，总猪舍为 1 :（8 ～ 10），育肥舍为 1 :（15 ～ 20）；通风口设计时需计算夏季最大通风量和冬季最小通风量需求，合理组织舍内自然通风，确定窗户的大小、数量和位置。

（三）猪舍建筑的剖面和立面设计

1. 猪舍建筑剖面设计

猪舍剖面设计主要解决剖面形式、建筑高度、室内外高差及采光通风洞口设置问题。根据工艺、区域气候、地方经济、技术水平等选择平屋顶、单坡、双坡、气楼或其他剖面形式。在剖面设计时，需要考虑猪舍净高、窗台高度、室内外地面高差，以及猪舍内部设施与设备高度、门窗与通风洞口的设置等。

一般单层猪舍的净高取 2.2 ～ 2.6 m，全漏粪式猪舍舍内净高为 2.2 m，人工干清粪式的猪舍多高于 2.4 m。窗户的高度不低于靠前布置的栏位高度。猪舍内外高差一般为 0.3 m，舍外坡道为 1/10 ～ 1/8。舍内净道一般略高于猪床。此外，猪床、舍内污道、漏粪地板等处的标高应根据清粪工艺和设备需要来确定。门洞口的底部标高一般同所处的室内地面标高，猪舍外门一般高 2.0 ～ 2.4 m，双列猪舍中间过道上设门时，高度应不小于 2.0 m。风机洞口底标高一般高出舍内地面 0.8 m。

2. 猪舍建筑立面设计

猪舍的功能在平面、剖面设计中基本已经解决，立面设计是对建筑造型的适当调整。为了美观，有时要调整在平、剖面设计中已经解决的门、窗的高低大小，在可能的条件下也可以进行装修。

（四）猪舍建筑构造设计要求

1. 地面设计要求

猪栏、通道等地面部分是猪休息、活动的地方，对生产影响很大；根据对猪的行为观察与分析，猪的躺卧和睡眠时间约占 80%，猪喜欢拱啃。因此，对地面设计要求较高，应做到：①不返潮，少导热；②易保持干燥；③坚实不滑，有一定弹性，耐腐蚀，易于冲洗消毒；④便于猪行走、躺卧；⑤使用耐久，造价低廉。此外，应使躺卧区地面有不小于 1.7%、排粪区地面有 3%～5% 的坡度。

2. 墙体设计要求

墙体是猪舍的主要围护结构和承重结构。总体要求坚固耐久、抗震防火、便于清扫消毒和具有良好的保温隔热性能。规模化猪舍可采用装配式轻型钢结构、聚苯乙烯复合夹心板、聚氨酯复合夹心板和岩棉复合夹心板等新型保温墙体材料。

3. 屋顶设计要求

屋顶位于房屋的最上层、由屋面和承重结构组成。屋面是房屋最上部起覆盖作用的外部围护构件。用以防御自然界风霜雨雪、气温变化、太阳辐射和其他外界的不利因素，以使屋顶下的空间有一个良好的使用环境。承重结构支撑屋面，并将屋面上的荷载传递至墙身或柱子上。屋顶的形式和构造不但对功能要求起作用，对经济美观也有影响。因此，正确进行屋顶设计是很重要的。屋顶要求结构简单、坚固耐久、保温良好、防雨、防火和便于清扫消毒。

屋顶的形式与房屋的使用功能、建筑造型及屋面材料等有关。因此，便形成了平屋顶、坡屋顶及曲面屋顶等多种形式。屋面坡度小于 10% 的屋顶称为平屋顶。通常把屋面坡度大于 10% 的屋顶称为坡屋顶，坡屋顶的形式有单坡、双坡。另外还有四坡顶、歇山、折板、锯齿形等屋顶形式，拱形、圆形或其他曲面形式的屋顶。在畜牧场的建筑中，主要有坡屋顶、平屋顶等形式。

屋顶的结构形式有砖混结构、混凝土结构、钢结构和木结构。砖混结构适用于跨度小于 6 m 的猪舍，混凝土结构和木结构适用于跨度小于 10 m 的猪舍，钢结构适用于大跨度的猪舍。砖混结构和混凝土结构结实耐用，但建设周期长，不适用于大跨度的猪舍；木结构造价低，在潮湿环境下容易腐蚀，而且防火要求高。对于规模化的猪场建设适宜采用钢结构，可以应用于大跨度猪舍，施工速度快，可以重复使用，但要注意钢构件表面的防锈处理。

屋面材料有混凝土现浇、混凝土预制板、玻璃钢波形瓦等，与墙体材料一样，也可采用彩色钢板和复合夹心板等新型材料。

4. 门窗设计要求

门的设计要求：猪舍外门一般高 2.0～2.4 m，宽 1.2～1.5 m，门外设坡道。外门设置时应避开冬季主导风向或加门斗。双列猪舍的中间过道应用双扇门，宽度不小于 1.5 m，高度不小于 2.0 m；各种猪栏门的宽度不小于 0.8 m，一律向外开启。

窗户的设计要求：窗户面积大，则采光多、换气好，但冬季散热和夏季传热多，不利于保温防暑。设计时需根据当地的气候条件，计算夏季最大通风量和冬季最小通风量需求，组织室内通风流向，决定其大小、数量和位置。

5. 顶棚设计要求

顶棚又称天棚、吊顶，主要用来增加房屋屋顶的保暖隔热性能，同时还能使坡屋顶内部平整、清洁、美观。吊顶所用的材料有很多种类，如板条抹灰吊顶、纤维板吊顶、石膏板吊顶、铝合金板吊顶等。猪舍内的吊顶应采用耐水材料制作，以方便清洗消毒。顶部的结构一般是将龙骨架固定在屋架或檩条上，然后在龙骨架上铺钉板材。

6. 粪沟和漏缝地板设计要求

为了保持栏内清洁卫生，粪沟上一般加漏缝地板（条）。其优点是易于清除猪栏内的粪尿，便于清洁，保持干净、干燥。不采用漏缝地板的猪舍内的粪尿沟，宽度取 350 ～ 400 mm，沟最浅处 200 mm 左右，沟由两端向中间坡，坡度取 1.5% ～ 3%，粪沟内设沉淀池，上盖水泥盖板或铁篦子。

漏缝地板广泛应用于规模化猪场，具有粪污处理效率高、节约清扫劳动力的优点。采用漏缝地板不仅便于粪便的收集，做到干湿分离，同时能够改善猪场环境卫生和防疫条件。漏缝地板要求耐腐蚀，不变形，表面平，防滑，易清洗消毒。漏缝地板按材质可分为钢筋混凝土漏缝地板、复合材料漏缝地板、铸铁漏缝地板、塑料漏缝地板等（图 2-4-10）。

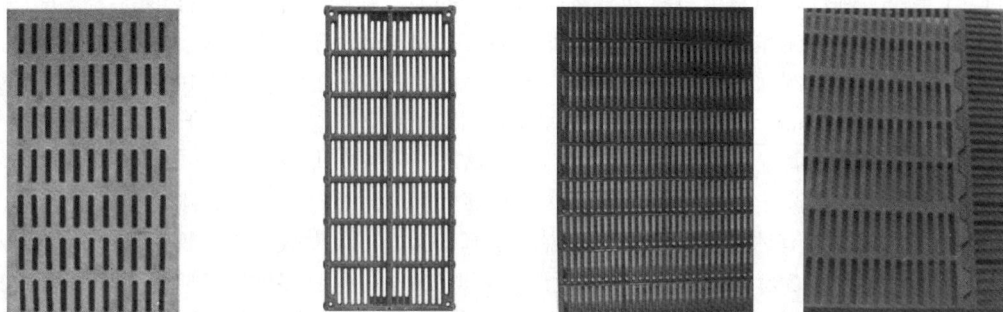

（a）钢筋混凝土漏缝地板　　（b）复合材料漏缝地板　　（c）铸铁漏缝地板　　（d）塑料漏缝地板
图 2-4-10　漏缝地板

钢筋混凝土漏缝地板常适用于配种妊娠舍和育成育肥舍中，可做成板状或条状，这种地板成本低，牢固耐用。塑料漏缝地板采用工程塑料模压而成，质量轻，耐腐蚀，易拆装，但防滑性较差，体重大的动物容易行动不稳而跌倒，适用于保育舍。钢制漏缝地板用金属条排列焊接而成或用金属条编制成网状，因缝隙占比大，所以清粪效果好，易冲洗，栏内清洁干燥，防滑性好，在集约化养猪生产中应用广泛。不同阶段猪的漏缝地板材质和规格见表 2-4-5。

表 2-4-5　漏缝地板材质和规格

猪群类别	宜选材质	板条宽 /mm	缝隙宽 /mm
种公猪、空怀 / 妊娠母猪	钢筋混凝土	100 ～ 120	25 ～ 30
后备公母猪、生长育肥猪	钢筋混凝土	100 ～ 120	20 ～ 25
分娩 / 泌乳母猪	铸铁或钢材料	10 ～ 15	10 ～ 15
哺乳仔猪	塑料或钢材料	10 ～ 15	10 ～ 15
保育猪	塑料或钢材料	15 ～ 20	15 ～ 20

粪沟根据集粪工艺的不同分为水泡粪、机械干清粪模式。水泡粪模式下的粪沟要加强防水防渗、粪沟底部防开裂的处理，粪沟底板和侧壁转角处可做圆角。机械干清粪模式下的粪沟要注意底板的平整度及混凝土耐磨强度，防止底板不平整损坏刮粪设备。

四、猪舍建筑材料

（一）基础材料

基础是猪舍地下承重部分，它承受由承重墙和柱等传递来的一切质量，并将其下传给地基。因此，基础要求具有足够的强度和稳定性，以保证猪舍的坚固、耐久和安全。基础的类型较多，按基础所用材料及受力特点分为刚性基础和非刚性基础，按所在位置分为墙基础和柱基础两类。用刚性材料制作的基础称为刚性基础。刚性材料一般是指抗压强度高，抗拉和抗剪强度低的材料。常用的砖、石、混凝土等均属刚性材料。刚性基础常用于地基承载力较好、压缩性较小的中小建筑。非刚性基础也叫柔性基础，常用于建筑物的荷载较大而地基承载力较小的建筑物。

1. 各种刚性基础的材料和特点

（1）普通烧结砖　普通烧结砖主要适用于砌筑砖基础，采用台阶式逐级向下放大的做法，称为大放脚。为满足刚性角的限制，一般采用每垒两层砖挑出 1/4 砖或每一层砖挑出 1/8 砖。砌筑砖基础前基槽底面要铺 20 mm 厚沙垫层。普通烧结砖具有造价低、制作方便的优点，但取土烧砖不利于保护土地资源，目前一些地区已禁止采用黏土砖，可发展各种工业废渣砖和砌块来代替。由于砖的强度和耐久性较差，所以砖基础多用于地基土质好、地下水位较低的多层砖混结构建筑。

（2）毛石　刚性基础是由石材和砂浆砌筑而成的毛石基础。石材抗压强度高、抗冻、耐水和耐腐蚀性都较好，砂浆也是耐水材料，因此，毛石基础常适用于受地下水侵蚀和冰冻作用的多层民用建筑。毛石基础剖面形式多为阶梯形，基础顶面要比墙或柱每边宽出 100 mm，每个台阶挑出的宽度不应大于 200 mm，高度不宜小于 400 mm，以确保符合高宽比不大于 1：1.5 或 1：1.25 刚性角的要求。当基础底面宽度小于 700 mm 时，毛石基础应做成矩形截面。

（3）混凝土　混凝土基础具有坚固耐久、可塑性强、耐腐蚀、耐水、刚性角较大等特点，可适用于地下水位高和有冰冻作用的地方。混凝土基础断面可以做成矩形、梯形和台阶形。为方便施工，当基础宽度小 350 mm 时，多做成矩形；大于 350 mm 时，多做成台阶形；当底面宽度大于 2 000 mm 时，为节省混凝土，减轻基础自重，可做成梯形。混凝土基础的刚性角为 45°，台阶形断面台阶宽高比应小于 1：1 或 1：1.5，而梯形断面的斜面与水平面的夹角应大于 45°。

2. 柔性基础的材料和特点

柔性基础的材料即钢筋混凝土。利用基础底部的钢筋来承受拉力，可节省大量的土方工作量和混凝土材料用量，对工期和节约造价都十分有利。基础中受力钢筋的直径不宜小于 8 mm，数量通过计算确定，混凝土的强度等级不宜低于 C20。施工时在基础和地基之间设置强度等级不低于 C10 的混凝土垫层，其厚度宜为 60 ～ 100 cm。钢筋距离基础底部的保护层厚度不宜小于 35 mm。

（二）墙体材料

1. 烧结砖

砖按孔洞率分为无孔洞或孔洞率小于 15% 的实心砖（普砖）；孔洞率等于或大于 15%，孔的尺寸小而数量多的多孔砖；孔洞率等于或大于 15%，孔的尺寸大而数量少的空心砖等。砖按制造工艺分为经焙烧而成的烧结砖；经蒸汽（常压或高压）养护而成的蒸养（压）砖；以自然养护而成的免烧砖等。

凡经焙烧而制成的砖均称为烧结砖。烧结砖根据其孔洞率大小分为烧结普通砖、烧结多孔砖和烧结空心砖三种。

2. 蒸养（压）砖

蒸养（压）砖是以石灰和含硅材料（沙子、粉煤灰、煤矸石、炉渣和页岩等）加水拌和，经压制成型，蒸汽养护或蒸压养护而成。我国目前使用的主要有灰沙砖、粉煤灰砖、炉渣砖等。

3. 砌块

砌块是适用于砌筑的人造块材，外形多为直角六面体，也有各种异形的。砌块系列中主规格的长度、宽度或高度有一项或一项以上分别超过 365、240 或 115 mm，但砌块高度一般不大于长度或宽度的 6 倍，长度不超过高度的 3 倍。系列中主规格的高度大于 115 mm 而又小于 380 mm 的砌块，称为小砌块；系列中主规格的高度为 380 ～ 980 mm 的砌块，称为中砌块；系列中主规格的高度大于 980 mm 的砌块，称为大砌块。猪舍以中小型砌块使用较多。

砌块按其空心率大小分为实心砌块和空心砌块两种。空心率小于 25% 或无孔洞的砌块为实心砌块。空心率等于或大于 25% 的砌块为空心砌块。砌块通常又可按其所用主要原料及生产工艺命名，如水泥混凝土砌块、粉煤灰硅酸盐砌块、混凝土砌块、多孔混凝土砌块、石膏砌块、烧结砌块等。制作砌块能充分利用地方材料和工业废料，且制作工艺不复杂。砌块尺寸比砖大，施工方便，能有效提高劳动生产率，还可改善墙体功能。

4. 预应力混凝土空心墙板

预应力混凝土空心墙板简称预应力空心墙板，是以高强度低松弛预应力钢绞线、水泥及沙、石为原料，经张拉、搅拌、挤压、养护、放张、切割而成。使用时按要求可配以泡沫聚苯乙烯保温层、外饰面层和防水层等。其外饰面层可做成彩色水刷石、剁斧石、喷砂、釉面砖等多种式样。预应力空心墙板可用于承重或非承重外墙板、内墙板、楼板、屋面板、雨罩和阳台板等。

5. 轻型复合板

轻型复合板除钢丝网水泥夹心板外，还有用各种高强度轻质薄板为外层、轻质绝热材料为芯材而组成的复合板。外层板材可用彩色镀锌钢板、铝合金板、不锈钢板、高压水泥板、木质装饰板、塑料装饰板及其他无机材料、有机材料合成的板材。轻质绝热芯材可用阻燃型发泡聚苯乙烯、发泡聚氨酯、岩棉和玻璃棉等，如图 2-4-11、图 2-4-12 所示。这类板的共同特点是质轻、隔热、隔声性能好，且板外形多变、色彩丰富。

图 2-4-11　岩棉夹芯板　　　　　　图 2-4-12　聚氨酯夹芯板

（三）屋顶材料

随着现代畜牧业的发展，畜牧建筑的内部环境调控要求也在不断提高，而屋面是建筑物重要的围护结构，目前我国用于猪舍建筑屋面的材料有各种材质的瓦和复合板材。

1. 黏土瓦

黏土瓦是以黏土为主要原料，加适量水搅拌均匀后，经模压成型或挤出成型，再经干燥、焙烧而成。制瓦的黏土应杂质含量少、塑性好。黏土瓦按颜色分有红瓦和青瓦；按用途分有平瓦和脊瓦，平瓦用于屋面，脊瓦用于屋脊。

2. 混凝土平瓦

混凝土平瓦的标准尺寸有 400 mm×240 mm 和 385 mm×235 mm 两种。单片瓦的抗折力不得低于 600 N，抗渗性、抗冻性应符合要求。混凝土平瓦耐久性好、成本低，但自重大于黏土瓦。在配料中加入耐碱颜料，可制成彩色瓦。

3. 石棉水泥瓦

石棉水泥瓦是用水泥和温石棉为原料，经加水搅拌、压滤成型、养护而成。石棉水泥瓦分大波瓦、中波瓦、小波瓦和脊瓦。石棉水泥瓦单张面积大，有效利用面积大，还具有防火、防腐、耐热、耐寒、质轻等特性，适用于简易工棚、仓库及临时设施等建筑物的屋面，也可用于装敷墙壁。但石棉纤维对人体健康有害，现常采用耐碱玻璃纤维和有机纤维生产水泥波瓦。

4. 彩色压型钢板

彩色压型钢板是指以彩色涂层钢板或镀锌钢板为原材，经轮压冷弯成型的建筑用围护板材。彩色涂层钢板各项指标应符合《彩色涂层钢板及钢带》（GB/T 12754—2019）的规定，建筑用彩色涂层钢板的厚度包括基板和涂层两部分，压型钢板的常用板厚为 0.5～1.0 mm，屋面一般为瓦楞形，常见的规格为 750 型、820 型。

5. 轻型复合板

见墙体材料一节。

6. 聚氯乙烯波纹瓦

聚氯乙烯波纹瓦又称塑料瓦楞板，它是以聚氯乙烯树脂为主体，加入其他配合剂，经塑化、压延、压滤而制成的波形瓦，其规格尺寸为 2 100 mm×（1 100～1 300）mm×（1.5～2）mm，这种瓦质轻、防水、耐腐、透光、有色泽，常用作车棚、凉棚、果棚等简易建筑的屋面，另外也可用作遮阳板。

7. 玻璃钢波形瓦

玻璃钢波形瓦是用不饱和聚酯树脂和玻璃纤维为原料制成的，其尺寸为长 1 800～3 000 mm、宽 700～800 mm、厚 0.5～1.5 mm。这种波形瓦质轻、强度大、耐冲击、耐高温、透光、有色泽，适用于建筑遮阳板及凉棚等的屋面。

8. 沥青瓦

沥青瓦是以玻璃纤维薄毡为胎体，经浸涂优质石油沥青后，一方面覆盖彩色矿物粒料，另一方面撒以隔离材料所制成的瓦状屋面防水片材。其特点是质轻面细，可减少屋面自重，施工方便，具有互相黏结的功能，有很好的抗风能力，具有良好的防水、装饰功能和色彩丰富，形式多样，施工简便。

吊顶材料常用压型钢板、挤塑板、不锈钢穿孔板和铝合金穿孔板，阻燃耐腐蚀、耐高压冲洗。最近几年，轻钢结构装配式畜禽舍发展较快，这些吊顶材料经常使用。可适用于屋面的板材还有多种，也可根据当地常用建筑材料满足正常使用。

薄壁冷弯屋架如图 2-4-13 所示，压型钢板吊顶如图 2-4-14 所示。

图 2-4-13　薄壁冷弯屋架　　　　图 2-4-14　压型钢板吊顶

五、规模化猪场设计典型案例

（一）案例基本情况介绍

以年出栏 4.5 万头生猪的规模化自繁自养猪场为例，该项目设计养殖 1 600 头基础母猪，位于山西省吕梁市离石区，采取全自动化饲养设备，全场空气除臭系统，全场空气能供暖系统。

（二）猪场总平面布局图

该猪场的总平面布局图如图 2-4-15 所示，效果图如图 2-4-16 所示。

（三）猪舍设计图

分娩舍设计图、配怀舍设计图、后备猪舍设计图、保育舍设计图、育肥舍设计图、公猪舍设计图见对应二维码内容。

猪舍设计图

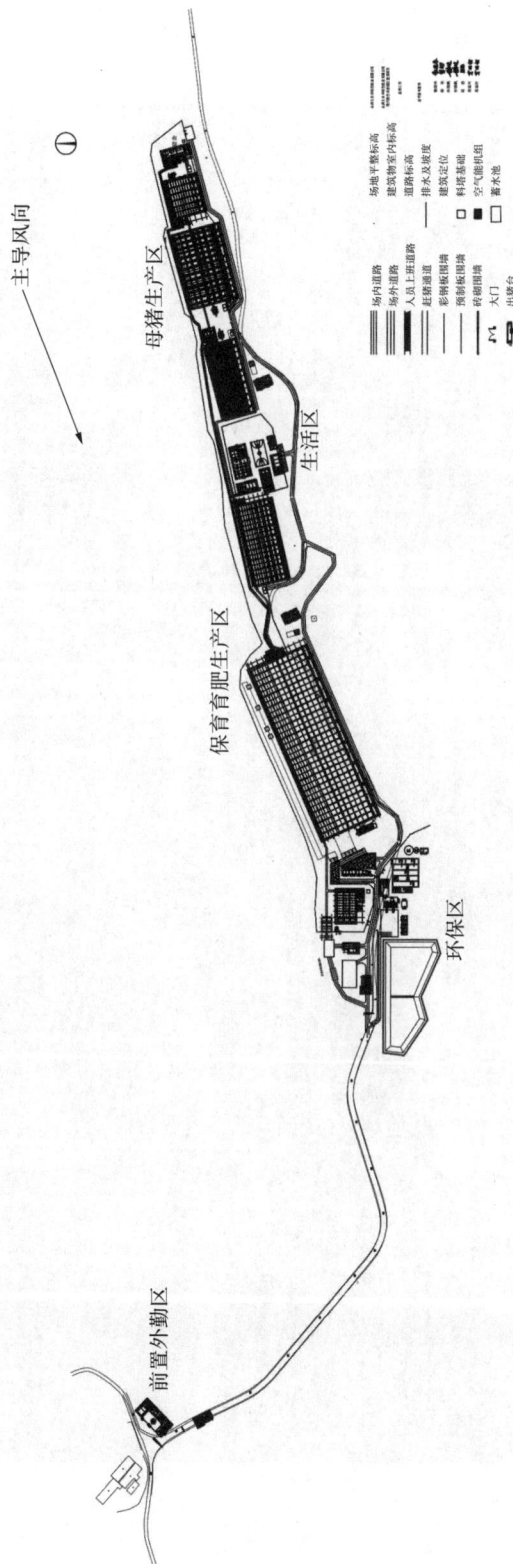

图 2-4-15 1 600 头自繁自养现代特色农业园区建设项目总平面布局图

图 2-4-16　建设项目效果图

练一练

以年出栏万头仔猪的仔猪繁育场为例，绘制一张猪场总体布局图。

拓展学习

楼房养猪的历史转变

2019 年 12 月，《自然资源部　农业农村部关于设施农业用地管理有关问题的通知》的"允许养殖设施建设多层建筑"将"楼房养猪"引入公众视野。

在 20 世纪 70 年代，我国就出现了"楼房养猪"的雏形。当时哈尔滨一家大型猪场建造了一栋二层楼房来养猪。在那个"人都住不起楼房"的年代，这种"让猪住楼房"的做法引起了很大的争议，在遇到很多困难后，这家猪场关停了，但也开创了国内"楼房养猪"的先河。

进入 21 世纪后，伴随着中国的高速发展，土地资源供应越来越紧张。如何利用有限的土地养更多的猪？对于这个问题的思考，使得很多养猪人把目光投向"楼房养猪"模式，即将"平面化"的猪舍布局变为"立体式"，用楼房来进行工业化养殖。随后，"楼房养猪"模式在黑龙江、浙江、河北、辽宁、福建等地铺展开来。

目前，虽然国家允许楼房养猪，给予有能力、有资金的企业探索新型养猪模式，但养猪人必须清醒认识到，此"楼房"绝对不只是简单的楼层叠加，而是要经过科学的设计建造，将生物安全、智能环控、环境保护等因素通通考虑在内。唯有这样的"楼房猪场"才能帮助养猪人达到防非保猪、恢复产能的目的。

任务 4.3　猪场设施设备使用技术

养殖场设施设备使用技术（猪场）

【学习目标】

熟悉猪场生产中常用的消毒、环境控制、污水处理、饮水、喂料、栏圈等设备，掌握其正确的使用方法。

【任务实施】

猪场所需设备的品种及类型，因养猪场的经营方向、规模大小、生产水平和机械化水平的高低而有不同，总体来说，主要包括消毒设备，环境监测控制设备，污水处理设备，饮水、喂料、栏圈设备等。

一、猪场消毒设备

消毒是猪场环境管理和卫生防疫的重要内容。消毒是以物理的、化学的或生物学的方法消灭停留在不同传播媒介物上的病原体，借以切断传播途径，预防或控制传染病发生、传播和蔓延的措施。加强消毒提高生物安全对于保障动物健康、减少疾病发生、提高养殖生产效益具有重要作用。

（一）猪场车辆消毒通道

在猪场生产中，车辆出入对于生产环境的卫生和安全具有很大的影响。建设消毒通道能够高效解决车辆消毒的问题（图 2-4-17），既能够保证养殖环境的卫生和健康，又能够节约成本，是一种值得实践的解决方案。出入车辆在洗消点进行外表、底盘、轮胎、车厢、驾驶室的彻底清扫、清洗、消毒、烘干、检测，驾驶员及随车人员进行沐浴、更衣、换鞋、消毒、检测。

图 2-4-17　猪场车辆消毒通道

（二）猪舍冲洗喷雾消毒机

猪舍冲洗喷雾消毒机（图 2-4-18）主要适用于房舍墙壁、地面和设备的冲洗消毒，由加压泵、药液箱、水管和喷头等组成，是工厂化猪场良好的清洗消毒设备。冲洗喷雾消毒机针对不同清洗对象，可以设置大小不同的压力，有效冲洗掉灰尘、粪便、杂物等，配合加药管道还能实现给畜禽舍的喷雾消毒或动物的药物免疫。其优点是清洁消毒效果彻底，可靠耐用；用水量和用药量低；可洗可喷；携带方便，操作简单，效率高，省力。

图 2-4-18　猪舍冲洗喷雾消毒机

（三）火焰消毒设备

火焰消毒机（图 2-4-19）是一种以石油液化气或煤气作燃料产生强烈火焰，通过高温火焰来杀灭畜禽舍的细菌、病毒、寄生虫等有害微生物的设备。火焰消毒机与药物消毒配合可使灭菌效果达到 97%，而只用药物消毒，杀菌率一般只有 84%，达不到杀菌率 95% 以上的要求，且容易导致药物残留。火焰消毒设备（图 2-4-20）主要由储油罐、油管、阀门、火焰喷嘴、燃烧器等组成，其原理是将油和空气充分混合，均匀雾化，在喷雾处点燃，喷出火焰。适用于畜禽舍内笼网设施的消毒，具备易操作、效率高、用药省、附着力高等优点，但是使用中应注意防火工作，不可用于易燃物品的消毒。

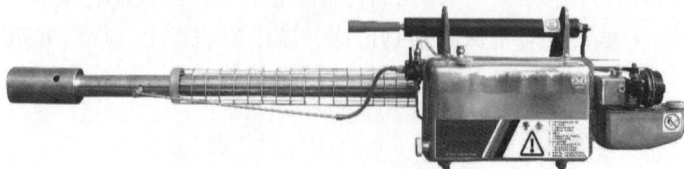

图 2-4-19　火焰消毒机

图 2-4-20　火焰消毒设备

（四）超声波雾化消毒设备

超声波雾化消毒设备利用离心式发雾器，采用先进的离心雾化原理，具有启动时间短，上雾速度快的特点，使消毒液在旋转碟和雾化装置作用下，利用离心力多次雾化产生微雾的效果，并通过风机使微雾喷出，进行雾化消毒。超声波雾化消毒设备主要适用于猪舍内部或生产区入口处人员通道的消毒。根据使用区域或消毒面积的不同，可采用不同类型的喷雾消毒器，包括移动式超声波雾化消毒器（图 2-4-21）、电脑红外线控制雾化消毒器（图 2-4-22）、悬挂式雾化消毒器等。

图 2-4-21　移动式超声波雾化消毒器　　图 2-4-22　电脑红外线控制雾化消毒器

二、猪场环境监测控制设备

除品种优良，营养合理外，畜禽场环境条件对动物生长有重要的关系。适宜的环境控制可增强畜禽的免疫机能，强化动物身体机能，降低药物使用量，从而提高养殖产量与经济效益。

（一）温度控制设备

现代化猪场对温度的要求很高，这关系着生猪的繁殖与生长。例如，仔猪的生长温度为 $25 \sim 30$ ℃，而育肥猪的环境温度以 $20 \sim 25$ ℃为宜。

1. 采暖设备

天气寒冷会造成猪的生长性能降低，甚至造成疾病感染，严重影响养殖场经济效益。

（1）煤炉　此方法适用于小规模猪场。煤炉由炉灶和铁皮烟筒组成。煤炉供暖的优点是加热快，安装使用方便，费用低。但也存在明显缺点，烧煤过程中易产生二氧化碳、一氧化硫等物质，造成空气污染，易造成动物的呼吸道感染，甚至导致动物中毒死亡。

（2）红外灯　利用红外灯（图 2-4-23）采暖，简单易行，成本较低的优势。红外灯的取暖方式通常是悬挂，只能进行局部供暖，易形成上暖下热供暖不均匀的情况。此外，红外灯还存在耗电大，使用寿命短的问题。

（3）热风机　根据热风机使用能源的不同，可将猪场热风机分为燃油热风机（图 2-4-24）、电热风机、天然气热风机、辐射热风机等类型。热风机按散热器形式的不同，又可分为水箱式、翅片式、绕片式等。热风机由鼓风机、加热器、控制电路三个部分组成，采用负压抽风模式，强制散热，升温速度快、温差小。不同季节不同时期所需的温度不同，热风机可实现温度的任意调节与控制。在利用风箱向舍内输送热风的同时有助于舍内进行通风换气。此外，热风机还具备安全可靠节省劳动力的优点。

图 2-4-23 红外灯 图 2-4-24 燃油热风机

（4）空气能地暖 空气能地暖又称热泵地暖（图 2-4-25），是以整个地面为散热面，均匀加热整个地面，通过地面自下而上进行热量传递，来达到取暖的目的。与上述几种取暖设备相比，空气能地暖最大的缺点是初始投资成本较高。但空气能地暖的节能效果却是所有设备中最优的。以 100 m^2 的地暖为例，冬天一天的耗电量大概是 40～50 千瓦时，比电地暖省电 200%，安全 100%。空气能地暖具备温度调节方便，供热均匀稳定，不产生有害气体，使用寿命长，维护成本低等优点。

图 2-4-25 猪场热泵地暖

2. 降温设备

（1）湿帘风机降温 湿帘风机降温设备是目前最为成熟、生产应用最多的蒸发降温设备（图 2-4-26），其蒸发降温效率可达到 75%～90%。湿帘风机是利用机内水循环系统，将由风扇吹进来的空气中的热量吸收而达到降温的效果，部分冷风机还采用在水里添加"冰晶"等冷媒来提升吸热效果，还有的冷风机拥有净化空气和杀菌的功能。该设备包含湿帘和风机两个部分，湿帘采用特种高分子材料制成，蒸发表面积较大，在水循环的帮助下保持均匀湿润和泄水量。当风机启动向外抽风时，鸡舍内形成负压，迫使室外空气经过湿帘进入舍内。而当空气经过湿帘时，由于湿帘上水的蒸发吸热作用，使空气的温度降低，这样鸡舍内的热空气不断由风机抽出，经过湿帘过滤后的冷空气不断吸入，从而可将舍温降低 5 ℃以上。

图 2-4-26 湿帘风机

（2）喷雾/喷淋降温　喷雾和喷淋降温设备（图2-4-27）通过向舍内洒水，利用水分蒸发吸收而散热的原理达到降温目的。喷雾是喷头将水以雾状形式喷出，使水迅速汽化，在蒸发时从空气中吸收大量热量，降低舍内温度，降温幅度3～8℃。喷淋是喷头将水以水滴状形式喷出，水滴喷洒在猪只体表降低体感温度。喷雾、喷淋降温的喷洒半径需避开食槽，防止饲料受潮腐败。喷雾降温是降低环境温度，适用于保育舍；喷淋降温直接作用于猪只体表，适用于育肥舍，若适用于保育舍会造成小猪受凉腹泻。喷雾、喷淋降温系统主要由水箱、水泵、过滤器、喷头、管路及控制装置组成，设备简单，效果显著，但长时间使用会导致舍内湿度过大。配合消毒剂的使用可达到无死角全方位的杀菌消毒，或加以除臭液的使用，可进行舍内除臭。

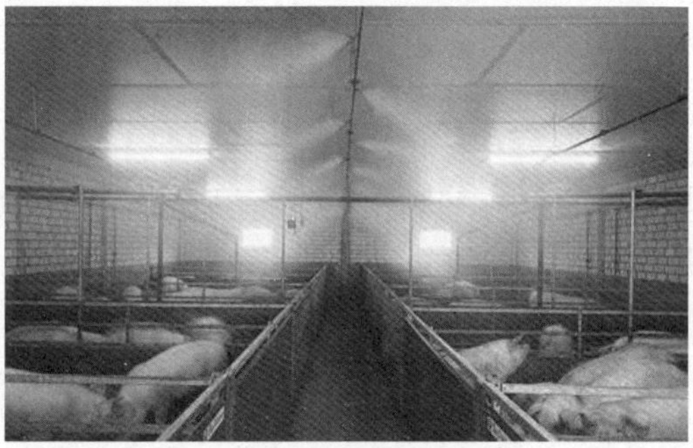

图 2-4-27　喷雾降温设备

（3）滴水降温　滴水降温适用于饲养在单体栏的公母猪或分娩母猪。通过在猪颈部上方安装滴水降温头，水流滴在猪的体表后，蒸发散热（图2-4-28）。滴水降温不是降低舍内环境温度，而是直接降低猪的体温。

图 2-4-28　滴水降温设备

湿帘和喷雾降温是利用水蒸发吸热对环境进行降温，北方干燥地区效果较好。当舍外空气湿度高于80%时（南方湿热地区），蒸发受限，降温效果有限，这时需考虑采用喷淋和滴水降温。

（二）通风设备

集约化养猪、规模化养猪由于饲养规模较大，密度较大，因此需要在通风方面严格控制。有效合理的通风不仅能够调节舍内温度与湿度，同时有助于提高舍内空气质量，控制疾病发生。

1. 自然通风

自然通风主要通过开启的门、窗和天窗，专门建造的通风管道，以及建筑结构的孔隙等实现的通风。通过开启的门窗通风，方式简单，投资小，但其通风效果容易受到自然因素的影响，无法随时保证舍内良好的通风状态。建造通风管，安装通风帽利用室内外温差进行通风换气，同时还可以防止雨雪或强风等天气对通风换气的影响。

无动力通风器（图2-4-29）也叫屋面通风器、自然通风器，利用自然界空气对流的原理（图2-4-30），将任何平行方向的空气流动，加速并转变为由下而上垂直的空气流动，以达到室内外通风换气的一种设备。它不用电，无噪声，可长期运转，排出舍内的热气、湿气和秽气。

图 2-4-29　无动力通风器

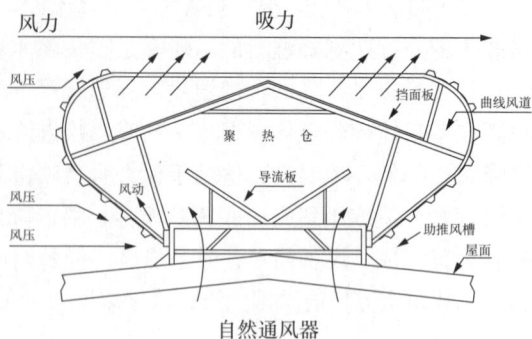

图 2-4-30　屋面通风器原理

2.机械通风

自然通风容易受季节与气候的影响，因此需要机械通风的调节。机械通风最早曾采用风扇，如工业吊扇、壁扇等，但更多只是促进空气流动，在换气通风方面的效果差。风机是畜禽舍常用的一种通风设备，可用于送风，也可用于排风，有离心式风机（图 2-4-31）和轴流式风机（图 2-4-32）等类型。其中，直径大、转速低的轴流式风机常用于畜禽舍的轴流式风机，离心式风机多用于畜禽舍热风和冷风的输送。通过可编程逻辑控制器的环境控制器，实现夏季通风降温除湿和冬季通风排污除湿的智能调控，利用传感器获得舍内温度、湿度、气体等参数进行智能调控，为畜禽创造适宜的生活环境。

图 2-4-31　离心式风机

图 2-4-32　轴流式风机

（三）湿度控制设备

一般借助畜禽舍环境自动控制仪，通过监测温度、湿度、气体等相关参数，进行相关指标的调控。猪舍的湿度主要由通风和洒水来实现。在实际生产中通常依靠通风换气，粪污清除，以及勤换垫料等来实现湿度的调节。对于部分特殊养殖需求的猪场，可以装备圈舍加湿器，实现湿度精准控制。

猪舍温度湿度采集设备如图 2-4-33 所示。

（四）自动化环境控制系统

畜禽养殖自动化环境控制系统（图 2-4-34）可以有效实时监控猪舍环境的变化，远程控制猪舍环境，可按照实际情况设置温度和相关气体浓度的参数，系统根据温差、斜率以及二氧化碳、氨气浓度变化，自动控制各个外设的启停，各个外设根据不同控制挡位相互配合工作，有效地保证舍内温度、气体浓度的稳定。自动化环境控制系统还能采集舍内环境信息，便于用户分析追溯猪的生长环境。

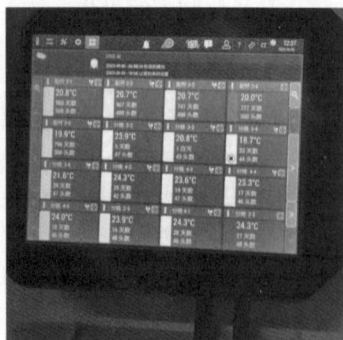

图 2-4-33　猪舍温度湿度采集设备

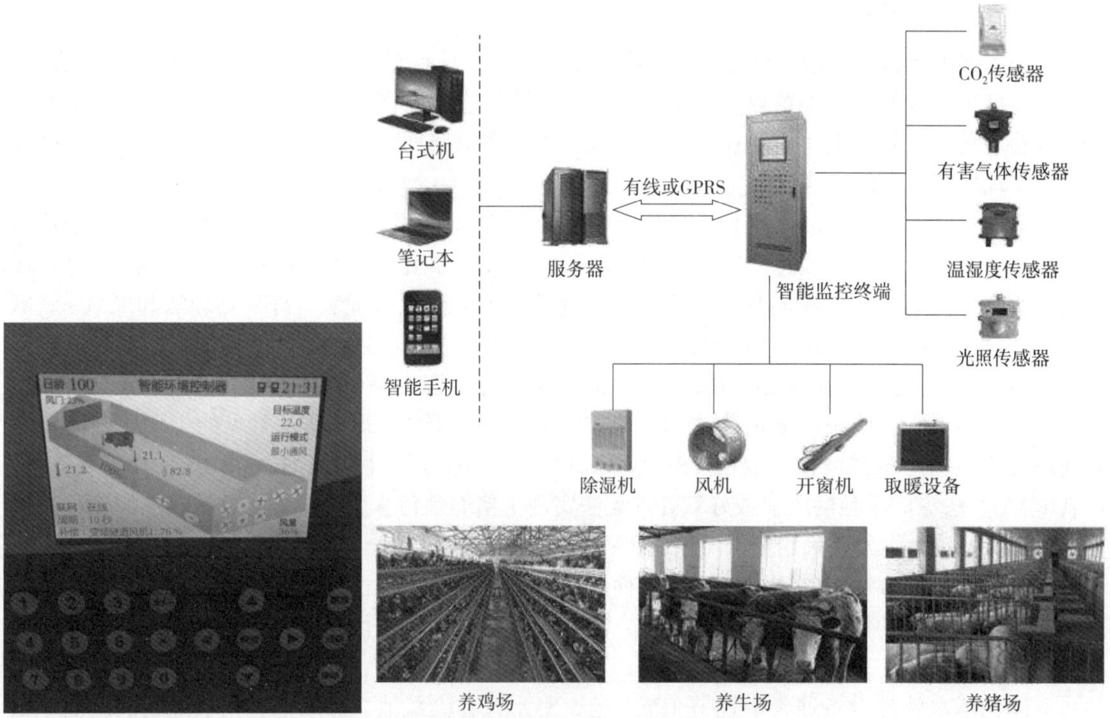

图 2-4-34　畜禽养殖自动化环境控制系统

（五）猪场自动化巡检系统

猪场自动化巡检系统正在成为未来智能化猪场发展的趋势，巡检机器人集成可见光摄像头、3D摄像头、红外热像仪、拾音器、气体检测仪等各类传感器，实时传送着温度、湿度、风机转速、异常声音等指标，后方平台通过云监控、大数据分析和自动化设备运行，实现生猪养殖的智慧管理。目前，投入使用的自动化巡检系统，主要分为吊轨式巡检机器人（图 2-4-35）、轮式巡检机器人（图 2-4-36）、履带式巡检机器人（图 2-4-37）。

图 2-4-35　吊轨式巡检机器人

图 2-4-36　轮式巡检机器人

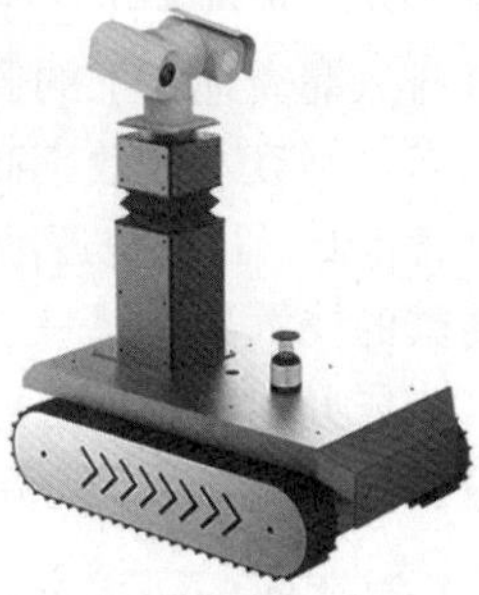

图 2-4-37　履带式巡检机器人

三、污水处理设备

猪场污水主要包括尿液、部分粪便和圈舍冲洗水等，具有有机物浓度高，悬浮物多，色度深，氮、磷浓度高，致病菌多等特点，不仅对养殖动物健康造成危害，而且对水环境和公共卫生造成一定威胁。污水经处理后可达到国家排放标准，用于清洗路面、猪舍、浇水等，达到水质的循环利用，实现可持续绿色养殖。

目前，生猪养殖污水的处理技术可分为物化处理技术和生物处理技术两大类。物化处理技术有吸附法、固液分离法、氧化法等。生物处理技术是目前养殖场污水常用技术，利用微生物代谢作用使废水中的有机污染物转化为稳定无害的物质，包括厌氧处理法、好氧处理法和厌氧-好氧联合处理法等。厌氧处理法适用于处理含高浓度有机物的畜禽养殖污水，常见的有厌氧折流板反应器（ABR）、上流式厌氧污泥床（UASB）、微生物燃料电池（MFC）、氧滤器（AF）、复合厌氧反应器（UASB＋AF）、两段厌氧消化法和升流式污泥床反应器（USR）等。常见的生猪养殖污水好氧处理技术包括序批式活性污泥法（SBR）、SBBR、生物膜法、生物滤池、MBBR、MBR及厌氧/好氧（A/O）法等。单独的厌氧或好氧处理无法实现生猪养殖污水的达标外排，结合它们各自的优势，大多数养殖污水处理采用厌氧（缺氧）-好氧联合处理工艺。

猪场的污水处理通常并不是仅采用一种处理方法，而是需要根据地区的社会条件，自然条件不同，以及养殖场的性质规模、生产工艺、污水数量和质量、净化程度和利用方向，采用几种处理方法和设备组合成一套污水处理工艺。

一体化污水处理设备通常由调节（沉）池、集水井、厌氧池、好氧池、化学混凝沉淀池等组成。工艺流程是：首先养殖污水经格栅去除大颗粒及纤维状杂质后流入调节池，防止杂质沉降、进行水质、水量、pH调节等。然后进入厌氧池，利用反硝化反应去除水中的氮磷。进一步到达好氧池，利用微生物在好氧条件下分解有机物，同时合成自身细胞。最后经过二氧化氯进行出水消毒，检测达标后排放。好氧池内活性污泥不断增生，通过污泥回流泵到达污泥浓缩池，定期抽吸后外运。规模化养猪场，养殖数量多、密度大，每天产生大量的畜禽粪便，若不及时清理，不仅污染环境卫生，而且影响生猪健康。

猪场污水处理设备工艺流程如图2-4-38所示。

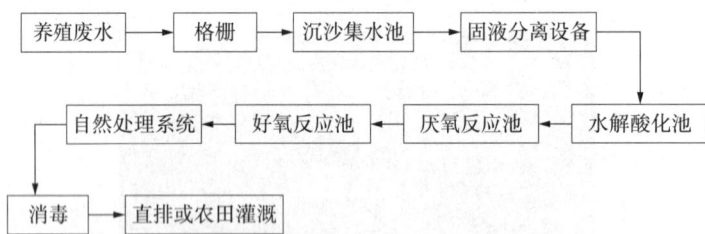

图2-4-38　猪场污水处理设备工艺流程

生猪养殖中粪污清理收集的主要方式是水冲粪、水泡粪和干清粪。水冲粪技术通过每天数次放水冲洗，将猪排放的粪、尿和污水等混合进入粪沟，因耗水量大，污染物浓度大，处理难度大等已逐渐淘汰。水泡粪工艺是在水冲粪基础上改造而来的。其方式是在排粪沟内注入水，粪尿污水等一并排入漏粪地板下的粪沟内储存，待粪沟装满后再排出，进入储粪池。水泡粪工艺较水冲粪省水，劳动强度小，效率高，但贮粪过程中会因厌氧发酵产生有害气体，且污水处理难度大，固体养分含量低，目前也逐渐被规模化养猪场淘汰。

干清粪的技术是粪尿一旦产生便进行粪尿分流，干粪由机械或人收集运走，尿及污水从下水道流出，粪尿分别处理。这种方式有助于后面粪尿处理，保持固体粪便的营养物，提高有机肥肥效，同时机械清粪可以节约劳动力，降低劳动强度，正逐步成为主流的粪污清理收集方式。

（一）漏缝地板水泡粪设施

水泡粪清粪方式是在水冲粪的基础上改造而来的。在排粪沟中注入一定量的水，粪尿和饲养管理用水一并排入漏粪地板下的粪沟中，储存一定时间（1～2个月）待粪沟装满后，打开出口的闸门，将沟中粪污排出，流入粪便主干沟或经过虹吸管道，进入地下贮粪池或用泵抽吸到地面贮粪池。这种方式虽然不利于"干湿分离"，但劳动强度小，劳动效率高，其缺点是储粪过程中会产生有害气体，如硫化氢、甲烷等，对养殖动物或饲养人员的健康不利。

目前，部分猪场改进新型水泡粪池。通过加入"养殖场污水生物处理剂"（专业微生物菌），可大幅降低氨气和硫化氢等有害气体的影响。同时建设拔塞模式水泡粪池（图2-4-39），进一步提升粪污处理效率，理想状态只需要两个1 500 m³左右改进后的新型水泡粪池交替使用，就能够满足一万头生猪环保与粪污资源化需求。

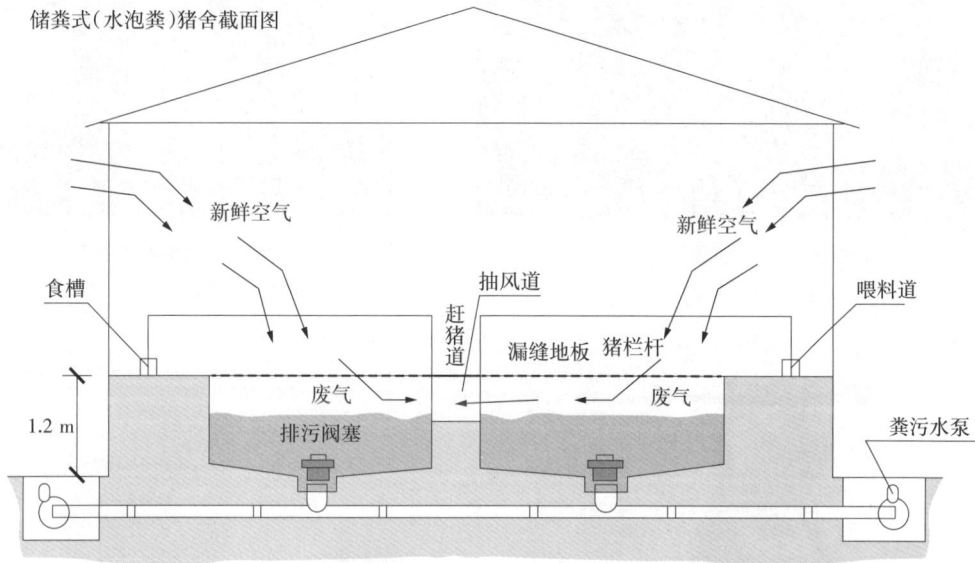

图 2-4-39　拔塞模式水泡粪池

（二）漏缝地板干清粪排污技术

采用漏缝地板高床饲养的猪舍，其排污系统包括在高床下的V字形承粪沟和中央污水暗渠。粪尿分离模式中粪道横向呈U字形结构，横向及纵向都具有一定坡度，在粪道下方埋设有导尿管，尿液和污水透过漏缝地板到V字形坡面之后流入中间导尿管中排出，留在粪沟内的猪粪进行人工清扫或机械清粪。粪尿混合模式相对简单，粪道底部为一平面，在纵向也没有坡度，粪和尿混合在一起通过刮粪机刮出。

刮板式清粪机是畜禽舍内常用的一种清粪设备，刮粪板可根据舍内粪沟的大小做成不同规格。刮板式清粪机包括牵引机、钢丝绳、转角滑轮、刮粪板及电控装置五个组成部分。其原理是通过将驱动机构固定在适当位置，利用钢丝绳和电器电控装置，使刮粪板在粪沟内做往复直线运动，将猪粪清理到储粪池中。刮板式清粪机适用于猪舍的地面明沟清粪和漏缝地板下的暗沟清粪。猪场自动化清粪系统如图2-4-40所示。

图 2-4-40　猪场自动化清粪系统

（三）猪场清洁机器人

目前，欧洲研发并应用了部分自走刮粪机器人（图 2-4-41），能够按照使用者确定的清洁路线和频率，刮掉漏缝地板上粪便，适合大圈散养猪舍。该系统包括防护装置、刮刀、喷水嘴和移动小车四个部分。我国部分大型养殖企业也探索采用清粪机器人开展清粪作业，如推粪机器人（图 2-4-42）、圈舍清洗机器人（图 2-4-43）、粪沟清洗机器人（图 2-4-44）等。

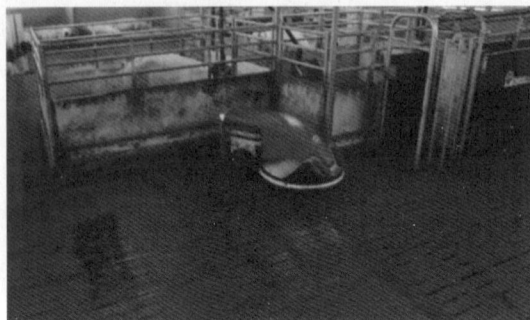

图 2-4-41　刮粪机器人

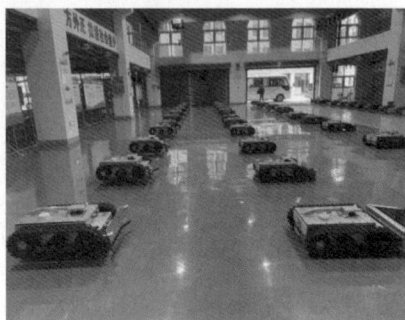

图 2-4-42　推粪机器人

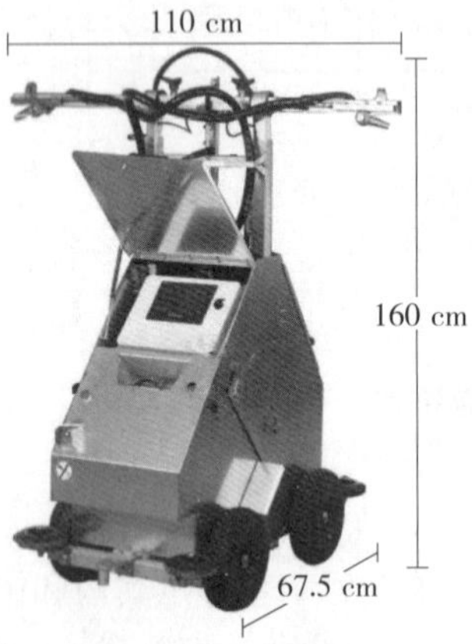
110 cm
160 cm
67.5 cm

图 2-4-43　圈舍清洗机器人

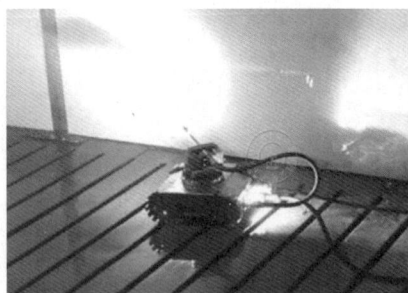

图 2-4-44　粪沟清洗机器人

四、猪舍供饮水设备

自动饮水设备的安装，可以实现猪随时饮水的需求，并通过在饮水系统上加装的加药器组件，实现自动加药，保障了猪的生长发育和养殖健康。常用的自动饮水设备主要有鸭嘴式饮水器、乳头式饮水器和碗式饮水器等。

（一）鸭嘴式饮水器

鸭嘴式饮水器（图 2-4-45）构造简单，包含阀体、密封圈、回位弹簧、塞盖、滤网等，耐腐蚀，密封好，水流速度符合饮水需求。猪饮水时，咬动开关使开关偏斜，水从间隙流猪的口腔，当猪松开饮水器，水就停止流出。但鸭嘴式饮水器较突出，需安装在远离猪休息区的排粪区，否则会划伤猪的身体。

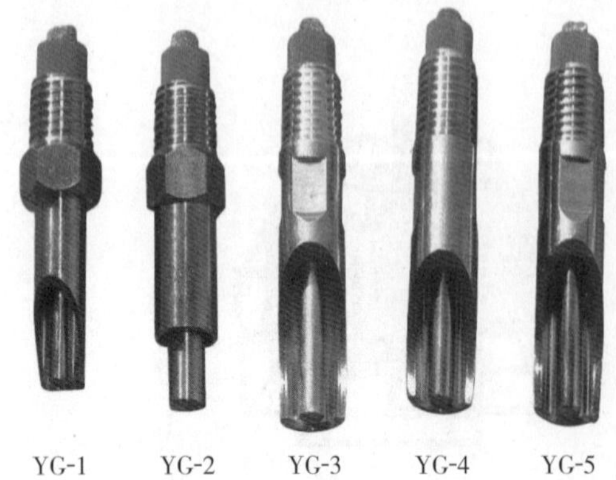
YG-1
YG-2
YG-3
YG-4
YG-5

图 2-4-45　鸭嘴式饮水器

（二）乳头式饮水器

乳头式饮水器（图 2-4-46）主要由钢球、壳体和顶杆组成，结构简单，其工作原理与鸭嘴式饮水器相似，不易堵塞，但密封性差，流水较急，需降压使用。

图 2-4-46　乳头式饮水器

图 2-4-47　碗式饮水器

（三）碗式饮水器

碗式饮水器（图 2-4-47）是一种以盛水容器（碗）为主体的单体式自动饮水器，由杯体、饮水器体、活门、支架等部件组成。碗式饮水器的饮水碗为浅杯式，目的是便于清洗、维护，饮水碗容量为 330 mL，常见的有浮子式、弹簧阀门式和水压阀杆式等类型。碗式饮水器设计考虑到清洁和维护的方便性，饮水碗通常采用可拆卸的设计，方便养殖人员进行清洁和消毒，这样可有效地防止细菌和病毒的滋生，减少疾病的传播和发生。同时，猪用饮水碗的材质通常选用耐腐蚀、耐用的材料，能够长期使用，降低更换和维修的频率。

不同类型饮水器安装高度见表 2-4-6。

表 2-4-6　不同类型饮水器安装高度

猪群类型	鸭嘴、乳头式饮水器距地面高度 /mm	碗式饮水器距地面高度 /mm
妊娠母猪	500 ～ 600	—
哺乳母猪	500 ～ 600	100 ～ 200
仔猪	—	100 ～ 150
幼猪	250 ～ 350	—
肥猪	350 ～ 450	150 ～ 250

（四）自动加药系统

自动加药系统一般采用加药箱和畜禽饮水管网并网，当需要加药时，开启加药箱阀门。关闭自来水进水阀，就可以把加药箱内配好的药水均匀地送到每个饮水器，加药箱的容积大小根据畜禽舍的大小、畜禽的类型而定，一般为 1 m³，加药箱要设置节水阀和溢流导管，这样方便检修和定期清洗。此外，还应保持药箱内干净卫生。

加药器与过滤器如图 2-4-48 所示。

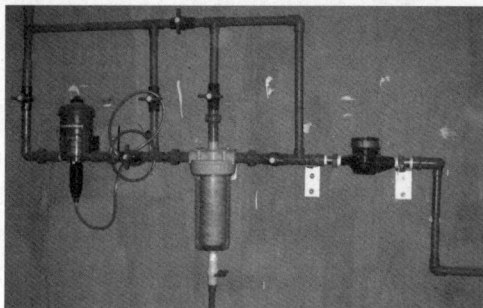

图 2-4-48　加药器与过滤器

图 2-4-49　自动水位控制器

（五）自动水位控制器

自动水位控制器是一种根据空气动力学原理制成的新型饮水器（图 2-4-49）。当水位低于设置的正常水位时，空气进入出水管，硅胶膜和出水口分离水流进饮水碗，使水位一直保持在设定位置，有效避免水浪费和减少污水排放，不易划伤动物，方便饮水喂药或免疫。

五、猪舍喂料设备

随着现代化养殖业大发展，生猪养殖散户逐渐退出市场，取而代之的是中大型规模化、现代化养殖场。自动化养殖设备是规模化猪场不可缺少的设备，不仅适用于新建猪场配套，还适用于老场改造。在未来的规模化养殖中，猪场自动化供料喂料、环境自动化控制、粪污自动化处理等整体三部分做到自动化，将明显提高养殖效益，促进健康养殖和绿色养殖。

（一）中央供料系统

中央供料系统是一种适用于自动化供应原料的设备和软件系统。该系统通过集成各种硬件设备和软件系统，实现了原料的储存、供应、计量和控制等功能，旨在提高生产效率、降低成本，并确保产品质量稳定。现代化猪场供料设备是由饲料塔（图 2-4-50）、输料线、动力系统、控制系统等组成。启动动力箱，电机带动输料线在管道内运行，输料线围绕圈舍内部各个食槽上方走一个循环，最后回到饲料塔里面，在每个食槽上方的管线里面开一个下料口，当输料线带动饲料塔里面的饲料在管道内运行到下料口的位置，饲料就会顺着下料管道下到食槽里面，在最后一个食槽里面有一个料位传感器，当最后一个食槽下满的时候，料位传感器就会把信息传给控制系统，控制系统会切断电源，动力箱停止工作，输料过程就此完成。

料塔是中央供料系统的饲料储存中心，干饲料储存塔容量在 3 ～ 30 t 不等，常见为 2 ～ 8 t，需要根据猪场大小，以及饲喂头数来决定，一般会储存 2 ～ 3 天的饲料储存量，料塔容量过小则加料频繁，过大则饲料容易结拱。除此之外，部分猪场使用液体发酵料，采用的是液体发酵供料系统。中央供料系统不仅节约了大量的劳动力，而且可以使整栋圈舍里面的猪只同时进食，减少应激，提高效益。

图 2-4-50　饲料塔

（二）自动喂料系统

猪场自动喂料系统（图 2-4-51）可以定时定料地将饲料从料罐输送到猪舍，从而达到精确饲喂的目的，系统包括落料器、调节单元、电控单元等。自动喂料系统根据猪生长的不同阶段，定时、定量饲喂，节省饲料，提高饲料利用率。当输料线把饲料输送到定量杯里面，定量杯可以根据每头猪不同的生理状况，定量饲喂。在饲料到达每个定量杯后，启动落料系统，整栋圈舍的栏位同时下料，同一栋舍内的猪可以同时饲喂，有效避免猪群发生应激反应。以母猪为例，如果同时开始进食，不仅减少了母猪急切的进食心理而产生的大叫，最主要是减少应激，精确饲喂，增加窝仔数量，提高养殖效益。使用自动化猪场料线喂料系统，饲养人员可以不进入猪舍内而直接喂料，封闭式下料设计，有效减少老鼠苍蝇偷吃和污染饲料，防止交叉污染，切断疫病传播途径。正常情况下一名饲养员可以给若干栋猪舍喂料，节省大量人力成本，提高劳动生产率。

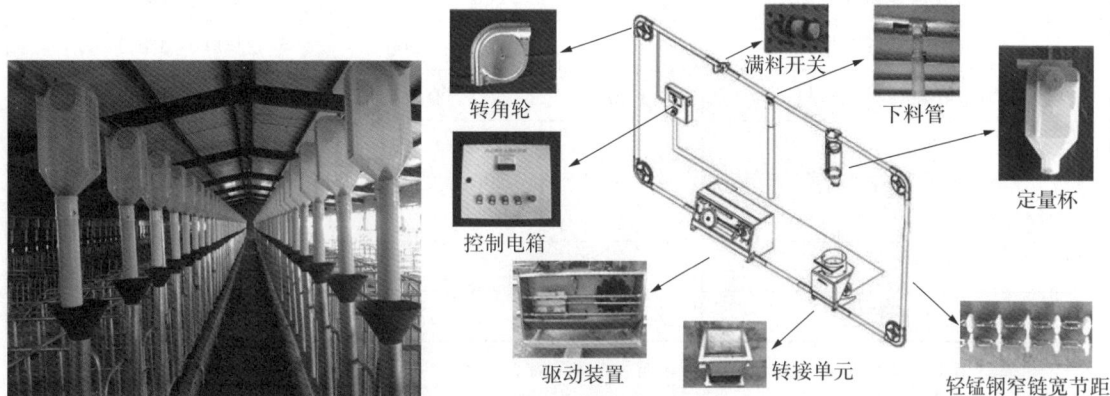

图 2-4-51　猪场自动喂料系统

（三）液体发酵饲料喂料系统

液体发酵饲料相比较干料来说适口性更好，直接避免粉尘给呼吸道带来的刺激，能够降低呼吸道发病率。饲料转化率高，对仔猪的成长有很大帮助，可以帮助仔猪顺利度过断奶期，减少仔猪腹泻，减轻刺激仔猪肠道，大大提高仔猪的存活率。其适口性好，还可以增加育肥猪的采食量，让育肥猪提前出栏，提高猪场效益。液态饲喂下的母猪当天就可以实现采食，让母猪快速恢复体力，增加泌乳量，促进母猪生产力。但液体发酵存在一定短板，包括在夏季高温的作用下，残料容易变质，管道需要经常性清理，北方冬季，饲料易凝固，需要额外采取保温措施。目前，液体料饲喂技术在养猪发达国家已经相当成熟，欧洲液体料饲喂模式的规模化猪场占 40% 左右，但在我国猪场液体发酵饲料喂料系统普及率不足 2%。液体发酵饲喂系统核心包含粉碎机、搅拌罐、清水罐、扩繁灌、回水灌、输送管道、传感监测系统、控制系统等。

液体发酵饲料储存罐如图 2-4-52 所示。

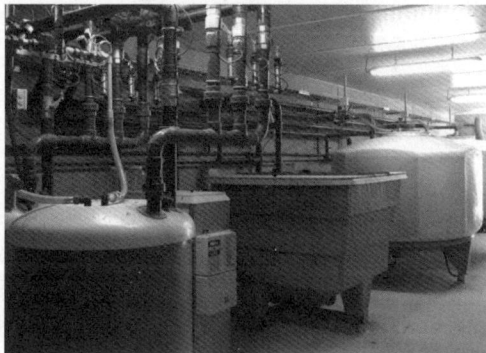

图 2-4-52　液体发酵饲料储存罐

六、猪舍栏圈设备

使用猪栏可有效减少猪舍占地面积，便于饲养管理和改善环境。不同猪舍应配备不同的猪栏。猪栏按结构分为实体猪栏、栅栏式猪栏、综合式猪栏、母猪单体栏、高床产仔栏、高床保育栏等。按用途一般分为公猪栏、配种栏、妊娠栏、分娩栏、保育栏和生长育肥栏。猪栏的基本结构和参数应符合《规模猪场建设》（GB/T 17824.1—2022）的基本要求，见表 2-4-7。

表 2-4-7　猪栏参数

猪栏种类	栏高 /mm	栏长 /mm	栏宽 /mm
种公猪栏	1 200	3 000 ～ 3 500	2 500 ～ 3 000
种公猪限位栏	1 200	2 400	700 ～ 800
后备公母猪限位栏	1 100	2 200 ～ 2 300	600 ～ 700
空怀 / 妊娠母猪栏	1 100	3 000 ～ 3 300	2 900 ～ 3 100
空怀 / 妊娠母猪限位栏	1 100	2 300	650 ～ 750
分娩 / 泌乳母猪限位栏（含所带仔猪）	1 100	2 200 ～ 2 400	1 800 ～ 1 950 母猪限位区在中间，600 ～ 650 仔猪区在两侧，各 600 ～ 650
保育猪栏 [a]	700	—	—
生长育肥猪栏 [a]	900	—	—

注：a 保育猪、生长育肥猪的栏长与栏宽适宜比例为 2∶1 或 1.5∶1，具体栏长、栏宽可根据饲养头数和饲养密度确定。

（一）公猪栏、空怀母猪栏和配种栏

公猪栏、空怀母猪栏和配种栏这三种猪栏很相似，参数相近，一般都位于同一栋舍内，因此面积一般都相等。栏高一般为 1.2 m，面积 7 ～ 9 m^2 或者更大，栏栅结构可以是金属结构，也可以是混凝土结构，但栏门应采用金属结构，便于通风和管理人员观察和操作。公猪栏可用于饲养公猪并兼作配种栏（图 2-4-53），每栏饲养种公猪 1 头，以避免公猪过肥，增强公猪的体质和锻炼其肢蹄，增加种公猪的运动量。猪栏的布置多为单列式，并正对于待配母猪的猪栏。

图 2-4-53　公猪栏

（二）母猪限位栏

母猪限位栏（图 2-4-54）能最大限度地把有限的建筑面积发挥到极限，同时更易于对妊娠母猪的管理，便于防疫消毒、观察发情期及配种，提高生产管理效率。母猪妊娠早期在限位栏饲养可减少机械性流产，有利于妊娠前期限制饲料喂量，但同时也导致母猪发生褥疮和肩部溃疡的概率增大。

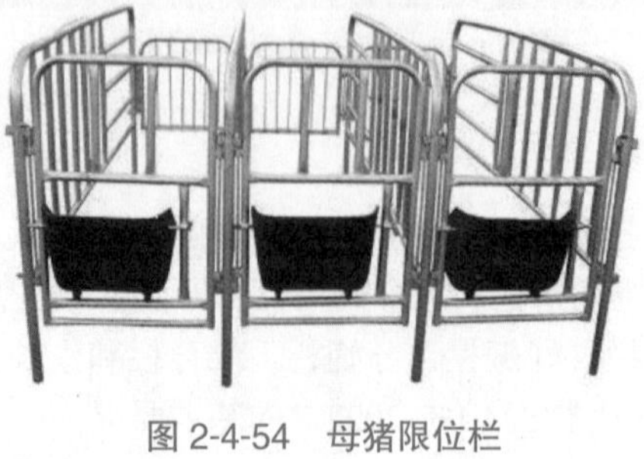

图 2-4-54　母猪限位栏

（三）母猪产床

母猪产床主要由母猪限位栏、仔猪围栏、仔猪保温箱、高架网床、母猪食槽和小猪补料槽等组成，适用于母猪分娩和哺乳仔猪。母猪限位栏的作用是限制母猪自由活动和躺卧方式，使其在躺卧时只能腹部着地伸出四肢，既能保证母猪躺卧，又能避免仔猪被压死和压伤。

限位架的长度通常为 2.0～2.3 m，宽度为 0.6 m，高度为 1.0 m，限位架最下边的一根栏杆离地面的距离为 240 mm，上面焊有弯曲的档柱，用以保护仔猪，而不影响仔猪吃奶。母猪食槽和饮水器都在限位架的前方。仔猪围栏提供仔猪一定的活动空间，又保证仔猪无法跑出去，仔猪围栏的长通常为 2.0～2.3 m，宽为 1.7～1.8 m，高为 0.5～0.6 m。仔猪保温箱能为仔猪提供 30 ℃左右的小气候和小环境。护栏有栅条式和隔板式两种，栅条式间距不大于 40 mm，有利于通风和观察，但不利于防疫；隔板式有利于防疫但造价较高。仔猪补料槽和饮水器都装在围栏的后部，供粪便排在后部的排粪区。规模化猪场使用复合板产床可以提高仔猪存活率。母猪产床能保护仔猪免于母猪压死或压伤，并保证良好的卫生条件，能防止活物积存和细菌的繁殖，减少仔猪疫病；便于对母猪和仔猪的管理。

复合双体母猪产床如图 2-4-55 所示。

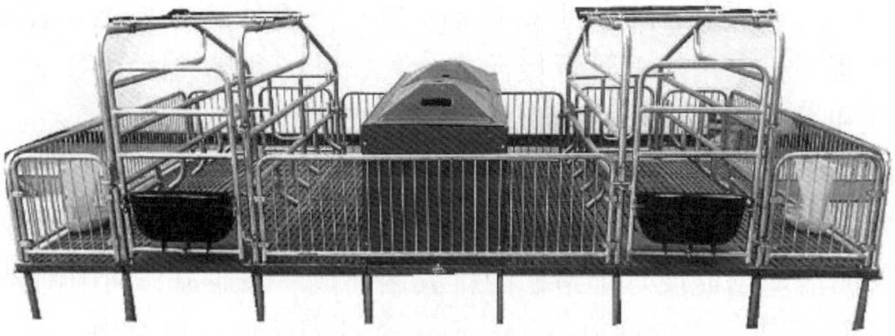

图 2-4-55　复合双体母猪产床

随着全球对养殖动物福利的愈发重视，欧盟为主的发达国家逐步采用福利化母猪产床，其特点如下：

（1）大空间设计　按照欧盟福利标准尺寸设计，其仔猪围栏尺寸为长 2.4 m× 宽 1.8 m，母猪围栏尺寸长 2.2～2.3 m（可调），宽 0.6～0.9 m（可调）。大空间仔猪围栏，可调节母猪围栏，提高母猪和仔猪舒适度，每窝可提高 2 头以上仔猪成活率，且是实现母猪自然分娩必备设备。

（2）福利地板设计　母猪产床地板均采用塑料强化地板，其中母猪和仔猪趴窝区，均采用实心塑料地板，彻底解决产床金属地板伤蹄子伤乳头问题，提高母猪健康度，降低母猪淘汰率，取代仔猪趴窝区电热板或橡胶板，塑料地板使用寿命达 20 年以上。

（3）母猪精准稀料饲喂与自清料槽设计　母猪料槽采用高背拉伸一次成型 304 不锈钢制作，节省饲料且无死角。料槽内的水位高度由传感器探测，由控制器根据传感器探测信号，控制电磁阀开或关闭，槽内始终保持恒定水位，进入槽内的饲料，被槽内水浸泡稀释，实现产床母猪稀料饲喂。母猪喂料由控制器设定，定时定量自动给料。每当下料时，进水电磁阀关闭，母猪将槽内饲料和水一次吃干净，实现母猪自己清料槽目的。

（4）产床静音设计　为避免产床母猪下趴时压死仔猪，产床设有仔猪防压杆，且防压杆活动范围内，能够产生噪声的触点和关节，都做了静音处理，大大降低产房噪声，避免噪声对分娩母猪的应激。

（5）仔猪福利设施设计　在仔猪趴窝区上方设置微波理疗保温灯，其辐射范围是其他保温灯的 1.5 倍，其热量由仔猪体内往外发热取暖，舒筋活血，仔猪取暖同时又理疗，可大大提高仔猪舒适度。产床没有仔猪按压式饮水器，仔猪喝水时，无飞溅，不会弄湿地面。仔猪补奶补料槽，槽内奶水始终自动保持液面高度，随吃随下，保持奶水新鲜度，一窝 20 头仔猪以内无须人工寄养。

母猪福利化产床如图 2-4-56 所示。

图 2-4-56　母猪福利化产床

（四）仔猪保育栏

仔猪保育栏（图 2-4-57）适用于断奶仔猪的饲养，四周围栏，底部铺有漏粪地板，配有双面育仔料槽和饮水器，床底与床架以螺栓连接拼装，每栏片之间用插销连接，可为断奶仔猪提供一个清洁、干燥、温暖的生长环境，减少猪群疾病发生率，提高猪的成活率。

仔猪保育栏的漏粪地板材质可分为复合板保育栏、塑料保育栏等。复合板保育栏采用全复合漏粪板，保温效果好，地质柔和，不伤小猪猪蹄；塑料保育床地板采用工程塑料一次浇注而成，耐老化强度高。保育床围栏采用热镀管焊接而成，其躺卧区和排粪区由隔墙分开，并配有可开闭的活动门，底部由杠和梁还有漏粪板组装而成。保育床通常带一个双面食槽，可使小猪在各自的区域内更好地饮水和采食，保证仔猪的良好生长。

在排粪区设置饮水器，平时打开活动门，利用猪在饮水时有排粪尿的习性，将粪便集中于排粪区，便于清除。关闭活动门能使每个猪栏的排粪区连成一条通道，利用刮粪板清除粪便。这种猪栏能保持躺卧区干燥清洁，减少饲料浪费，但由于排粪区设在猪舍内，易造成舍内空气污染，使用时应加强猪舍通风。

图 2-4-57　仔猪保育栏

练一练

1. 以年出栏万头仔猪的仔猪繁育场为例，请为该场列出必备的设备清单。
2. 如何设置猪场的清洁消毒设施？

拓展学习

猪脸识别系统

人脸识别不稀奇，但你听过猪脸识别吗？在以往的养猪过程中，一般是在猪耳朵上做标记，但这种方法需要人工记录所有数据，效率很低，也很容易出错。为解决这一传统困境，人们想到将人脸识别的相关技术迁移至猪脸识别。近年来，随着深度学习技术的发展，猪脸识别算法有了质的突破，一些大型养殖场甚至开始引入猪脸识别系统。那么，听上去如此神奇的猪脸识别系统，到底是怎么运行的呢？

首先，现在的智能化养猪场会给每头猪创建一个动态云端数据库，对它们进行 2～3 段的视频拍摄，由算法提取有效的身份信息，生成一串对应的电子 ID，储存在数据库中。这也就意味着，这些猪崽也拥有了自己的身份证号。在给猪办理好身份证后，还需要在猪舍顶端安装轨道机器人，机器人会沿着轨道，定时定点巡逻，使用前端配置的摄像头，对猪脸进行扫描采集，将信号转化为数字信号，利用卷积神经网络算法，提取出猪脸中的重要特征，然后和预先存储的猪脸信息进行匹配，筛选出拟合程度最高的一组数据，从而确定最终的电子 ID，这样，就可以识别出这到底是哪一只猪。识别出身份以后，再配合各类传感器，记录下小猪的质量、体温、进食量等信息，自动上传到云端，将一些重要数值显示在中央控制面板上，从而实现无接触式的实时监控。

时至今日，猪脸识别、音频识别已经有了非常成熟的技术架构与应用体系，甚至帮助了不少养殖企业解决日常饲养、病患管理等问题。智能化的发展，给猪场养殖带来了很多惊喜。我们不妨畅想一下，未来的养猪场会是什么样子呢？

技能 3　猪场设计

虚拟仿真：
猪场建设

【学习目标】

了解猪场的设计原则，能灵活运用所学知识，学习猪场的搭建方法，掌握猪场建设的基本技能。

【实训准备】

（1）工具　纸、铅笔、橡皮、刀、绘图仪等。

（2）实训资源　猪舍规模、饲养方式、饲养密度等资料。

【实训内容】

1.猪场选址

根据猪场生产的需要，选取地势合适、水源丰富、通风良好、日照充足、交通便利等条件优越的地方建设猪场。

2.猪场布局

猪场的布局应符合生产需要，包括猪舍、喂料室、粪池、水池、办公室、休息室等场所，使其结构合理、功能齐全流线顺畅。

3.猪舍设计

根据猪的品种、数量和生长阶段，设计合理的猪舍结构和设施设备，使其保持温度、通风、卫生等方面符合生产要求，并方便管理和操作。

4.猪饲料管理

根据猪的饮食需要，设计合理的喂料室和饲喂设备，保证猪的饲料供应量和营养均衡，提高猪的生长速度和肉质品质。

5.猪场卫生管理

设计合理的粪污处理方案，保持猪场的卫生环境，预防疾病的传播和蔓延。

6. 猪场安全管理

设置合理的防火设施和安全门禁，管理人员要经过专业培训，保障猪场的安全和稳定生产。

【实训作业】

请根据教师提供的实训资料，设计一座现代化猪场。要求：猪舍结构合理、功能齐全、流线顺畅，设施设备齐备、操作方便，能保证猪的生长速度和肉质品质，为猪场的安全和稳定生产奠定坚实的基础。

作业呈现形式：

①总布局图；

②猪舍设计图；

③猪场生产车间建筑设计；

④拟购置设备设施清单。

项目 5
鸡场规划设计技术与设施设备使用技术

◆ **项目提要**

养禽业生产直接关系到我国人民群众生活水平的需要和提高，鸡场的稳定和巩固、鸡场经济效益的起伏与成效，需要依靠现代化的生产技术和生产工艺。作为科学养鸡先决条件的鸡场规划与设计也是科学发展养禽的配套工程。本项目主要介绍了鸡场场址的选择，鸡场建设设计规划以及生产中常见的设施设备，并对场址选择考虑要点、鸡场平面规划分区、建筑物设计分类和参数、不同设施设备的特点及使用方法进行了介绍。

◆ **项目教学案例**

家禽养殖行业发展前景良好，畜禽养殖专业大学生小李、小王临近毕业，他们俩打算学以致用，将专业所学和对"三农"的热爱投入生产实践，积极响应国家号召投身到乡村振兴的事业中，合伙集资创业开办养鸡场，小李负责场址选择，小王负责鸡场整体设计规划。小李计划将距离村中心 600 m 的自家用地作鸡场选址，申请时遭到相关部门的拒绝，而小王也对鸡场的具体布局和建筑修建设计一筹莫展。

思考：请你帮助小李分析案例中选址被拒的原因，并帮助小王制作初步鸡场建设规划方案。

◆ **知识目标**

1. 了解鸡场场址选择的原则，掌握场址选择考虑要素和标准。
2. 掌握鸡场区域规划和建筑物整体设计方法。
3. 了解鸡场生产中常用的设施设备。

◆ **技能目标**

1. 能熟练进行鸡场区域规划、建筑规格设计并制作规划图。
2. 具备正确使用鸡场生产中不同类设施设备的实践操作能力。

◆ **素质目标**

1. 树立勇担使命的职业品格。
2. 培养敬佑生命、珍爱生命、生命平等的观念。
3. 具备刻苦钻研、勇于探索的职业态度。

任务 5.1   鸡场规划设计技术

【**学习目标**】

针对鸡场生产管理岗位要求，掌握鸡场平面整体规划和建筑布局、规格设计，并绘制设计图。

【**任务实施**】

一、鸡场的功能分区

具有一定规模的养鸡场，一般可分为生活管理区、生产区、生产辅助区和隔离区。

（一）生活管理区

生活管理区位于场区上风向和地势高燥处，处于场区主要出入口，接近交通干线便于内外联系。此区也可以细分为两个区，即职工生活区和生产技术管理区。职工生活区主要布置职工的宿舍、浴室、娱乐室、医务室以及食堂等建筑；生产技术管理区布置包括办公室、接待室、会议室、技术资料室、化验室、职工值班宿舍、厕所、传达室、警卫值班室以及围墙和大门，以及外来人员第一次更衣消毒室和车辆消毒设施等办公管理用房。

（二）生产区

生产区位于生活管理区和辅助生产区之间，应设围墙和必要的隔离设施；入口处应设人员及车辆消毒设施；位置应接近场外道路，方便运输。生产区是养鸡场的核心区域，因此，对生产区的规划、布局应给予全面、细致的研究。

（三）生产辅助区

生产辅助区位于生产区上侧风向，位置适中，便于联系生活管理区和生产区。主要是由饲料库、饲料加工车间和供水、供电、供热、维修、仓库等建筑设施组成。很多鸡场都设有自己的饲料加工厂，一些鸡场还设有产品加工车间。这些企业如果规模较大时，应在保证与各场联系方便的情况下，独立组成生产区。

（四）隔离区

隔离区主要包括养鸡场病鸡舍、粪便处理设施等。位于场区的下风向或地势较低处；与生产区之间应保持适当的卫生间距和绿化隔离带；与生产区和场外的联系应有专门的大门和道路。

二、鸡场的建筑设施种类

根据养鸡场的建筑物用途将鸡场的建筑设施进行分类，可以分为生产性建筑设施、辅助性建筑设施和生活管理建筑设施等，见表 2-5-1。

表 2-5-1　各类型鸡场的主要建筑及设施

类型	生产性建筑设施	辅助性建筑设施	生活管理建筑设施
种鸡场	育雏舍、育成舍、产蛋舍、孵化厅	消毒门廊、消毒沫浴室、兽医化验室、急宰间和焚烧间、饲料加工间、饲料库、蛋库、汽车库、修理间、变配电室、发电机房、水塔、蓄水池和压力罐、水泵房、物料库、污水及粪便处理设施	办公用房、食堂、宿舍、文化娱乐用房、围墙、大门、门卫、厕所、场区其他工程
蛋鸡场	育雏舍、育成舍、产蛋舍		
肉鸡场	育雏舍、肉鸡舍		

三、分区规划

（一）分区规划原则

鸡场各种房舍和设施的分区规划，主要从有利于防疫，有利于安全生产出发，根据地势和风向处理好鸡场内各类建筑的安排问题，即就地势的高低、水流方向和主导风向，将各种房舍和建筑设施按其环境卫生条件的需要次序给予排列。首先，考虑人的工作和生活集中场所的环境保护，使其尽量不受饲料粉尘、粪便气味和其他废弃物的污染；其次，需要注意生产鸡群的防疫卫生，尽量杜绝污染源对生产鸡群环境污染的可能性。地势与风向根据防疫环境条件的要求，则按人、鸡、污的排列顺序排列各房舍顺序，如地势与风向在方向上不一致时，则以风向为主。对因地势造成水流方向的地面径流，可用沟渠改变流水方向，避免污染应受保护的鸡舍；或者利用侧风向避开主风，将需要重点保护的房舍建在"安全角"的方向，免受上风向空气污染。根据拟建场区土地条件和可能性，也可用林带相隔，拉开距离，将空气自然净化。对人员流动方向的改变，可筑墙阻隔，防止流窜。总之，养鸡场分区规划应注意的原则是人、鸡、污，以人为先、污为后的排列顺序；风与水，则以风为主的排列顺序。

（二）各分区的布局规划

鸡场分区规划布局顺序如图 2-5-1 所示。鸡场的分区规划，要因地制宜，根据拟建场区的自然条件——地势地形、主导风向和交通道路的具体情况进行，不能生搬硬套采用别场图纸，尤其是鸡场的总体平面布置图更不能随便引用。

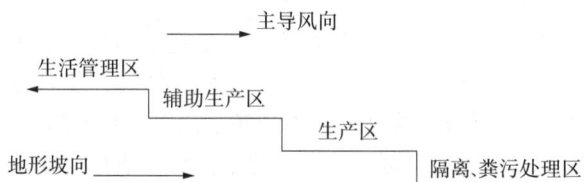

图 2-5-1　按地势、风向的分区规划示意图

四、大型综合性养鸡场的总平面布局

（一）养鸡场各功能区的平面布局

养鸡场总平面布局，是根据养鸡场生产工艺流程和各种房舍的使用功能及其相互关系（图2-5-2）做好分析，即分析功能关系；还要注意防疫卫生、提高功效、缩短线路等方面统筹规划合理布置，做出养鸡场的总平面布置图。

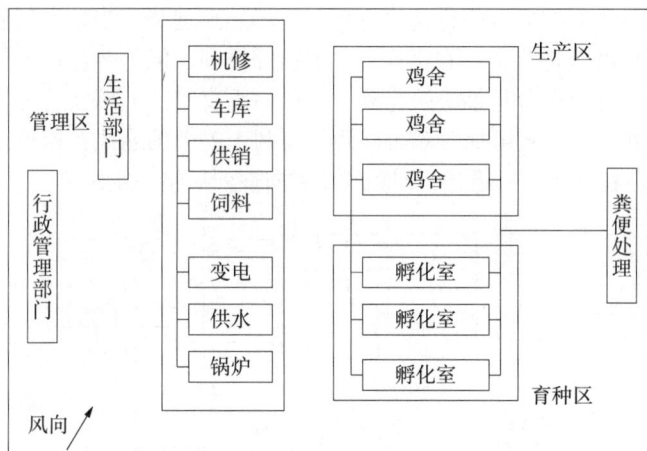

图 2-5-2　养鸡场的各分区及建筑的功能关系示意图

生活管理区应设在生产区的上风向，地势也要高于生产区，此区中的职工生活区应占全场上风和地势较高的地段；依次为生产技术管理区，由于此区同时担负着鸡场的经营管理和对外联系的功能，故应设在与外界联系方便的位置；兽医室、污物处理区，是卫生防疫和环境保护工作的重点，该区应设在全场的下风向和地势最低处。

为了避免鸡群交叉感染，可在生产区内进行分区或分片，把日龄相近或商品性能相同的鸡群安排在同一小区内，以便实施整进或整片全进全出。各小区内的饲养管理人员、运输车辆、设备和使用工具要严格控制，防止互串。各个小区之间既要联系方便，又要有防疫隔离的条件，便于控制疫病，还可用树林形成隔离带，各个分场实行全进全出制。

为保证防疫安全，鸡舍的布局应根据主风方向与地势，按下列顺序配置，即孵化室、育雏舍、产蛋舍孵化室在上风向，成鸡舍在下风向。这样能使幼雏舍得到新鲜的空气，减少发病机会，同时也能避免由成鸡舍排出的污浊空气造成疫病传播。

孵化室与场外联系较多，宜建在靠近场前区的入口处。孵化室还是一个主要的污染源，应与其他鸡舍保持一定距离或有明显分区。

鸡场的供销运输与社会的联系十分频繁，极易造成疾病的传播，因此，场外运输应严格与场内运输分开。负责场外运输的车辆严禁进入生产区，其车棚、车库也应设在生活管理区，生活管理区与生产区应加以隔离。外来人员只能在生活管理区活动，不得随意进入生产区。生产区与其他功能区的卫生间距宜不小于 50 m。储粪场的设置既应考虑鸡粪便于由鸡舍运出，又应便于运出场区。病鸡隔离舍应尽可能与外界隔绝，且其四周应有天然的或人工的隔离屏障（如界沟、围墙、栅栏或浓密的乔木混合林等），设单独的通路与出入口。病鸡隔离舍及处理病死鸡的尸坑或焚尸炉等设施，应距鸡舍 300～500 m，且后者的隔离更应严密。

无论对养鸡场各功能区域的安排还是对生产区内各种鸡舍的配置，场地地势与当地主风向恰好一致时较易处理。但现实往往出现地势高处正是下风向的情况，此时可以利用与主风向垂直的对角线上的两个"安全角"来安置防疫要求较高的建筑。例如，主风向为西北而地势南高北低时，场地的东南角和西北角均是安全角。也可以以风向为主，对因地势造成水流方向的不适宜，可用沟渠改变流水方向，避免污染鸡舍。

（二）养鸡场生产区的建筑物布局

1. 鸡舍的排列

养鸡场的建筑物通常应遵循东西成排、南北成列的设计原则。建筑物排列关系到场区小气候、鸡舍的光照、通风、建筑物之间的联系、道路和管线铺设的长短、场地的利用率等。根据场地形状、鸡舍的数量和长度，鸡舍可以布置为单列、双列或多列（图 2-5-3），应尽量避免将建筑物布置成横向狭长或竖向狭长，狭长性布置造成饲料、粪污运输距离加大，引起管理和工作联系不便，建场投资增加。如果鸡舍群按标准的行列式排列与鸡场地形地势、当地的气候条件、鸡舍的朝向选择等发生矛盾时，也可以将鸡舍左右错开、上下错开排列，但仍要保持平行原则，不要造成各个鸡舍相互交错。例如，当鸡舍长轴必须与夏季主风向垂直时，上风向鸡舍与下风向鸡舍应左右错开呈"品"字形排列，该方式可加大鸡舍间距，有利于鸡舍的通风；若鸡舍长轴与夏季主风方向所成角度较小时，左右列应前后错开，即顺气流方向逐列后错一定距离。

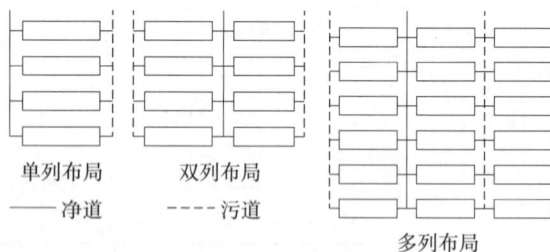

单列布局　　双列布局

———净道　　----污道

多列布局

图 2-5-3　鸡舍排列布置模式图

2. 鸡舍的朝向

（1）根据日照确定鸡舍朝向　当根据日照来确定鸡舍朝向时，可向当地气象部门了解本地日辐射总量变化，结合当地防寒、防暑要求，确定日照所需适宜朝向。我国鸡舍宜采用南向或南偏东、偏西 45°以内为宜。由于我国处在北纬 20°～50°，太阳高度角（太阳光线与地平面间的夹角）冬季小、夏季大，因此鸡舍应采取南向。这时冬季南墙及屋顶可被利用最大限度地收集太阳辐射以利防寒保温，有窗式或开放式鸡舍还可以利用进入鸡舍的直射光起一定的杀菌作用；而夏季则避免过多地接受太阳辐射热，引起舍内温度增高。如冬冷夏热的上海地区，冬季正南向墙面上太阳辐射强度最大，夏季恰又是辐射热量最小的，因此正南是最好的朝向。

（2）根据通风确定鸡舍朝向　对于利用自然通风为主的有窗鸡舍或开敞式鸡舍来说，将鸡舍的长轴方向垂直于夏季的主导风向（入射角为0°），在盛暑之日可以获得良好的通风，对驱除鸡舍内的热量及改善鸡群的体感温度是有利的。因此，在我国南方地区将鸡舍垂直于夏季的主导风向布置是合适的。

主导风向用风向玫瑰图（图2-5-4）表示出来。风玫瑰图是根据各城市的气象资料，将各个方位上风的频率按一定比例绘制而成，图中向心最大值的方向，即主导风向。我国各城市均有风玫瑰图资料，一般包括常年风玫瑰和夏季风玫瑰（分别用实线及虚线表示），它是考虑鸡场总体关系和鸡舍布置的必要资料。

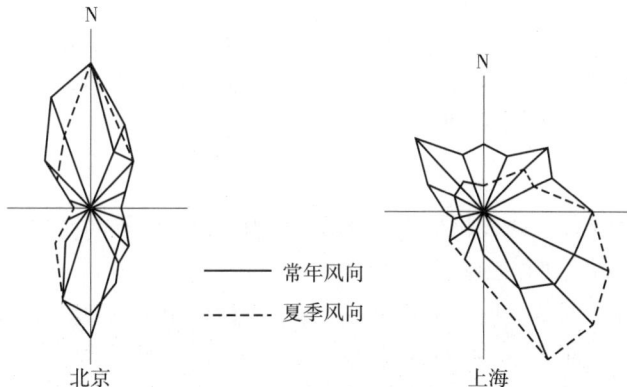

图 2-5-4　风向玫瑰图

3. 鸡舍的间距

鸡舍的两幢相邻建筑物之间的距离称为间距。鸡舍间距是鸡场总平面布置的重要内容，它关系着鸡场的占地面积，对防疫、排污、防火的关系也非常大。确定鸡舍间距主要考虑日照、通风、防疫、防火和节约用地等因素，须根据当地地理位置、气候、场地的地形地势等来确定适当的间距。

（1）满足防疫间距的要求　鸡舍排出气中还含有大量的有害物质，如氨、硫化氢、尘粒等，威胁着相邻的鸡舍。鸡舍的卫生防疫间距与风向对鸡舍的入射角度有关，为了使前排鸡舍排出的污浊空气不进入后排鸡舍，在确定间距时就应取最不利的情况，即风向与鸡舍相垂直，此时鸡舍背面的涡风区最大（图2-5-5）。此外，防疫间距还和鸡群种类有关，不同鸡群鸡舍间的防疫间距要求不一样，但多取不低于鸡舍檐下高度（H）的3～5倍。开放式鸡舍的卫生防疫间距为（3～5）H，封闭式鸡舍因相邻鸡舍多为一侧相向机械排气或进气，短时间的垂直风向对进气影响不大，一般（3～5）H也可满足要求。

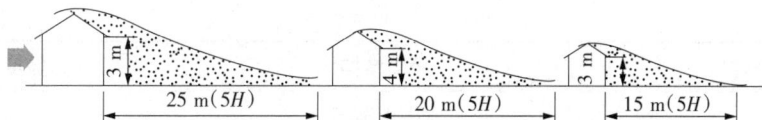

图 2-5-5　风向垂直于纵墙时鸡舍高度与舍后涡风区的关系

（2）防火间距　鸡舍的防火间距取决于建筑物的材料、结构和使用特点，可参照我国民用建筑防火规范。民用建筑取10～20 m的防火间距，鸡舍多为砖混结构，混凝土屋顶或木质屋顶并做吊顶，耐火等级为二级或三级，10 m即可满足防火需要，相当于（2～8）H。

（3）日照间距　我国大部分地区的鸡舍朝向一般应为南向或南偏东、偏西一定角度。根据日照决定鸡舍间距（日照间距）时，应使南排鸡舍在冬季不遮挡北排鸡舍的日照。具体计算时一般以保证在冬至日9：00至15：00这个时间内，北排鸡舍南墙有满日照，这就要求南、北两排鸡舍间距不小于南排鸡舍的阴影长度。经测算，当南排鸡舍高为H时，为满足北排鸡舍的上述日照要求，在北京地区，鸡舍间距约需2.5H，黑龙江的齐齐哈尔则需3.7H，我国大部分地区取（1.5～2）H便可满足照度的需要。

（4）通风间距　根据鸡舍的通风要求来确定鸡舍适宜间距时，应注意不同的通风方式。若鸡舍采用自然通风，且鸡舍纵墙垂直于夏季主风向，根据气流曲线，气流在受到障碍物阻挡之后会上升，并越过障碍物前进，经过比障碍物高度大 4～5 倍的距离才能恢复到原来的气流状态。如果两排鸡舍间距太近，则下风向的鸡舍处于相邻上风向鸡舍的涡风区内，这样既不利于下风向鸡舍的通风，又受到上风向鸡舍排出的污浊空气的污染，不利于卫生防疫。由此，鸡舍的间距取（3～5）H 时，既可满足下风向鸡舍的通风需要，又可满足卫生防疫的要求。如果鸡舍采用横向机械通风，其间距因防疫需要也不应低于 $3H$，若采用纵向机械通风，鸡舍间距可以适当缩小，（1～1.5）H 即可。

由上述可知，鸡舍间距为（3～5）H 时，可以基本满足日照、通风、卫生防疫、防火等要求。当然，鸡舍间距越大越能满足卫生防疫、通风等要求，但我国人口多，耕地少，鸡场建设用地不能单纯强调防疫间距，而忽略我国土地资源不足的国情。

4. 鸡舍道路

道路是场区建筑物之间、建筑物与建筑设施、场内与场外联系的纽带。它对组织生产活动的正常进行、卫生防疫及提高工作效率起着重要作用。

（1）分道布置　为了场区环境卫生和防止污染，场内道路应该净、污分道，互不交叉，出入口分开。净道是饲料和产品的运输通道；污道为运输粪便、死鸡、淘汰鸡及废弃设备的专用道。为了保证净道不受污染，在布置道路时可按梳状布置；道路末端只通鸡舍，不再延伸，更不可以与污道贯通。净道和污道以草坪、池塘、沟渠或是果木林带相隔。

与场外相通的道路，至场内的道路末端终止在蛋库、料库及排污区的有关建筑设施，绝不能直接与生产区道路相通。

（2）道路的纵横断面　道路的纵横断面是指沿道路中心线纵向所做的截面，纵断面的设计包括路的标高和纵坡度。道路的标高必须与附近道路各交叉口及道路规定的建筑线的标高、重要的地上地下建筑物的标高及竖向布置相配合。

道路的纵坡度与当地的地形特征有很大关系。山区、丘陵须选用较大的纵坡度，对车辆行驶不利，主要行车道路的最大纵坡度不可大于 7%，一般道路的纵坡度为 8%～10%。

道路的横断面是指垂直于道路中心线所做的截面。道路的横断面可以反映出道路的宽度和地上地下各种设施的位置。养鸡场道路的宽度要考虑鸡场的人员和车辆运输和流量，主要着重于行车道。人行道和便车道的人车流量小，不宜宽大。

横坡基本上采用两种形式：凸形横断面，是从路中心向道路两侧倾斜，雨水能迅速流向两旁，从明沟或暗管排出；单向倾斜横断面，从路一侧排水，这样可以节省土方和排水系统的建筑费用，道路横坡度见表 2-5-2。

表 2-5-2　道路横坡度

路种	路面结构	横坡度 /%
行车道	水泥混凝土	1～1.5
	沥青混凝土	1.5～2.5
	沥青碎石或表面处理	2.0～2.5
	修正石块	2.0～3.0
人行道	砖石铺砌	1.5～2.5
	碎石、砾石	2.0～3.0
	沙土	3.0
	沥青面层	1.5～2.0

5. 鸡场绿化

鸡场绿化不仅可以美化环境、改善鸡场的自然面貌，而且能够保护鸡场环境，促进安全生产，提高鸡场经济效益。绿化与果木、蔬菜、牧草结合，可以直接提供产品，为鸡场增加收入。一般在总平面设计中，将植物的作用与鸡场生产功能结合考虑，合理种植，使绿化对鸡场生产起促进作用。

养鸡场的绿化布置需要与总图设计统一规划，绿化园地目的性明确，发挥各种树木的功能作用，美化环境。养鸡场的绿化林木有下列几种。

（1）防护林带　以降低场区风速为目的，防止低温气流、风沙对场区和鸡舍的侵袭。防护林带有主林带和副林带之分。主林带位于场区迎冬季主风边缘地段。副林带多配置在非主林带地段的其他三方向边缘地段。主林带的宽度一般为 5～8 m，植树行数视当地冬季主风的风力而定，株距 1.5 m，行距 1.5 m，呈"品"字形栽植。树种选择乔木、灌木和高树、低树搭配栽植，主林带植以枝条较稠密的树种和不落叶的树种，如以槐、柳、柏、松树为宜，以高大的乔木为好。副林带的行数较少，其他方面与主林带相同。由于通风排污的需要，树林修剪时副林带的树冠应高些，树干保留在 4～5 m，灌木也应疏枝。

（2）隔离绿化　鸡场的各分区之间和沿鸡场四周围墙，应设隔离的绿化设施，包括防疫沟和树木、水草、灌木，以绿篱的形式为好。如防疫沟旁有路也可与行道树的配置统一考虑。场区围墙与场区地界很近，可与防护副林带结合起来。防疫沟水面放养水生植物，俗称"三水一萍"，即水浮莲、水葫芦、水花生和浮萍，也可种植其他水生植物，如莲藕、慈姑、茭白等。

（3）遮阴植物　散养鸡舍运动场四周，笼养和网养鸡舍间距，均需要植树种草，尽量以完善的绿色覆盖。鸡舍间距的绿化，既要注意遮阴效果，又要注意不影响通风排污；尤其是开放型鸡舍更应注意不影响鸡舍窗洞的进风。在植物配置方面可选遮阴的树种，如柿、枣、核桃等枝条长、树冠大而透风性好的树种，在修剪树型时，宜使树干高过鸡舍屋檐，对舍前棚架植物下部枝叶也需注意疏剪。散养鸡舍运动场树木也应选择遮阴树种，以相邻两株树冠相接，又能透风为好。

（4）行道树　鸡场内道路两旁的绿化，以遮阴、吸尘为主要目的，同时也应注意通风排污的效果。与风向平行的道路宜种植树冠大、叶小而密的树种，如槐树、柳树、榆树和小叶杨。与风向垂直的道路宜植枝条长而稀的树种，如合欢、梧桐、杨树。或者种植植株较矮的灌木，如夹竹桃、黄杨等。

树木种植的密度通常为成年树冠的宽度或稍小于成年树冠宽度。为了在短期内收效，可以在种植时加大植树密度，为成年树冠宽度的 1/2、1/3 或 1/4。还可以利用两种或多种配置，把生长快的树种做第一、二次间伐或移植。

树木种植时，应注意树木与建筑物的水平距离，以免树根破坏建筑物基础或影响通风排污效果。

五、鸡舍类型与饲养方式

（一）鸡舍类型

1. 开放式或半开放式鸡舍

鸡舍仅有立柱支撑屋顶，四周无墙壁或仅有半高墙，或仅一侧有墙。属于一种简易鸡舍，受自然环境影响较大，鸡群的生产性能不能充分发挥，舍内小环境表现出极大的不稳定性。但是这种鸡舍建筑投资小，资金效率高，适宜于南方高温地区。

2. 有窗式鸡舍

鸡舍侧壁设有窗户，可以充分利用自然光照和通风，关闭窗户后也可以进行机械通风。舍内环境受自然气候的影响较大，如果设计合理，既能充分利用自然环境条件，又可以减轻高温和寒流对鸡群的威胁。有的鸡场将有窗鸡舍的窗户遮黑、封严，可以当作密闭鸡舍使用。

3. 密闭式鸡舍

鸡舍四壁封闭，两侧不留采光墙、通风窗，只有面积很小的应急窗，两侧山墙上的门也常常关闭着。舍内的温度、湿度、光照、通风条件等环境完全靠水帘、风机、进风小窗等设备来控制。其优点是可以人为地给鸡创造良好的生长环境，满足不同生长阶段鸡对温度、湿度、光照、通风等条件的要求，有利于最大限度地发挥鸡的生产性能，且管理方便；缺点是建设投资大、运作耗能多，对电的依赖性极强，需要配备发电设施，否则极易造成重大经济损失。密闭式鸡舍适用于饲养规模大、效益高的鸡群，在规模化鸡场中应用广泛。

（二）饲养方式

1. 地面平养鸡舍

地面平养鸡舍的鸡群整日活动、采食、饮水及生长或者生产都在舍内地面上，实际生产上为密闭式的居多，地面铺设垫料，如麦秸、稻草、锯末、刨花、沙子等，饲养小规模肉鸡效果较好。

2. 网上平养鸡

在鸡舍地面上高 50 ～ 70 cm 处，可以采用铁网、塑料网、竹板网或者木条网等，使鸡群生活在网上。其优点是鸡粪可以通过网孔漏下，减少了鸡与粪便的接触，卫生防疫状况较好，适用于各类型的鸡，但饲养占地面积较大。

3. 地网结合式鸡舍（两高一低平养鸡舍）

鸡舍内靠近窗户的两侧设网，中间为厚垫料地面，面积比约 2∶1 或 3∶2。鸡可在网上采食、饮水、产蛋与休息，在地面上活动、交配，给鸡以选择的余地。这种方式兼有网上和地面平养的双重优点。

4. 笼养鸡舍

笼养鸡舍是指鸡群在舍内笼中生活与生产。其优点是饲养密度大，可以节省鸡舍面积，适于机械化操作，喂料和清粪都采用自动化，有的出栏也是自动化的，管理方便，劳动效率高；缺点是设备投资大，鸡的活动少。笼养虽然增加了笼具等设备投资，但其饲养密度大，建筑面积利用率高，可以充分利用鸡舍空间，土建投资相对较低；而且鸡群相对集中，饲养管理方便。鸡只离开地面，很少接触粪便，减少疫病感染的机会，各种鸡群都适用。该饲养方式在规模化鸡场中应用较多。

笼养鸡舍的鸡笼配置有多种形式，目前一般是 3 ～ 4 层，6 ～ 7 列，每平方米饲养 18 ～ 22 只。全阶梯式鸡笼因其笼架横向宽度大而影响建筑跨度；半阶梯式和复合式鸡笼笼架的横向宽度相对小些，且可丰富平面布置形式，饲养密度也有所增加，但由于鸡笼部分重叠需要加设承粪板，清粪工作较麻烦；层叠式鸡笼饲养密度和生产效能均高，须配置较复杂的清粪、喂料、集蛋等机械系统，对通风和光照进行特别设计。

六、鸡舍的建设设计

（一）长度设计

鸡舍长度取决于设计容量，应根据每栋舍具体需要的面积与跨度来确定。大型机械化生产鸡舍较长，过短则机械效率较低，房舍利用也不经济，按建筑模数一般为 66 m、90 m、120 m。中小型普通鸡舍为 36 m、48 m、54 m。计算鸡舍长度的公式如下：

$$平养鸡舍长度 = \frac{鸡舍面积}{鸡舍跨度}$$

（二）跨度设计

跨度是指所设计鸡舍的宽度，与鸡舍类型和舍内的设备安装方式有关。普通开放式鸡舍跨度不宜太大，否则，舍内的采光与换气不良，一般以 6 ～ 9.5 m 为宜；采用机械通风跨度可为 9 ～ 12 m。笼养鸡舍要根据安装列数和走道宽度来决定鸡舍的跨度。

（三）高度设计

高度应根据饲养方式、笼层高度、跨度与气候条件来确定。跨度不大、平养、气候不太热的地区，鸡舍不必太高，一般从地面到屋檐口的高度为 2.5 m 左右；跨度大、气温高的地区，采用多层笼养可增高到 3 m 左右。笼养鸡舍笼顶至顶棚之间的距离，自然通风时应不小于 1 m，机械通风时不少于 0.8 m；网上平养时，网面至顶棚距离应在 1.7 m 以上。

（四）鸡舍其他配套设计

1. 地面及屋内排污处理

三层鸡笼两列整架三条走道布列，中间设 1 ～ 1.2 m 走道，两边各一条 0.6 m 的走道，鸡架下方为排污区。采用机械除粪的，应低于地面 30 ～ 40 cm；采用人工除粪的，应低于地面 10 ～ 15 cm。走道及排污区均应硬化。

2. 通风设备

为保持适当的舍内温度、湿度和空气的清新，应安装通风设备，一般在两面山墙上安装风机，水帘在鸡舍前端的左右和前端都安装。

3. 光照设计

开放式鸡舍采用自然光照与人工补光相结合，人工补光采用节能灯或白炽灯，同时安装伞形灯罩。灯泡的布局应使灯光照到料槽，灯泡应高出顶层鸡笼 50 cm，位于过道中间和两侧墙上，应特别注意下层笼的光照强度。具体设计如下：

（1）高度　一般安装高度为 1.8 ～ 2.4 m（超过顶层笼 0.3 ～ 0.5 m）。

（2）位置　安装在鸡舍过道中央；两排以上的灯泡应交错排列。

（3）光照强度和光照时间　不同种类的鸡群，光照不一样；如种鸡育成期光照 8 小时，光照强度 3 ～ 5 lx；产蛋期 14 小时，光照强度 60 ～ 100 lx。

（4）间距　间距约为安装高度的 1.5 倍。电线采用封闭式线路。灯泡间距 2.5 ～ 3.0 m，灯泡交错安装，两侧灯泡安装在墙上。

七、鸡舍建筑构造设计

（一）鸡舍建造方式

鸡舍按建造方式可分为砌筑型和装配型两种。砌筑型常用砖瓦或其他建筑材料。近年广泛使用的是装配型结构的鸡舍，施工时间短，鸡舍构件已有专业厂家生产，建造质量也有保障。目前，适合装配型鸡舍复合板块的材料有多种，房舍面层有金属镀锌板、玻璃钢板、铝合金、耐用瓦面板。保温层有聚氨酯、聚苯乙烯等高分子发泡塑料，以及岩棉、矿渣棉、纤维材料等。

（二）基础和地基

1. 基础

基础是鸡舍地面以下承受鸡舍的各种负载，并将其传递给地基的构件。基础应具备坚固、耐久、防潮、防震、抗冻和抗机械作用能力。在北方通常用砖石做基础，埋在冻土层以下，埋深厚度不小于 50 cm，防潮层应设在地面以下 60 mm 处。

2. 地基

地基是指房舍最下面承受荷载的那部分土层，有天然地基和人工地基之分。总荷载较小的简易鸡舍或小型鸡舍可直接建在天然地基上，但做鸡舍天然地基的土层必须具备足够的承重能力，足够的厚度，且组成一致、压缩性小而匀、抗冲刷力强、膨胀性强、地下水位在 2 m 以下，且无侵蚀作用。

常用的天然地基有：沙砾、碎石、岩性土层以及有足够厚度且不受地下水冲刷的沙质土层是良好的天然地基。黏土、黄土含水多时压缩性很大且冬季膨胀性也大，如不能保证干燥，不适宜做天然地基。富含植物有机质土层、填土不适宜做天然地基。

土层在施工前经过人工处理加固的称为人工地基。鸡舍一般应尽量选用天然地基，为了选准地基，在建筑鸡舍之前，应确切地掌握有关土层的组成情况、厚度及地下水位等资料。只有这样，才能保证选择的正确性。

（三）地面

1. 鸡舍地面应具备的基本要求

鸡舍地面应具备的基本要求：坚实、致密、平坦、有弹性、不硬、不滑、有利于消毒排污、保温、不渗水、不潮湿、经济适用，等等。

2. 常见鸡舍地面类型

鸡舍一般采用混凝土地面，它除保温性能差外，其他性能均较好。土地面、三合土地面、砖地面、木地面等，保温性能虽好于混凝土地面，但不坚固、易吸水、不便于清洗、消毒。沥青混凝土地面保温隔热较好，其他性能也较理想，但因含有危害鸡健康的有毒有害物质，现已禁止在鸡舍内使用。

地面向排污沟应有适当坡度，以保证洗涤水及粪水顺利排走。

修建符合要求的鸡舍地面必须采用合适材料，舍内地面一般要高出舍外地面 30 cm，潮湿或地下水位高的地区应高出 50 cm 以上。地面坚固无缝隙，多采用混凝土铺平，虽造价较高，但便于清洗、消毒，还能防潮保持鸡舍干燥。笼养鸡舍地面设浅粪沟，比地面深 15～20 cm。

（四）墙壁

墙是基础以上露出地面的部分，是承接屋顶的荷载并传给基础的承重构件，也是将鸡舍与外部空间隔开的外围护结构，是鸡舍的主要结构。以砖墙为例，墙的质量占鸡舍建筑物总质量的 40%～65%，造价占总造价的 30%～40%。同时，墙体也在鸡舍结构中占有特殊的地位。据测定，冬季通过墙的热量占整个鸡舍总失热量的 35%～40%。舍内的湿度、通风、采光也要通过窗户来调节，因此墙对鸡舍内温湿状况的保持起着重要作用。

墙有不同的功能：起承受屋顶荷载的墙称为承重墙，起分隔舍内房间的墙称为隔墙，直接与外界接触的墙统称外墙，不与外界接触的墙称为内墙，外墙中两面长墙叫纵墙或主墙，两短墙叫端墙或山墙。由于各种墙的功能不同，故在设计与施工中的要求也不同。墙体必须具备：坚固、耐久、抗震、保温、防火、抗冻；结构简单，便于清扫、消毒；具有良好的保温与隔热性能。墙体的保温、隔热能力取决于所采用的建筑材料的特性与厚度。受潮不仅可使墙的导热加快，造成舍内潮湿，而且会影响墙体寿命。因此，必须对墙采取严格的防潮、防水措施。

防潮措施有：用防水好且耐久的材料抹面以保护墙面不受雨雪的侵蚀；沿外墙四周做好散水或排水沟；墙内表面一般用白灰水泥砂浆粉刷，墙裙高 1.0～1.5 m；生活办公用房踢脚线高 0.15 m、散水宽 0.6～0.8 m、坡度 2%、踢脚线高约为 0.5 m 等。这些措施对于加强墙的坚固性、防止水汽渗入墙体、提高墙的保温性均有重要作用。

常用的墙体材料主要有砖、石、土、混凝土等。在鸡舍建筑中，也有采用双层钢板中间夹聚苯板或岩棉等保温材料的板块，即彩钢复合板作为墙体，效果较好。

（五）屋顶

1. 屋顶形式种类

屋顶形式种类繁多，如图 2-5-6 所示为各类类型屋顶形式，目前在鸡舍建筑中常看到的是双坡式和拱顶式这两种形式。

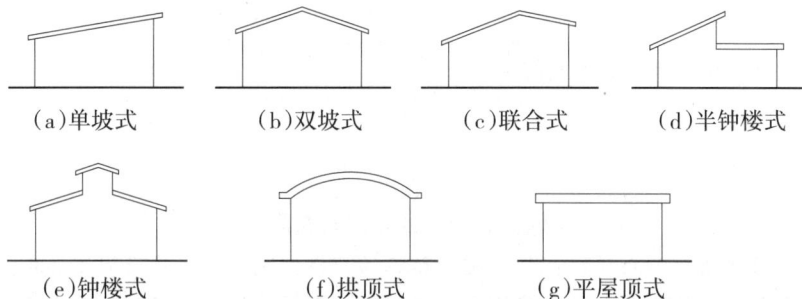

（a）单坡式　　　（b）双坡式　　　（c）联合式　　　（d）半钟楼式

（e）钟楼式　　　　　（f）拱顶式　　　　　（g）平屋顶式

图 2-5-6　各类类型屋顶形式

（1）单坡式屋顶　屋顶只有一个坡向，跨度较小，结构简单，造价低廉，可就地取材。因前面敞开无坡，采光充分，舍内阳光充足、干燥。其缺点是净高较低，不便于工人在舍内操作，前面易刮进风雪。

（2）双坡式屋顶　最基本的鸡舍屋顶形式，目前我国使用最为广泛。这种形式的屋顶可适用于较大跨度的鸡舍，有利保温和通风。这种屋顶易于修建，比较经济。

（3）联合式屋顶　这种屋顶是在单坡式屋顶前缘增加一个短缘，起挡风避雨作用，适用于跨度较小的鸡舍。与单坡式屋顶鸡舍相比采光略差，但保温能力较强。

（4）半钟楼式和钟楼式屋顶　这是在双坡式屋顶增设双侧或单侧天窗的屋顶形式，以加强通风和采光，这样的屋顶多在跨度较大的鸡舍采用。其屋架结构复杂，用料特别是木料投资较大，造价较高，这种屋顶适用于温暖地区。

（5）拱顶式屋顶　一种省木料、省钢材的屋顶，一般用砖、石等材料砌筑，跨度较小的鸡舍用单曲拱，跨度较大时用双曲拱，拱顶面层须做保温层和防水层，这类屋顶造价较低。

（6）平屋顶　随着建材工业的发展，平屋顶的使用逐渐增多。其优点是可充分利用屋顶平台，节省木材；缺点是防水问题比较难解决。

2. 屋顶结构类型

（1）石棉瓦屋顶　在屋架上铺设 1 层或 2 层石棉瓦。尽管这种形式的屋顶是目前鸡舍建造中使用最多的形式，但是其防寒保暖效果不太理想，尤其是使用 1 层石棉瓦屋顶的情况下，隔热和保暖效果较差。

（2）机制瓦屋顶　在屋架上面铺设木条或荆篱，抹厚约 3 cm 的草泥，再将机制瓦铺设在表面。这种屋顶的保温隔热效果优于石棉瓦屋顶。

（3）彩钢板屋顶　由于彩钢板为 3 层结构，外层为金属瓦、内层为塑钢材料，中间有厚度为 3～5 cm 的泡沫塑料作为隔热层。彩钢板的保温隔热效果十分理想，作为鸡舍屋顶是理想的材料。

（4）复合屋顶　由多种材料组成，由内向外分别为编织布、发泡塑料、防水材料和沥青。这种屋顶重量轻、保温隔热效果好。

（六）顶棚

顶棚又名天棚、天花板，主要用来增加房屋屋顶的保暖隔热性能，同时还能使坡屋顶内部平整、清洁、美观。吊顶所用的材料有很多种类，如板条抹灰吊顶、纤维板吊顶、石膏板吊顶、铝合金板吊顶等。鸡舍内的吊顶应采用耐水材料制作，以便清洗消毒。天棚材料要求导热性小、不透水、不透气，本身结构要求简单、轻便、坚固耐久和有利于防火；表面要求平滑，保持清洁，最好刷成白色，以增加舍内光照。

顶棚的结构一般是将龙骨架固定在屋架或檩条上，然后在龙骨架上铺钉板材。不论在寒冷的北方或炎热的南方，天棚上铺设足够厚度的保温层（或隔热层），是提高天棚保温隔热性能的关键，而结构严密（不透水、不透气）则是提高保温性能的重要保证。

📝 练一练

> 简述鸡场分区规划原则和布局规划。

📖 拓展学习

城堡式鸡场的规划与布局

城堡式鸡场规划与布局原则：与传统的养鸡场一样，城堡式养鸡场周围环境为林地或耕地，远离村庄人口密集地、公路、其他养殖场、化工厂等，符合《畜禽养殖小区建设管理规范》及动物防疫要求，遵循蛋鸡养殖的技术规范流程、用地条件及内部功能，合理布置各功能区，合理布置各建筑物的平面及竖向关系，以确保良好的通风和消防安全，道路布置简捷通畅，运输线路清晰明确，与场地绿色环境相结合，塑造优雅的室外环境形成新型绿色养殖区，按照可持续发展概念进行规划设计。

城堡式鸡场布局：办公区和辅助办公区设计在一起，管理区和生产区既独立隔离又由走廊有机地连接在一起。在城堡建筑的第一排为管理区和辅助生产区，第二排、第三排……第N排依次为育雏舍、育成舍、蛋鸡舍、蛋鸡舍……养殖场仓库，在生产区另一端为污道，用于运送养鸡场粪污及废弃物。鸡粪经过发酵罐发酵，堆放在储粪场，生产成有机肥出售或用于周边耕地，做到了资源循环利用。第一排管理区和辅助生产区，包括办公室、会议室、职工宿舍、兽药兽医室、化验室、蛋库、饲料库，中间门厅向后设有门，可以进出清洁走廊，刚进入走廊开始的屋顶设有紫外线消毒设施，人员及设备通过消毒灭菌后通过清洁走廊去生产区的各栋鸡舍。从洁净走廊开始，第二排、第三排……第N排依次为育雏舍、育成舍、蛋鸡舍、蛋鸡舍……养殖场仓库，各鸡舍相距较近，一墙之隔，各自独立开口于走廊，自动喂料系统根据不同的鸡群将雏鸡料、育成料、蛋鸡料分别输送到各鸡舍。各鸡舍相互独立，采用自动喂料、自动捡蛋、自由饮水、自动清粪，在洁净走廊进入各鸡舍开始建有缓冲区，装有臭氧消毒设备，用于对人员、工具及其他设备的消毒，经过臭氧消毒后进入鸡舍。在消毒缓冲区还安装有光照调节器等设备，用于调节该鸡舍的光照时间。

任务 5.2 鸡场设施设备使用技术

【学习目标】

针对鸡场生产实践实操要求，了解生产中各类设施设备并掌握正确的实践操作技术。

【任务实施】

随着养鸡业的发展，养鸡的专用机械和设备也不断发展更新。这些机械和设备可分为三大类：第一类为降低劳动强度而设（如喂食、喂水、清粪、集蛋等）；第二类为提高鸡舍利用率而设（如笼架等）；第三类为提供适宜的饲养环境（如孵化、供暖、通风、照明）而设，主要有以下各种。

一、环境控制设备

环境控制设备是有效缓解外界不良气候条件、保证鸡舍内环境适宜于鸡群的生活和生产的重要设备。

（一）温度控制设备

1. 保温伞

保温伞如图 2-5-7 所示，由伞部和内伞两个部分组成。伞部用镀锌铁皮或纤维板制成伞状罩，内伞有隔热材料，以利保温。热源用电阻丝、电热管子或煤炉等，安装在伞内壁周围，伞中心安装电热灯泡。直径为 2 m 的保温伞可养鸡 300 ～ 500 只。保温伞育雏时要求室温 24 ℃以上，伞下距地面高度 5 cm 处温度 35 ℃，雏鸡可以在伞下自由出入。此种方法一般用于平面垫料育雏。

图 2-5-7　保温伞

2. 红外线灯泡

红外线灯泡如图 2-5-8 所示，其散发出的热量育雏，简单易行，已被广泛使用。为了增加红外线灯的取暖效果，可在灯泡上部制作一个大小适宜的保温灯罩，红外线灯泡的悬挂高度一般离地 25 ～ 30 cm。一只 250 W 的红外线灯泡在室温 25 ℃时一般可供 10 只雏鸡保温，20 ℃时可供 90 只雏鸡保温。

图 2-5-8　红外线灯泡

3. 远红外线加热器

远红外线加热器是由一块电阻丝组成的加热板，板的一面涂有远红外涂层（黑褐色），通过电阻丝激发远红外涂层发射一种见不到的红外光发热，使室内加温。安装时将远红外线加热器的黑褐色涂层向下，离地 2 m 高，用铁丝或圆钢、角钢之类固定。8 块 500 W 远红外线板可供 50 m 的育雏室加热。最好是在远红外线板之间安上一个小风扇，使室内温度均匀，这种加热法耗电量较大，但育雏效果较好。

4. 暖气加热

使用专门的锅炉、管道和散热装置，对室内进行加热。这种方式在育雏室内使用比较多。

5. 热风炉

热风炉如图 2-5-9 所示，它与锅炉有相似的地方，由室外加热、室内送风等部分组成，适用于大型鸡舍使用。

图 2-5-9　热风炉

6. 湿帘风机

湿帘风机如图 2-5-10 所示，由表面积很大的特种波纹蜂窝状湿帘、高效节能风机、水循环系统、浮球阀补水装置、机壳及电器元件等组成。其降温原理是：当风机运行时冷风机腔内产生负压，使机外空气流进多孔湿润有着优异吸水性的湿帘表面进入腔内，湿帘上的水在绝热状态下蒸发，带走大量潜热，迫使过帘空气的干球温度比室外干球温度低 5 ~ 12 ℃（干热地区可达 15 ℃），空气越干热，其温差越大，降温效果越好，可称为无氟利昂、无污染的环保型空调。运行成本低，耗电量少，只有 0.5 kW/h，降温效果明显，空气新鲜，时刻保持室内空气清新凉爽，风量大、噪声低，静声舒适，使用环境可以不闭门窗。

图 2-5-10　湿帘风机

7. 喷雾降温系统

喷雾降温系统（图 2-5-11）在鸡舍内的屋梁上沿鸡笼上方安装水管，在水管上安装一个十字雾化喷头，水管的末端封闭，前端与一个压力泵连接。当压力泵启动时，水管里的水压增大，通过雾化喷头以细雾状态喷洒到空气中。此时风机启动后，含大量水雾的空气被带到舍外，使舍内温度降低。

图 2-5-11　喷雾降温系统

（二）照明设备

鸡舍的照明设备主要是使用白炽灯，也可以使用荧光灯。

照明控制设备主要是可 24 小时编程光照控制仪和感光探头。使用时将控制设备中的感光探头安装在室外屋檐下，可编程控制仪安装在值班室。当设定开灯和关灯时间后，到开灯时间照明系统电源连接，到关灯时间则电源断开。在开灯时间内如果感光探头感受到光线比较强时从另一个途径将电源切断，当探测到的光线降到设定阈值时则电源连通。

（三）通风设备

1. 低压大流量轴流风机

轴流风机（图 2-5-12），利用离心原理制作的百叶窗自动开闭系统，可保证窗叶完全打开，使风机（扇）一直在最高效率下运行，降低了能耗、增强了空气流量，停机时百叶窗在钢制弹簧的控制下关闭更加严密，防止任何空气的泄漏。

图 2-5-12　轴流风机

2. 环流风机

环流风机广泛应用于温室大棚、畜禽舍的通风换气，尤其对封闭式棚舍湿气密度大、空气不易流动的场所，按定向排列方式做接力通风，可使棚舍内的混杂湿热空气流动更加充分，降温效果极佳。该产品具有噪声低、风量大且柔和、电耗低、效率高、质量轻、安装使用方便等特点，是理想的纵向、横向循环风流、通风降温设备。

3. 屋顶风机

屋顶风机如图 2-5-13 所示，能有效地将舍内噪声及含有粉尘的空气排出，起到换气及降温的作用。

图 2-5-13　屋顶风机

二、饲喂设施

养禽自动化料线如图 2-5-14 所示，主要由料塔、输料管、绞龙、电机和料位传感器等组成。其主要功能就是把料塔中的料输送到副料线的料斗中，并由料位传感器来自动控制电机的输送启闭，达到自动送料的目的。与人工喂养相比，自动化养鸡料线可以节约人力成本，提高养殖效率。

图 2-5-14　养禽自动化料线

三、饮水设施

（一）乳头式饮水器

乳头式饮水器如图 2-5-15 所示，是在塑料水管上间隔一定距离安装一个饮水乳头，饮水乳头为不锈钢材料，当鸡喙部接触到饮水乳头时，水管中的水就会沿不锈钢柱流下。当鸡喙部离开饮水乳头则水停止流出。乳头式饮水器的类型比较多。

图 2-5-15　乳头式饮水器

（二）真空饮水器

真空饮水器如图 2-5-16 所示，由聚乙烯塑料筒和水盘组成，筒倒扣在盘上。水由壁上的小孔流入饮水盘，当水将小孔盖住时即停止流出。真空饮水器适用于雏鸡和平养鸡。其优点是供水均衡，使用方便，但清洗工作量大，饮水量大时不宜使用。

图 2-5-16　真空饮水器

（三）普拉松饮水器

普拉松饮水器如图 2-5-17 所示，也称为吊盘式饮水器，除少数零件外，其他部位用塑料制成，主要由上部的阀门机构和下部的吊盘组成。阀门通过弹簧自动调节并保持吊盘内的水位。一般都用绳索或钢丝悬吊在空中，根据鸡体高度调节饮水器高度，故适用于平养。1 个普拉松饮水器一般可供 50 只鸡饮水用。其优点是节约用水，清洗方便。

图 2-5-17　普拉松饮水器

（四）水槽

长形水槽如图 2-5-18 所示，是许多老鸡场常用的一种饮水器，一般用镀锌铁皮或塑料制成。此种饮水器的优点是结构简单，成本低，便于饮水免疫；缺点是耗水量大，易受污染，刷洗工作量大。

图 2-5-18　水槽

四、笼具

（一）育雏笼及配套用品

笼养育雏如图 2-5-19 所示，一般采用 3 ～ 4 层重叠式笼养。笼体总高 1.7 m 左右，笼架脚高 10 ～ 15 cm，每个单笼的笼长为 70 ～ 100 cm，笼高 30 ～ 40 cm，笼深 40 ～ 50 cm。网孔一般为长方形或正方形，底网孔径为 1.25 cm × 1.25 cm，侧网与顶网的孔径为 2.5 cm × 2.5 cm。笼门设在前面，笼门间隙可调为 2 ～ 3 cm，每笼可容雏鸡 30 只左右。

图 2-5-19　育雏笼

（二）青年鸡笼

大育成笼如图2-5-20所示，总体宽度为1.6～1.7 m，高度为1.7～1.8 m。单笼长80 cm，高40 cm，深42 cm。笼网孔径为4 cm×2 cm，其余网孔为2.5 cm×2.5 cm。笼门尺寸为14 cm×15 cm，每个单笼可容纳育成鸡7～15只。

图2-5-20　大育成笼

小育成笼为1.95 m×0.45 m×0.4 m，由3个小笼组成，其规格为0.64 m×0.45 m×0.4 m，每个单笼可容纳育成鸡6～7只。

（三）产蛋鸡笼

组合形式常见的有阶梯式（图2-5-21）、半阶梯式和层叠式（图2-5-22）。每个单笼长40 cm，深45 cm，前高45 cm，后高38 cm，笼底坡度为6°～8°。伸出笼外的集蛋槽为12～16 cm。笼门前开，宽21～24 cm，高40 cm，下缘距底网留出4.5 cm左右的滚蛋空隙。笼底网孔径间距2.2 cm，纬间距6 cm。顶、侧、后网的孔径范围变化较大，一般网孔经间距10～20 cm，纬间距2.5～3 cm，每个单笼可养3～4只鸡。

图2-5-21　阶梯式蛋鸡笼

图2-5-22　层叠式蛋鸡笼

（四）种鸡笼

种鸡笼如图2-5-23所示，是目前优质种鸡生产中采用人工授精方式时的主要饲养笼具之一。

图2-5-23　种鸡笼

这种笼具各层之间全部错开，粪便直接掉入粪坑或地面，不需安装承粪板，多采用两层结构。近年来南方很多鸡场均采用高床饲养，即笼子全部架空在距地面 2 m 左右高的水泥条板上，以降低舍内氨气浓度和方便除粪。这种结构在单位面积上养鸡数量虽不及其他方式多，但生产中使用效果较好。

五、卫生防疫设施

（一）刮板式自动清粪系统

1. 牵引式刮粪机

牵引式刮粪机如图 2-5-24 所示，一般由牵引机、刮粪板、框架、钢丝绳、转向滑轮、钢丝绳转动器等组成。一般在一侧都有储粪沟。它是靠绳索牵引刮粪板，将粪便集中，刮粪板在清粪时自动落下，返回时，刮粪板自动抬起。主要用于鸡舍内同一个平面一条或多条粪沟的清粪，一粪沟与相邻粪沟内的刮粪板由钢丝绳相连，可在一个回路中运转，一刮粪板正向运行，另一个则逆向运行，也可楼上楼下联动，同时清粪。钢丝绳牵引的刮粪机结构比较简单，维修方便，但钢丝绳易被鸡粪腐蚀而断裂。

图 2-5-24　牵引式刮粪机

图 2-5-25　传送带清粪

2. 传送带清粪

传送带清粪如图 2-5-25 所示，常用于高密度叠层式上下鸡笼间清粪，鸡的粪便可由底网空隙直接落于传送带上，可省去承粪板和粪沟。传送带清粪装置由传送带、主动轮、从动轮、托轮等组成。传送带的材料要求较高，成本也昂贵。如果制作和安装符合质量要求，则清粪效果好，否则系统易出现问题，会给日常管理工作带来许多麻烦。

（二）消毒设备

1. 鸡场臭氧消毒设备

臭氧消毒设备如图 2-5-26 所示。应用臭氧技术是养鸡场突破常规技术，也是提高生产效率、保证肉蛋质量、保持可持续发展的有效途径。在预防疫病中利用臭氧的特性进行杀菌、消毒、净化是国外现代养鸡场普遍采用的技术。

臭氧杀菌消毒机理：臭氧又称活氧，是世界上公认的广谱高效杀菌消毒剂。臭氧杀菌机理是它作用于细菌的细胞膜使其损伤，导致新陈代谢障碍直至死亡；臭氧杀病毒的机理是直接破坏其核糖核酸或脱氧核糖核酸。臭氧可杀灭在空气、水中、饲料中的大肠杆菌、金黄葡萄球菌、沙门菌、黄嗞霉菌等。

臭氧有效地遏制了鸡疫病的发生，提高了成活率并促进健康生长，蛋鸡能保持稳定的产蛋率。养殖户掌握好臭氧具体应用技术，可以减少抗生素之类药物的投入，降低生产成本，提高产品质量。

图 2-5-26　臭氧消毒设备

2. 喷雾消毒设备

喷雾消毒设备主要是用于对消毒对象喷洒雾化的消毒药物，杀灭消毒对象表面的微生物。

（1）推车式喷雾消毒设备　推车式喷雾消毒设备如图 2-5-27 所示，其组成包括推车式车架 1 个、卷管架 1 套、228 L 不锈钢水箱 1 个、胶管（直径 8 mm）50 m、四孔喷枪 1 支（或可调喷枪 1 支）、发动机 1 台、泵 1 台。设备在开启后，水箱内的消毒药水通过胶水管进入喷枪，在高压力的作用下，消毒药水呈雾状从喷嘴内喷出，将水雾喷洒在物体的表面。

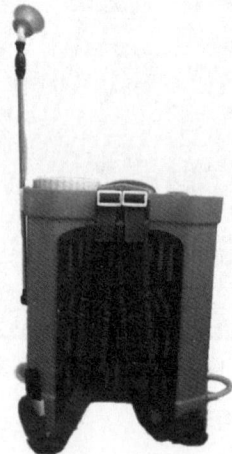

图 2-5-27　推车式喷雾消毒设备　　　　图 2-5-28　背负式喷雾消毒设备

（2）背负式喷雾消毒设备　背负式喷雾消毒设备如图 2-5-28 所示，是一种背负杠杆式手动喷雾器，它包括一个储液桶，密封盖设在储液桶的顶部，背带活接在储液桶上，喷杆接在储液桶上，喷头接在喷杆上，气筒设在储液桶外部，气管设在气筒的气口和储液桶的上部之间，轴座设在储液桶上，小轴与轴座连接，手柄上的轴套接在小轴上，拉杆分别与气筒的活塞杆和手柄连接。它具有不漏水和药液、操作简便、安全和轻便等优点。

（三）免疫接种设备

1. 连续注射器

如图 2-5-29 所示为连续注射器，是由注射机构、推动机构和握把组成，射机构包括装药筒、注射针、活塞杆座、活塞杆、活塞及供药装，还设有回流管和计数装置。该注射器在排除筒内空气时推出药液，通过回流管，经进气管回收到药瓶中，避免了药液的浪费。注射时，通过推动机构驱动计数装置，从而实现自动计数。该设计将标记筒、消毒筒、注射针置于注射其中，结构紧凑，使用方便。

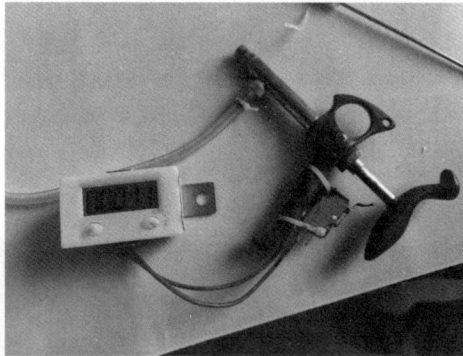

图 2-5-29　连续注射器

2. 普通注射器

普通注射器（图 2-5-30），由针管、推柄和针头组成。

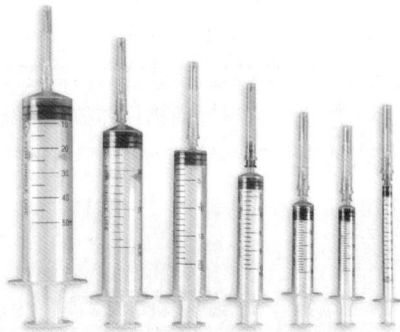

图 2-5-30　普通注射器

3. 胶头滴管

胶头滴管如图 2-5-31 所示，用于鸡的滴鼻、点眼、滴口等免疫接种方法。

图 2-5-31　胶头滴管

4. 紫外线灯

紫外线消毒灯如图 2-5-32 所示，是应用通热阴极低压汞紫外线灯管，紫外线辐射在 184 ～ 225 nm，其中 184.9 nm 紫外线可产生臭氧，其臭氧产量为 5 ～ 23 mg/h，可利用紫外线和臭氧的协同作用消毒。紫外线可以杀灭各种微生物，包括细菌繁殖体、芽孢、分枝杆菌、病毒、真菌、立克次体和支原体等。不同种类的微生物对紫外线的敏感性不同，用紫外线消毒时必须使用达到杀灭目标微生物所需的照射剂量。紫外线消毒的适宜温度是 20 ～ 40 ℃，温度过高或过低均会影响消毒效果，此时可适当延长消毒时间。用于空气消毒时，消毒环境的相对湿度应低于60%，否则应延长照射时间。目前，在市面上销售的民用紫外线消毒灯，包括便携式、台式、吊挂式等型号。根据所释放臭氧量的多少，紫外线消毒灯可分为低臭氧紫外线消毒灯和高臭氧紫外线消毒灯。低臭氧紫外线消毒灯也是热阴极低压汞灯，可为普通直管形或U形，由于灯管玻璃中含有可吸收波长小于200 nm紫外线的氧化物，故臭氧产量很低，要求臭氧产量小于1 mg/h；高臭氧紫外线消毒灯由于采取了特殊的工艺，这种灯产生较大比例的波长184.9 nm的紫外线，故臭氧产量较小。

紫外线消毒灯在使用过程中，要注意保护眼睛，避免紫外线直接照射眼睛和皮肤，同时应保持紫外线灯表面的清洁，一般每2周用酒精棉球擦拭1次，发现灯管表面有灰尘、油污时，应随时擦拭。

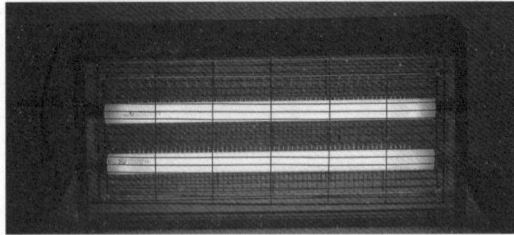

图2-5-32　紫外线消毒灯

5. 焚化炉

焚化炉（图2-5-33）的外壁为金属，炉膛使用专门的耐高温材料制作，承放动物尸体的隔板可以推进或拉出炉膛，隔板的下部为燃烧室。当把动物尸体放在隔板上推进炉膛后可以关闭炉门，启用燃烧室（热源可以是天然气、煤炭或电加热系统），在一定时间内能够将动物尸体焚化成为灰烬。

图2-5-33　焚化炉

六、其他设施

（一）断喙器

断喙器如图2-5-34所示，采用低速电机，通过链杆传动机件，带动电热动刀上下运动，并与微动鸡嘴定位刀片自动对刀，快速完成切嘴止血功能。整机由变压器电机冷却抽风机等构成；机头装有电机启动船形开关、电热动刀、电压调节的多段开关和停刀止血时间调节旋钮（0～4 s任意可调）。

图2-5-34　断喙器

小规模养鸡场用普通剪子在火焰上烧红，剪去鸡的上、下喙，或用剪子直接剪去上、下喙，再用烙铁烙烫。为减少伤口出血，可在伤口搽苛性钾。

（二）蛋托与蛋箱

鸡蛋在进行收集、储存、运输时需要用到蛋托（图2-5-35）和蛋箱（图2-5-36）。蛋托规格为30枚（5×6），有纸质和塑料2种。周转蛋箱也有纸箱和塑料箱2种，纸箱适合种蛋保存与运输，一般每箱为300枚。

塑料蛋箱适合商品蛋运输，每箱20 kg。

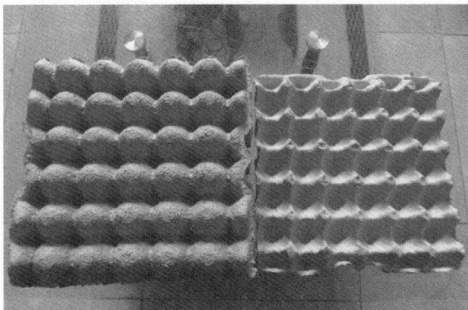

图 2-5-35　蛋托

图 2-5-36　蛋箱

（三）周转笼

周转笼用于鸡转群或商品肉鸡出售，一般为专用的塑料制品。

（四）产蛋箱（窝）

在肉种鸡生产中一般要求配置适当数量的产蛋箱，如图2-5-37所示。产蛋箱一般设计为1～2层、两面。每个面的每一层有5～6个产蛋窝，每个蛋窝的大小约是30 cm（宽）×35 cm（深）×30 cm（高）。产蛋箱的底层踏板最好考虑使用活动踏板，前沿挡板的高度要能保持窝内有足够的垫料。

图 2-5-37　产蛋箱

📝 练一练

举例说说鸡场常见的几类设施设备及其使用特点。

📖 拓展学习

设施与环境、营养、疾病的关系

机械设备设施是养殖业的一个重要体现，对于养鸡场来说，运用于鸡生产的各个环节。如喂料设备，饮水设备，通风降温或供暖保温设备，清粪设备，集蛋以及产品的贮运、保鲜、加工等设施。传统的养鸡方式，其鸡舍环境与设施简陋，布局不合理。由此造成排污困难、场地污染严重、苍蝇多；夏季遇到高温，经常出现热死鸡现象，受精率及产蛋率显著降低；冬季鸡舍寒冷，呼吸道疾病时有发生。鸡舍环境与设施落后成为引起疾病不断暴发的关键因素。而通过合理的设计，采用先进的生产工艺，合理配置设备，不仅可以充分发挥鸡的生产性能潜力，还能提高鸡群的健康水平。据调查，蛋鸡笼养比地面平养可提高鸡舍利用率40%～60%，同时可防治鸡白痢和球虫病等疾病。夏季采用湿帘降温、纵向通风模式，比正常饲养室温下降7～9 ℃，鸡死亡淘汰率减少10%～15%，产蛋量增加15%～20%，种蛋受精率提高5%～6%。禽的自动饮水设备比普通的水槽式饮水，可节约用水60%以上，并有效地保证了饮水卫生，减少疾病的发生。同时由于设施装备完善，改善了鸡舍的环境，减少了应激反应，提高了机体的抵抗力和免疫力，使鸡感染疾病的机会降低。

技能 4　鸡场规划搭建

【学习目标】

针对鸡场生产实践实操要求，了解生产中各类设施设备并掌握正确的实践操作技术。

【实训准备】

（1）仪器　纸、铅笔、橡皮、刀、绘图仪等。

（2）其他资源　鸡场的总平面图、鸡舍的平面图、立面图、剖面图等。鸡场规模、饲养方式、饲养密度、鸡舍的跨度要求等资料。

【实训内容】

（一）了解建筑图的制图标准

1. 图幅

图幅即图纸的大小，建筑图图幅须符合表 2-5-3 的规定。每张图纸右下角要绘出标题栏（表 2-5-4），标题栏宽度 180 mm、高度 50 mm；图纸左上角要绘出会签栏，会签栏宽度 75 mm、高度 20 mm。

表 2-5-3　图幅规定表

单位：mm

编号		0	1	2	3	4
图幅（长 × 宽）		1 189 × 841	841 × 594	594 × 420	420 × 297	297 × 210
图线与纸边预留宽度	*a*	10			5	
	c	25				

注：*a* 代表图纸上侧、下侧、右侧图线与边预留宽度；*c* 代表图纸左侧图线与纸边预留宽度。

表 2-5-4　标题栏内容

设计单位全称	工程名称区	
签字区	图名区	图号区

2. 制图比例

因建筑物形体很大，需按一定比例缩绘。制图比例可按表 2-5-5 选用。

表 2-5-5　制图比例

图名	常用比例	图名	常用比例
总平面图	1∶500，1∶1 000，1∶2 000	剖面图	1∶200
平面图	1∶50，1∶100	详图	1∶1，1∶2，1∶5，1∶10，1∶20
立面图	1∶100		

3. 字体

建筑图的文字均应从左到右横向书写，所有字体的高度一般以不小于 4 mm 为宜。所有字体必须书写端正，排列整齐，笔画清晰。中文书写应用仿宋字，数字用阿拉伯数字，字母用汉语拼音字母。

4. 指北针

在总平面图右上角绘制直径为 25 mm 的圆，指北针的下端宽度为圆圈直径的 1/8。

（二）操作方法

1. 认识图纸方法

（1）确认图纸的名称　图纸的名称通常载于右下角的图标框中；根据注释可知该图属于何种类型及属于整套图中哪一部分。

（2）查看图的比例尺、方位、主风向及风向频率。

（3）按下列顺序和方法看图

①由大到小。如先看地形图，其次为总平面图、平面图、立面图、剖面图及大样等。

②由表及里。审查建筑物时，先看建筑物的周围环境，再审查建筑物的内部。

③由下而上。审查多层畜舍时，应从第一层开始，依次逐层审查。

④辨认图纸上所有的符号及标记。

⑤查认地形图上的山丘、河流、森林、铁路、公路及工业区和住宅区所在地，并测量其相互间的距离。

⑥确认剖面图所剖视的部位。

⑦确定建筑物各部的尺寸：长宽和高度，可分别在平面图和立面图或剖面图上查知或测得。

按照上述方法和步骤，对所审查的图纸，由粗而细，再由细而粗，反复研究，加以综合分析，并作卫生评价。

2. 绘制图纸方法

（1）确定数量　确定绘制图样的数量，应对各栋房舍统筹考虑，防止重复和遗漏，在保证需要的前提下，图样数量应尽量少。

（2）绘制草图　根据工艺设计要求和实际情况条件，把酝酿成熟的设计思路徒手绘成草图。绘制草图虽不按比例，不使用绘图工具，但图样内容和尺寸应力求详尽，细到可画至局部（如一间、一栏）。根据草图再绘成正式图纸。

（3）确定适当比例　考虑图样的复杂程度及其作用，并以能清晰表达其主要内容为原则来决定所用比例。

（4）图纸布局　每张图纸都要根据需要绘制的内容、实际尺寸和所选用的比例，并考虑图名、尺寸线、文字说明、图标等，有计划地安排这些内容所占图纸的大小及图纸上的位置。要做到每张图纸上的内容主次分明，排列均匀、紧凑、整齐；同时，在图幅大小许可的情况下，应尽量保持各图样之间的投影关系，并尽量把同类型、内容关系密切的图样，集中在一张图纸上或顺序相连的几张图纸上，以便对照查阅。一般应把比例相同的一栋房舍的平、立、剖面图绘在同一张图纸上，房舍尺寸较大时，也可在顺序相连的几张图纸上分别绘制。按上述内容计划布局之后，即可确定所需图幅大小。

（5）绘制图样　绘制图样的顺序，首先绘制平面图，其次绘出剖面图。再根据投影关系，由平面图引线确定正、背立面图纵向各部位的位置，然后按剖面图的高度尺寸，绘出正、背立面图。最后由正、背立面图引线确定侧立面图各部的高度，并按平、剖面图上的跨度方向尺寸，绘出侧立面图。

（6）说明书　说明书主要是说明建筑物性质、施工方法、建筑材料的使用等，以补充图中文字说明的不足，分为一般说明书及特殊说明书两种。有些建筑设计图纸，以图纸上的扼要文字说明来代替文字说明书。

（7）比例尺的使用及保护　为避免视觉误差，在测量图纸上的尺寸时，常使用比例尺。测量时比例尺与眼睛视线应保持水平位置；为减少推算麻烦，取比例尺上的比例与图纸上的比例一致；测量两点或两线之间距离时，应沿水平线测量，两点之间距离应取其最短的直线为宜。作图画线应使用米尺。

【 实训作业 】

提供一份设计图，供学生阅读、分析，作出卫生评价；画出某鸡场的总平面图。

项目 6
牛羊场规划设计技术与设施设备使用技术

◆ 项目提要

　　牛羊场是为牛羊生长、发育、繁殖等行为创造适宜环境的地点，其规划与设计对牛羊的规模化生产，疫病的防控和养殖效益等有非常重要的影响。牛羊场的规划与设计技术是畜牧技术的重要组成部分，合理规划设计牛羊场是提高现代化畜牧生产水平与生产效益的必要条件。本项目主要阐明牛羊场规划设计技术与设施设备使用技术。

◆ 项目教学案例

　　某养牛企业一直饲养肉牛。最近购买了一批种公牛，并于肉牛普通牛舍内饲养。据其反映，种公牛的生长发育较其他种公牛场落后，产生的精子质量不高。

　　思考：请你分析养户反映问题原因，并提出解决方案。

◆ 知识目标

　　1. 掌握牛羊址选择原则。

　　2. 掌握牛羊主要生产性指标。

　　3. 掌握牛羊场设施设备的设计使用原理。

◆ 技能目标

　　1. 能合理选择牛羊场址。

　　2. 具有牛羊场规划建设的能力。

　　3. 具有使用牛羊场不同类型设施设备的实践操作能力。

◆ 素质目标

　　1. 具有爱岗敬业、协作创新的精神。

　　2. 具有心怀振兴畜牧的使命担当。

任务 6.1　牛羊场规划设计技术

任务 6.2　牛羊场设施设备使用技术

线上学习

模块三
畜禽生产环境控制技术

◆ **模块导读**

随着我国无抗养殖时代的到来，养殖生产环境在改善动物健康状况，提高饲料利用效率，充分发挥遗传潜力，获得最大生产性能和经济效益以及满足必要的动物福利要求等方面所发挥的基本保障作用越显突出。饲养环境精准控制对规模化、集约化、智能化和智慧化养殖影响巨大，因此本模块主要介绍养殖场温湿度控制、光照与通风控制、环境卫生控制，从而让学生在养殖生产环境管理和饲养方案制订方面具备扎实的理论与技能基础。

◆ **模块教学案例**

大学生小李返乡创业，将自己闲置的房屋进行了适当改造，创办了一个种猪场。但一到夏季，小李就犯难了，因为他猪场的后备母猪受胎率一直偏低，即使配上种，流产率也很高。

思考： 请你帮助小李分析案例中引起后备母猪受胎率低、流产率高的原因并提出处理措施以解小李的燃眉之急。

◆ **知识目标**

1. 理解温湿度、光照、气流等影响畜禽生产的原理。
2. 掌握养殖场温湿度、光照、气流控制基础理论。
3. 掌握养殖场消毒技术原理、灭鼠消蚊蝇的方法。

◆ **技能目标**

1. 熟练使用温湿度计、照度计、气流仪等环境监测仪器，并能精准测定相关指标。
2. 能针对不同的养殖环境、养殖现状制订适宜的消毒方案并实施。
3. 具备科学制订养殖场灭鼠、消灭蚊蝇方案的能力，能准确选用相关药物并实施具体方案。

◆ **素质目标**

1. 具有爱岗敬业、协作创新的职业精神。
2. 具备求真务实、勇于探索的职业态度。
3. 具有保护生态环境的责任意识。
4. 具有乐于助人、积极乐观的正向价值观。

◆ 模块知识导图

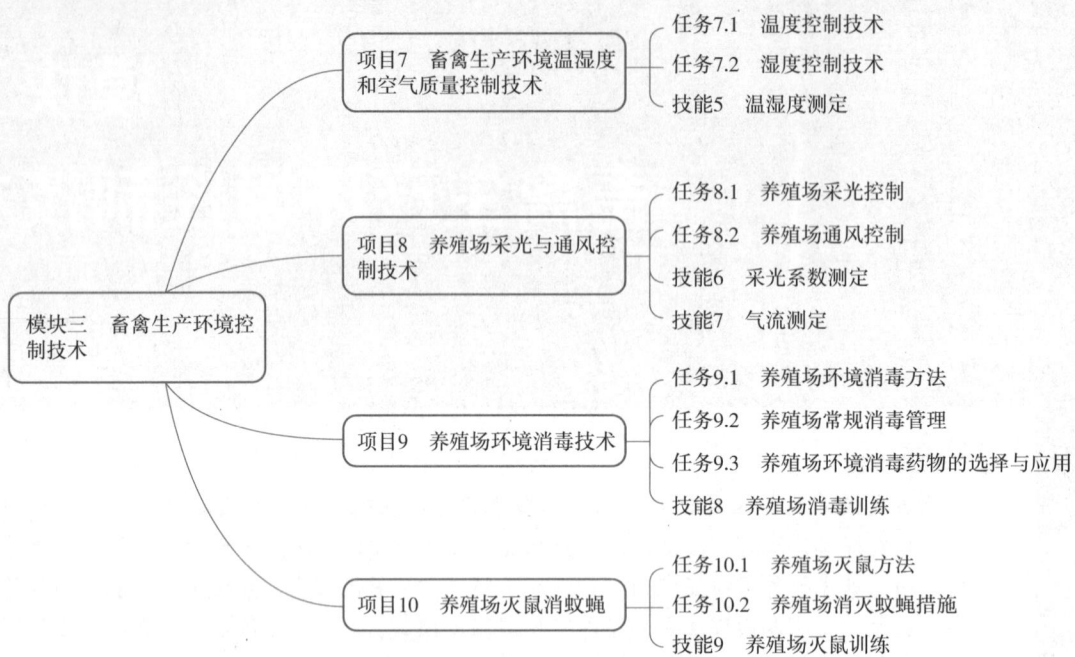

```
                                              任务7.1  温度控制技术
                         项目7  畜禽生产环境温湿度  任务7.2  湿度控制技术
                         和空气质量控制技术        技能5  温湿度测定


                                              任务8.1  养殖场采光控制
                         项目8  养殖场采光与通风控  任务8.2  养殖场通风控制
                         制技术                 技能6  采光系数测定
                                              技能7  气流测定
  模块三  畜禽生产环境控
  制技术
                                              任务9.1  养殖场环境消毒方法
                         项目9  养殖场环境消毒技术  任务9.2  养殖场常规消毒管理
                                              任务9.3  养殖场环境消毒药物的选择与应用
                                              技能8  养殖场消毒训练


                                              任务10.1  养殖场灭鼠方法
                         项目10  养殖场灭鼠消蚊蝇   任务10.2  养殖场消灭蚊蝇措施
                                              技能9  养殖场灭鼠训练
```

项目 7

畜禽生产环境温湿度和空气质量控制技术

◆ 项目提要

在畜牧业生产中，控制畜禽舍环境温度是作为有效提高饲料利用率，最大限度地获得高品质畜禽产品的措施之一。畜禽舍防寒、防暑的目的在于克服大自然气候寒暑变化的影响，使舍内的环境温度始终保持在符合各种家畜家禽所要求的适宜温度范围。畜禽舍的建筑设计和环境调控设备可以有效调节和控制畜禽舍内温湿度。本项目主要阐述养殖场温湿度控制技术，对养殖场温度控制、湿度控制以及温湿度测定技术等内容。

◆ 项目教学案例

8 月 23 日，山东临沂某肉鸡场，鸡群健康状态不佳，适逢几日高温高湿天气，死淘突然增加，各舍日死淘增加几十只至几百只不等。现场查看鸡群状态，发现鸡群毛色杂乱，逆立，呼吸道症状明显。巡视鸡舍时，感觉异常闷热，查看环控仪器温度，显示鸡舍温度并不高，部分风机没有启动。

思考： 请根据养殖情况与信息，查找鸡群死淘异常升高的原因。针对查找到的问题，提出改正措施。

◆ 知识目标

1. 掌握畜禽舍温度控制方法。
2. 认识畜禽舍温度控制设施设备。
3. 掌握畜禽舍湿度控制方法。
4. 认识畜禽舍湿度控制设施设备。

◆ 技能目标

1. 能熟练进行畜禽舍温度和湿度的测定。
2. 会选择并应用温度和湿度控制设备。

◆ 素质目标

1. 具有爱岗敬业、协作创新的精神。
2. 具有爱护、保护环境的责任意识。
3. 具备刻苦钻研、勇于探索的职业态度。

任务 7.1　温度控制技术

【学习目标】

深刻理解并掌握温度概念，能针对不同养殖生产场景熟练进行温度控制。学会养殖场防暑降温的建筑设计方法、畜禽舍防暑降温措施的控制等实践操作技术。

【任务实施】

一、温度

环境温度是指环境中空气冷热程度的物理量，即气温。自然界空气中热量主要来源于太阳辐射，当它到达地面后，一部分被反射，另一部分被地面吸收，使地面增热；地面再通过辐射、传导和对流把热传给空气，这就是空气热量的主要来源。直接被大气吸收的部分太阳辐射热量，对空气增热作用小，只能使气温升高 0.015 ~ 0.02 ℃。

二、畜禽舍内的气温

在实际养殖中，除自然界的气温对畜禽生产的影响外，畜禽圈舍的动物体热（内部空气）也会产生热量，使内部空气温度提高。然而，在同一地区的不同时间，气温会有较大的变化，难以通过调节整体环境温度，来直接影响畜禽的生产情况。因此，在现代化养殖中，为了使畜禽能够达到最佳的健康状况和生产性能，我们可以通过控制圈舍内部空气的温度来实现这一目标。

畜禽圈舍的气温受许多因素影响，包括建筑物的结构、舍内的温控设备以及畜禽自身的散热情况，因此舍内温度和舍外温度之间存在较大差异，并具有各自的特点。圈舍内部的热量来源包括外界的传入热量（包括温控设备）以及畜禽自身的散热。在圈舍内，畜禽通过蒸发和非蒸发的方式向空气传递热量，增加空气中的热量，进而提高温度以影响圈舍内部的环境温度或散热情况。

畜禽圈舍建筑形式和饲养密度也会影响舍内温度。开放式和半开放式圈舍由于密闭性较低，舍内外温差不大，只是避免了舍内畜禽受太阳的直接辐射和寒风侵袭，而密闭舍的舍温受畜禽饲养密度和保温性能的影响，可以通过人工保温隔热等方法，将舍内温度控制一个合理范围内。即使是同一圈舍，其内部不同位置气温也存在差异。一般来说，圈舍垂直面的中上部位和水平面的中央部位较其他部位高，圈舍跨度和空间高度越大，该差异越显著。季节特点也会影响圈舍温度。夏季受外界大气空气热量的辐射、传导、对流作用，使得舍内温度升高，且升高幅度与圈舍内外温差和保温隔热性能呈现正相关；冬季外界温度低，圈舍内空气也可以往外界传热，使得舍内温度降低，但如果温度过低，则需要通过人工方式加热舍内空气温度，满足畜禽正常生产生活需要。

三、等热区和临界温度

等热区是指恒温动物依靠物理和行为调节，使得机体体温维持在正常时的环境温度范围。此时的畜禽代谢强度和产热量处于生理最低水平，无须动用化学调节机能。

等热区实际上就是临界温度和过高温度或过低温度之间的环境温度范围。当温度低于等热区的下限温度时，机体散热量增多，已经无法通过物理调节来保持动物的体温正常，需要通过化学调节（提高代谢率）来增加产热量。通常把此下限温度称为"下限临界温度"或"临界温度"。当温度高于等热区的上限温度时，机体散热受阻，物理调节已经不能维持体温恒定，体内热量蓄积，体温升高，该温度叫"过高温度"或"上限临界温度"。临界温度的高低取决于畜禽产热量和散热的难易程度，因此一切能够影响动物机体产热和散热的内外因素，都能影响动物的等热区。

在实际生产生活中，在气温的某一个范围，畜禽产热和散热正好相等，甚至不需要进行物理和行为调节就可维持正常体温，畜禽最舒适，该范围为"舒适区"。舒适区位于等热区中间一个区域。当温度处于舒适区上限，动物皮肤血管扩张，皮肤温度升高，呼吸加快，有汗腺的动物伴随出汗，表现出热应激；当温度处于舒适区下限，动物皮肤血管收缩，皮肤温度下降，被毛竖立，肢体蜷缩等，表现出冷应激。虽然舒适区的温度对畜禽生活和生产很有利，但要在一般的饲养管理条件下把环境温度精确地控制在等热区范围却不容易（图 3-7-1）。

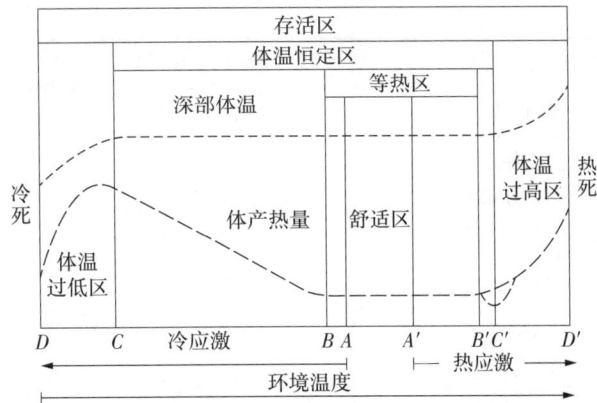

图 3-7-1　动物在不同温热区域产热、散热及体温变化

D—冻死点；*C*—代谢顶峰与降温点；*B*—下限临界温度；*B′*—上限临界温度；*C′*—升温点；*D′*—热死点

------：深部体温变化曲线；————：体产热量变化曲线

四、畜禽生产适宜环境温度

　　主要畜禽所需的环境温度参数见表 3-7-1。当温度超过这些范围时，畜禽生产力将明显下降。因此，在适宜温度条件下，虽然动物生产力高，但经济效益并不高。而生产环境温度是指在生产中尚不至于导致畜禽生产力明显下降以及健康状况明显变化的温度。在一般条件下，生产环境温度通过科学的畜禽舍设计及设备和管理措施是可以达到的。因而，生产环境温度应该是畜牧业生产中环境控制依据的参数。

表 3-7-1　主要畜禽所需的环境温度参数

畜舍		适宜温度 /℃	生产环境温度 /℃
猪	妊娠母猪	13～20	10～25
	分娩母猪	15～25	10～30
	带仔母猪	17～20	15～25
	初生仔猪	32～34	27～32
	后备母猪	15～27	10～25
	肥育猪	15～20	10～30
牛	成年公牛	0～20	5～30
	肉用母牛	8～10	5～30
	乳用母牛	5～25	15～30
	犊牛	12～18	12～25
	青年牛	5～20	0～30
	肉牛	10～24	5～30
	小阉牛	15～24	10～30
绵羊	成年绵羊	13～23	15～25
	初生绵羊羔	27～30	27～30
	哺乳绵羊羔	15～20	10～25
山羊	成年山羊	5～25	0～30
	初生山羊羔	27～30	27～30
	哺乳山羊羔	15～25	10～30

续表

畜舍		适宜温度/℃	生产环境温度/℃
鸡	成年鸡	13～20	10～20
	雏鸡 ① 1～30日龄 ② 31～60日龄	31～20 20～18	31～20 20～18
	青年鸡（31～60日龄）	18～16	18～16
	肉用仔鸡	18～23	18～25
火鸡	1～21日龄（平养）	27～22	27～22
	21～120日龄（平养）	20～18	20～18
	成年火鸡（平养）	12～16	10～20
鸭、鹅	1～30日龄（平养）	30～20	30～18
	大于31日龄（平养）	15～25	15～25

温度影响畜禽
生产

五、温度对畜禽生产健康的影响

（一）温度对畜禽生产力的影响

1. 温度对生长、肥育的影响

畜禽在不同年龄段都有其适宜的环境温度。在最适温度下，家畜生长速度最快，肥育效果最佳，饲料利用率最高，育肥效果最好，饲养成本最低。当气温高于临界温度时，由于散热困难，引起体温升高和采食量下降，生长育肥速度也伴随下降；当气温低于临界温度，动物代谢率提高，采食量增加，饲料消化率和利用率下降。这个温度一般认为在该动物的等热区内。凡是影响家畜家禽等热区的因素，也会影响畜禽的生长肥育。

（1）猪　生长、育肥的最适温度为15～25℃，随着体重的增加，适宜温度下降。当气温超过30℃或低于10℃时，增重率下降明显。

（2）鸡　雏鸡生长的最适温度随日龄的增加而下降，1日龄为34.4～35℃，此后有规律地下降，到18日龄为26.7℃，32日龄为18.9℃。生长鸡小范围的低温及变化，死亡率反而下降，但不利的是饲料利用率有所下降。肥育肉鸡的最适温度是21℃。

（3）牛　牛的生长、育肥的适宜温度受品种、年龄、体重等因素的影响，以10℃左右为佳。

（4）羊　羊的生长与羊舍温湿度有重要的关系，气温对于羊体的影响很大，研究表明，羊生长的最适宜温度为5～21℃，过低会影响羊的生长发育，消耗羊体脂肪，降低饲料利用率，使羊体体重下降，而且过低也容易引起羊发生感冒发烧等疾病。

气温过高则会导致羊体温升高，影响羊吃饲料的量以及使羊瘤胃微生物发酵能力下降，进而影响羊对于饲料的消化能力。而且温度对于病羊与弱羊的影响较大，负面效果更为严重。因此，要保持适度的羊舍温度，夏季做好防暑降温（防寒）措施，冬季做好防寒保暖工作。

2. 温度对繁殖性能的影响

畜禽的繁殖活动，不仅受光照的影响，气温季节性变化也是一个重要的影响因素。夏季过高的气温，常引起家畜不育和受胎率的下降，对家畜的繁殖性能产生一定影响。

（1）对公畜禽的影响　高温会影响精子的生成，一般要求精子的生成温度要低于家畜的体温。在高温下，公畜禽的精液品质（精子数和密度下降，畸形率上升）。由于精子的形成周期为7～8周，一般高温影响后的8～9周才能使精液品质恢复正常水平。高温还会使畜禽的性欲受到抑制，因此秋天的配种效果常常很差。在日常管理中，配种时间也常常选择凉爽的早晨或傍晚。在生产实践中，常利用超低温保存精液，一般在液氮（-169 ℃）中长期保存。相对其他动物来说，猪对高温的适应力较强。

（2）对母畜禽的影响　高温对母畜禽繁殖性能的影响是多方面的。如在配种前后及整个妊娠期间，高温环境对母畜的繁殖性能均有不利的影响。

高温可使处于配种期母畜的发情受到抑制，表现为不发情或发情期短或发情表现微弱，这时卵巢虽有活动，但不能产生成熟的卵子，也不排卵，从而影响受精率。高温还会影响受精卵和胚胎存活率。受精卵在输卵管内对高温最为敏感，尤其是胚胎在附置前这个阶段，受高温刺激引起胚胎死亡率很高。高温对母畜受胎率和胚胎死亡率影响的关键时期为牛在配种后 4 ～ 6 天内，绵羊在配种后 3 天内，猪在配种后 8 天内，受胎后 11 ～ 20 天及妊娠 100 天后。

高温还会使处于妊娠期的母畜由于母体自身外周血液循环增加，而使得子宫供血不足，胎儿发育受阻，加之高温影响母畜采食量，营养不足，也影响其产下的仔畜较轻，体形偏小，生活力低，死亡率高。

高温还可影响畜体内分泌系统失调，尤其是与繁殖性能有关的性激素分泌减少，对公畜和母畜繁殖能力都有不良影响。

3. 温度对产乳性能的影响

气温对家畜产乳的影响因不同家畜的种类、品种和生产力而有所差异。在高温环境下，高产牛对高温更为敏感，采食量和泌乳量都会显著下降，乳脂率和固形物含量也会降低。然而，当温度上升到一定程度时，乳脂率反而会异常地上升。乳脂率在一年的四个季节中变化较大，夏季最低，冬季最高。另外，在低温环境中，泌乳牛的采食量会增加，但产乳量却会下降。

环境温度与奶牛产乳量和乳成分的影响见表 3-7-2。

表 3-7-2　环境温度与奶牛产乳量和乳成分的影响

环境温度 /℃	4.4	10.0	15.6	21.1	26.7	29.4	32.2	35.0
产乳量 / (kg·d⁻¹)	13.2	12.7	12.3	12.3	11.4	10.5	9.1	7.7
乳脂率 /%	4.2	4.2	4.2	4.1	4.0	3.9	4.0	4.3
无脂固体	8.26	8.26	8.06	8.12	7.88	7.68	7.64	7.48

随着现代育种技术、饲养管理水平的不断提高，要增加动物的产乳量，对环境控制和相应对策不断提出新要求。

4. 温度对产蛋性能的影响

在一般饲养管理条件下，各种家禽产蛋的最适温度为 12 ～ 23 ℃，高温可使产蛋量、蛋重和蛋壳质量下降，如白来航鸡饲养于 21 ℃、32 ℃和 38 ℃时，其产蛋率分别为 79%、72% 和 41%，在 32 ℃和 38 ℃时，蛋重分别较 21 ℃时轻 4.6%、20%；而如果是在 0 ℃以上的低温下，料蛋比上升，对其他没有显著影响，但如果是突然低温应激，往往会导致某些疾病发生，尤其是呼吸道疾病，且首先表现出产蛋性能下降。

鸡对气温的反应因品种不同，一般重型品种较耐寒，轻型品种较耐热。此外，如果是处在一个适宜的温度环境中，恒温和变温（存在日较差）相比，一般认为后者更佳，前者容易导致家禽早衰。

（二）温度对畜禽健康的影响

寒冷和炎热都可使畜禽发病，所致疫病往往非某些特效疫苗所能控制。冷、热应激均可使机体对某些疾病的抵抗力减弱，一般的非病原微生物即可引起畜禽发病。

1. 引起机体发病

温度对畜禽的直接致病作用表现为冻伤、热射病和日射病、热痉挛等非传染性疾病。温度对畜禽的间接致病作用表现为致病性微生物和寄生虫在适宜温度和湿度等环境条件下生存和繁殖，造成畜禽发病及疫病的流行。

2. 通过饲料的间接影响

高温环境下，饲料中的微生物容易繁殖和产生毒素，包括霉菌产生的毒素、细菌产生的毒素和酵母菌产生的毒素等。这些毒素会影响动物的健康和生产性能，给养殖产业带来严重的经济损失。

3. 影响病原体和媒介虫类的存活和繁殖

适宜的温度有利于病原体和媒介虫类的存活和繁殖。寄生虫病的发生与流行都与病原体及其宿主受外界环境温度的影响有关。如低温有利于流感、牛痘和新城疫病毒的生存，高温下可以使口蹄疫病毒失活。

4. 影响动物的抗病力

在高温或低温环境中，虽然动物体温正常，但机体感染病原体后，这种不利的环境将影响疾病的预后。

5. 影响幼龄动物的被动免疫

初生仔畜有赖于吸收初乳中的免疫球蛋白（抗体）以抵抗疾病。冷、热应激均可降低幼畜获得抗体的能力，使初乳中免疫球蛋白的水平下降，降低了幼畜的生活力。

六、养殖场内防暑降温的控制技术

（一）养殖场防暑降温建筑设计

家畜一般对寒冷的环境相对较为耐受，而对高温则较为敏感。近年来，由于高温给畜牧业生产带来严重的经济损失，人们越来越重视采取措施来减轻高温对家畜健康和生产力的不利影响。

我国南方广大地区，包括长江流域的苏、浙、皖、赣、湘、鄂等省和四川盆地，东南沿海的闽、粤、台湾等省及南海诸岛，还有云、桂、黔等省的大部分或部分地区，都属于湿热气候类型。这些地区的特点是气温较高且持续时间较长，7月份的最高气温达到 30 ~ 40 ℃，每年有 70 ~ 150 天的日平均气温超过 25 ℃，昼夜温差较小，太阳辐射强度高，相对湿度大，年降雨量较多，最热月的相对湿度为 80% ~ 90%。

然而，相比于在寒冷环境下采取防寒保温措施，解决夏季的防热降温问题在炎热地区要更加艰巨和复杂。

加强畜舍外围护结构的防暑设计的做法包括以下几点。

1. 传统技术

在炎热地区造成舍内过热的原因：大气温度高；强烈的太阳辐射；家畜在舍内产生的热量。因此，加强畜舍外围护结构的隔热设计，就能防止或削弱高温与太阳辐射对舍温的影响。

（1）屋顶隔热　在高温条件下，强烈的太阳辐射和气温的升高会导致畜舍屋顶温度升高，可以达到 60 ~ 70 ℃甚至更高的高温。因此，屋顶的隔热性能对控制畜舍内部温度的影响非常重要。与解决畜舍保温防寒一样，在综合考虑其他建筑学要求与取材方便的前提下，尽量选用导热系数小的材料，以加强隔热。在实践中，单一材料往往无法保证最有效的隔热效果，故人们常常采用多层结构屋顶，使用多种隔热材料来提高隔热性能。常用屋顶的隔热设计可采取下列措施：

①选用隔热性能好的材料。隔热材料也被称为热绝缘材料，可以阻止热量传递。在选择屋顶和墙壁材料时，应尽量选择导热系数较小的材料。例如，可以用空心砖代替普通红砖，这样墙壁的热阻值可以提高 41%。如果使用加气混凝土块，甚至可以提高 6 倍的热阻值。此外，传统的绝

热材料包括玻璃纤维、石棉、岩棉和硅酸盐等，而新型的绝热材料则包括气凝胶毡、真空板等。这些材料都能有效地降低热量传递。

②确定合理的结构。根据当地气候特点和材料性能保证足够的厚度；充分利用几种材料合理确定多层结构屋顶，其原则是：在屋面的最下层铺设导热系数小的材料，其上为蓄热系数较大的材料，再上为导热系数大的材料。采用这种多层结构，当屋面受太阳照射变热后，热量将传导到蓄热系数较大的材料层，并在其中积蓄。而当热量向下传导时，会受到蓄热材料的抵制，从而减缓热量向内部舍内传播的速度。而当夜晚到来时，蓄积的热量会通过导热系数较大的上层材料迅速散失。这种结构可以有效地避免白天舍内温度过高的问题。值得注意的是，这种多层结构仅适用于夏季炎热冬季温暖的地区。而在夏季炎热冬季寒冷的地区，应将上层导热系数较大的材料换成导热系数较小的材料，以适应当地气候条件。

③增强屋顶反射。为了降低太阳辐射热的传递，可以采取增强屋顶的反射能力。舍外表面的颜色深浅和光滑程度直接影响其对太阳辐射热的吸收和反射。色浅而平滑的表面对辐射热吸收少而反射多；反之则吸收多而反射少。以油毡屋顶为例，深黑色和粗糙的表面对太阳辐射热的吸收系数为 0.86；而红瓦屋顶和灰色水泥涂层的平面吸收系数为 0.56；而白色石灰粉刷的光滑平面吸收系数仅为 0.26。由此可见，采用浅色、光平屋顶，可减少太阳辐射热向舍内的传递是有效的隔热措施。

④采用通风屋顶和屋顶通风设备。将屋顶设计成双层，靠中间层空气的流动而将屋顶传入的热量带走（图 3-7-2），或者在屋顶利用通风设备加强通风（图 3-7-3）。

图 3-7-2　猪舍通风屋顶

图 3-7-3　猪舍屋顶无动力风帽

（2）墙壁的隔热　在炎热地区多采用开放舍或半开放舍，墙壁的隔热没有实际意义。但在夏热冬冷地区，必须兼顾保温，因此墙壁必须具备适宜的隔热要求，既要有利于冬季的保温，又要利于夏季的防暑。如组装式畜舍，冬季组装成保温的封闭舍，而到夏季则卸去构件改成半开放舍。对在炎热地区的大型全封闭舍的墙壁，则应按屋顶隔热的原则进行处理，特别是太阳强烈照射的西墙。

2. 现代化技术

对于现代化全封闭恒温畜禽舍来说，屋面热导占整栋建筑的 60%，墙面及门窗热导占 40%，因此做好屋面和墙面围护隔热保温，对畜禽舍内环境控制来说是至关重要的。

随着现代科技发展，保温隔热材料可选性越来越多，我们在选用时应尽量选用导热系数低的，但也要综合考虑材料导热系数稳定性、耐候性、气密性、防腐性、防火性、环保性及材料成本、施工成本和使用寿命等。经过以上性能对比筛选，目前高密度 B1 或 A 级防火 PU（聚氨酯）和高密度 B1 或 A 级防火 EPS（聚苯乙烯）材料是优质的保温隔热材料，已被畜禽养殖场建设行业广泛使用。

高密度 B1 或 A 级防火 PU（聚氨基甲酸酯）全称为聚氨基甲酸酯，是主链上含有重复氨基甲酸酯基团的大分子化合物的统称。它是由有机二异氰酸酯或多异氰酸酯与二羟基或多羟基化合物加聚而成，是一种常用保温隔热泡沫材料，PU 的导热系数 $k \leqslant 0.022\ \text{W}/(\text{m}^2 \cdot \text{K})$，具有极佳的保温隔热效果，其保温隔热效果比 EPS（聚苯乙烯）材料更好，但材料成本较高。PU 泡沫材料还具有优异的热导系数稳定性、耐候性、防腐性、使用寿命长和施工简单等特点，既可工厂化发泡成型施工，也可以现场喷涂施工，其合适密度为 40 kg/m³，非常适用于全封闭恒温老舍场改造和畜禽舍新建。

高密度 B1 或 A 级防火 EPS（可发性聚苯乙烯）全称是可发性聚苯乙烯。可发性聚苯乙烯珠粒经加热预发泡后，由原料经过预发、熟化、成型、烘干和切割等制成，在模具中加热成型而制得的具有闭孔结构的聚苯乙烯泡沫塑料板材。它既可制成不同密度、不同形状的泡沫制品，又可以生产出各种不同厚度的泡沫板材。另外一种常用的保温隔热泡沫材料，EPS（聚苯乙烯）的导热系数为 $k \leq 0.033$ W/（m²·K），其隔热保温性能略低于 PU 材料，与 PU 材料相比还具有材料价格低廉、密度小、韧性好等特点。它的保温隔热性能也在可接受的范围内，其合适密度为 20 kg/m³，也非常适用于全封闭恒温老舍场改造和畜禽舍新建。

（1）高密度 B1 或 A 级防火 PU 泡沫复合板屋面和墙面围护　基于 PU 材料以上优点，畜禽舍屋面和墙面围护可采用高密度 B1 或 A 级防火 PU 泡沫复合板或现场喷涂发泡，进行屋面和墙面围护保温隔热施工。

PU 泡沫复合板采用三明治原理生产，外表面采用厚度 0.5 mm 彩涂钢板，内表面采用厚度 0.4 mm 彩涂钢板，屋面围护中间夹厚度 120 mm PU 泡沫板，墙面围护中间夹厚度 100 mmPU 泡沫板。该产品具有保温隔热性能好，施工速度快等优点，材料成本高于 EPS 泡沫板。对于老畜禽舍保温隔热升级改造，一般采用 PU 现场喷涂发泡施工，应因地制宜，根据现场施工条件，既可喷涂舍内屋面和墙面，也可以喷涂舍外屋面和墙面，喷涂厚度分别为屋面 80 mm 和墙面 50 mm。PU 现场喷涂发泡施工，可一次性解决畜禽舍保温、密闭、防腐等问题，还具有造价低的优点，是老旧畜禽舍隔热保温升级改造的首选。

（2）高密度 B1 或 A 级防火 EPS 泡沫复合板屋面和墙面围护　基于 EPS 材料以上优点，畜禽舍屋面和墙面围护也可采用高密度 B1 或 A 级防火 EPS 泡沫复合板，进行屋面和墙面围护保温隔热施工。

EPS 泡沫复合板采用三明治原理生产，外表面采用厚度 0.5 mm 彩涂钢板，内表面采用厚度 0.4 mm 彩涂钢板，屋面围护中间夹厚度 150 mm EPS 泡沫板，墙面围护中间夹厚度 100 mm EPS 泡沫板，可用于新建畜禽舍屋面墙面保温隔热围护施工。

对于老畜禽舍保温隔热升级改造，要遵循因地制宜原则，如果采用外屋面和外墙面保温隔热处理，屋面围护外表面采用厚度 0.5 mm 彩涂钢板，内表面采用厚度 0.3 mm 彩涂钢板或铝箔纸，以节省成本。要根据老畜禽舍原有屋面隔热保温具体情况，选择中间夹 100～150 mm 厚度 EPS 泡沫板。如果采用内屋面吊顶进行隔热保温处理，吊顶材料外表面采用厚度 0.4 mm 彩涂钢板，内表面采用厚度 0.3 mm 彩涂钢板或铝箔纸，以节省成本。也要根据老畜禽舍屋面原有隔热保温具体情况，选择中间夹 50～100 mm 厚度 EPS 泡沫板。墙面围护一般采用外表面 0.5 mm 厚度彩涂钢板，内表面板采用厚度 0.3 mm 彩涂钢板或铝箔纸，以节省成本，中间选择夹厚度 100 mm EPS 泡沫板。

该产品具有保温隔热性能好，施工速度快，材料成本低于 PU 泡沫板等优点。

（二）加强畜禽舍的通风设计

1. 传统技术

（1）通风屋顶或通风屋脊　空气是廉价的隔热材料。由于它导热系数小，不仅用作保温材料，而且由于受热后因密度发生变化而流动的特性，也常用作隔热材料。

空气用于屋面的隔热时，通常采用通风屋顶来实现。所谓通风屋顶是指将屋顶做成两层，中间空气可以流动，上层接受太阳辐射后，中间的空气升温变轻，由间层向通风口流出，外界较冷空气由间层下部流入，如此不断把上层接受有太阳辐射热带走，大大减少经下层向舍内的传热，这是靠热压形式的通风；在外界有风的情况下，空气由通风面间层开口流入，由上部和背风侧开口流出，不断将上层传递的热量带走，这是靠风压使间层通风。通风屋顶示意图如图 3-7-4 所示。

一般地，坡式屋顶的间层适宜的高度是 12 ～ 20 cm；平屋顶为 20 cm 左右。夏热冬冷地区不宜采用通风屋顶，因其冬季会促使屋顶散热不利于保温。但可采用双坡屋顶设置天棚，在两山墙上设风口，夏季也能起到通风屋顶的部分作用，冬季可将山墙的风口堵严，有利于天棚保温。

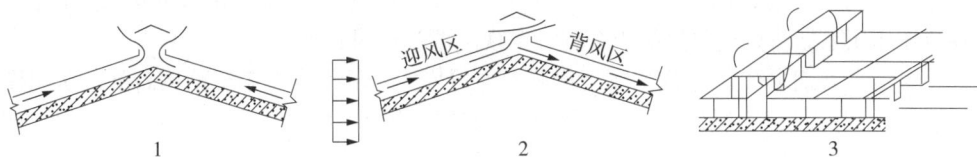

图 3-7-4 通风屋顶示意图

1—热压通风；2—风压通风；3—平顶通风

（2）通风地窗 在靠近地面处设置地窗，是使舍内形成"扫地风""穿堂风"，可以直接吹向畜体，防暑效果更好（图3-7-5）。在冬冷夏热地区，宜采用屋顶风管，管内设调节阀，以使冬季控制排风量或关闭风管。地窗应做成保温窗，冬季关严以利防寒。

2. 现代化技术

现代化畜禽舍建设具有较强的隔热保温和气密性要求，建筑墙面和屋面外围护，需采用传热系数 $k \leqslant 0.040$ W/ $(m^2 \cdot K)$ 的隔热保温材料，建筑气密性 $N_{50} \leqslant 1.0$，为畜禽舍内精细化科学化通风奠定了基础，整栋建筑还具有冬暖夏凉的天然属性。

现代化畜禽舍建筑外围护隔热保温处理，在暑期高温季节，其作用可阻隔太阳辐射热量进入舍内，减少舍内热量聚

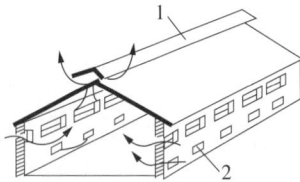

图 3-7-5 地窗、通风屋脊和屋顶风管

1—通风屋脊；2—地窗；3—屋顶通风管

集，为舍内降温创造条件；在冬季低温季节，其作用可将动物产生的余热储存于舍内顶部，增加舍内热量聚集，为舍内取暖创造条件。

现代化畜禽舍建筑外围护气密性处理，其作用是为了组织有效气流，实现精细化科学化通风，避免无效通风和过度通风带来的动物通风应激。

现代化畜禽舍环境控制包括暑季降温通风和四季换气通风两种模式，可采用负压或正压通风两种模式实现。负压通风降温主要包括水帘 + 纵向水平通风降温和水帘 + 垂直 + 水平通风降温两种模式，负压通风四季换气模式主要包括水平换气通风和垂直换气通风两种模式。正压通风降温和换气模式主要包括水帘 + 垂直正压风机 + 水平负压风机一种模式。

（1）现代化畜禽舍暑期水帘 + 纵向水平负压通风降温模式 现代化畜禽舍暑期水帘 + 纵向水平负压通风是畜禽养殖业高温季节最常见的通风降温模式，其工作原理如图 3-7-6 所示。

图 3-7-6 水帘 + 纵向水平负压通风

A—降温水帘和水泵；B1—纵向换气风机；B2、B3—纵向降温风机；

C—环境控制器；D—温度传感器

其工作原理是当 B1 纵向换气风机至最大通风量，舍内温度传感器 D 探测到环境温度高于动物舒适温度时，环境控制器 C 输出信号控制 B2、B3 纵向风机逐步启动；当舍内温度传感器 D 探测到环境温度高于动物等热区温度时，环境控制器 D 输出信号，控制降温水帘水泵 A 启动，室外热空气穿过水帘，与水帘表面的水接触，使其部分水蒸发带走热量，降低由舍外进入舍内的空气温度，并在负压作用下，将舍内热量排出舍外，实现降温和通风目的。

现代化畜禽舍暑期水帘 + 纵向水平通风降温通风模式，其优点是系统结构简单，初期投资少，已被广泛应用；缺点是舍内纵向和上下温差大，风速不均也不稳，极易发生贼风，舍内动物环境应激不断，严重影响动物健康。

（2）现代化畜禽舍暑期水帘 + 垂直 + 水平负压通风降温模式　现代化畜禽舍暑期水帘 + 垂直 + 水平负压通风降温是畜禽养殖业高温季节最新的降温通风模式，其工作原理如图 3-7-7 所示。

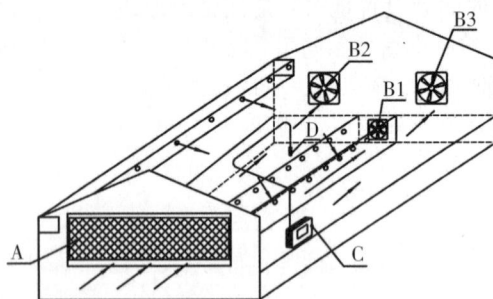

图 3-7-7　水帘 + 垂直 + 水平负压通风

A—降温水帘和水泵；B1—地沟换气变速风机；B2、B3—降温变速风机；
C—环境控制器；D—温度传感器

其工作原理是当 B1 地沟换气变速风机至最大通风量，舍内温度传感器 D 探测到环境温度高于动物舒适温度时，环境控制器 C 输出信号控制 B2 降温变速风机启动，并随着舍内温度上升或下降，自动控制通风量；当 B2 降温变速风机由最小通风量至最大通风量，舍内环境温度还继续升高时，B3 降温变速风机由最小通风量开始启动；当舍内温度传感器 D 探测到环境温度高于动物等热区温度时，环境控制器 D 输出信号，控制降温水帘水泵 A 启动，室外热空气穿过水帘，与水帘表面的水接触，使其部分水蒸发带走热量，实现降温和通风目的。

现代化畜禽舍暑期水帘 + 垂直 + 水平负压通风降温模式，其优点是系统结构简单，操作方便，节能环保，解决了舍内昼夜、纵向和上下温差大问题，风速均匀，不易发生贼风，避免舍内动物环境应激，提高动物健康和生产性能，降低生产成本；缺点是建设成本高，初期投资大。

（3）现代化畜禽舍水平负压通风四季换气模式　现代化畜禽舍水平负压通风四季换气是畜禽养殖业最常见的四季换气通风模式，其工作原理如图 3-7-8 所示。

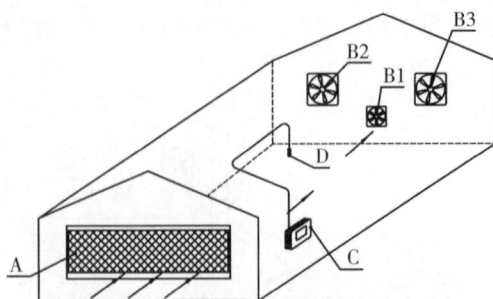

图 3-7-8　水平负压通风四季换气模式

A—降温水帘和水泵；B1—换气风机；B2、B3—纵向降温风机；
C—环境控制器；D—温度传感器

其工作原理是 B1 换气风机由环境控制器根据舍内动物舒适温度，设定开机和关机时间。通风量大小是由环境控制器 C 输出信号控制 B1 换气风机启停时间长短决定的。

现代化畜禽舍水平负压通风四季换气模式，其优点是系统结构简单，操作方便，初期投资小；缺点是忽冷忽热，舍内昼夜、纵向和上下温差大，风速不均，易发生贼风，舍内动物环境应激不断，严重影响动物健康和生产性能，猪场运行成本高。

（4）现代化畜禽舍垂直负压通风四季换气模式　现代化畜禽舍垂直负压通风四季换气是畜禽养殖业最新的四季换气通风模式，其工作原理如图 3-7-9 所示。

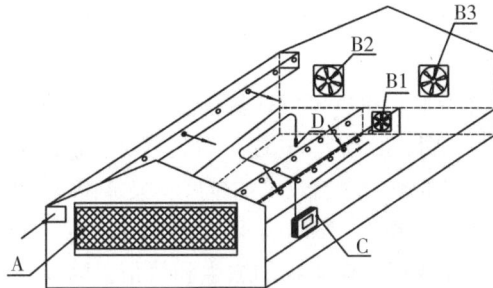

图 3-7-9　水平负压通风四季换气模式

A—降温水帘和水泵；B1—地沟换气变速风机；B2、B3—降温变速风机；
C—环境控制器；D—温度传感器

其工作原理是 B1 地沟换气变速风机的通风量大小，是由舍内实际温度与控制器 C 设定的舍内目标温度偏差值大小决定的，舍内实际温度高于目标设定温度，环境控制器 C 输出信号，控制地沟换气变速风机 B1 自动加大通风量，把舍内多余热量排出舍外，使舍内温度维持至设定目标温度，并维持最小通风量运行。当舍内实际温度下降时，环境控制器 C 输出信号，控制地沟换气变速风机 B1 自动减小通风量，让舍内动物产生热量，升温至目标温度，并维持最小通风量运行。

现代化畜禽舍垂直负压通风四季换气模式，废气由漏缝地板下方弥漫式排气地沟均匀排出舍外，即使微量通风，也能保持舍内空气清新和地面干燥。其优点是系统结构简单，操作方便，节能环保，解决了舍内昼夜、纵向和上下温差大问题，风速均匀，不易发生贼风，避免舍内动物环境应激，提高动物健康和生产性能，降低生产成本；缺点是建设成本高，初期投资大。

（三）实行遮阳与绿化

1. 畜舍的遮阳

遮阳的目的在于，通过遮挡太阳辐射防止舍内过热。遮阳后和没有遮阳之前所透进的太阳辐射热量之比，叫做遮阳的太阳辐射透过系数。①挡板遮阳，是一种能够遮挡正射到窗口的阳光的一种方法，适宜于西向、东向和接近这个朝向的窗口；据测定，西向窗口用挡板遮阳时，太阳辐射透过系数约为 17%。②水平遮阳，是一种用水平挡板遮挡从窗口上方射来的阳光的方法；适用于南向及接近南向的窗口。③综合式遮阳，用水平遮阳和用垂直挡板遮挡由窗口左右两侧射来的阳光的综合方法，适用于东南向、西南向及接近此朝向的窗口，也适用于北回归线以南的低纬度地区的北向及接近北向的窗口；西南向窗口用综合式遮阳时，太阳辐射透过系数约为 26%。可见在炎热地区，遮阳对于减少太阳辐射，缓和舍内过热等具有重大意义。

此外，加宽畜舍挑檐、挂竹帘、搭凉棚，以及植树和棚架攀缘植物等，都是简便易行、经济实用的遮阳措施。不过，遮阳与采光、通风有矛盾，应全面考虑。

2. 畜牧场绿化

绿化是指通过栽树、种植牧草和饲料作物，来覆盖裸露的地面以缓和太阳辐射。绿化的作用在于，净化空气、防风、改善小气候状况，美化环境、缓和太阳辐射、降低环境温度等。绿化的降温作用在于：①通过植物的蒸腾作用与光合作用，吸收太阳辐射热，从而显著降低空气温度；②通过遮阳以降低太阳辐射，使建筑物和地表面温度降低，绿化了的地面比未绿化的地面的辐射热低 4～15 倍；③通过植物根部所保持的水分，可从地面吸收大量热能而降温。

此外，降低饲养密度也可缓和舍内过热的状况。

（四）养殖场防暑降温措施

通过隔热、通风和遮阳，只能削弱舍内畜体散出的热能，造成对家畜舒适的气流，并不能降低大气温度。因此，当气温接近家畜体温时，为缓和高温时对家畜健康和生产力的不良影响，必须采取降温措施。

1. 喷雾降温

利用机械设备向舍内直接喷水或在进风口处将低温的水喷成雾状，借助汽化吸热效应而达到畜体散热和畜禽舍降温的作用（图3-1-10）。这是一种比较经济的降温措施，采取喷雾降温时，水温越低，降温效果越好，空气越干燥，降温效果也越好。喷雾降温可用于各种畜舍，尤其是鸡舍、猪配种妊娠舍、猪生长育肥舍及公猪舍，每间隔40分钟喷水3～5分钟。但喷雾会使空气湿度提高，对畜体散热不利，同时会导致病原微生物的滋生和繁衍，因此在湿热天气不宜使用。配合消毒剂的使用可达到无死角全方位的杀菌消毒，或加以除臭液的使用，可进行舍内除臭。

图 3-7-10　喷雾降温

2. 蒸发冷却

将麻布、刨花或专用蜂窝状纸等吸水、透风材料制作成的蒸发垫置于机械通风的进风口，并不断往蒸发垫上淋水，当气流通过时，舍内的空气经过蒸发垫，经由水分蒸发吸热，从而降低进舍气流的温度的降温办法。

湿帘风机降温设备（图3-7-11，图3-7-12）又称水帘通风系统，是目前最为成熟、生产应用最多的蒸发降温设备。该装置主要部件由湿帘、风机、水循环系统及控制系统组成。部分冷风机还采用在水里添加"冰晶"等冷媒来提升吸热效果，还有的冷风机拥有净化空气和杀菌的功能。

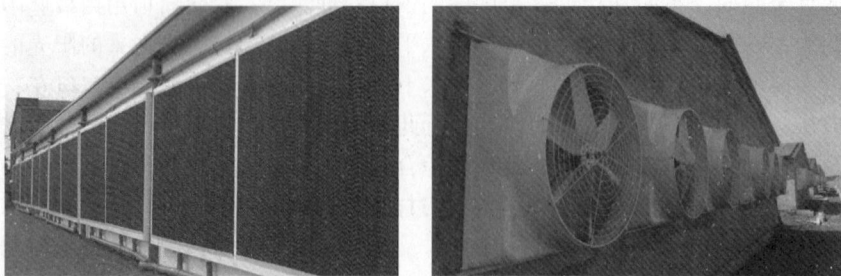

图 3-7-11　湿帘风机

当畜禽舍采用负压式通风系统时，将湿帘安装在通风系统的进气口，空气通过不断淋水的蜂窝状湿帘降低温度。湿帘是工厂生产的定型设备，采用特种高分子材料制成，蒸发表面积较大，在水循环下帮助下保持均匀湿润和泄水量。也可以自行制作刨花箱，箱内充填刨花，以增加蒸发面，构成蒸发室，在箱的上方有开小孔的喷管向箱内喷水，箱的下方由回水盘收集多余的水。供水由水泵维持循环。当排气风机排除舍内的污浊空气，使舍内形成负压，舍外高温空气便通过刨花箱进入舍内，这样，当热空气通过蒸发箱时，由于箱内水分蒸发吸收空气大量热量，使通过的

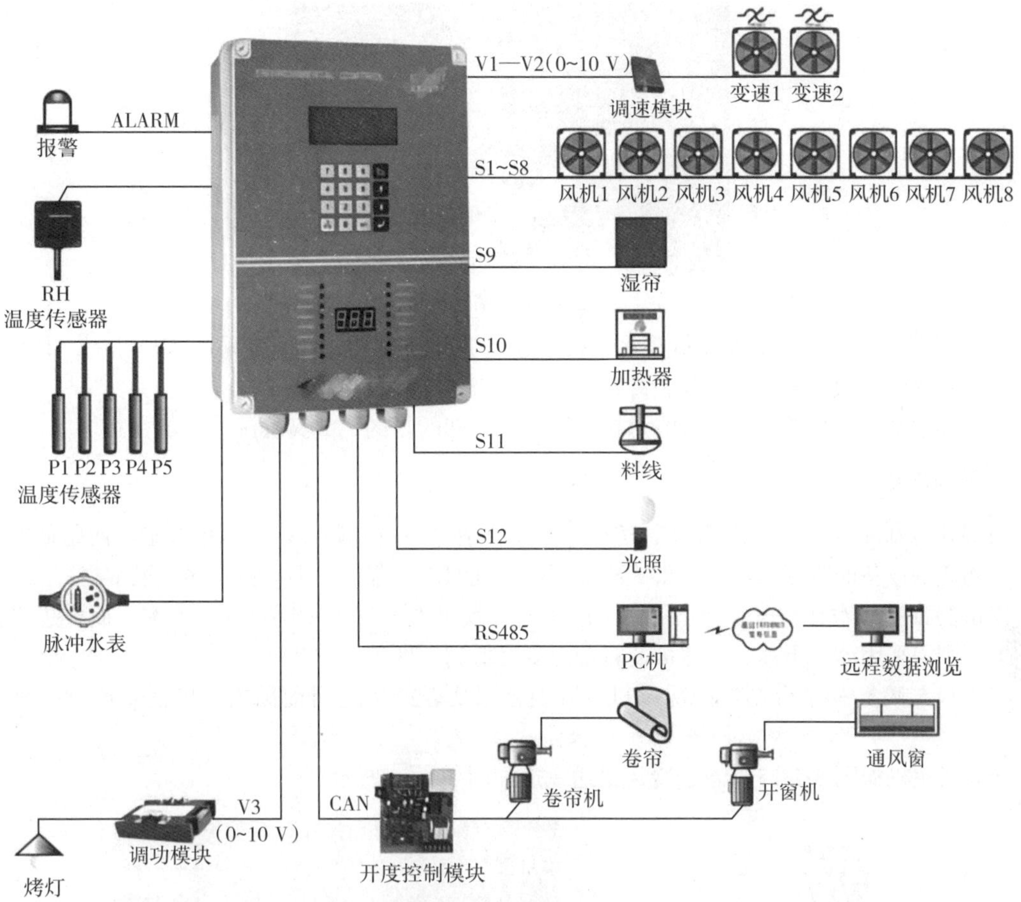

图 3-7-12　智能化湿帘风机控制系统

空气得以降温。舍外空气越干燥，温度降低将越大。实验表明，外界温度高达 35 ～ 38 ℃的空气通过蒸发冷却后温度可降低 2 ～ 7 ℃。

3. 喷淋降温

这是一种与冷水接触夺取体热而达到降温的办法。在猪舍、牛舍粪沟或畜床上方设喷头或钻孔水管，定时或不定时为家畜淋浴，通过水的吸热而达到降温，从而降低热对家畜的影响（图 3-7-13）。这种方法适用于大肥猪舍、配种妊娠舍及公猪舍，喷头设置在排粪区域，远离料槽，设置高度在 1.8 m 左右。每天可进行 2 ～ 3 次淋浴，时间 0.5 ～ 3 分钟，忌用冷水突然喷淋头部。喷淋降温易导致地面潮湿，导致圈舍湿度增大。

在限位栏或漏缝高位产房，则采用滴水降温法（图 3-7-14），即将水滴滴到哺乳母猪或妊娠母猪的颈部背部，经由水滴蒸发降低体温。滴水器安装在母猪颈肩部上方，每间隔 15 分钟滴水一次，每次滴水时间 30 秒～ 1 分钟，滴水器调控每次滴水可使颈肩部充分湿润而又不使水滴到地上，降温效果显著。

图 3-7-13　喷淋降温

图 3-7-14　滴水降温

在我国养猪业中，设水池让猪在水中打滚也是一种降温措施。但是采用这种办法，必须经常换水，否则水温很快升高，不仅失去冷却作用，且极易腐败发臭。

以上办法都是空气或畜体直接与水接触而达到冷却的目的，故又称湿式冷却。

4. 干式冷却

与湿式冷却相反，干式冷却的空气不是直接与制冷物质，如冷水、冰等接触，而是使空气经过盛冷物质的设备而降温的形式。干式冷却不受空气湿度的限制，但需设备多，成本高。

据试验证明，水比空气温度低 15～17 ℃时，仅可使空气温度降低 3～5 ℃。而要想降温超过 5 ℃，则需采用冰或干冰，干冰可使箱壁温度降低到 -78 ℃。

将冷风与喷雾相结合制造的冷风机，降温效果比较好，是目前国内外广泛生产的一种新型设备。

冷风机主机如图 3-7-15 所示，冷风机送风道如图 3-7-16 所示。

图 3-7-15　冷风机主机

图 3-7-16　冷风机送风道

七、养殖场内防寒保暖的控制技术

（一）养殖场防寒保暖建筑设计

通过采取保温措施，可以有效减少畜禽舍内部热量通过外围结构向外界散失，从而实现保持温暖的目的。大多数畜禽舍只要进行合理设计和施工，就能够提供适宜的温度环境。然而，幼畜由于其热调节能力尚未完善，在寒冷的冬季地区，需要额外提供供暖来满足幼畜所需的适宜温度，特别是在产仔舍和幼畜舍中。这样做可以确保幼畜在寒冷季节能够处于适宜的温度条件下生活。

1. 屋顶、天棚的防寒保暖设计

经过试验证实，在畜禽舍的外围护结构中，屋顶和天棚是失热最严重的部位，其次是墙壁和地面。因此，在寒冷地区，选用保温性能良好的材料，并确保其适当的厚度，对屋顶进行保温至关重要。同时，屋顶和天棚的结构必须密封，不能透气，因为透气性会破坏空气缓冲层的稳定，并降低天棚的保温性能。目前，用于畜禽舍天棚隔热的合成材料主要包括玻璃棉、聚苯乙烯泡沫塑料、聚氨酯板等。此外，新型的保温材料也被广泛应用于畜禽舍建筑，如双层夹芯彩钢板，在钢板内部复合上聚乙烯发泡层等。这些保温材料的应用有助于提供更好的隔热效果，保持畜禽舍内部的温暖。对于畜禽舍建筑而言，选择合适的保温材料和结构设计是至关重要的。

此外，适当降低畜禽舍的净高，也是在寒冷地区改善畜禽舍温度状况的一个办法，但檐高一般应不低于 2.4 m，且必须保证有良好通风换气条件。

2. 墙壁的防寒保暖设计

在寒冷地区为建立符合家畜家禽要求的环境条件，必须加强墙壁的保温设计，除选用导热性小的材料外，必须在确定合理的结构上下功夫，从而提高墙壁的保温能力。比如，选用空心砖代替普通红砖，墙的热阻值可提高 41%，而用夹心混凝土块，则可提高 6 倍。采用空心墙体或在空心墙中填充隔热材料，均会大大提高墙的热阻值。如果施工不合理，往往会降低墙体的热阻值。比如，由于墙体透气、变潮都可导致对流和传导散热的增加。

在外门加门斗、双层窗或临时加塑料薄膜、窗帘等，在受冷风侵袭的北墙、西墙少设窗、门，对加强畜舍冬季保温均有重要意义。此外，对冬季受主风和冷风影响大的北墙和西墙加强保温，也是一项切实可行的措施。

3. 地面的保温隔热设计

地面与屋顶、墙壁比较，虽然失热在整个外围护结构中位于最后，但由于家畜直接在地面上活动，地面的状况直接影响畜体，因此具有特殊的意义。

"三合土"地面在干燥的情况下，具有良好的隔热特性，故在鸡舍、羊舍等较干燥，很少产生水分，也无重载物通过的畜舍里可以使用。

水泥地面具有坚固、耐久和不透水等优良特点，但既硬又冷，在寒冷地区对家畜极为不利，直接作畜床时必须铺垫草。

保持干燥的木板是理想的温暖地面，但木板铺在地上又往往吸水而变成良好的热导体。此外木板的价格高，不合算。

现在国外已普遍采用一种叫空心黏土砖地面。这种地面的特点是：上层是导热系数小的空心砖，其下是蓄热性大的混凝土，再下是导热系数比较小的夯实素土。当畜体与这种地面接触时，首先接触的是抹有一薄层灰的空心砖，不感到凉，导热也慢，因而畜体失热少。而热量由空心砖传到混凝土层，由于其蓄热性强，被贮积起来。当要放热时，上面是导热系数小的空心砖，下面是导热系数比较小的夯实素土，因而受到阻碍。因此，地面温度比较稳定。

4. 选择有利于防寒保暖的畜舍形式与朝向

畜舍的形式和朝向与畜舍的保温有密切的关系。大跨度畜舍、圆形畜舍的外围护结构的面积相对比小型畜舍、小跨度畜舍的面积小，因此，通过外围护结构散失的总热量小，所用的建筑材料也节省。同时畜舍的有效面积大，利用率高，便于实现生产过程的机械化和采用新技术。多层畜舍上层有良好的保温地面，下层有良好的保温屋顶，既节约材料、土地，又有利于保温，故在寒冷地区多采用多层畜舍形式。

畜舍的朝向，不仅影响采光，而且与冷风侵袭有关。在寒冷地区，由于冬春季风多偏西、偏北，故在实践中，畜舍以南向为好，有利于保温。

5. 充分利用太阳辐射的畜舍设计——塑料暖棚畜舍

仿照我国种植业使用的温室来设计畜舍，是充分利用太阳辐射的范例。建造温室式塑料暖棚畜舍，如单坡式畜舍，可采用倾斜朝向太阳的设计，屋顶使用玻璃或塑料布材料，上面覆盖着草带，白天可卷起。这样设计的目的是利用太阳辐射通过塑料膜进入棚内，使地面、墙壁和畜禽能够接受太阳的短波辐射，并将光能转化为热能。其热量一部分被贮藏，另一部分以长波辐射释放，由于塑膜能够阻止部分长波辐射，使这部分辐射阻流于棚内，从而使棚温升高。晚上将草帘放下，以利保温。为了减少热量散失及舍温波动，也可以建成半地下式的温室畜舍以饲养产仔母猪和雏鸡。这种大棚式畜舍在我国北方地区的专业户和小型殖场被广泛采用。

（二）养殖场供暖方法

对家畜的饲养管理及畜舍的维修保养与越冬准备，直接或间接地对畜舍的防寒保暖起着不可低估的作用。

在采取各种防寒措施仍不能保障要求的舍温时，必须采取供暖。供暖方式有集中供暖和局部供暖两种。前者是由一个热源（锅炉房或其他热源），将热媒（热水、蒸汽或空气）通过管道送至舍内或舍内的散热器，后者是在需要供暖的房舍或地点设置火炉、火炕、火墙、烟道或者保温伞、热风机、红外线灯等。无论采取哪种方式，都应根据畜禽要求，供暖设备投资、能源消耗等考虑经济效益来定。

1. 局部供暖

刚出生的幼畜禽多采用局部供暖，如初生仔猪、雏鸡等。在母猪分娩舍，由于母仔等热区异太大，一般是在仔猪保温箱、保温伞或仔猪栏上方安装保温灯（如红外线灯）（图3-7-17），也可在保温或产栏内局部铺设电褥子、远红外电热板（图3-1-18）等局部供暖设备，既可保证仔猪所需较高的温度，又不影响母猪。在鸡舍常用火炉、电热育雏笼、育雏保温伞（图3-7-19）、育雏保温器（图3-7-20）等设备供暖，如采用保温伞育雏，一般可饲养800～1 000只鸡。如利用红外线照射仔猪，一般一窝一盏（125 W）。在选择灯具供暖时，红外线灯或白炽灯的瓦数不同、悬挂高度和距离不同，温度也不同。

图3-7-17　畜舍保温灯

图3-7-18　仔猪保温电热板

图3-7-19　育雏保温伞

图3-7-20　鸡舍育雏保温器

2. 集中供暖

（1）地暖供暖系统　指采用畜床下敷设电阻丝或热水管的采暖系统。目前，低温热水地面辐解采暖系统（简称"地热"或"地暖"）发展迅速（图3-7-21）。由于地面辐射供暖的热媒水趋向低温化，一般50 ℃即可满足，各种PEX（交联聚乙烯系列）、PPR（三型聚丙烯管）等地暖管材，在工业与民用建上应用广泛。畜舍地暖管一般敷设在水泥地面下5.0～7.5 cm处，管间距一般为25～40 cm；为防止热能散失，管下设厚2.0 cm的聚苯乙烯泡沫板隔热层和防潮层。地暖供暖在养猪生产上应用广泛，效果较好。地暖供暖有助于保持地面干燥，减少痢疾等疾病的发生，但一旦地面裂缝则极易被破坏，对突然的温度变化调节能力力差。

图 3-7-21　猪舍地暖

（2）热风供暖　是利用热源将空气加热到要求的温度，然后将该空气通过管道送入畜舍进行加热。其最大的优点是将热风直接送到家畜活动的区域，同时降低畜舍的湿度，有效地解决了冬季通风与保温的矛盾，在寒冷地区畜舍中多有应用。但因为空气的贮热能力很低，所以热风供暖不宜远距离输送，远距离输送会使温度递降很快。热风供暖设备主要有热风炉（图 3-7-22）和暖风机（图 3-7-23）两种。

热风采暖时，送风管道直径及风速对采暖效果有很大影响。管径过大或管内风速过小，采暖成本增加；相反，管径过小或管内风速过大，会加大气体管内流动阻力，增加电机耗电量。当阻力大于风机所能提供的动压时，会导致热风热量达不到所规定的值。通常要求送风管内的风速为 $2 \sim 10$ m/s。

图 3-7-22　热风炉

图 3-7-23　暖风机

（3）地源热泵　又称空气能地暖，是一种利用浅层地热资源（也称地能，包括地下水、土壤或地表水等）的既可供热又可制冷的高效节能空调设备。地源热泵通过输入少量的高品位能源（如电能），实现由低温位热能向高温位热能转移。冬季可供暖、夏季可降温。空气能地暖具备温度调节方便，供热均匀稳定，不产生有害气体，使用寿命长，维护成本低等优点，最大的缺点是初始投资成本较高，但其节能效果是所有设备中最优的。以 100 m^2 的地暖为例，冬天一天的耗电量大概是 $40 \sim 50$ kW·h，比电地暖省电 200%，安全 100%。目前在发达国家应用广泛。

（4）太阳能供暖系统　是将太阳能转化成热能供应冬季采暖和全年生活热水。该系统主要由集热系统（平板太阳能集热板、真空太阳能管、太阳能热管等）、换热储热系统（热水器等）、辅助能源和控制系统等部分组成。通过热水输送到地板采暖系统、散热器系统等提供房间采暖。太阳能供暖属于清洁能源，在畜舍采暖也有应用。

北欧各国广泛采用热风装置，往畜禽活动区送热风。意大利则多用热水管（一层或二层管设在距地面 50 cm 处）取暖。而美国则多用保温伞（育雏期）调节雏鸡活动区的温度；对哺乳仔猪，多用红外线灯照射。也有在畜床下铺设电阻丝或热水管做所谓热垫。一般来讲，在温暖地区往畜舍送热风比较理想，而在寒冷地区（尤其多雾时）或畜舍保温不良时，则采用水暖较好。

2009 年国内某公司研发节能猪舍模式，采用保温密闭猪舍建设技术和精细化环境控制技术，冬季采暖的独到之处，就是利用猪群散发的体温热量（气温 −20 ℃以下地区需要地窖地温热量），将进入舍内冷空气加热至猪群舒适温度。"派如"节能猪舍模式，-20 ℃以上冷空气，可以直接进入舍内（-20 ℃以下冷空气需经地窖预热后），且能实现 24 小时连续通风保持舍内恒温。该模式打破了猪舍传统取暖方式，既节能环保、节省采暖成本，又解决了"通风与保温矛盾"这个行业难题，已在内蒙古、辽宁、吉林极寒地区及山东、河北、河南、山西、陕西、甘肃、安徽、江苏、福建、广东、江西、四川、重庆、云南等全国 500 多家猪场成功使用。

（三）养殖场防寒保暖管理

在我国东北、西北、华北等寒冷地区，冬季气温低，持续期长（建筑设计的计算温度一般在 -25 ~ -15 ℃，黑龙江省甚至在 -30 ℃左右），四季及昼夜气温变化大。低温寒冷会对畜牧业产生极为不良的影响。因此，寒冷是制约我国北方地区畜牧业发展的主要限制因素。在寒冷地区修建隔热性能良好的畜禽舍，是确保畜禽安全越冬并进行正常生产的重要措施。对于产仔舍和幼畜禽舍，除确保畜禽舍隔热性能良好之外，还需通过采暖以保证幼畜所要求的适宜温度。

1. 增加饲养密度

在不影响饲养管理及舍内卫生状况的前提下，适当增加舍内畜禽的饲养密度，等于增加热源，这是一项行之有效的辅助性防寒保温措施。

2. 除湿防潮

采取一切措施防止舍内潮湿是间接保温的有效方法。由于水的导热系数为空气的 25 倍，因而潮湿的空气、潮湿的墙壁、地面、天棚等的导热系数往往要比干燥状况的空气、墙壁等的导热系数增大若干倍。换言之，畜禽舍内空气中水汽含量增高，会大大提高畜体的辐射、传导散热；墙壁、地面、天棚等变潮湿都会降低畜禽舍的保温能力，加剧畜禽体热的消耗。由于舍内空气湿度高，不得不通过加大换气量排出，而加大换气量又必然伴随大量热能的散失。所以，在寒冷地区设计、修建畜禽舍不仅要采取严格的防潮措施，而且还要尽量减少饲养管理用水，同时也要加强畜禽舍内的清扫与粪尿的排出，以减少水汽产生，防止空气污浊。

3. 利用垫草垫料

利用垫草改善畜体周围小气候，是在寒冷地区常用的另一种简便易行的防寒措施。铺垫草不但可以改善冷硬地面的温热状况，而且可在畜体周围形成温暖的小气候。此外铺垫草也是一项防潮措施。但除肉鸡场之外，由于垫草体积大，质量大，受来源和运输的制约而受到限制，很难在集约化畜牧场应用。

4. 加强畜禽舍的维修、保养

加强畜禽舍的维修、保养，入冬前进行认真仔细的越冬御寒准备工作，防止冷风的渗透和贼风的产生，包括封门、封窗、设挡风障、堵塞墙壁、屋顶缝隙、孔洞等。这些措施对于提高畜禽舍防寒保温性能都有重要的作用。

5. 补充高能量饲料

在寒冷季节，动物需要更多的能量来保持体温。合理调整饲料组成，增加能量摄入，确保动物的热量供应。

6. 使用保暖设备

在冷天气条件下，使用适当的保暖设备可以提供额外的温暖。例如，使用红外线灯、加热灯、电热毯等设备，为动物提供额外的热源。

7. 保障建筑物和设施的保温

在养殖场中，确保建筑物、畜舍和设施都具备良好的保温性能是非常重要的。使用保温材料（如保温板、保温棉等）对墙壁、天花板和地板进行保温，以减少热量损失。

📝 练一练

> 1. 怎样在南方做好畜舍的防暑降温？
> 2. 怎样在北方做好畜舍的防寒保暖？

📖 拓展学习

猪场突发断电致生猪死亡

现代化养殖场为扩大效益、有效利用生产场地，一般采用封闭式管理，机械设备及智能控制技术越来越多，对电的依赖性也越来越高。一旦断电，养殖场内的通风设备、降温设备将停止运转，如果此刻养殖户仍未采取救急措施，畜禽的呼吸、代谢活动会让周围的温度迅速升高，有的畜禽身上又没有汗腺调节体温，对高温环境的适应能力更差，就会出现规模性的死亡现象。无论是大型猪场还是小型散户，猪场突发断电都可能导致巨大的经济损失。

2023 年 7 月，江苏南通某养殖场因夜间跳闸突发断电，导致猪场内的通风设备停止运行，原本宽敞的猪舍内，瞬间变得闷热无比。由于是夏季，气温本就偏高，猪舍环境密闭，加上密集的生猪散发出的热量，舍内的温度迅速升高至 60 ℃以上，氧气量越来越稀薄，舍内的生猪逐渐开始呼吸困难，情况危急。因养殖场无人值守夜班，未及时发现猪场断电，最终致数百头生猪因高温和缺氧死亡。

猪场一个小小的突发情况，就可能导致巨大的经济损失。猪场技术员应引以为戒，值守期间认真负责，确保供电设备的稳定运行，及时发现猪舍或生猪的异常情况，以便在发生类似事故时能够迅速采取措施，降低损失。此外，对于这种情况造成的死亡生猪，同样不能流入市场，应集中进行无害化处理。

任务 7.2　湿度控制技术

【学习目标】

针对养殖场畜禽舍管理岗位技术任务要求，深刻理解并掌握湿度概念，能对不同养殖生产场景进行畜禽舍湿度控制，畜禽舍湿度测定方法等实践操作技术。

【任务实施】

一、湿度的概念和表示指标

（一）湿度的概念

任何状态下空气中都含有水汽。通常把空气中含有水汽多少的物理量称为空气湿度（简称"气湿"），是畜舍最重要的环境卫生指标。空气中水汽主要来源于水面以及植物、潮湿地面的蒸发。

（二）湿度的表示指标

1. 水汽压

水汽压是指大气中的水汽所产生的压力。其单位用"Pa"表示。在一定温度下，大气中水汽含量的最大值是一个定值，超过这个定值，多余的水汽就凝结为液体或固体。随着温度升高，该值增大。当大气中的水汽达到最大值时，称为饱和空气，这时水汽所产生的压力称为饱和水汽压。

不同温度下的饱和水汽压见表3-7-3。

表3-7-3　不同温度下的饱和水汽压

温度 /℃	−10	−5	0	5	10	15	20	25	30	35	40
饱和水汽压 /Pa	287	421	609	868	1 219	1 689	2 315	3 136	4 201	5 570	7 316
饱和湿度 / (g·m⁻³)	2.16	3.26	4.85	6.80	9.40	12.83	17.30	23.05	30.57	39.60	51.12

（引自：冯春霞.家畜环境卫生［M］.北京：中国农业出版社，2001.）

2. 绝对湿度

绝对湿度是指单位体积的空气中所含水汽质量，用 g/m³ 表示。它直接表示空气中水汽的绝对含量。

3. 相对湿度

相对湿度是指空气中实际水汽压与同温度下饱和水汽压百分比。相对湿度说明的是水汽在空气中的饱和程度，是一个最常用的指标，用 RH 表示。

$$相对湿度（RH）= \frac{实际水汽压}{饱和水汽压} \times 100\%$$

RH 越大，说明空气越潮湿。

4. 饱和差

饱和差是指在一定温度下饱和水汽压与同温度下实际水汽压之差。饱和差越大，表示空气越干燥；饱和差越小，则表示空气越潮湿。

5. 露点温度

露点温度是指空气中水汽含量不变，且气压一定时，因气温的下降使空气达到饱和，此时的温度称为露点温度，单位是℃。

空气中水汽含量越多，露点温度越高；否则反之。

（三）湿度的来源、分布及变化规律

1. 来源

畜舍空气中的水汽主要来源于畜禽机体蒸发的水汽，占70%～75%；外界进入舍内的大气，占10%～15%；舍内潮湿地板、垫料等蒸发的水汽，占20%～25%。总体说来，畜舍内空气湿度常常大大超过外界空气的湿度，且多变。密闭式圈舍中的水汽含量常常比大气中高出很多，半封闭式和开放式圈舍水汽受外界影响比较大。

2. 分布

在标准状态下，水汽的密度较空气小。由于畜体和地面水分的不断蒸发水分，较轻暖的水汽又很快上升，聚集在圈舍上部，使得封闭式圈舍的上部和下部的湿度均较高。舍内温度低于露点时，空气中的水汽会在墙壁、地面等物体上凝结并渗透进去，使圈舍和舍内生产用具变潮，随着温度上升，这些部位的水分又从物体中蒸发出来，使空气湿度升高。

3. 变化规律

气温与气湿密切有关。由于气温会随着时间的变化发生周期性变化，因此气湿也有周期性的日变化和年变化现象，并且大气中的水汽主要来源于地面的蒸发，其蒸发量的大小受气温影响较大。一年中，绝对湿度在7月份温度达最高值时最大，在一天中14：00后最大；而相对湿度则正好相反，一般在温度最低时的冬季和清晨达到最大值，且伴随着相对湿度达到饱和时，水汽凝结为雾、霜、露等。受季风影响，我国某些地区相对湿度最大值会出现在夏季。

二、湿度对畜禽的影响

（一）对热调节的影响

空气湿度对畜禽体温调节的影响与环境温度有关。在适宜的温度下，气湿对畜禽的热调节几乎没有影响，但控制空气湿度仍然是有必要的。一般要求舍内的空气相对湿度以 50%～80% 为宜。如果湿度过高，不仅畜舍建筑和舍内机械设备的寿命会降低，也会使得病原体更易繁殖，畜禽易患皮肤病，如湿疹、疥癣等；如果湿度过低，舍内易形成过多的灰尘，从而引起呼吸道疾病。气湿主要影响机体的散热过程。在高温和低温情况下，不仅畜禽的热调节功能受到影响，对畜禽产生的危害也会因水汽导热系数高而加重。

高温下，畜禽以蒸发散热为主，而蒸发散热与畜体蒸发面（皮肤和呼吸道）的水汽压与空气水汽压的差成正比。畜体蒸发面的水汽压又与蒸发面的温度和潮湿程度有关，一般皮温越高，越潮湿（如出汗），水汽压则越大，越有利于蒸发散热。当畜体蒸发面水汽压与空气水汽压差值因空气水汽压的升高而减少，机体通过蒸发散热能力减弱，因此畜体在高温、高湿环境中散热更困难，畜禽热应激影响更严重。

低温下，畜禽则是以非蒸发散热为主，如辐射、传导和对流等形式，并力争减少热量的散失来维持体温。非蒸发散热量大小与环境导热性能有关。当空气中的水汽含量较高，即空气越潮湿，其导热性能和容热量都高于干燥的空气环境，加上畜禽被毛和皮肤在高温环境中能吸收空气中的水分，提高了其导热系数，体表阻热作用降低，导致了非蒸发散热量增加，不利于保温，机体处于低温高湿环境中比在低温低湿环境中会感到更冷。

总的来说，不论温度高低，高湿是影响畜禽热调节的主要因素之一。高温高湿条件下，抑制畜禽散热作用；低温高湿条件下，该作用增强。而在低湿时，则可减轻高温和低温的不良作用，使家畜的健康和生产力少受影响，见表 3-7-4。

表 3-7-4　湿度对泌乳黑白花牛热平衡和饲料消耗的影响

温度 /℃	相对湿度 /%	体温变化 /℃	总消化养分消耗量变化 /（kg·d⁻¹）
26.7	30	+0.1	−0.24
26.7	80	+0.6	−0.67
32.2	20	+0.5	−0.56
32.2	40	+1.3	−1.86

（引自：冯春霞. 家畜环境卫生［M］. 北京：中国农业出版社，2001.）

（二）对生产性能的影响

1. 生长、肥育

在适宜温度下（14～23 ℃），相对湿度由 45% 上升到 95%，对育肥期猪的增重无明显影响。当温度上升到 30 ℃，相对湿度由 30% 升高到 90% 时，平均日增重下降比例由下降 30% 增加到下降 48%。犊牛在 7 ℃低温下，相对湿度升高到 95% 后，平均日增重下降 11.1%。在过低的气湿环境中，雏鸡羽毛的生长同样受影响。

2. 产蛋和产奶

当气温在 24 ℃以下，牛的产奶量、乳的组成、饲料和饮水以及体重等受气湿的影响小。当温度上升后，牛的产奶量和乳脂率及非脂固形物含量随着相对湿度的升高而下降，但对乳糖含量影响很小，见表 3-7-5。

表 3-7-5　温度对产奶量的影响

温度 /℃	相对湿度 /%	以 24 ℃、相对湿度 38% 时的产奶量作为标准产奶量 100%		
		荷斯坦牛	娟姗牛	瑞士黄牛
24	38（低湿）	100	100	100
24	76（高湿）	96	99	99
34	46（低湿）	63	68	84
34	80（高湿）	41	56	71

（引自：李蕴玉 . 养殖场环境卫生与控制 [M] . 北京：高等教育出版社，2002.）

蛋鸡所需的适宜温度与湿度呈负相关。如温度适宜，相对湿度在60%～70%时对产蛋最有利。但当温度升高后，蛋鸡的相对湿度随温度升高而降低。当气温为28 ℃、31 ℃、33 ℃时，相对湿度分别为75%、50%、30%。当超过这个范围后，均不能通过日粮的调整来避免产蛋量的下降。

3. 生殖

据实验分析，牛的繁殖率在夏季气温超过35 ℃时与相对湿度呈负相关，而当温度降到35 ℃以下时，高湿对繁殖率影响变小。与干燥光亮猪舍相比，生长在潮湿阴暗猪舍中的妊娠母猪和分娩母猪产仔数要降低20%以上，仔猪断奶窝重降低18%左右。研究发现，高温高湿环境可导致母猪内分泌功能失调，进而降低了卵子的数量和质量，降低了母猪的繁殖性能。

（三）对健康的影响

1. 高湿

高湿环境利于病原微生物的繁殖、感染、传播，使家畜自身对传染性疾病的抵抗力减弱，感染率增加，易引起传染病流行。同时，高湿还会促进病原学真菌、细菌和寄生虫病的生长繁殖，使得家畜易患湿疹、疥螨、癣等皮肤病，引起白痢、球虫病的发生。储存于高温高湿条件下的垫草、饲料还会发霉变质，使雏鸡发生群发性的曲霉菌病。

低温高湿环境下，畜禽又易患各种呼吸道疾病、神经炎、关节炎、风湿病等。

2. 低湿

在高温低湿环境下，空气特别干燥，畜禽裸露的皮肤会干裂，皮肤和黏膜对微生物的防卫能力减弱。在相对湿度40%以下，极易引起呼吸道疾病。湿度过低，对家禽羽毛生长不利，也容易发生啄癖。猪发生皮屑脱落。

三、畜舍中空气湿度标准

从畜禽生理机能来说，相对湿度在50%～70%是比较适宜的。但在冬季很难达到这个范围，通常情况下，鸡舍为70%，成年猪舍、后备猪舍为65%～75%，肥育猪舍为75%～80%，成年牛舍、育成牛舍为85%，犊牛、公牛舍为75%。由于牛舍用水量大，其相对湿度范围稍微放宽了一些。

四、畜禽舍的湿度控制措施

地形、水源、土壤、植被、降水量的大小与时间分布是否均匀，以及人工水渠等这些影响空气中水汽含量的因素都直接影响湿度大小。在进行养殖场建设规划设计时，考虑场地的绿化、人工开渠等都可以有效调节空气湿度。

畜禽舍内动物排泄物和管理产生的污水，是造成舍内潮湿、空气卫生状况差的主要原因，因此保证这些排泄物及污水及时排出舍外，是畜禽舍湿度控制的重要措施。

（一）畜禽舍排水系统的控制

家畜每天排出的粪尿量与体质量之比，牛为 7.9%，猪为 5% ～ 9%，鸡为 10%；生产 1 kg 牛奶排出的污水约为 12 kg，生产 1 kg 猪肉约为 25 kg。因此，畜舍排水系统性能状况如何，不仅影响畜舍本身的清洁卫生，也可能造成舍内潮湿，影响家畜健康和生产。

畜舍的排水系统因家畜种类、畜舍结构、饲养管理方式等不同而有差别，一般分为传统式和漏缝地板式两种类型。

1. 传统式的排水系统

传统式的排水系统是依靠人工清理操作并借助粪水自然流动而将粪尿及污水排出的设施，一般由畜床、排尿沟、降口、地下排出管和粪水池组成。

（1）畜床　畜床是畜禽采食、饮水及休息的地方。为便于尿水排出，畜床地面向排尿沟方向应有适宜的坡度，一般牛舍为 1% ～ 1.5%，猪舍为 3% ～ 4%。

（2）排尿沟　排尿沟是承接和排出粪尿及污水的设施。为便于清扫、冲刷及消毒，排尿沟多设为明沟，用水泥砌成方形或半圆形，内面光滑不透水，朝"降口"方向要有 1% ～ 1.5% 的坡度，沟宽一般为 20 ～ 50 cm，深度 8 ～ 12 cm，牛舍不超过 15 cm，猪舍不超过 12 cm。对头式畜舍，一般设在畜床的后端，紧靠除粪道与除粪道平行；对尾式畜舍，设在中央通道的两侧。

（3）降口　降口俗称水漏，是排尿沟与地下排出管的衔接部分。排尿沟过长，应每隔一定距离设置一个降口；为防粪草落入堵塞，上面应有铁篦子，铁篦子应与排尿沟同高；降口下部，排出管口以下部分应设沉淀池，以免粪尿中固形物堵塞地下排出管道。

为防止粪水池中的臭气经地下排出管逆流进入舍内，在降口中可设水封。水封是用一块板子斜向插入降口沉淀池内，让流入降口的粪水顺着板子流下先进入沉淀池，让上清液部分从排出管流出的设施，由于排出管口以下沉淀池入内始终有水，就起到了阻挡气体的作用。

（4）地下排出管　地下排出管是将各降口流下来的尿及污水导入舍外的粪水池中，一般与排尿沟垂直，向粪水池方向有 3% ～ 5% 的坡度。在寒冷地下，地下排出管要采取防冻措施，以免管中的污液结冰，如果地下排出管自畜舍外墙到粪水池的距离大于 5 m 时，应在墙外设检查井，以便在管道堵塞时进行疏通。

（5）粪水池　粪水池是一个密封的地下贮水地，一般设在舍外地势较低处，并且畜禽在运动场相反的一侧，距离畜舍外墙 5 m 以上。粪水池的容积和数量根据舍内家畜种类、头数、舍饲期长短以及粪水存放时间来确定。粪水池的容积太大，造价高、管理难度大。故一般按贮积 20 ～ 30 天，容积 20 ～ 30 m³ 来修建。粪水池要离饮水井 100 m 以上，粪水池及检查井均应设水封。

2. 漏缝地板式排水系统

漏缝式排水系统由漏缝地板与粪沟组成，与清粪设施配套。

（1）漏缝地板　漏缝地板（图 3-7-24）是指在地板上留出很多缝隙。粪尿落到地板上，液体部分从缝隙流入地板下的粪沟，固体部分被家畜从缝隙踩入沟内，少量的残粪用人工稍加冲洗清理。这比传统清粪方式要大大节省人工，提高劳动效率。

图 3-7-24　漏缝地板

畜舍漏缝地板分为部分漏缝地板和全部漏缝地板两种形式，它们可用木材、钢筋水泥、金属、硬质塑料制作。但木制漏缝地板很不卫生，且易破损，使用年限不长；金属制的漏缝地板易腐蚀、生锈；钢筋混凝土制的地板经历耐用，便于清洗消毒；硬质塑料制的地板比金属地板抗腐蚀，并且也易于清洗。各种家畜的漏缝地板的制作尺寸可参考表 3-7-6。

表 3-7-6　各种家畜的漏缝地板尺寸

家畜种类		缝隙宽度 /cm	板条宽度 /cm	备注
牛	10 天～4 月龄	2.5～3.0	5	板条横断面为上宽下窄梯形，而隙缝是下宽上窄的梯形；表中缝隙宽、板条宽均指上宽
	4～8 月龄	3.5～4.0	8～10	
	9 月龄以上	4.0～4.5	10～15	
猪	哺乳仔猪	1.0	4	
	育成猪	1.2	4～7	
	中猪	2.0	7～10	
	育肥猪	2.5	7～10	
	种猪	2.5	7～10	
羊		1.8～2.0	3～5	
种鸡		2.5	4.0	板条厚 2.5 cm，距地面高 0.6 m。板条占舍内地面的 2/3，另 1/3 铺垫料

（2）粪沟　粪沟位于漏缝地板的下方，用以贮存由漏缝地板落下的粪尿，随时或定期清除，粪沟的大小决定于漏缝地板的长度和宽度。如果是全漏缝地板，粪沟就大一些，基本与地板大小相同，若为局部漏缝地板，则设局部粪沟。

粪沟清粪的方法大致采用机械刮板清粪（图 3-7-25）、水冲粪和水泡粪三种形式。机械刮板清粪是用钢丝绳牵引刮粪板，将粪沟内粪便刮走；每天定时进行。但刮板不易保持清洁，且因受粪尿腐蚀，钢丝绳易断，故不耐久，因此，刮粪板必须选用耐腐蚀材料。水冲粪不需特殊设备，只需用高压水龙头，简单易行，而且可将粪沟中 90% 的粪便冲走，比刮板清粪工效高 20%，但用水量大，粪水贮存量大，成本较高。水泡粪是指在畜禽舍内的排粪沟中注入一定量的水，将粪、尿、冲洗和饲养管理用水一并排放至漏缝地板下的粪沟中，贮存一定时间，待粪沟填满后，打开出口，沟中的粪水排出的清粪工艺。目前，欧美国家猪场仍以水泡粪工艺为主，我国也有许多规模化猪场采用了水泡粪工艺。

图 3-7-25　猪场机械刮板清粪设备

（二）畜禽舍湿度控制

畜禽舍湿度控制主要是根据畜禽舍环境的需要进行降湿或加湿处理。目前，降湿的主要方法有通风换气、加温除湿和冷凝除湿。

1. 通风换气

通风换气是降低畜禽舍空气湿度的最有效方法，通风换气量大小由湿平衡方程来确定。

2. 加温除湿

加温降湿是基于在一定的室外气象条件下，舍内相对湿度与室温呈负相关的原理实现的，在严寒的冬季采用加温措施适当提高畜禽舍温度也能有效地降低舍内湿度。

3. 冷凝除湿

冷凝除湿主要利用冷热空气在不同的界面上接触产生冷凝而进行降湿，目前在畜禽舍常用热交换器或除湿装置，利用舍内外的温度差使舍内高湿空气在热交换器的膜面上结露达到除湿的目的。

当畜禽舍内的空气湿度低于 40% 时，常需要增加湿度。加湿的主要方法：①喷水加湿，通过将水喷洒到地面，增加舍内湿度；②喷雾加湿，采用低压喷雾系统，将喷头相间排列于畜禽舍进行喷雾加湿，或将喷头置于畜禽舍两端的负压间用风机将雾化的湿空气送入舍内加湿；③湿垫 - 风机加湿降温系统；④加湿器加湿，运用蒸汽蒸发或超声波原理对畜禽舍局部或整体进行加湿，这种装置易于实现湿度的精确控制，但成本较高。畜禽舍可根据不同情况加以选用。

（三）畜舍的防潮管理

在生产中，防止舍内潮湿，特别是冬季，是一个比较困难而又非常重要的问题。因此，防潮应从以下几个方面采取措施来进行。

①把畜舍修建在干燥的地方，畜舍的墙基和地面应做防潮层。

②新建场在充分干燥后使用。

③在饲养管理过程中尽量减少舍内用水，力求及时清除粪尿和污水避免积存。

④加强畜舍保温，使舍内温度始终保持在露点温度以上，防止水汽凝结。

⑤保持舍内通风良好，及时将舍内过多的水汽排出舍外。

⑥铺垫草可以吸收大量水分，是防止舍内潮湿的一项重要措施。

📝 练一练

> 1. 怎样控制畜舍的湿度？
> 2. 畜舍的排水有几种方式？如何选择？

📖 拓展学习

现代化养殖场温湿度智能监测及控制

智能化环境控制设备对规模化养殖场的重要性不言而喻。温度和湿度是养殖管理的关键环节。过去，对于温湿度的调控全凭经验，稍有不慎就可能造成损失。现在，现代化的物联网技术，完善的温湿度监控方案，实现养殖舍、养殖场的环境自动监控，可以在突发事故发生时迅速采取措施，降低损失。

智能畜禽养殖系统是将物联网智能化感知、传输和控制技术与养殖业结合起来，利用先进的网络传输技术，围绕集约化畜禽养殖生产和管理环节设计而成。通过养殖场里的智能养殖环境温湿度监测，可营造舒适的温湿度环境。

围绕着畜禽养殖的生产和管理环节进行，通过温湿度传感器，实时监测采集养殖舍内外的温湿度数值，并经过智慧养殖管理平台分析后实时处理；通过舍内、舍外的温度对比，对风机、水帘、光照、开窗等设备进行智能控制，及时采取控制温湿度的措施，实现对养殖场的智能控制与科学化、标准化管理。例如，在炎热夏季，当舍内温度高于舍外温度时，自动

猪场温湿度控制

启动降温设备，启动风机进行空气交换、通风排湿，降低舍内温度至设定适宜温度后，自动停止设备；在寒冬，需要进行保温处理，适当进行送暖措施（如太阳能、电热炉、锅炉供暖）等。

智慧养殖环境监控系统还可以将实时采集的各项环境参数，通过无线传输至监控服务器，管理者可随时通过计算机或智能手机了解养殖场的实时状况，并根据养殖现场内外环境因子的变化情况，及时、快速远程控制养殖场所设备，高效处理养殖场所环境问题，远程将命令下发到现场执行设备，保证养殖场动物处于一个良好的生长环境，减少了人猪接触，降低了疾病发生概率、阻断疫病传播，提升了动物的产量和质量。

技能 5　温湿度测定

【学习目标】

熟练掌握养殖场内空气温度、湿度的测定方法。

【实训准备】

（1）器材　普通温度计、最高温度计、最低温度计、半导体温度计、最高最低温度计、干湿球温度表、通风干湿球温度表等。

（2）场所　各种畜禽舍。

【实训内容】

一、仪器使用

（一）温度表

1. 普通温度表

（1）结构及原理　普通温度计由球部、毛细管和顶部缓冲球组成。依感应部分装的感应液不同可分为水银温度计和酒精温度计。水银和酒精具有不同的热胀冷缩特性。

一般用摄氏（T，℃）和华氏（K，℉）温度。摄氏和华氏温度的换算公式如下：

$$℃ = (℉ - 32) ÷ 1.8$$
$$℉ = ℃ × 1.8 + 32$$

（2）校正方法　温度计通常有一定误差，使用前应与标准温度表或经校正过的温度表在同一温度环境内测试比较，得出校正值后，才正式使用。

（3）使用方法　垂直或水平放置在测定地点，5 分钟后观察其所示温度，读取感应液在毛细管内最高的示数，然后加上校正值。

2. 最高温度计

（1）构造及原理　最高温度计感应部分装的是水银（沸点高，356.9 ℃；冰点也高，−38.9 ℃），适用于测定较高温度，通常用于制成最高温度计（图 3-7-26），测定某一段时间内的最高温度。构造与普通温度计相似，只是在毛细管与球部之间有一狭窄处，类似于体温表。温度升至高峰后回落时，因水银所收缩的内聚力小于狭窄处的摩擦力，于是毛细管内的水银不能回到球部。狭窄处以上水银柱顶端所指示的温度，即过去某段时间内的最高温度。

图 3-7-26　最高温度计

（2）使用方法　温度计使用前须对其进行调整。手握住表身中部，球部向下，伸臂作前后甩动，使毛细管内的水银下落到球部，然后水平放置在观测地点进行测定。

3. 最低温度计

最低温度计感应部分装的是酒精（冰点低，–117.3 ℃）是一种酒精温度表，用于测定某一段时间内的最低温度，可以准确测定至 –80 ℃。因此，通常来制作最低温度计（图 3-7-27）。

（1）构造及原理　在毛细管中有一个能在酒精柱内游动的有色（蓝色）玻璃游标。当温度上升时，游标不被酒精带动，而当温度下降时，因酒精的表面张力大于游标与毛细管壁间的摩擦力，凹形酒精表面即将游标向球部吸引，因此可以测量一定时间内的最低温度。

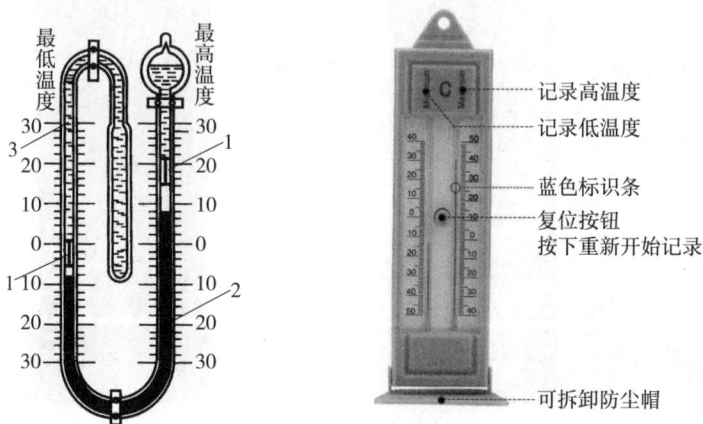

图 3-7-27　最低温度计

（2）使用方法　每次测定时，将温度计球部抬高，依靠重力作用，使游标滑到液面，至其顶端与酒精柱弯月亮面接触为止，然后将温度计水平放置在观测地点，测定、读数。需注意的是，在放置温度计时，要先放顶部，后放球部。读取游标靠近酒精柱的液面一端。

4. 最高最低温度计

最高最低温度计用以测定某段时间内的最高温度和最低温度。

（1）构造及原理　温度计由 U 形玻璃管构成（图 3-7-28）。U 形管的底部充满水银，左侧管上部充满酒精，右侧管上部及球部的上部为气体。两侧管内的水银面上方各有一蓝色含铁游标，游标两侧有弹簧卡在管壁上，以稳定游标的位置。当温度上升时，左侧管内酒精膨胀，压迫水银柱向右侧移动，同时推动右侧水银面上方的游标上升。温度下降时，左侧管内的酒精收缩，右侧球部的受压气体迫使水银向左侧移动，左侧管内水银面上方的游标被推动上升，右侧的游标则停留在原地不动。因此，左侧游标的下端即指示出过去某段时间内的最低温度，右侧游标的下端指示出某段时间内的最高温度。

（2）使用方法　用小磁铁把两个磁性卡簧吸引到与水银面相接处。垂直悬挂于测定地点，在规定时间结束测定，然后进行看磁性卡簧下端所指的示数，进行读数、记录。

图 3-7-28　最高最低温度计

1—游标；2—水银；3—酒精

5. 半导体点温计

半导体点温计（图 3-7-29）结构简单，携带方便，性能稳定，在畜禽卫生工作中常用它来测定畜禽的皮肤温度或畜舍墙壁、畜床等结构的表面温度。它主要由微型半导体热敏电阻元件组成，又被称为电阻式温度计。当其中的热敏电阻的电阻率随着温度的变化发生改变时，通过电流表的

图 3-7-29　半导体点温计

电流也会随温度的变化而不一样。

6. 自动记录温度计

自动记录温度计主要由感温器、自记钟与自记笔所组成，它能连续自动记录温度。

感温器是一个弯曲的双层金属薄片，一端固定，一端连接杠杆系统。当气温升高时，由于两种金属的膨胀系数不同，使双金属薄片末梢伸直；气温下降时，则末梢弯曲。通过杠杆系统，随着记录笔升降动作而将温度变化曲线画在自记纸上。自记钟的内部构造与钟表相同，上发条以后每日或每周转一圈，钟筒外装上记录纸，此纸与笔尖相接触，因而可画出 1 天或 1 周的气温曲线。记录笔笔杆与杠杆系统相连，笔头有贮藏墨水的水池，笔尖与圆筒上的记录纸接触，随着记录圆筒的转动而画出温度曲线。

此温度计使用方便，但没有水银温度计准确，故需要经常用标准温度计校正。

（二）湿度表

1. 干湿球温湿度表

干湿球温湿度表是由两支 50 ℃的普通温度表组成，其中一支的球部裹以清洁的脱脂纱布，纱布下端浸在水槽中（叫湿球），另一支不包纱布（叫干球）。由于蒸发散热的结果，湿球所示的温度较干球所示温度低，其相差度数与空气中相对湿度成一定比例。生产现场使用最多的是简易干湿球温湿度表（图 3-7-30），而且多用附带的简表（干湿温度计表）求出相对湿度。

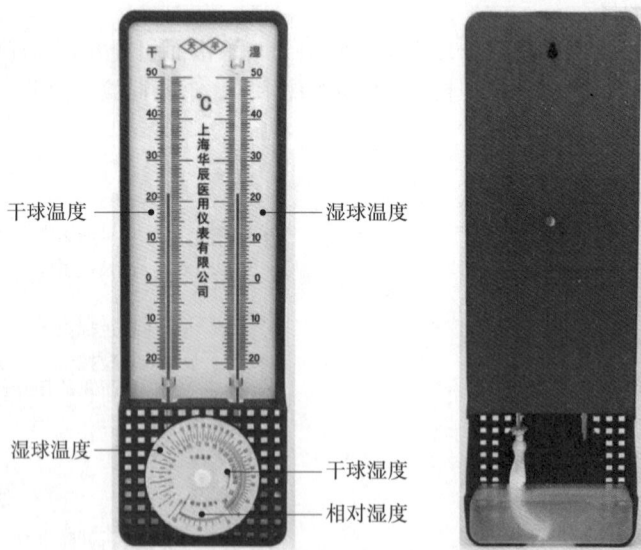

图 3-7-30　干湿球温湿度表

2. 通风干湿球温度表

通风干湿球温度表构造原理与干湿球温湿度表相似，但又有其特殊结构部分（图 3-7-31）。它具有银白色外壳，有双层金属管装置，仪器上端装有一个带发条的通风器（通风器的风速为 4 m/s），由于有这些特殊装置，所以能测得较精确的温度与湿度。

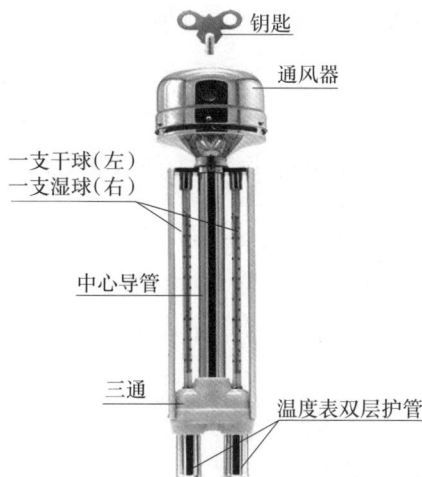

图 3-7-31　通风干湿球温度表

三、操作方法

（一）气温测定方法

1. 室外温度测定

将温度计置于空旷地点，离地面 2 m 高的白色百叶箱内，或使用通风干湿球温度表测定，这样可防止其他干扰因素对温度计的影响。

2. 舍内温度测定

（1）温度计放置位置　测温仪表放在不受阳光、火炉、暖气等直接辐射热影响的地方，并尽量排除其他干扰因素的影响。一般将温度计放置在畜舍的中央，散养舍放于休息区。距地的高度以畜禽头部高度为准，马、牛舍为 1 ～ 1.5 m，猪、羊舍为 0.2 ～ 0.5 m，平养鸡舍 0.2 m，笼养鸡舍为笼架中央高度，中央通道正中鸡笼的前方。

（2）多点测定　如果要了解舍内温度差或获得平均舍温，应尽可能多设观测点，以测定其水平温差和垂直温差。一般在水平上采用"三点斜线"或"五点梅花形"测定点方法，即除畜舍中央测点外，沿舍内对角线在取两墙角处 2 点，或在畜舍中央和四角取 5 个点进行测定。墙角处取点应设在距墙面 0.25 m 处。在每个点又可设垂直方向 3 个点，即距地面 0.1 m 处，畜舍高度的 1/2处和天棚下 0.2 m 处。

（3）不同位置测定　根据需要还可以选择不同位置进行测定。比如，猪的休息行为占 80% 以上，在厚垫草养猪时，垫草内的温度才是具有代表性的环境温度值。

3. 读数方法

在温度表放置 10 分钟后观察温度表的示数，应暂停呼吸，尽快先读小数，后读整数，视线应与示数在同一水平线上。畜舍内气温每天测 3 次，即早晨 8：00、下午 14：00、晚上 20：00。

（二）气湿的测定方法

湿度表放置的位置与温度计相同。

1. 干湿球温湿度表测定

①先将水槽注入 1/3 ～ 1/2 的清洁水，再将纱布浸于水中，挂在空气缓慢流动处，15 ～ 30 分钟后，先读湿球温度，再读干球温度，计算出干湿球温度之差。

②转动干湿球温度计上的圆筒，在其上端找出干、湿球温度的差数。在实测干球温度的水平

位置作水平线与圆筒竖行干湿差相交点读数（或者根据湿度表查表计算），即为相对湿度百分比。

2. 通风干湿球温度表测定

①用吸管吸取蒸馏水送入湿球温度计套管盒，湿润温度计感应部的纱布。

②用钥匙上满发条，将仪器垂直挂在测定地点，如用电动通风干湿表则应接通电源，使通风器转动。

③通风 3～5 分钟后读干、湿温度表所示温度。先读干球温度，后读湿球温度。查表 可得相对湿度，也可按公式计算绝对湿度（水汽压）与相对湿度。

$$p_w = p_s - a(t - t')p$$

$$H_r = \frac{p_w}{p_s} \times 100\%$$

式中　p_w——绝对湿度（水汽压），kPa；

　　　p_s——湿球所示温度时的饱和水汽压，kPa（查仪器所附表格）；

　　　a——湿球系数（查仪器所附表格）；

　　　t——干球所示温度，℃；

　　　t'——湿球所示温度，℃；

　　　p——测定时的大气压，kPa；

　　　H_r——相对湿度，/%。

此外，在使用通风干湿球温度表进行气湿测定时，要根据季节首先把仪器放置在测量地点（通常冬季测量前 30 分钟，夏季 15 分钟），使仪器本身温度与测定地点温度一致。如在户外测量，当风速超过 4 m/s 时，需要将防风罩套在风扇外壳的迎风面上，以免影响仪器内部的吸入风速。

【实训评价与考核】

首先由学生以组或个人为单位进行周边地区气象数据的测定练习，然后按照表 3-7-7 对其实训完成情况进行评价。

表 3-7-7　技能考核方法及评分标准

考核目标	考核内容与要求	评分等级与标准			
		优	良	合格	不合格
知识目标（30%）	①熟悉测定气温、气湿等空气指标。②能分析测定中产生误差的原因	口述全面，条理清楚	口述较全面，条理较清楚	口述不全面，条理不清楚	口述不全面、不清楚
能力目标（50%）	①熟悉测定气温、气湿的常用仪器。②掌握各仪器的使用方法及注意事项	操作熟练、规范，结果正确	操作较熟练，结果正确	操作不熟练，结果不正确，经指导后能纠正错误	操作错误，结果错误
素质目标（20%）	①团队协作，严谨务实。②热爱劳动，爱护公物	团队分工明确，操作认真，实训完毕清洁整理实训材料与台面	团队合作较好，操作较认真，实训完毕清洁整理实训材料	团队分工不明，操作较认真，实训完毕清洁到位	不参与团队分工，操作不认真，实训完毕未清洁

项目 8

养殖场采光与通风控制技术

◆ 项目提要

为畜禽生长、繁育、生产营造舒适的养殖场环境，有助于提高养殖经济效益。光照不仅对家畜健康与生产力有重要影响，而且直接影响人的工作条件和工作效率。为家畜创造适宜的环境条件，必须进行采光控制。畜舍通风换气是改善畜舍小气候环境的重要手段之一。夏季，加强通风，可促进畜体的蒸发散热和对流散热，缓和高温的不良影响；冬季，密闭畜舍，通过引进舍外新鲜空气、排出舍内污浊空气，还能改善畜舍潮湿。本项目主要对养殖场采光控制、通风控制以及采光系数和气流测定技术等内容进行了介绍。

◆ 项目教学案例

某养殖户蛋鸡日龄 350 天，存栏 10 000 只，配备风机和水帘降温方式，进风口配备前端有水帘，两边屋檐下有小窗，鸡舍的截面面积为 42 m²，水帘安装面积为 34 m²，风机安装 8 台（规格 1.4 m）；舍内湿度显示 50%、温度显示 31 ℃；开启了水帘降温，在开启前端水帘降温的同时，使用了纵向通风模式，手动把小窗全部关闭，这时出现两侧风机扇叶不能完全打开、水帘启动时前后温差在 4 ~ 5 ℃、显示屏上的静压值显示为 0.27（静压值过高）。后端鸡群出现热应激表现。

思考：请分析该养殖场存在的问题，并提出解决方案。

◆ 知识目标

1. 掌握畜舍采光控制方法。
2. 认识畜舍采光控制配套使用的设备设施。
3. 掌握养殖场通风控制方法。
4. 认识畜舍通风控制配套使用的设备设施。

◆ 技能目标

1. 能够进行畜舍内自然采光和人工照片的方案设计。
2. 能设计畜舍的机械通风并对通风效果进行评价。
3. 能测定不同类型畜舍的采光系数和气流量。
4. 会选择并应用采光和通风控制设备。

◆ 素质目标

1. 具有爱岗敬业、协作创新的精神。
2. 具有爱护、保护环境的责任意识。
3. 具备刻苦钻研、勇于探索的职业态度。

任务 8.1　养殖场采光控制

【学习目标】

针对养殖场畜禽舍管理岗位技术任务要求，学会养殖场自然采光控制方法、养殖场人工光照控制、采光系数的测定、照度的测定、人工光照的管理措施等实践操作技术。

【任务实施】

畜舍的采光分自然采光和人工光照两种。前者是利用自然光线，后者是利用人工光源。开放式和半开放式畜舍以及有窗畜舍主要靠自然采光，必要时辅以人工光照；而无窗式畜舍则需完全靠人工照明。

一、自然采光控制方法

自然采光是让太阳的直射光或散射光通过畜舍的开露部分或窗户进入舍内。影响畜舍自然采光的因素主要有以下几点。

（一）畜舍的方位

畜舍的方位直接影响着畜舍的自然采光及防寒防暑，因此应周密考虑。为增加舍内自然强度，畜禽舍的长轴方向应尽量与纬度平行。

（二）舍外情况

畜舍附近若有高大的建筑物或大树，就会遮挡太阳的直射光和散射光，影响舍内的照度。因此要求其他建筑物与畜舍的距离，应不小于建筑物本身高度的2倍。为防暑而在畜舍旁边植树时，应选用主干高大的落叶乔木，并且应妥善确定位置，应尽量减少遮光。舍外地面的反射能力对舍内的照度也有影响，据测定，裸露土壤对太阳光的反射率为10%～30%，草地为25%，新雪为70%～90%。

（三）窗户面积

窗户面积越大，进入舍内的光线就越多。窗户面积的大小，用采光系数来表示，所谓"采光系数"是指窗户的有效采光面积与舍内地面面积之比（以窗户的有效面积为1）。不同动物畜舍的采光系数见表3-8-1，缩小窗间壁的宽度，不仅可以增大窗户的面积，而且可以使舍内的光照比较均匀。将窗户两侧的墙修成斜角，使窗洞呈喇叭形，能够显著提高采光的面积。

表 3-8-1　不同动物畜禽舍的采光系数

畜禽舍	采光系数	畜禽舍	采光系数	畜禽舍	采光系数
种猪舍	1:（10～12）	奶牛舍	1:12	成绵羊舍	1:（15～25）
育肥舍	1:（12～15）	肉牛舍	1:16	羔羊舍	1:（15～20）
成鸡舍	1:（10～12）	犊牛舍	1:（10～14）	母马及幼驹厩	1:10
雏鸡舍	1:（7～9）			种公马厩	1:（10～12）

（四）窗户位置

1. 根据入射角和透光角确定窗户位置

入射角是指畜舍地面中央的一点到窗户上缘或屋檐所引的直线与地面水平线之间的夹角，如图 3-8-1 所示的夹角 α，即 $\angle BAD$。入射角越大，越有利于采光。为保证舍内得到适宜的光照，入射角应大于25°。

透光角又叫开角，指畜舍地面中央一点向窗户上缘（或屋檐）和下缘所引的两条直线形成的夹角，如图 3-8-1 所示的夹角 β，即 $\angle BAC$，若窗外有树或建筑物，引向窗户下缘的直线应改为引向大树或建筑物的最高点，透光角越大，越有利于光线进入。为保证舍内适宜的照度，透光角一般不应小于5°，因此，从采光的效果来看，立式窗户比水平窗户有利于采光；但立式窗散热较多，

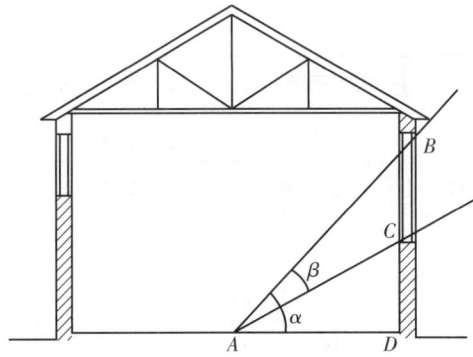

图 3-8-1　入射角 α 和透光角 β

不利于冬季保温，故寒冷地区常在畜舍南墙上设立式窗户，在北墙上设水平窗户。

为增大透光角，除提高屋檐和窗户上缘高度外，还可适当降低窗台高度，并将窗台修成向内倾斜状。但是窗台过低，就会使阳光直射到家畜头部，对家畜健康不利，特别是马属动物。因此，马舍窗台高度以 1.6～2.0 m 为宜，其他家畜窗台高度可按 1.2 m 左右。

2. 根据太阳高度角确定

若要求冬季直射阳光照射入畜舍一定位置（如畜床），而屋檐夏季遮光时，需先计算太阳高度角和方位角，然后计算南窗上、下缘高度或出檐长度。

太阳高度角是指太阳在高度上与地平面的夹角。从防暑和防寒考虑，夏季不应有直射光进入舍内，冬季则希望光线能照射到畜床上。这些要求，只有通过合理设计窗户上缘和屋檐的高度才能达到，当窗户上缘外侧（或屋檐）与窗台内侧所引的直线同地面水平线之间的夹角小于当地夏至的太阳高度角时，就可防止夏季的直射阳光进入舍内；当畜床后缘与窗户上缘（或屋檐）所引直线同地面水平线之间的夹角等于或大于当地冬至的太阳高度角时，就可使太阳在冬至前后直射在畜床上（图 3-8-2）。在设计养殖场时，常常根据畜禽要求，参考建筑与建筑结构设计标准，确定窗户上下缘的高度。畜舍出檐一般 0.3 m，如需要加长屋檐，屋架须附设结构支撑。

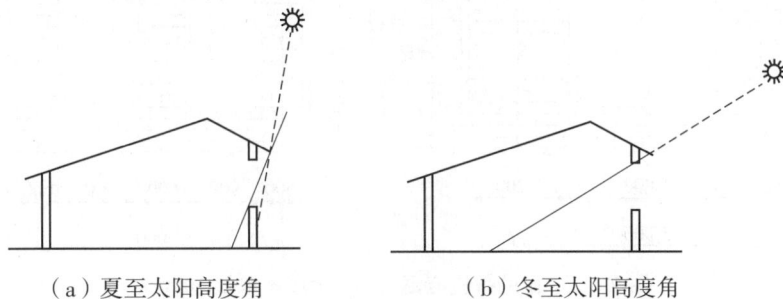

（a）夏至太阳高度角　　　　（b）冬至太阳高度角

图 3-8-2　根据太阳高度角设计窗户上缘的高度

太阳的高度角，可用公式求得：$h = 90° - \Phi + \delta$

式中，h 为太阳高度角，Φ 为当地纬度，δ 为赤纬。赤纬在夏至时为 23°26′，冬至时为 -23°26′，春分和秋分为 0°。各时节的赤纬度见表 3-8-2。

表 3-8-2　各时节的赤纬表

节气	日期 *	赤纬	节气	日期 *	赤纬
立春	2 月 4 日	-16° 23′	清明	4 月 5 日	5° 51′
雨水	2 月 19 日	-11° 29′	谷雨	4 月 20 日	11° 19′
惊蛰	3 月 6 日	-5° 53′	立夏	5 月 6 日	16° 22′
春分	3 月 21 日	0	小满	5 月 21 日	20° 04′

续表

节气	日期*	赤纬	节气	日期*	赤纬
芒种	6月6日	22° 35′	寒露	10月8日	−5° 40′
夏至	6月22日	23° 26′	霜降	10月24日	−11° 33′
小暑	7月7日	22° 39′	立冬	11月8日	−16° 24′
大暑	7月23日	20° 12′	小雪	11月23日	−20° 13′
立秋	8月8日	16° 18′	大雪	12月7日	−22° 32′
处暑	8月23日	11° 38′	冬至	12月22日	−23° 26′
白露	9月8日	5° 55′	小寒	1月6日	−22° 34′
秋分	9月23日	0° 09′	大寒	1月20日	−20° 14′

注: * 不同年份的具体日期稍有差异。

（五）窗户的数量

首先根据当地气候确定南北窗面积比例，再确定窗户的数量，然后考虑光照均匀和畜舍结构对窗间距的要求。炎热地区南北窗面积之比可为（1～2）:1，夏热冬冷和寒冷地区可为（2～4）:1。为使采光均匀，在窗面积一定时，增加窗的数量可以减小窗间距，从而提高舍内光照均匀度。如图 3-8-3 所示，左右两图窗高均为 1.5 m，左图每间一扇窗，窗间墙宽 1.2 m；右图每间两扇窗，窗间墙宽 0.6 m。但窗间墙的宽度不能过小，必须满足结构要求，如梁下不得开洞，梁下窗间墙宽度不得小于结构要求的最小值。

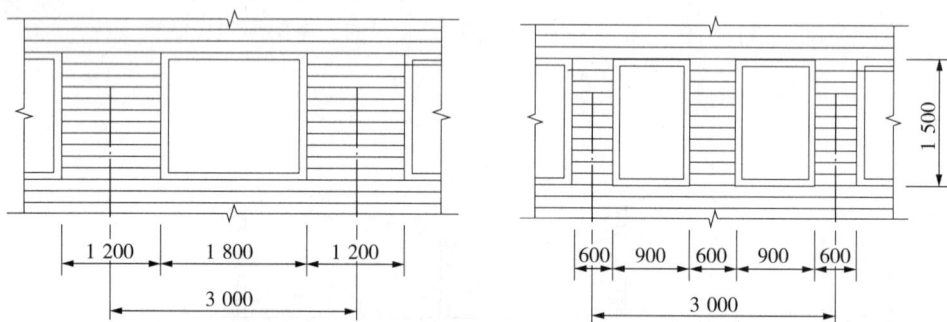

图 3-8-3　窗的数量与窗间墙的宽度（单位：mm）

窗的形状也关系到采光与通风的均匀程度。在窗面积一定时，采用宽度大而高度小的"卧式窗"，可使舍内长度方向光照和通风较均匀，而跨度方向则较差；高度大而宽度小的"立式窗"，光照和通风均匀程度与卧式窗相反；方形窗光照、通风效果介于上述两者之间。设计时应根据家畜对采光和通风的要求及畜舍跨度大小，参照门窗标准图集酌情确定。

（六）玻璃

窗户玻璃对畜舍的采光也有很大影响。一般玻璃可阻止大部分的紫外线，脏污的玻璃可阻止 15%～50% 的可见光，结冰的玻璃可阻止 80% 的可见光。

（七）舍内反光面

舍内物体的反光情况，对进入舍内的光线也有影响。反照率低时，光线大部分被吸收，舍内就较暗；反照率高时光线大部分被反射出来，舍内就较明亮。据测定，白色表面的反照率为

85%，黄色表面为 40%，灰色表面为 35%，深色表面仅为 20%，砖墙约为 40%。由此可见，舍内的表面（主要是墙壁、天棚）应当平坦、粉刷成白色，并保持清洁，这样就利于提高畜舍内的光照强度。

二、人工光照控制

人工光照是指在畜舍内安装一些照明设施实行人为控制光照，这种办法受外界因素影响小，但造价高，投资大。目前，市场上常见的节能灯和 LED 灯较亮，光照效果好。

（一）光源

畜舍人工光照的光源可用白炽灯或荧光灯。荧光灯耗电量比白炽灯少，而且光线比较柔和，不刺激眼睛；但价格比贵。

（二）灯具的确定

1. 选择灯具的种类

根据畜舍光照标准（表 3-8-3）和 1 W 光源为 1 m² 地面提供的照度（表 3-8-4），可计算畜舍所需光源总瓦数，再根据各种灯具的特性确定灯具种类。

光源总瓦数 = 畜舍适宜照度 ÷ 1 m² 地面设 1 W 光源提供的照度 × 畜舍总面积

表 3-8-3　畜舍人工光照标准（供参考）

畜舍	光照时间 /h	照度 /lx	
		荧光灯	白炽灯
牛舍			
乳牛舍、种公牛舍、后备牛舍	16 ～ 18	75	30
休息处或单栏、单元内	16 ～ 18	50	20
卫生工作间	16 ～ 18	75	30
产房	16 ～ 18	150	100
犊牛舍	16 ～ 18	100	50
带犊母牛的单栏或隔间	16 ～ 18	75	30
青年牛舍（单间或群饲栏）	14 ～ 18	50	20
肥育牛舍（单间或群饲栏）	6 ～ 8	50	20
饲喂场或运动场		5	5
挤奶厅、乳品间、洗涤间、化验室		150	100
猪舍			
种公猪舍、育成猪舍、母猪舍、断奶仔猪舍	14 ～ 18	75	30
瘦肉型猪舍	8 ～ 12	50	20
羊舍			
母羊舍、公羊舍、断奶羔羊舍	8 ～ 10	75	30
育肥羊舍	16	50	20
产房及暖圈	16 ～ 18	100	50
剪毛站及公羊舍内调教场		200	150

续表

畜舍	光照时间 /h	照度 /1 x	
		荧光灯	白炽灯
鸡舍			
0～3 日龄	23	50	30
4 日龄～19 周龄	23 渐减或突减为 8～9		5
成鸡舍	14～16		10
肉用仔鸡舍	23 或 3 明：1 暗		0～3 日龄为 25，以后减为 5～10
兔舍及皮毛兽舍			
密封式兔舍、各种皮毛兽笼、棚	16～18	75	50
幼兽棚	16～18	10	10
毛长成的商品兽棚	6～7		

表 3-8-4　1 W 光源为 1 m^2 地面可提供的照度

光源种类	白炽灯	荧光灯	卤钨灯
1 W 光源为 1 m^2 地面可提供的照度	3.5～5.0	12.0～17.0	5.0～7.0

2. 确定灯具的数量

灯具的行距和灯间距大约 3 m，各排灯具应平行布置，相邻两排的灯具可交叉或相对排列，有的畜舍需按工作的照片要求（如产房接产）安排灯具的位置。布置方案确定后，即可计算所需灯具盏数。

3. 计算灯具的瓦数

根据瓦数和灯具盏数，算出每盏灯具的瓦数。

（三）光照设备的安装

1. 灯的高度

灯的高度直接影响着地面的照度，灯离地越高，地面的照度就越小。为使地面获得 10.76 lx 的照度，白炽灯的高度可按表 3-8-5 要求进行设置（灯距按灯高的 1.5 倍计算）。

表 3-8-5　灯的高度与瓦数的关系

灯泡瓦数 /W	15	25	40	60	100
有灯罩的高度 /m	1.1	1.4	2	3.1	4.1
无灯罩的高度 /m	0.7	0.9	1.4	2.1	2.9

2. 灯的分布

为使舍内的照度较均匀，应适当降低每个灯的瓦数，而增加总安装数。在鸡舍内安装白炽灯时，以 40～60 W 为宜。灯与灯的距离可按灯高的 1.5 倍计算，舍内如果安装两排以上的灯泡，则应交错排列，靠墙的灯泡与墙的距离为灯距的一半，灯泡不可使用软线吊挂，以防被风吹动而造成鸡受到惊吓。

通常灯高 2 m、灯距 3 m，2.7 W/m² 的白炽灯，可使地面获得 10 lx 左右的光照强度。

幼畜需要的光照为 20～50 lx、成年畜 50～100 lx、雏禽 5～20 lx、蛋禽 20～30 lx；一般肉用畜禽的光照比种用畜禽要低，蛋用禽比肉用禽要高。

3. 灯罩

使用灯罩可使照度增加 50%，要避免使用上部敞开的圆锥状灯罩，应使用平形或伞形灯罩。

4. 可调变压器

为避免灯在开关时对鸡造成应激反应，可设置可调变压器。

（四）禽的人工光照方案

1. 蛋禽的光照方案

因为光照时间的长短直接影响禽类的性成熟，一般长日照光照提前性成熟，短日照光照延迟性成熟。家禽性成熟提前一般导致开产早，则产蛋量低，蛋重小，产蛋持续期短。

因此蛋用雏禽，在育雏育成期，每天的光照时数要保持恒定或稍减少，而不能增加，一般不应超过 11 小时、不低于 8 小时；产蛋期则相反，每天的光照时数要保持恒定或增加，而不能减少，一般不应超过 17 小时、不低于 12 小时。

密闭式禽舍可以按照光照要求来制订人工光照方案；开放式禽舍由于受自然光照的影响，一般要根据季节，地区的自然光照时间来定，采用窗帘遮光或补充人工光照的方法来减少或增加光照时间。光照的方案有两种：一种渐减渐增给光法；另一种是恒定给光法。

2. 肉仔鸡光照方案

光照的目的是为肉用仔鸡提供采食方便，促进生长；弱光照强度可降低鸡的兴奋性，使鸡保持安静的状态对肉鸡增重是很有益的。世界肉鸡生产创造的最好成绩，就是在弱光照制度下取得的。其光照方案可分为连续光照制度和间歇光照制度。

（1）连续光照制度 进雏后的 1～2 天内通宵照明，3 天至上市出栏，每天采用 23 小时光照，1 小时黑暗。生产中为节约用电，在饲养的中后期夜间不再开灯。

（2）间歇光照制度 幼雏期间给予连续光照，然后变为 5 小时光照、1 小时黑暗，再过渡到 3 小时光照、1 小时黑暗，最后变为 1 小时光照、3 小时黑暗并反复进行。采用间歇光照方法，能提高饲料的利用率、增重速度快，可节约大量的电能。

📝 **练一练**

> 1. 名词解释：采光系数、入射角、透光角。
> 2. 自然采光和人工照明的要求是什么？
> 3. 生产中如何进行畜舍采光的控制？
> 4. 简述家禽光照方案。

📖 **拓展学习**

光照影响畜禽
生产

光照时间对动物生产性能的影响

1. 光照时间对繁殖性能的影响

生物学方面，光照时间的长短能够影响动物的繁殖活动。有的动物随着春夏季节日照时间的逐渐延长，温度的逐步升高，其性机能活动旺盛起来，开始发情、交配等繁殖活动等，此类动物称为"长日照动物"，如马、驴等；有的动物在日照时间逐步缩短的季节，温度下降时进行繁殖，此类动物称为"短日照动物"，需要在短日照的条件下进行繁殖，如绵羊、山羊等。不同纬度地区因光照的年周期变化不同，动物繁殖季节性也表现不同。赤道地区光照年周期变化不明显，动物繁殖没有明显的季节性，而高纬度地区动物繁殖的季节性比低纬度地区动物明显。

由于家禽对光照时间敏感，因此产蛋鸡在寒冷的冬季，日照时间短，满足不了母鸡需求，抑制了其性腺的发育，这是母鸡停产的主要原因。在养禽生产上，通常应用人工控制光照措施来控制蛋鸡的性成熟，来达到适时开产、增加产蛋率的目的。但需要注意的是，随着光照时间延长，鸡的性成熟提早，开产日龄较小，第一个产蛋年中的小型蛋比例较大，而逐步缩短光照下的母鸡则开产较迟，有利于鸡的生长发育，产蛋率提高，蛋重增加。蛋鸡舍的光照时间以 14～16 h/d 为宜，超过 17 h/d，产蛋率会因家禽疲劳而下降，低于 8 h/d，产蛋停止。

畜禽对光照节律的反应，是畜禽长期生活在一定环境下形成的遗传性，表现在很多方面（如换毛）。需要注意的是，在如今养殖业中，畜禽人工培育的程度越来越高，其对光的反应将逐渐减弱。

2. 光照时间对生长、生产的影响

畜禽的生长、肥育性能受多种因素影响。一般认为，针对不同分类，种用畜禽光照时间相对可以长点，有利于活动，增强体质；幼龄畜禽如仔猪，通过增加光照时间，可增强肾上腺皮质的功能，提高免疫力，促进食欲，增强仔猪消化机能，提高仔猪增重速度与成活率；而肥育期畜禽可适当缩短光照时间，减少活动，有利于育肥。

3. 光照时间对产奶量的影响

哺乳动物的产奶量与季节有关。一般春季最多，5～6 月份达到高峰，7 月份因温度高而大幅度下降，到 10 月份后又慢慢回升。牧区草地资源和温度高低与产奶量有直接关系，但有实验表明，适当增加光照时间可以提高动物的产奶量，表明光照时间的变化也是影响产乳量的重要原因。

4. 光照时间对产毛性能的影响

羊毛一般在夏季的生长较冬季快，表现出明显的季节性。动物皮毛的成熟随着秋季的到来，日照时间的逐渐缩短而逐渐成熟，入冬后的皮子和被毛的质量都达到优质。可以采取人工控制光照、加大光照的季节性变化来提升皮毛质量，也不耽误动物的配种。

此外，光照时间是影响畜禽被毛季节性脱落更换的主要因素。如在自然条件下，鸡每年都会在秋季换羽。但由于目前很多养鸡场实行恒定光照制，人为控制光照时间，造成鸡不能正常脱落更换。因此，在生产实践中，通过缩短光照等人工措施，已经成功实施鸡的强制换羽，以控制产蛋周期。

任务 8.2　养殖场通风控制

【学习目标】

针对养殖场畜禽舍管理岗位技术任务要求，学会养殖场通风设计、养殖场通风换气方法等实践操作技术。

【任务实施】

一、气流

（一）气流的概念

空气的流动称为气流。气流有水平方向和垂直方向的流动。相邻两个地区的温度存在差异是引起空气流动的主要原因。在地球表面，由于空气温度的不同，使得各个地区气压在水平分布上存在不同。气温高的地区，气压较低；气温低的地区，气压较高。"风"这种气流状态正是空气由高压地区向低压地区的水平移动。

（二）气流状态的表示

气流的状态通常用"风速"和"风向"来表示。

1. 风速

风速是指单位时间内风的行程，常用单位是 m/s（1 m/s = 3.6 km/h）。风速的大小与两地区之间的距离和气压有关。两地区气压差越大，风速也就越大；在相同气压差下，两地区距离越近，风速越大，反之则风速越小。风速没有等级，风力才有等级，风速是风力等级划分的依据。一般来讲，风速越大，风力等级越高，风的破坏性越大。风级、风名和风速的关系见表3-8-6。

表 3-8-6　蒲氏风力等级表

风的等级	风的名称	陆地地面征象	风速 $V/(\text{m} \cdot \text{s}^{-1})$
0	无风	静，烟直上	0～0.2
1	和风	烟能表示风向，但风标不能转动	0.3～1.5
2	微风	人面感觉有风，树叶有微响，风标能转动	1.6～3.3
3	弱风	树叶及小树枝摇动不息，旗帜展开	3.4～5.4
4	小风	能吹起地面灰尘和纸张，树的小枝摇动	5.5～7.9
5	速风	有叶的树枝摇摆，内陆的水面有小波	8.0～10.7
6	猛风	大树枝摇动，电线呼呼有声，举伞困难	10.8～13.8
7	烈风	全树摇动，大树枝弯下来，迎风步行感觉不便	13.9～17.1
8	极烈风	可折毁树枝，人向前行感觉阻力甚大	17.2～20.7
9	暴风	烟囱及平房顶受到损坏，小屋遭受破坏	20.8～24.4
10	强烈暴风	陆上少见，见时可使树木拔起，或将建筑物吹毁	24.5～28.4
11	极烈暴风	陆上很少，由则必有重大损毁	28.5～32.6
12	飓风	陆上极少，其摧毁力极大	>32.6

2. 风向

风向即风吹来的方向。风向的测量单位，我们用方位来表示。常以 8 或 16 个方位来表示，即分别是：北（N）、北东北（NNE）、东北（NE）、东东北（ENE）、东（E）、东南东（ESE）、东南（SE）、南东南（SSE）、南（S）、南西南（SSW）、西南（SW）、西西南（WSW）、西（W）、西西北（WNW）、西北（NW）、北西北（NNW）。我国冬季盛行从大陆吹向海洋的偏北风，西北风较干燥，东北风多雨雪；夏季盛行从海洋吹向陆地的偏南风，气候湿热、多雨。

风向是经常发生变化的。在一定时期内，每一地区各种风向出现次数的多少用"风向频率图"

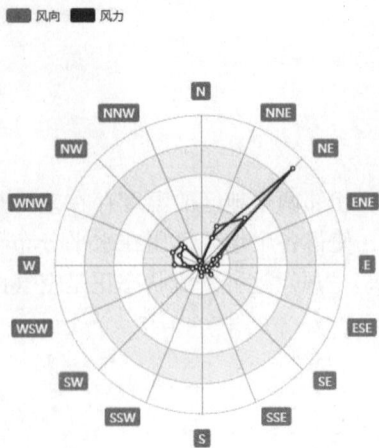

图 3-8-4　四川某地风向玫瑰图

表示。

$$某风向的频率 = \frac{某风向在一定时间内出现的次数}{各方向在该时间内出现次数的总和} \times 100\%$$

按罗盘方位绘出几何图形。如图 3-8-4 所示的四川某地风向玫瑰图，具体做法是在 8 条或 16 条中心交叉的直线上，按罗盘方位，将一定时期内各种风向的次数用比例尺以绝对数或百分率画在直线上，然后把各点用直线连接起来，这样得出的几何图形即为风向频率图（由于该图的形状形似玫瑰花朵，故名"风向玫瑰图"）。该图可以表明某地区一定时间内的主导风向，以此作为养殖场场址选择、圈舍规划设计的重要参考。

风向和风速的变化不仅显示气候运动的特征，而且是天气变化的先兆。

二、气流对畜禽的影响

（一）对产热的影响

在适宜温度和高温时，风速的增大对产热量一般没有影响，但处于低温环境时，增大风速，产热量反而显著增加。有时畜禽增加的产热量会因风速过高而超过散热量，使得机体出现短暂的体温升高，热平衡被破坏。

（二）对散热的影响

气流影响畜禽机体的蒸发散热和对流散热，且影响程度因温度、湿度和气流速度而不同。

在适宜温度和低温时，保持机体产热量不变，通过增大风速会加强对流散热，降低皮温和水汽压，使皮肤蒸发散热量减少，但与呼吸道蒸发无关。低温提高风速会因对流散热的增加而加剧冷应激。在夏季高温时，如果皮温高于气流温度，增加气流速度有利于对流散热，但在过高温度下增加流速，反而有利于机体得热。例如，乳牛在风速 0.2 m/s 的环境中，气温 26.7 ℃时已达到最大蒸发散热量，而在 4.5 m/s 的风速中，35 ℃时才达到最大蒸发散热量。因此，流速的增加总是有利于机体体表水分的蒸发，一般风速与蒸发散热成正比。如果增加气湿，反而不利于提高蒸发散热量。

（三）气流对畜禽生产力的影响

（1）生长和育肥　在夏季，气流有利于蒸发散热与对流散热，因而对家畜的健康和生产力具有良好的作用。如当气温在 21.1 ~ 35.0 ℃时，将气流由 0.1 m/s 增至 2.5 m/s，可使小鸡增重提高 38%。通过提高高温下风速，一般还可减少乳牛产乳量和采食量的下降，也有利于猪与其他肉畜的生长。因此，夏季气流速度不应超过 2.5 m/s。但需要注意的是，如果环境温度超过体表温度时，需要对汗腺不发达的畜禽（如猪和牛）采取措施，使其体表变湿来增加蒸发散热，可以起到良好的作用。在炎热的夏季，应尽量加大气流或用风扇加强通风。

冬季增加气流速度，会使畜禽散热量增加，能量消耗增多，生产力降低。体重在 2 kg 的仔猪，气流由 0.1 m/s 增加至 0.56 m/s，与气温下降 4 ℃时所造成的影响相同。因此，在寒冷的冬季，要尽量降低舍内气流速度，但不能降为零，需保持恰当的气流以排出舍内污浊的气体。冬季舍内气流速度以 0.1 ~ 0.2 m/s 为宜，但最高不超过 0.25 m/s。

（2）产蛋性能　在低温环境中，增加气流速度，蛋鸡产蛋率下降（表 3-8-7）。高温环境中，增加气流，可提高产蛋量。例如，在气温为 32.7 ℃，湿度为 47% ~ 62%，风速由 1.1 m/s 提高到

1.6 m/s，来航鸡的产蛋率可提高 1.3% ～ 18.5%。在 30 ℃环境中，当风速从 0 m/s 增至 0.8 m/s，鹌鹑产蛋率从 81.9% 增至 87.2%。有实验发现，在 2.4 ℃鸡舍内，气流由 0.25 m/s 增加至 0.5 m/s，产蛋率由 77% 下降到 65%，平均蛋重由 65 g 降到 62 g，料蛋比由 2.5 g 增加至 2.9 g。

在适宜温度环境中，风速 1 m/s 以下的气流对产蛋量无明显影响。

表 3-8-7　低温时风速对蛋鸡生产性能的影响

平均气温 /℃	风速 / (m·s⁻¹)	采食量 / (g·d⁻¹)	产蛋率 /%	平均蛋重 / (g·个⁻¹)	日平均产蛋重 / (g·d⁻¹)	料蛋比
2.4	0.25	121	76.7	64.5	49.4	2.46
	0.50	115	64.8	61.7	40.1	2.87
12.4	0.25	111	79.7	64.6	51.5	2.16
	0.50	120	76.5	65.6	50.1	2.40

（3）产乳性能　在适宜温度条件下，风速对奶牛产奶量无显著影响，如气温在 26.7 ℃以下，相对湿度为 65%，风速在 2 ～ 4.5 m/s，对欧洲牛及印度牛的产乳量、饲料消耗和体质量都没有影响。但在高温环境中，增大风速，可提高奶牛产奶量。例如，与适宜温度相比较，在 29.4 ℃高温环境中，当风速为 0.2 m/s 时，产乳量下降 10%，但当风速增大到 2 ～ 4.5 m/s，奶牛产乳量可恢复到原来水平。在 35 ℃的高温中，风速自 0.2 m/s 增大到 2.2 ～ 4 m/s，黑白花牛的产乳量增加 25.4%，娟姗牛产乳量增加 27%，瑞士褐牛产乳量增加 8.4%。

（四）气流对畜禽健康的影响

在寒冷环境中，为了预防气流流速和方向对畜禽健康产生影响，要注意下列问题。首先要在舍内防贼风。贼风是指由缝隙或小孔进入的温度较低而且速度较大的气流。该气流比周围舍温低，湿度可接近或达到饱和，风速大于周围舍内气流，舍内空气不能均匀散布到畜舍的各个部位，在舍内产生死角，使畜禽机体局部受冷，产生应激，引起关节炎、肌肉炎、神经炎、冻伤、感冒等疾病，导致仔猪、羔羊和犊牛死亡率增加。因此，要防止贼风，需堵住天棚、门窗、屋顶等容易产生贼风的地方，在畜床中尽量避免使用漏缝地板，防止冷风直接吹到畜体，但并不代表要将门窗封死，反而更应注意舍内正常的通风换气。对于放牧家畜，要注意避开寒风，尤其是夜间保暖。

温度与气流对雏鸡增重和死亡率的影响见表 3-8-8。

表 3-8-8　温度与气流对雏鸡增重和死亡率的影响

舍温 /℃	气流 / (m·s⁻¹)	死亡率 /%	1 日龄体重 /g	7 日龄体重 /g
18	0.35	6	37	80
10	0.10	16	37	79
9	0.35	51	37	74

注：各舍均饲养雏鸡 1 000 只。

三、畜禽舍的通风换气

由于畜舍内外温度和风力大小不同，舍内外空气流动通过门、窗、通风口和一切缝隙都可以进行自然交换。而畜舍内空气对流则是因畜禽自身散热和蒸发，使得暖湿空气上升，周围冷空气进行补充实现。畜舍内空气流动的速度和方向，主要决定于舍内外的通风换气，尤其是机械通风的圈舍。此外，舍内的养殖设备，如笼具的配置、畜禽圈舍围栏的材料和结构等对气流的速度和方向均有一定影响。

（一）通风换气的目的

畜舍通风换气是畜舍环境控制的重要手段，其目的有两个：一是在气温高的情况下，通过加大气流使家畜感到舒适，以缓和高气温对家畜的不良影响；二是在畜舍封闭的情况下，引进舍外新鲜空气，排除舍内污浊空气，以改善畜舍的空气环境。有效合理的通风不仅能够调节舍内温度与湿度，同时有助于提高舍内空气质量，控制疾病发生。

（二）通风换气应遵循的原则

畜舍冬季通风换气效果主要受舍内温度的制约，而空气中的水汽量随空气温度下降而降低。也就是说，升高舍内气温有利于通过加大通风量以排除家畜产生的水汽，也有利于潮湿物体和垫草中的水分进入空气中，而被驱散；反之，若是舍外气温显著低于舍内气温，换气时，必然导致舍内温度剧烈下降而使空气的相对湿度增加，甚至出现水汽在墙壁、天棚、排气管内壁等处凝结。在这种情况下，如果不补充热源，就无法组织有效的通风换气。因此，在寒冷季节畜舍通风换气的效果，既取决于畜舍的保温性能，也取决于舍内的防潮措施和卫生状况。

因而，通风换气应注意做到：

①排除舍内过多的水汽，使舍内空气的相对湿度保持在适宜状态，从而防止水汽在物体表面、墙壁、天棚等处凝结。

②维持适中的气温，不至于发生剧烈变化。

③气流稳定，不会形成贼风，同时要求整个舍内气流均匀，无死角。

④清除空气中的微生物、灰尘以及氨、硫化氢、二氧化碳等有害气体和恶臭。

四、通风换气的方式

根据气流形成的动力的不同，可将畜禽舍通风换气分为自然通风和机械通风两种。在实际应用中，开放舍和半开放舍以自然通风为主，在炎热的夏季辅以机械通风；在封闭式畜禽舍，则以机械通风为主。

（一）自然通风

自然通风是指不需要机械设备，而靠自然界的风压或热压，产生空气流动，通过畜舍外围护结构的空隙所形成的空气交换。自然通风又分无管道和有管道自然通风两种系统。无管道通风是靠门、窗所进行的通风换气，它只适用于温暖地区或寒冷地区的温暖季节。而在寒冷地区的封闭舍中，为了保温，须将门、窗紧闭，要靠专用通风管道来进行通风换气。通过开启的门窗通风，方式简单，投资小，但其通风效果容易受到自然因素的影响，无法随时保证舍内良好的通风状态。建造通风管，安装通风帽，利用室内外温差进行通风换气，同时还可以防止雨雪或强风等天气对通风换气的影响。

1. 自然通风的原理

（1）风压通风　风压是指气流作用于建筑物表面而形成的压力。当风从舍外吹向建筑物时，空气由迎风面开口处（一般是窗户）进入舍内形成正压，然后流向背风面（一般是窗户）开口形成负压，两者形成对流，即为"风压通风"（图 3-8-5）。夏季的自然通风主要是这种通风，只要有风，就有自然通风现象。

（2）热压通风　当舍外温度较低的空气进入舍内，遇到由畜体散出的热能或其他热源，受热变轻而上升。通过畜舍上部（通常是畜舍窗户、屋顶缝隙、屋顶通风孔等）流向舍外。与此同时，畜舍下部空气由于不断变热上升，成为空气稀薄的空间，形成负压，舍外较冷的空气不断渗入舍内，实现畜舍内外空气的循环流动，如此周而复始，形成了热压作用的自然通风（图 3-8-6）。

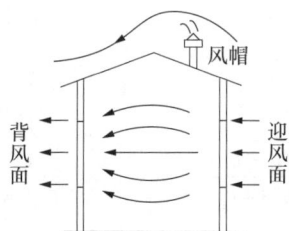

图 3-8-5　风压通风原理示意图　　　　图 3-8-6　热压通风原理示意图

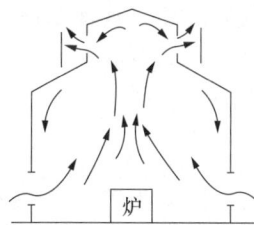

2. 自然通风的应用

畜舍的自然通风，在寒冷地区多采用进气—排气管道，在炎热地区多采用对流通风和通风屋顶。

（1）寒冷地区的自然通风　在寒冷地区多采用进气 - 排气管道，进气 - 排气管道是由垂直设在屋脊两侧的排气管和水平设在纵墙上部的进气管所组成。冬季通风是一个比较难解决的问题。由于舍内外空气温度差异较大，换气就会使舍内气温骤然下降，因而无法将舍内潮湿污浊的空气排出。因此，自然通风只适用于冬季气温不低于 −14 ～ −12 ℃的地区。

一般排气管的断面积为（50×50）～（70×70）cm²。两个排气管的距离 8 ～ 12 m。排气管的高度一般采用 4 ～ 6 m，排气管必须具备结构严密、管壁光滑、保温性好等。

进气口的断面积多采用（20×20）～（25×25）cm²。舍外端应向下弯，以防止冷空气或雨雪侵入。舍内端应有调节板，以调节气流的方向，从而防止冷空气直接吹到畜体，并用以调节气流的大小和关闭。进气管彼此之间的距离一般为 2 ～ 4 m。

（2）炎热地区畜舍的自然通风　我国南方地区大部分是湿热气候区。在夏天舍外气温经常高达 35 ～ 40 ℃，甚至更高。在这种周围环境与气温接近人畜的皮肤温度的情况下，再加上空气湿度往往保持在 70% ～ 95%，使得畜禽的对流、辐射散热受阻，蒸发散热也受影响。因此，在炎热地区组织好自然通风就显得非常重要。

由于炎热地区气温高，温差小，热压很小，自然通风主要靠对流通风，即穿堂风。为保证畜舍通风顺利进行，必须从场地选择、畜舍布局和朝向及畜舍设计等加以充分考虑和保证。

对流通风时，通风面积越大、畜舍跨度越小，则穿堂风越大。据测定，9 m 跨度时，几乎全部是穿堂风；而当跨度为 27 m 时，穿堂风大约只有一半，其余一半由天窗排出。因此，在南方夏热冬暖的地区可采取全开放式畜舍有利于通风。而夏热冬冷地区，因此要兼顾夏季防暑降温和冬季防寒保温，开放式畜舍不宜采用，而组装式畜舍就可以很好地解决夏季防暑降温和冬季防寒保温的问题，在畜牧业生产中将有很大作为。

但必须指出，在炎热地区，尤其在夏天，由于气温高，太阳辐射强，而风又小，仅靠自然通风，往往起不到应有的作用，因此应选择机械通风。

3. 自然通风设计

根据空气平衡方程（$L = 3\,600\,F \cdot v$）计算排气口面积。

$$F = \frac{L}{3\,600\,v}$$

式中　L——通风换气量，m³/s；

　　　F——排气口面积，m²；

　　　v——排气管中的风速，m/s，可用风速计直接测定或按下列公式计算。

$$v = 0.5\sqrt{\frac{2gh(t_n - t_w)}{273 + t_w}}$$

其中　0.5——排气管阻力系数；

　　　g——重力加速度，9.8 m/s²；

　　　h——进、排风口中心的垂直距离，m；

　　　t_n——舍内气温，℃；

t_w——舍外气温，℃，（冬季最冷月平均气温）；

L——通风换气量，m^3/s。

因此得热压通风量：

$$L = 7\,968.94F\sqrt{\frac{h(t_n - t_w)}{273 + t_w}}$$

此式可用于计算设计方案或检验已建成畜舍的通风量计算排风口面积。

理论上讲，排气口面积应与进气口面积相等。但事实上，通风门窗缝隙或畜舍不严以及门窗开关时，都会有一部分空气进入舍内，因此，进气口面积应小于排气口面积，一般按排气口面积的 50% ~ 70% 设计。

（二）机械通风

自然通风容易受季节与气候的制约，无法保证舍内经常且充分换气。因此，为建立良好的畜舍环境，以保证家畜健康及生产力的充分发挥，多采用机械通风，又叫强制通风。机械通风最早曾采用风扇，如工业吊扇、壁扇等，但更多只是促进空气流动，在换气通风方面的效果就差。风机是畜禽舍常用的一种通风设备，可用于送风或排风，有离心式风机和轴流式风机等类型。

1. 通风方式

（1）按照畜舍内气压变化分类　机械通风可分为负压通风、正压通风和联合通风三种方式。

①负压通风（也叫排气式通风或排风）。是用风机抽出舍内的污浊空气。由于舍内的污浊空气被抽出，变成空气稀薄的空间，压力相对小于舍外，舍外的新鲜空气通过进气口或进气管流入舍内而形成的舍内外空气交换的方式。畜舍通风多采用负压通风。这种方式具有简单、投资少、管理费用也较低的特点。

根据风机安装的位置分为屋顶排风、侧壁排风、地下风道排风等形式（图 3-8-7）。

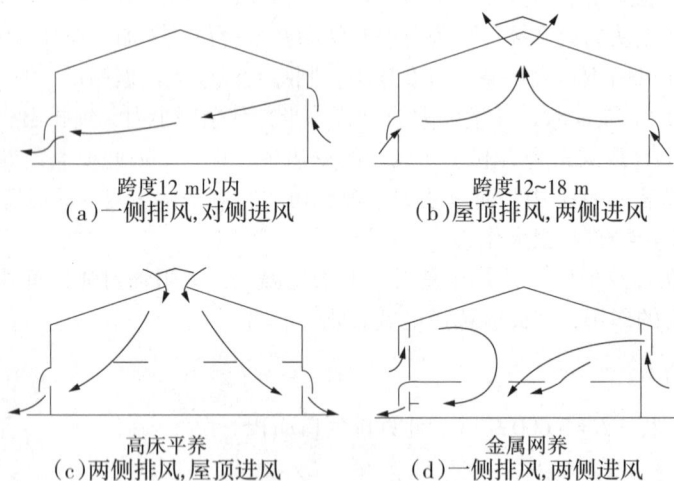

跨度12 m以内
（a）一侧排风，对侧进风

跨度12~18 m
（b）屋顶排风，两侧进风

高床平养
（c）两侧排风，屋顶进风

金属网养
（d）一侧排风，两侧进风

图 3-8-7　负压通风示意图

a. 屋顶排风。风机装于屋顶，舍内污浊空气或灰尘从屋顶排出，新鲜空气从侧墙进入。适用于气候温暖和较热地区、跨度在 12 ~ 18 m 的畜舍或 2 ~ 3 排多层笼鸡舍。

b. 侧壁排风。单侧壁排风的一侧纵墙是进气口，另一侧纵墙上安装风机。适用于畜禽跨度在 12 m 以内；双侧壁排风则是适用于跨度在 20 m 以内的畜舍或 5 排笼架的鸡舍；对两侧有粪沟的双列猪舍最适用，但不适于多风地区。

c. 地下风道排风。适用于内部有较多建筑设施的畜舍，如猪舍内的实体围栏，鸡舍内的多层笼架，此时会因通风障碍影响气流分布。这种情况下，地下风道建筑设施应有较好的隔水措施，否则，一旦积水则会破坏畜舍的通风换气。

②正压通风（也叫进气式通风或送风）。是指通过风机的运转将舍外的新鲜空气强制送入舍

内，使舍内的压力增高，舍内的污浊空气经风口或风管自然排走的换气方式。其优点在于可对进入舍内的空气进行加热或冷却或过滤等预处理，从而可有效地保证畜舍内的适宜温湿状况和清洁的空气环境。在寒冷、炎热地区适用。但这种通风方式比较复杂、造价高、管理费用也大。根据风机安装的位置，可分为侧壁、屋顶送风等形式（图 3-8-8）。

a. 侧壁送风适用于炎热地区，并且限于前后墙的距离不超过 10 m 的小跨度畜舍，两侧送风适用于大跨度畜舍，但如果实行供热、冷却、空气过滤等，由于进气口分散，不论设备、管理，还是能源利用都不经济。

b. 屋顶送风适用于多风地区，设备投资大、管理麻烦。此外，供热、冷却、空气过滤也不经济。

两侧壁送风形式　　　　屋顶送风形式　　　　侧壁送风形式

图 3-8-8　正压通风示意图

③联合通风。是送风和排风结合的方式。大型封闭舍，尤其是无窗舍中，仅靠送风或排风往往达不到应有的效果。因此，需要采取联合式机械通风。

联合式通风系统风机安装形式，有两种：

a. 进气口设在较低处，即下部送风，上部排风，这种方式有助于通风降温，适用于温暖和较热地区。

b. 进气口设在畜舍上部，即上部送风，下部排风，这种方式可避免在寒冷季节冷空气直接吹向畜体，也便于预热、冷却和过滤空气，对寒冷地区或炎热地区都适用。

（2）根据气流在畜禽舍流动的方向分类　机械通风根据气流在畜禽舍流动的方向分类又可分为两种形式：纵向通风（夏季炎热季节降温通风）和横向通风（冬季较冷季节舍内换气）。目前，养殖场畜舍夏季多采用负压纵向通风方式，而冬季可采用横向负压通风。

①横向通风。是指舍内气流方向与畜舍长轴垂直的机械通风（图 3-8-9）。横向通风适用于小跨度畜禽舍，通风距离过长，但缺点是舍内气流分布不均，气流速度偏低，死角多，换气质量不高。

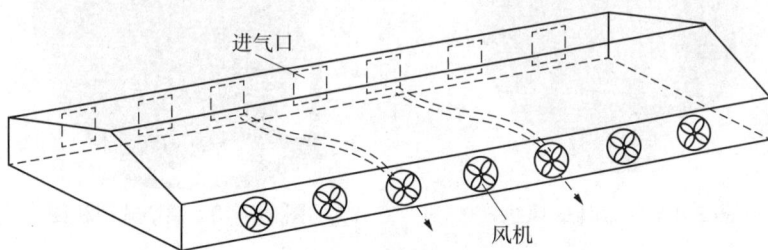

进气口

风机

图 3-8-9　横向通风示意图

②纵向通风。是指舍内气流方向与畜舍长轴平行的机械通风（图 3-8-10）。纵向通风适用于大跨度畜禽舍和具有多列笼具的畜禽舍。纵向通风系统的风速高，气流分布均匀，可确保舍内的新鲜空气。

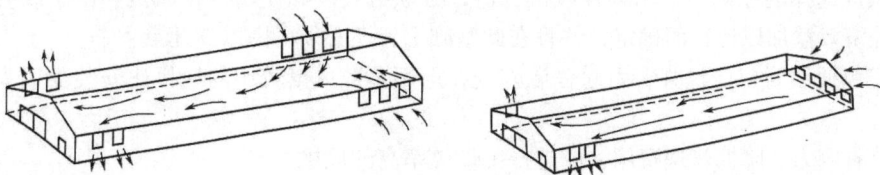

图 3-8-10　纵向通风示意图

2009 年，国内企业推出"垂直 + 水平"派如通风模式（图 3-8-11），该模式采用横向短轴机械通风，最大通风距离 30 m，畜禽舍建筑长度不限，要求跨度 30 m 以内。

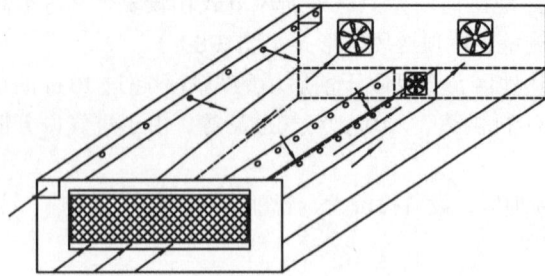

图 3-8-11 "垂直 + 水平"派如模式通风图

2. 风机类型

（1）轴流式风机 如图 3-8-12 所示，这种风机所吸入的空气与送出的空气的流向和风机叶片轴的方向一致。这种风机的叶片旋转方向可以逆转；气流方向随之改变，而通风量不减少；通风时所形成的压力比离心式风机低，但输送的空气量比离心式大得多。因此既可用于送风，也可用于排风。一般在通风距离短时，即无通风管道或通风管道较短时适用。由于畜舍通风的目的在于供给新鲜空气，排除污浊空气，故一般选用轴流式风机。

2003 年，我国企业针对畜禽行业恶劣使用环境和精准通风特殊要求，开发生产了耐腐蚀无级变速轴流式风机。

（2）离心式风机 如图 3-8-13 所示，这种风机运转时，气流靠带叶片的工作轮转动时所形成的离心力驱动，故空气进入风机时和叶片轴平行，离开风机时变成垂直方向。这种风机不具有逆转性、压力较强，在畜舍中多半在送热风和送冷风时使用。对于负压纵向通风系统的建立，既需要很大的通风量，又不需要很高的压力。为满足这一需求，我国已研制出低压大流量低能耗低噪声离心式风机。

图 3-8-12 轴流式风机　　　　图 3-8-13 离心式风机图

3. 风机的选择

（1）风机功率的确定 畜舍总通风量一般以夏季通风量为依据，也就是根据各种家畜的夏季通风量参数乘以舍内最大容纳头数来求得。根据畜舍总通风量再加 10% ～ 15% 损耗，即为风机总风量。根据选定风机的风量来确定装风机的数量。

（2）风机选择的原则 选用哪种风机合适，必须对安装和使用该种风机和由于改善环境条件而得到的经济效益加以比较而确定，并且在此基础上，还必须考虑以下几点：

①为避免通风时气流过强，引起舍温剧变，选用多数风量较小的风机比安装少数大风量的风机合理。

②为节省电力、降低管理费用，应选择工作效率高的风机。

③要考虑夏季通风量和冬季通风量差异很大。尽量选用变速风机或采取风机组合。

④由于畜舍中多灰尘、潮湿，因此应选用带全密封电动机的风机；而且最好装有过热保护装

置，以避免过热烧坏电机。

⑤为减少噪声危害，应选用震动小，声音小的风机。

⑥风机应具备防锈、防腐蚀、防尘等性能，并且应坚固耐用。

（3）风机使用过程中应注意的问题

①安装轴流式风机时，风机叶片与风口、风管壁之间空隙以 5～8 cm 为宜。过大会使部分空气形成循环气流，影响通风效果；风口以圆形为好；为克服自然风对风机的影响，应设挡风板、百叶窗等措施。

②风道内表面必须光滑，不能有突出物，应严密不透气。

③进风口、排气口应加铁丝网罩，以防鸟兽闯入而发生事故。

④风机不要离门太近，当风机开动时，以免空气直接从门处排走。

⑤进气口要选在空气新鲜、灰尘少和远离其他废气排出口的地方。

五、通风换气量和换气次数的确定

（一）根据 CO_2 计算通风量

CO_2 作为家畜营养物质代谢的尾产物，代表着空气的污浊程度。各种家畜的 CO_2 呼出量可查表获得。其公式为

$$L = \frac{1.2 \times mk}{C_1 - C_2}$$

式中　L——通风换气量，m^3/h；

　　　k——每头家畜产生的 CO_2，L/h；

　　　1.2——考虑舍内微生物活动产生的及其他来源的 CO_2 而使用的系数；

　　　m——舍内家畜的头数；

　　　C_1——舍内空气中 CO_2 允许含量，$1.5\ L/m^3$；

　　　C_2——舍外大气中 CO_2 允许含量，$0.3\ L/m^3$。

因为 $C_1 - C_2 = 1.2$，公式可简化为：$L = mk$。

通常，根据 CO_2 算得的通气量，往往不足以排除舍内产生的水汽，故只适用于温暖、干燥地区。在潮湿地区，尤其是寒冷地区应根据水汽和热量来计算通风量。

（二）根据水汽计算通风换气量

畜舍内的水汽由家畜和潮湿物体水分蒸发而产生。用水汽计算通风换气量的依据，就是通过由舍外导入比较干燥的新鲜空气，以替换舍内的潮湿空气，根据舍内外空气所含水分之差而求得排除舍内所产生的水汽所需的通风换气量。其公式为

$$L = \frac{Q_1 + Q_2}{q_1 - q_2}$$

式中　L——通风换气量，m^3/h；

　　　Q_1——家畜在舍内产生的水汽量，g/h；

　　　Q_2——潮湿物体蒸发的水汽量，g/h；

　　　q_1——舍内空气温度保持适宜范围时，所含的水汽量，g/m^3；

　　　q_2——舍外大气中所含水汽量，g/m^3。

由潮湿物体表面蒸发的水汽（Q_2），通常按家畜产生水汽总量（Q_1）的 10%（猪舍按 25%）计算。

用水汽算得的通风换气量，一般大于用二氧化碳算得的量，故在潮湿、寒冷地区用水汽计算通风换气量较为合理。

（三）根据热量计算通风换气量

家畜在呼出 CO_2、排出水汽的同时，还在不断地向外放散热能。因此，在夏季为了防止舍温过高，必须通过通风将过多的热量驱散；而在冬季如何有效地利用这些热能温热空气，以保证不断地将舍内产生的水汽、有害气体、灰尘等排出，这就是根据热量计算通风量的理论依据。其公式为

$$L = \frac{Q - \sum KF \times \Delta t - W}{0.24 \times \Delta t}$$

式中　L——通风换气量，m^3/h；

　　　Q——家畜产生的可感热，kcal/h；

　　　Δt——舍内外空气温差，℃；

　　　0.24——空气的热容量，$kcal/(m^3 \cdot ℃)$；

　　　$\sum KF$——通过各外围护结构散失的总热量，$kcal/(h \cdot ℃)$；

　　　K——外围护结构的总传热系数，$kcal/(m^2 \cdot h \cdot ℃)$；

　　　F——外围护结构的面积，m^2；

　　　W——地面及其他潮湿物表面水分蒸发所消耗的热能，按家畜总产热的10%（猪按25%）计算。

根据热量计算通风换气量，实际是根据舍内的余热计算通风换气量，这个通风量只能用于排除多余的热能，不能保证在冬季排除多余的水汽和污浊空气。

（四）根据通风换气参数计算通风换气量

前面三种计算通风量的方法比较复杂，而且需要查找许多的参数。因此，一些国家为各种家畜制订了简便的通风换气量技术参数，这就对畜舍通风换气系统的设计，尤其是对大型畜舍机械通风系统的设计提供了方便。各种家畜的通风换气技术参数见表3-8-9。

表 3-8-9　畜舍通风参数表

畜舍		换气量/ $[m^3 \cdot (h \cdot kg)^{-1}]$			换气量/ $[m^3 \cdot (h \cdot 头)^{-1}]$			气流速度/$(m \cdot s^{-1})$		
		冬季	过渡季	夏季	冬季	过渡季	夏季	冬季	过渡季	夏季
牛舍	栓系或散养乳牛舍	0.17	0.35	0.70				0.3~0.4	0.5	0.8~1.0
	散养、厚垫草乳牛舍	0.17	0.35	0.70				0.3~0.4	0.5	0.8~1.0
	产仔间	0.17	0.35	0.70				0.2	0.3	0.5
	0~20日龄犊牛室				20	30~40	80	0.1	0.2	0.3~0.5
	20~60日龄犊牛舍				20	40~50	100~120	0.1	0.2	0.3~0.5
	60~120日龄犊牛舍				20~25	40~50	100~120	0.2	0.3	<1.0
	4~12月龄幼牛舍				60	120	250	0.3	0.5	1.0~1.2
	1岁以上青年牛舍	0.17	0.35	0.70				0.3	0.5	0.8~1.0
猪舍	空怀及妊娠前期母猪舍	0.35	0.45	0.60				0.3	0.3	<1.0
	种公猪舍	0.45	0.60	0.70				0.2	0.2	<1.0
	妊娠后期母猪舍	0.35	0.45	0.60				0.2	0.2	<1.0
	哺乳母猪舍	0.35	0.45	0.60				0.15	0.15	<0.4
	哺乳仔猪舍	0.35	0.45	0.60				0.15	0.15	<0.4
	后备猪与育肥猪舍	0.45	0.55	0.65				0.3	0.3	<1.0
	断奶仔猪	0.35	0.45	0.60				0.2	0.2	<0.6

续表

畜舍		换气量 / $[m^3 \cdot (h \cdot kg)^{-1}]$			换气量 / $[m^3 \cdot (h \cdot 头)^{-1}]$			气流速度 / $(m \cdot s^{-1})$		
		冬季	过渡季	夏季	冬季	过渡季	夏季	冬季	过渡季	夏季
猪舍	165 日龄前	0.35	0.45	0.60				0.2	0.2	< 1.0
	165 日龄后	0.35	0.45	0.60				0.2	0.2	< 1.0
羊舍	公羊、母羊、断奶后及去势后的小羊舍				15	25	45	0.5	0.5	0.8
	产仔间暖棚				15	30	50	0.2	0.3	0.5
	采精间				15	25	45	0.5	0.5	0.8
禽舍	笼养蛋鸡舍	0.70		4.0					0.3～0.6	
	地面平养肉鸡舍	0.75		5.0					0.3～0.6	
	火鸡舍	0.60		4.0					0.3～0.6	
	鸭舍	0.70		5.0					0.5～0.8	
	鹅舍	0.60		5.0					0.5～0.8	
	1～9 周龄蛋用雏鸡舍	0.8～1.0		5.0					0.2～0.5	
	10～22 周龄蛋用雏鸡舍	0.75		5.0					0.2～0.5	
	1～9 周龄肉用仔鸡舍	0.75～1.0		5.5					0.2～0.5	
	10～26 周龄肉用仔鸡舍	0.70		5.5					0.2～0.5	
	笼养 1～8 周龄肉用仔鸡舍	0.70～1.0		5.0					0.2～0.5	
	1～9 周龄雏火鸡、雏鸭、雏鹅舍	0.65～1.0		5.0				0.2～0.5		
	9 周龄以上雏火鸡、雏鸭、雏鹅舍	0.60		5.0				0.2～0.5		

通常，在生产中把夏季通风量称为畜禽舍最大通风量，冬季通风量称为畜禽舍最小通风量。畜禽舍在采用自然通风系统时，在北方寒冷地区应以最小通风量，即以冬季通风量为依据确定通风管面积；而采用机械通风，必须根据最大通风量，即以夏季通风量确定总的风机风量。

（五）计算换气次数

在确定了通风量以后，必须计算畜禽舍的换气次数。畜禽舍换气次数是指在 1 小时内换入新鲜空气的体积与畜禽舍容积之比。其公式为

$$畜禽舍换气次数 = \frac{L}{V}$$

式中　L——通风量，m^3；

　　　V——畜舍容积，m^3。

一般规定，畜禽舍冬季换气每小时应保持 2～4 次，除非炎热换季外，一般不应多于 5 次，因冬季换气次数过多，就会降低舍内气温。

练一练

1. 名词解释：自然通风、机械通风。
2. 畜舍通风应考虑哪些因素？
3. 如何控制夏季和冬季的自然通风和气流的分布？
4. 纵向通风和横向通风有何不同，如何选择和应用？

拓展学习

猪场的气流设计

楼房猪场通风设计

近年来，养猪业往规模化、集约化迅速发展，在土地集约、生产管理、生物安全、环保节能等方面具备显著优势的楼房养猪模式在全国各地兴起。楼房养猪模式的主要优势在于占地少、方便集中管理，但密度高对整个楼房猪舍内的空气质量、温湿度都是一个极大的考验。

楼房养猪的通风设计和平层猪舍有很大区别，因为楼房结构的限制，楼房猪舍的通风模式选择性比较小，常见通风方式有以下几种。

1. 地沟风道通风——中央集中排风方式

楼房猪舍多利用中间楼层楼板下的粪沟空间（除顶层、底层外），采用地沟风道进风——中央集中排风方式解决方案。在楼板下的地沟空间（相当于本层的吊顶之下）中，分别设计送风风道，与湿帘侧进风口相连，实现风道送风；同时，湿帘侧设置了集中收集排风的气楼，实现排风集中处理。夏季以湿帘降温，新风经过滤和湿帘处理后由风道送入舍内后，排风经湿帘侧的出风百叶窗集中将废气送入气楼，集中处理。冬季时进风方式与夏季相同，但排风由舍内每单元下部集中排风道上设置的进风口进入排风道，然后通过空气预热系统集中排入气楼。

2. 吊顶内风道送风方式

（1）各层独立送风　冬季时进风通过每层单独的防护、过滤装置，进入舍内吊顶下通风管道中，然后通过吊顶小窗将新风送入舍内。其中，顶层新风通过吊顶上方空间后再进入风道。风道在吊顶内可实现新风的预热，提高送风温度。而夏季，新风通过每层的防护、过滤装置后，直接送入舍内。

冬、夏季的排风，均是由每层的排风机，经湿帘除臭处理后排至舍外。

（2）各层集中送风　该方式与上述不同之处在于新风送入和排风处理的集中性，进风端设置了集中送风道，排风端设置了集中排风道，实现集中处理。相较于各层独立送风，该方式的集中送风及废气的集中处理，减少了设备的数量，让后期的管理及维护更加集成和便捷。

3. 单元独立微正压精准控制送风方式

在非洲猪瘟的大背景下，每层单元独立微正压送风，精准控制将会成为一种趋势。单元独立微正压送风，避免了空气的交叉风险，从而保证了生物安全性。尤其适合母猪舍、公猪舍及保育舍，在南方高温高湿地区，用温湿净机组除湿降温，做到温湿度风速均匀度精准控制，在低温低湿环境下，减小通风量，降低环控能耗和废气处理量，减小设备一次性投入和后期滤网的更换费用。同时为猪只提供一个健康的生长环境，避免猪只的热应激。

商品肉鸡饲养环控管理

1. 温度和湿度管理

前期鸡雏的体温调节能力差，前 3 天的温湿度控制是鸡只肠道和免疫器官发育的关键，要根据环控标准严格落实。

（1）温湿度控制标准　温湿度表见表 3-8-10。

表 3-8-10　温湿度表

日龄	目标温度 /℃	运行温度 /℃	目标相对湿度 /%
0	34（+0.5）	34.2～34.8	65～70
3	32.0	31.7～32.3	63～68
7	30.0	29.7～30.3	60～65
14	28.0	29.0	55～60
21	26.0	27.5	50～55
28	24.0	25.5	50～55
35	22.0	23.5	50～55
38	21.0	22.0	50～55

（2）注意事项

①现场不要因为冲洗水线造成地面有积水，引起湿度超标准，及时进行清扫。

②锅炉回水温度的合理设置，回水温度高，会造成鸡舍管道散热多，鸡舍温度升高。当鸡群偏热的时候，先考虑降低锅炉回水温度，后考虑增加通风。

（3）育雏期冷热判断条件

①检测肛门温度标准范围在 40.5～41.0 ℃，低于 40.5 ℃偏凉，考虑减少通风，高于 41.0 ℃，考虑增加通风。

②第一周湿度范围控制在 65%～70%，过高容易引起鸡群热应激。

2. 通风管理

（1）最小通风　保证鸡舍空气质量，保持鸡群处于最舒适的环境温度，提供适当新鲜空气，排出舍内的有害气体及多余的湿度。最小通风系数参考表见表 3-8-11。最小通风量计算见表 3-8-12。

表 3-8-11　最小通风系数参考表

室外温度 /℃	−5	0	5	10	15	20	25	25+
单位	$m^3/(h \cdot kg)^{-1}$							
0～21 d 龄通风系数	0.7	0.9	1.2	1.4	2	2.2	2.9	3.5
22～41 d 龄通风系数	0.7	0.8	0.9	1.3	1.7	2	2.6	3.3

表 3-8-12　最小通风量计算

存栏只数 / 只	体重 /kg	通风系数	风机风量 / ($m^3 \cdot h^{-1}$)	1 台风机运行时间（min）/5 min
A	B	C	D	$A \times B \times C \times 5 / D$

（2）最大通风　随着鸡日龄的增长，开始产生更多的热量，需要增加通风排出多余的热量，在使用最大通风的同时要考虑风冷效应，防止通风过度引成鸡群发生冷应激。最大通风参考表见表 3-8-13。

表 3-8-13　最大通风参考表

外界温度 /℃	最大通风
<0	1 m³/ (h·kg) ⁻¹
0 ～ 10	2 m³/ (h·kg) ⁻¹
10 ～ 20	3 m³/ (h·kg) ⁻¹
20 ～ 25	4 m³/ (h·kg) ⁻¹
>25	通过风速降温

3. 光照管理

合理的光照时间能促进鸡的采食和休息，促进鸡的生长发育；光照强度过强会引发鸡群兴奋，引起鸡只打斗等现象，光照强度过低会对鸡生长发育不利，延缓生长。光照时间和光照强度参考标准见表 3-8-14。

表 3-8-14　光照时间和光照强度参考标准

日龄	强度 /lx	光照时长 /h	闭光时长 /h
0 ～ 1	40	24	0
2 ～ 3	40	23	1
4 ～ 7	20	22	2
8 ～ 27	5 ～ 10	20	4
28 ～ 34	5 ～ 10	22	2
35 ～ 出栏	5 ～ 10	23	1

光照管理过程中还应注意以下事项：

①每批鸡在更换灯泡时至少测光照强度 2 次。

②鸡群 20 日龄后至少擦灯泡 1 次。

③闪坏的灯泡必须及时更换。

④光照强度需要变化时应逐步过渡，忌一次变更完成。

⑤光照强度应调整均匀（电线间距、灯泡间距）。

⑥白天鸡舍通风口光强处应合理利用采光板，熄灭多余的灯光。

⑦开关灯：定期、定时，先开中间一路，1 ～ 2 分钟后再开另外两路灯，以防应激。

技能 6　采光系数测定

【学习目标】

掌握畜舍采光的测定和计算方法，评价畜舍内光照环境，为畜舍环境卫生评定打基础。

【实训准备】

（1）仪器工具　照度计、卷尺、函数表或计算器等。

（2）实训场所　猪舍、鸡舍、牛舍。

【实训内容】

（一）照度计的使用

光照度的单位为勒克斯（lx）。测量光照度的仪器叫照度计。照度计是依据光电效应原理制成的。照度计由光电探头（内装硅光电池）和测量表两部分组成（图3-8-14）。当光电探头曝光时，产生相应的光电流，并在电流表上指示出照度数值。按该仪表正确操作方法如下：

①在测量前，因不能肯定光照度，为安全慎重起见，量程开关应依次从高挡转到低挡，以免光电池骤受强光，影响仪器的性能。

②由于光电池具有惯性，在测量之前应将光电池适当曝光一段时间，待电流表的指针稳定后再读数。

③测定时应避免热辐射的影响和人为挡光的影响。

④光电池长期使用，电流变小而逐渐衰减，要经常进行校正。

⑤人工光照度的测定，应当在打开电源开关0.5小时后电压稳定时测定。

⑥测量完毕后，将量程开关置于"关"的位置，并将保护罩盖在光电探头上，拔下插头。

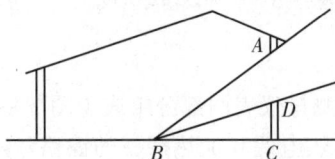

图 3-8-14　照度计

1—光电探头；2—插头；3—量程

（二）采光系数的测定与计算

采光系数是窗户有效采光面积和畜舍地面有效面积之比。以窗户所镶玻璃面积为1，求得其比值。先计算畜舍窗户玻璃数，然后测量每块玻璃面积。畜舍地面面积包括除粪道及喂饲道的面积。

如某猪舍舍内地面为 40 m × 8 m。共有 20 个窗户，每个窗户有 8 块玻璃，每块玻璃面积为 0.4 m × 0.45 m = 0.18（m²）。该舍窗户总有效面积为 0.4 m × 0.45 m × 8 × 20 = 28.8（m²）；地面面积为 320 m²，则采光系数为 28.8 : 320 = 1 : 11。

（三）入射角和透光角的测定与计算

如图3-8-15所示，B 是畜舍地面中央的一点，A 是窗户上檐，D 是窗台，C 是墙壁与地面的交点，则 $\angle ABC$ 是入射角，$\angle ABD$ 是透光角。

测定入射角时，测量 AC 和 BC 长度，然后根据 $\tan \angle ABC = AC/BC$，计算 $\angle ABC$ 的大小。

测定入射角时，先测量 $\angle DBC$，然后计算入射角 $\angle ABD = \angle ABC - \angle DBC$。

图 3-8-15　入射角、透光角测定示意图

（四）光照度的测定

使用照度计测定舍内光照度时，可在同一高度上选择 3～5 个测点进行，测点不能紧靠墙壁，应距墙 10 cm 以上。

【实训作业】

熟悉畜舍相关采光数据的测量，并根据畜舍采光系数、入射角、透光角、光照度的测定结果，评价该畜舍的采光情况，完成实训报告，同时请提出你的改进意见。

技能 7　气流测定

气流测定及
控制技术

【学习目标】

熟悉畜舍气流方向和速度的测量方法，能通过测定结果评价该畜舍的通风情况。

【实训准备】

（1）仪器工具　风向仪、热球式电风速仪、叶轮风速仪等。
（2）实训场所　猪舍、鸡舍、牛舍。

【实训内容】

（一）仪器使用

1. 风向仪的使用

首先要确认位置，选择一处无遮挡的场地，以确保风向仪（图 3-8-16）能够准确受到气流的作用。保持风向仪稳定一段时间，风向仪所指方向，即为当前风向。

2. 叶轮风速仪的使用

使用叶轮风速仪（图 3-8-17）进行测定前，应接通电源，启动风机，当风机转速不断上升达到额定转速后为风机启动完毕。风机启动完毕进入连续运转阶段，才可进行气流速度测定。风机旋转方向应与机壳上箭头所示方向一致，即保证风机正转。

图 3-8-16　风向仪　　　　图 3-8-17　叶轮风速仪　　　　图 3-8-18　热球式电风速仪

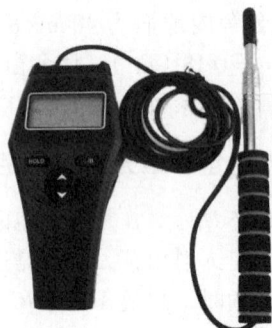

3. 热球式电风速仪

热球式电风速仪由测杆探头和测量仪表两部分组成（图 3-8-18）。测杆探头有线型、膜型和球型三种，球形探头装有两个串联的热电偶和加热探头的镍铬丝圈。利用热电偶在不同风流速度下散热量不同，因而其温度下降也不同。温度升高的程度与风速呈现负相关，风速较小时则升高的程度大，反之升高的程度小。升高的大小通过热电偶在电表上指示出来。将测头放在气流中即可直接读出气流速度。

热球式电风速仪使用方便，灵敏度高，反应速度快，最小可以测量 0.05 m/s 的微风速。

（二）操作方法

1. 舍外风向的测定

舍外风向常用风向仪直接测定。测定时，风压加在尾部的分叉上，箭头所指的方向即为风向。舍外气流速度较大，可用风速表测定；畜舍内气流较弱（0.3 ～ 0.5 m/s），用热球式电风速仪测定。

2. 舍内风向的测定

舍内气流较小，可用氯化铵烟雾来测定方向，即用两个口径不等的玻璃皿（杯），其中一个放入氨液，另一个加入浓盐酸，各 20 ～ 30 mL，将小玻皿放入大玻皿中，立即可以呈现指示舍内气流方向的烟雾，也可使用蚊香或纸烟燃烧后的烟雾测定。

【实训作业】

对气流方向和速度进行测量，评价该畜舍的通风情况，完成实训报告，同时请提出你的改进意见。

项目9

养殖场消毒及
消鼠灭蚊蝇

养殖场环境消毒技术

◆ 项目提要

随着养殖业规模化、集约化、产业化发展，动物传染病的预防和控制成为养殖生产关键环节。掌握并灵活应用消毒技术是预防控制动物传染病的必备技能。本项目主要阐明养殖场消毒方法、消毒原理、消毒药的选择及使用，并对养殖场消毒原理、实施关键点、不同消毒药物的使用方法进行了介绍。

◆ 项目教学案例

某养猪企业合作养户近期反映称，猪群采食量下降，被毛普遍粗乱、精神状态不好，出栏时结算饲料成本高出公司平均水平 10% 左右。据悉，该合作养户近期因未及时申请消毒药而接近一个月未做带猪消毒。

思考：请你根据旁边提供的实时监控图片（图 3-9-1），分析养户反映问题原因，并提出解决方案，为养户降本增效建言献策。

图 3-9-1　某猪场实时监控图片

◆ 知识目标

1. 了解消毒原理，掌握消毒方法及配套使用的设施设备。
2. 理解消毒管理制度建立方法。
3. 掌握常用消毒药及选择方法。

◆ 技能目标

1. 能熟练进行养殖场机械消毒、物理消毒、化学消毒、生物消毒等实践操作。
2. 具备针对养殖现场情况制定消毒管理制度能力。
3. 具备使用不同类型消毒药物进行消毒的实践操作能力。

◆ 素质目标

1. 具有爱岗敬业、协作创新的精神。
2. 具有保护环境的责任意识。
3. 具备刻苦钻研、勇于探索的职业态度。

任务 9.1　养殖场环境消毒方法

【学习目标】

深刻理解并掌握消毒概念，能针对不同养殖生产场景熟练选择、应用消毒方法。

【任务实施】

一、消毒

消毒是指清除或杀灭外环境中的病原微生物及其他有害微生物，达到预防和阻止疫病发生、传播和蔓延的目的。消毒仍然是防控传染病最重要、高效、经济的措施，养殖场消毒工作是畜禽生产中卫生防疫工作中的关键点，是日常管理和疫病防控的重要组成部分，消毒可以在一定程度上消灭病原微生物，降低畜禽患病率。随着畜牧业集约化经营的发展，消毒对预防疫病的发生和蔓延具有越来越重要的意义。

二、养殖场消毒方法

（一）机械消毒

机械消毒法是用清扫、铲刮、洗刷、通风等机械方法清除污物及沾染在墙壁、地面以及设备上的粪尿、残余饲料、废物、垃圾等，可消除养殖场环境中的病原体，通常在使用其他消毒法之前使用（图3-9-2）。必要时，应将舍内外表层附着物一起清除，以减少感染疫病的机会。

图3-9-2　自动刮粪机刮粪、人工刮粪

（二）物理消毒

1. 日光照射消毒

日光照射消毒是指将物品置于日光下暴晒，利用太阳光中的紫外线、阳光灼热和干燥作用使病原微生物灭活的过程。这种方法适用于对畜禽场、运动场场地，垫料和可以移出室外的用具等进行消毒。

在强烈的日光照射下，一般的病毒和非芽孢菌经数分钟到数小时内即可被杀灭。常见的病原被日光照射杀灭的时间，巴氏杆菌为6～8分钟，口蹄疫病毒为1小时，结核杆菌为3～5小时。

2. 紫外线照射消毒

紫外线照射消毒是指用紫外线灯照射杀灭空气中或物体表面的病原微生物的过程。紫外线照射消毒常用于种蛋室、兽医室等空间的消毒。由于紫外线容易被吸收，对物体的穿透能力很弱，所以紫外线只能杀灭物体表面和空气中的微生物（图3-9-3）。

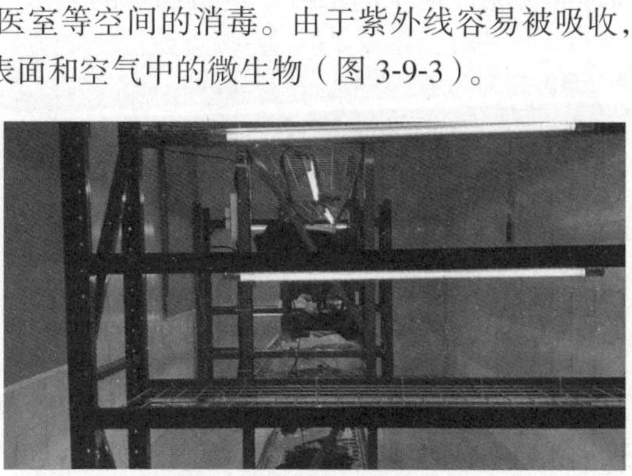

图3-9-3　紫外线照射消毒

3. 高温消毒

高温消毒是指利用高温环境破坏细菌、病毒、寄生虫等病原体结构，杀灭病原的过程，包括火焰、煮沸和高压蒸汽等消毒形式。

（1）火焰消毒　火焰消毒是指利用火焰喷射器喷射火焰灼烧耐火物体或者直接焚烧被污染的低价值易燃物品，以杀灭黏附物体上的病原体的过程（图3-9-4）。火焰消毒是一种简单可靠的消毒方法，杀菌率高，平均杀菌率达97%，消毒后设备表面干燥，常用于畜禽舍墙壁、地面、笼具、金属设备等表面的消毒。使用火焰消毒时应注意每种火焰消毒器的燃烧器要与特定的燃料相配，要选用说明书指定的燃料种类，要撤除消毒场所的所有易燃易爆物，以免引起火灾；先用药物进行消毒，再用火焰喷射器消毒，才能提高灭菌效率。

| 图3-9-4　畜禽舍火焰消毒 | 图3-9-5　煮沸消毒 |

（2）煮沸消毒　煮沸消毒是指将被污染的物品置于水中蒸煮，利用高温杀灭病原的过程。煮沸消毒经济方便，应用广泛，消毒效果好。一般病原微生物100℃沸水中5分钟即被杀死，经1～2小时煮沸可杀死所有的病原体。这种方法常用于体积较小而耐煮的物品，如衣物、金属、玻璃器具的消毒（图3-9-5）。

（3）高压蒸汽灭菌　高压蒸汽灭菌是指利用水蒸气的高温杀灭病原体。其消毒效果确实可靠，常用于医疗器械等物品的消毒。应用的温度为150℃、121℃和126℃，一般需维持20～30分钟。

（三）化学消毒

化学消毒是指使用化学消毒剂，通过化学消毒剂的作用破坏病原体的结构以直接杀死病原体或阻止病原体增殖的过程。化学消毒比其他消毒速度快、效率高，能在数分钟内进入病原体内并杀灭之。因此，化学消毒是畜禽养殖场最常用的消毒方法。

1. 清洗法

清洗法是指用一定浓度的消毒剂对消毒对象进行擦拭或清洗，以达到消毒目的的消毒方法。常用于对畜禽舍地面、墙面、器具进行消毒。

2. 浸泡法

浸泡法是指一种将需消毒的物品浸泡于消毒液中进行消毒的方法。常用于对医疗器具、小型用具、衣物进行消毒。

3. 喷洒法

喷洒法是指将一定浓度的消毒液通过喷雾器或高压喷枪喷洒于畜禽舍、设施或物体表面以进行消毒的一种方法。常用于对畜禽舍地面、墙壁、笼具等进行消毒。喷洒法简单易行、效力可靠，是畜禽养殖场最常用的消毒方法。

4. 熏蒸法

熏蒸法是指利用化学消毒剂挥发或在化学反应中产生的气体，以杀死封闭空间中病原体（图3-9-6）。这是一种作用彻底、效果可靠的消毒方法。常用于对孵化室、无畜禽的畜禽舍等空间进行消毒。

图 3-9-6　畜禽舍的熏蒸消毒

5. 气雾法

气雾法是指利用气雾发生器将消毒剂溶液雾化为气雾粒子对空气进行消毒（图 3-9-7）。由于气雾发生器喷射出的气雾粒子直径很小（<200 nm），质量极小，所以能在空气中较长时间飘浮并可以进入细小的缝隙中，因而消毒效果较好，是消灭气源性病原微生物的理想方法。如全面消毒畜禽舍空间，每立方米用 5% 过氧乙酸溶液 2.5 mL。

图 3-9-7　畜禽舍的气雾消毒

（四）生物消毒

生物消毒是指利用微生物在分解有机物过程中释放出的生物热杀灭病原性微生物和寄生虫卵的过程。在有机物分解过程中，畜禽粪便温度可以达到 60～70 ℃，可以使病原性微生物及寄生虫卵在十几分钟至数日内死亡。生物消毒是一种经济简便的消毒方法，能杀死大多数病原体，主要用于粪便消毒。

（五）化学消毒

臭氧能氧化分解病原微生物内部氧化葡萄糖所必需的葡萄糖氧化酶，且直接与细菌、病毒等微生物发生作用，主要破坏微生物的细胞器与核糖核酸，分解其核糖核酸、去氧核糖核酸、蛋白质、脂质类和多糖等大分子聚合物，致使病原微生物的物质生长代谢和繁殖过程遭到破坏；渗透到细胞膜组织、进入细胞膜内，使其细胞通透性发生畸变，导致细胞的溶解死亡；还能将死亡菌体内的遗传物质、寄生菌种、寄生病毒粒子、支原体、噬菌体及内毒素等溶解死亡。臭氧还可以通过破坏养殖场内恶臭物分子结构，生成无毒无味的物质，以达到除臭、除异味。目前臭氧消毒的使用十分广泛，如门卫消毒室、人行通道、进场物资、水线清洗等消毒。近来，国内有企业在楼房养猪中配套设置了全覆盖的臭氧消毒系统（图 3-9-8）。

图 3-9-8　臭氧发生器对畜禽舍进行消毒

三、常用消毒方法案例

养殖场消毒防疫是畜禽生产生物安全的重要保证，消毒是减少养殖场内的病原体数量，切断传播途径，控制禽畜疫病的有效手段。针对影响养猪生产的非洲猪瘟，目前还未研发出安全有效的疫苗和治疗药物，生物安全成为其防控的唯一有效手段。消毒是生物安全中的重要工作，是防控非洲猪瘟的关键举措，养猪场应针对不同情形，科学制订消毒方法，在猪场区域连接点处设置消毒防线，切实做好有效消毒，预防非洲猪瘟及其他疫病感染和暴发。某规模化猪场常用消毒方法见表 3-9-1。

表 3-9-1 某规模化猪场常用消毒方法

消毒方式	具体操作方法	适用范围
喷洒	将配置好的消毒液直接用喷枪喷洒	怀孕舍、生长舍、隔离舍等单栏消毒、单头猪场地，猪舍周边、走道消毒
喷雾	用消毒机、背带式手动喷雾器、小型洗发水喷雾器喷雾	车辆表面、器物、动物表面消毒，动物伤口消毒；猪舍周边
高压喷雾	专门机动高压喷雾器向天喷雾（雾滴直径小于 100 μm），雾滴能在空中悬浮较长时间	任何空间消毒，带猪或空栏消毒
甲醛熏蒸	①甲醛 + 高锰酸钾；②甲醛器皿内加热	空栏熏蒸，器物熏蒸
普通熏蒸	冰醋酸、过氧乙酸等自然挥发或加热挥发	任何空间消毒，带猪消毒
涂刷	专用于 10% 石灰乳消毒，用消毒机喷，或用大刷子涂刷于物体表面形成薄层	舍内墙壁、产床、保育高床、地板表面、保温箱内
火焰	液化石油气或煤气加喷火头直接在物体表面缓慢扫过	耐高温材料、设备的消毒（铸铁高床、水泥地板等）
拖地	用拖把加消毒水拖	产床、保育舍高床地板，更衣室、办公场所、饭堂、娱乐场所地面
紫外线	紫外线灯管直接照射（对能照射到的地方起作用）	更衣室空气消毒
饮水消毒	向饮水桶或水塔中直接加入消毒药	空栏时饮水管道浸泡消毒，带猪饮水消毒，水塔水源消毒

📝 **练一练**

1. 解释消毒的概念。
2. 简述养殖场物理消毒法的具体内容。
3. 简述养殖场化学消毒法的具体内容。

📖 **拓展学习**

关于非洲猪瘟

非洲猪瘟（African Swine Fever，ASF）是由非洲猪瘟病毒（African Swine Fever Virus，ASFV）引起猪的一种广泛出血性高度接触性疫病，最急性和急性型感染死亡率高达 100%。该病自 1921 年首次报道后，主要流行于撒哈拉以南非洲地区。2007 年，格鲁吉亚暴发 ASF，随后疫情迅速蔓延至整个高加索和俄罗斯。2014 年，ASF 传入东欧大部分国家并初步呈现出扩大流行趋势。世界动物卫生组织（World Organization for Animal Health，OIE）将 ASF 列为必须通报的动物疫病，我国将其列为重点防范的一类动物传染病。目前，无商业化疫苗可用于防控 ASF。2018 年，辽宁省某养猪场发生 ASF 疫情，这是我国首次暴发 ASF。随后在 3 个多月时间内，我国已有 18 个省份累计暴发 69 起 ASF，扑杀猪只超过 50 万头，直接经济损失达数十余亿元。迄今为止，非洲猪瘟防控依然是猪场生物安全的重点，为有效防控其对养猪业的影响，从业者需要不断提升生产管理水平，科学精准选择消毒方案，全面做好安全防护工作。

任务 9.2　养殖场常规消毒管理

【学习目标】

针对养殖场畜禽生产管理岗位要求，学会设计养殖场消毒管理制度以及掌握畜禽场消毒方法、孵化场消毒方法、隔离场消毒方法等实践操作技术。

【任务实施】

一、建立并严格执行养殖场消毒管理制度

消毒操作过程中，影响消毒效果的因素有很多，如果没有一个详细、全面的消毒管理制度并严格执行，就不可能有良好的消毒效果。因此，养殖场必须制订消毒计划，按照消毒计划严格实施。

消毒计划（程序）应该包括消毒场所或对象，消毒方法，消毒时间或频次，消毒药选择、配比、轮换方案，消毒效果评估等。消毒计划应落实到每一个饲养管理人员，要严格按照计划执行并监督检查，避免随意性和盲目性；要定期进行消毒效果检测，通过肉眼观察和微生物学的监测，以确保消毒的效果，有效减少或排除病原体。

某规模化猪场消毒记录见表 3-9-2。

表 3-9-2　某规模化猪场消毒记录表

消毒日期	消毒药名称	配置浓度	消毒地点	实施人

（一）养殖场环境常规消毒

常规消毒是指在未发生传染病的条件下，为了预防传染病的发生，消灭可能存在的病原体，根据养殖场日常管理的需要，随时或经常对养殖场环境以及畜禽经常接触到的人以及一些器物（如工作衣、帽、靴）进行消毒。消毒的主要对象是接触面广、流动性大、易受病原体污染的器物、设施和出入畜牧场的人员、车辆等。例如，在场舍入口处设消毒池（槽）（图 3-9-9）和感应

图 3-9-9　出入畜牧场车辆消毒

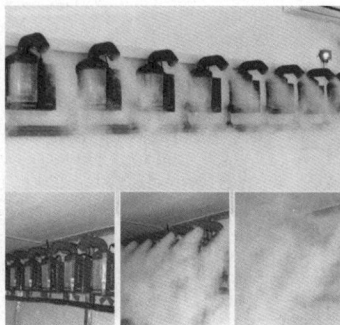

图 3-9-10　入口处感应式人员喷雾消毒

式喷雾消毒设备（图 3-9-10），是其中最简单易行的一种经常性消毒方法。

（二）养殖场环境定期消毒

定期消毒是指在未发生传染病时，为了预防传染病的发生，对于有可能存在病原体的场所或设施（如圈舍、栏圈、设备用具）等进行消毒。

当畜群出售、畜禽舍空出后，必须对畜禽舍及设备、设施进行全面清洗和消毒，以彻底消灭微生物，使环境保持清洁卫生。

（三）养殖场环境突击性消毒

突击性消毒是指在某种传染病暴发和流行过程中，为了切断传播途径，防止其进一步蔓延，对畜牧场环境、畜禽、器具等进行的紧急性消毒。由于病畜（禽）排泄物中含有大量病原体，带有很大危险性，因此必须对病畜进行隔离，并对隔离畜禽舍进行反复消毒。要对病畜所接触过的和可能受到污染的器物、设施及其排泄物进行彻底的消毒。对兽医人员在防治和试验工作中使用的器械设备和所接触的物品也应进行消毒。

突击性消毒所采取的措施：①封锁畜牧场，谢绝外来人员和车辆进场，本场人员和车辆出入也须严格消毒；②与患病畜接触过的所有物件，均应用强消毒剂消毒；③要尽快焚烧或填埋垫草；④用含消毒液的气雾对舍内空间进行消毒；⑤将舍内设备移出，清洗、暴晒，再用消毒溶液消毒；⑥墙裙、混凝土地面用 4% 碳酸钠或其他清洁剂的热水溶液刷洗，再用 1% 新洁尔灭溶液刷洗；⑦将畜禽舍密闭，将设备用具移入舍内，用甲醛气体熏蒸消毒。

（四）养殖场环境临时消毒

对有可能被病原微生物感染的地区及畜禽，为消灭病畜携带的病原传播所进行的消毒，称为临时消毒。临时消毒应尽早进行，根据传染病的种类和用具选用合适的消毒剂。

（五）养殖场环境终末消毒

发病地区消灭了某种传染病，在解除封锁前，为了彻底消灭病原体而进行的最后消毒，称为终末消毒。终末消毒不仅要对病畜周围一切物品及畜禽舍进行消毒，还要对痊愈畜禽场环境、畜禽体表进行消毒。

二、养殖场关键控制点消毒

（一）养殖场入场消毒

畜禽场大门入口处设立消毒池（池宽同大门，长为机动车轮 1.5 周）（图 3-9-11），内放 2% 氢氧化钠液，严格执行每周更换 2 次。大门入口处设消毒室，室内设置迷雾消毒及淋浴室（图 3-9-12），一切人员皆要在此消毒淋浴后，换上养殖场衣服，将自己携带衣物及其他物品交给管理人员消毒处理后方可进入生活区，不准带入可能污染的畜产品或物品进入养殖场。从生活区进入生产

图 3-9-11　养鸡场大门口消毒池

图 3-9-12　养殖场大门口淋浴消毒室

区的工作人员，通过淋浴、消毒后，必须更换场区专用工作服、工作鞋，通过消毒通道进入自己的工作区域，严禁相互串舍（圈）。

（二）畜禽舍消毒

畜禽舍除保持干燥、通风、冬暖、夏凉以外，平时还应做好消毒。一般分两个步骤进行：第一步先进行机械清扫；第二步用消毒液。畜禽舍及运动场应每天打扫，保持清洁卫生，料槽、水槽干净，每周消毒一次，圈舍内可用过氧乙酸做带畜消毒，0.3%～0.5% 做舍内环境和物品的喷洒消毒或加热做熏蒸消毒（每立方米空间用 2～5 mL）。

1. 畜禽舍空舍期常规消毒

首先彻底清扫干净粪尿。用 2% 氢氧化钠喷洒和刷洗墙壁、笼架、槽具、地面，消毒 1～2 小时后，用清水冲洗干净，待干燥后，用 0.3%～0.5% 过氧乙酸喷洒消毒（图 3-9-13）。对于密闭畜禽舍，还应用甲醛熏蒸消毒，方法是每立方米空间用 40% 甲醛 30 mL，倒入适当的容器内，再加入高锰酸钾 15 g，注意，此时室温不应低于 15 ℃，否则要加入热水 20 mL。为了减少成本，也可不加高锰酸钾，但是要用猛火加热甲醛，使甲醛迅速蒸发，然后熄灭火源，密封熏蒸 12～14 小时，打开门窗，除去甲醛气味。

2. 养殖场带畜禽消毒

在日常管理中，对畜禽舍应经常进行定期消毒。可选用 0.3%～1% 的菌毒敌、0.2%～0.5% 的过氧乙酸等无刺激性消毒剂进行喷雾消毒。这种定期消毒一般带畜禽进行，每隔两周或 20 天左右进行 1 次（图 3-9-14，图 3-9-15）。

图 3-9-13　畜禽舍的喷洒消毒

图 3-9-14　带畜禽消毒

图 3-9-15　畜禽舍地面、墙壁的消毒

（三）饲养设备及用具的消毒

应将可移动的设施、器具定期移出畜禽舍，清洁冲洗，置于太阳下暴晒。将食槽、饮水器等移出舍外暴晒，再用 1%～2% 的漂白粉、0.1% 的高锰酸钾及洗必泰等消毒剂浸泡或洗刷。

（四）畜禽粪便及垫草的消毒

在一般情况下，畜禽粪便和垫草最好采用生物消毒法消毒。采用这种方法可以杀灭大多数病原体，如口蹄疫、猪瘟、猪丹毒及各种寄生虫卵。但是对患炭疽、气肿疽等传染病的病畜粪便，应采取焚烧或经有效消毒剂处理后深埋。

（五）畜禽舍外环境消毒

畜禽舍外环境及道路要定期进行消毒，填平低洼地，铲除杂草，以及灭鼠、灭蚊蝇、防鸟等。

（六）畜禽场消毒注意事项

①畜禽场大门、生产区和畜禽舍入口处皆要设置消毒池，内放火碱液，一般 10 ～ 15 天更换新配的消毒液。畜禽舍内用具消毒前，一定要先彻底清扫干净粪尿。

②尽可能选用广谱的消毒剂或根据特定的病原体选用对其作用最强的消毒药。消毒药的稀释度要准确，应保证消毒药能有效杀灭病原微生物，并要防止腐蚀、中毒等问题的发生。

③有条件或必要的情况下，应对消毒质量进行监测，检测各种消毒药的使用方法和效果，并注意消毒药之间的相互作用，防止互作使药效降低。

④不准任意将两种不同的消毒药物混合使用或消毒同一种物品，因为两种消毒药合用时常因物理或化学配伍禁忌而使药物失效。

⑤消毒药物应定期替换，不要长时间使用同一种消毒药物，以免病原菌产生耐药性，影响消毒效果。

（七）养殖场常规消毒方案推荐

针对疫病发生的三个基本环节——传染源、传播途径、易感动物，消毒的主要目的是消灭传染源的病原体。在规模化养殖生产中，尽管有时没有发生疫病，但如果不及时消毒、净化环境，就可能会引发疫病流行。消毒是规模化养殖场生物安全工作中的一项重要工作，围绕养殖生产实际，制订科学的消毒方案是保障消毒工作顺利完成的重要举措。

某规模化猪场消毒方案见表 3-9-3。

表 3-9-3　某规模化猪场消毒方案

用途	主要成分	配置浓度	注意事项	使用方法
大门口及更衣室消毒池、脚踏池	氢氧化钠	2% ～ 3%	强腐蚀性，注意安全	现配现用，每周至少更换 2 次，下雨后及时更换
车辆及运输工具	碘、磷酸、硫酸	1∶400	避光保存	喷雾、交替使用
	酚、醋酸	1%	高浓度（>5%）对皮肤、黏膜有刺激性和腐蚀性	
	癸甲溴铵溶液	1∶600	低温影响消毒效果	
	聚维酮碘	1∶500	避光保存	
	戊二醛、邻苯二甲醛、季铵盐	1∶500	浓溶液避免与皮肤和黏膜接触	
	络合氯	1∶1 000		
场地消毒	聚维酮碘	1∶500	溶液淡黄色消失时无效	现配现用，每天更换 1 次
	酚、醋酸	1%	不与其他消毒剂合用	
	癸甲溴铵溶液	1∶600	低温影响消毒效果	
	络合氯	1∶1 000		
	戊二醛、邻苯二甲醛、季铵盐	1∶500	浓溶液避免与皮肤和黏膜接触	

续表

用途	主要成分	配置浓度	注意事项	使用方法
场地消毒	酚、醋酸、十二烷基磺酸	1%	不与其他消毒剂合用	
生产线道路、环境常规消毒	氧化钙	配置成 10% ～ 20% 的石灰乳	有腐蚀性	现配现用，每周两次
	氢氧化钠	2% ～ 3%	强腐蚀性，注意安全	现配现用，每月至少 1 次
	过氧乙酸、过氧化氢	1∶2 000	易挥发	舍内环境消毒
生活区	氢氧化钠	2% ～ 3%	强腐蚀性，注意安全	每月 1 次
洗手盆	聚维酮碘	1∶500	溶液淡黄色消失时无效	现配现用，每 2 ～ 3 天换 1 次，以保证有效浓度
	戊二醛、癸甲溴铵	1∶2 000	禁与阴离子表面活性剂混合使用	
	癸甲溴铵溶液	1∶1 500	低温影响消毒效果	
	络合氯	1∶1 000		
栏舍常规消毒	聚维酮碘	1∶500	溶液淡黄色消失时无效	喷雾、现配现用，定期使用
	戊二醛、邻苯二甲醛、季铵盐	1∶500	浓溶液避免与皮肤和黏膜接触	
	酚、醋酸	1%		
	二氯异氰脲酸钠粉	1∶1 000	分娩舍产床消毒常用	
空栏消毒	氢氧化钠	2% ～ 3%	一种消毒剂清洗干净后再用另外一种消毒剂，否则可能影响消毒效果	喷雾、现配现用
	碘、磷酸、硫酸	1∶400		
	过硫酸氢钾复合物	1∶200		
	酚、醋酸	1∶330		
	氧化钙	配置成 10% ～ 20% 的石灰乳	喷洒墙壁、地面、产床等	现配现用
	甲醛	不稀释	刺激性强，熏蒸后要通风后，方能进入猪舍	用保温灯加热熏蒸消毒
器具消毒	聚维酮碘	1∶500	溶液淡黄色消失时无效	现配现用、浸泡消毒
	二氯异氰脲酸钠粉	1∶600		
	戊二醛、邻苯二甲醛、季铵盐	1∶500	浓溶液避免与皮肤和黏膜接触	
	戊二醛、癸甲溴铵	1∶2 000		
	酚、醋酸、十二烷基磺酸	1%	不与其他消毒剂合用	
	酚、醋酸	1.6%	高浓度有腐蚀性	
饮水消毒	癸甲溴铵溶液	1∶2 000	不能随意加大剂量	现配现用、直接饮用
	聚维酮碘	1∶1 500		
	亚氯酸钠、柠檬酸、硫酸钠、硫酸镁	1 片 /1 t 水		

续表

用途	主要成分	配置浓度	注意事项	使用方法
饮水系统（水管）消毒	生物表面活性剂、缓释剂	1∶500	只在空栏时使用	搅拌均匀后充满管道，泡管2～3天，冲洗干净
带猪消毒	碘、磷酸、硫酸	1∶400	将栏舍及猪身冲洗干净后使用	喷雾、现配现用
	过硫酸氢钾复合物	1∶200		
	癸甲溴铵溶液	1∶600		
	乙酸	不稀释	冬季猪舍内常规消毒	不用加热，熏蒸消毒
皮肤消毒	高锰酸钾	1∶1 000	有机物减弱杀菌作用，高浓度有腐蚀性	母猪后驱消毒、公猪包皮清洗，深层创伤冲洗
	乙醇	75%	易挥发	皮肤或注射部位消毒
	碘酒	5%	避光保存	脐带，尾根部消毒
	紫药水	不稀释		创伤部位消毒

三、种禽孵化场消毒方法

随着养禽业的不断发展，集约化、规模化养殖已成为常态，疾病的防治愈加重要。种禽孵化场在禽业生产中扮演着重要角色，是高效养禽中的关键环节，孵化场管理不当会造成鸡胚胎病的发生和胚胎死亡进而导致孵化率的下降，造成巨大的经济损失。孵化场卫生状况直接影响种蛋孵化率、健雏率及雏鸡的成活率。一个合格的受精蛋孵化为健康的畜禽，在整个孵化过程中所有与之有关的设备、用具都必须是清洁、卫生的。孵化场的卫生消毒包括人员、种蛋、设备、用具、墙壁、地面和空气的卫生消毒。

（一）孵化场消毒操作步骤

1. 人员消毒

孵化场的人员进出孵化室必须消毒，其他外来人员一律不准进入。要求在大门口内设二门，门口设消毒池，池内经常更换消毒液，二门内设淋浴室及更衣室，工作人员进入时需脚踏消毒池，进入二门后淋浴，更换工作服后方可进入。工作服应定期清洗、消毒。消毒池内可用2%的火碱水；服装可用百毒杀等洗涤后用紫外线照射消毒。码蛋、照蛋、落盘、注射、鉴别人员工作前及工作中用药液洗手。

2. 种蛋消毒

首先要选择健康无病的种禽群所产且没有受到任何污染的种蛋，种蛋从禽舍收集后进行筛选，剔除粪蛋、脏蛋及不合格蛋后将种蛋放入干净消过毒的镂空蛋托上立即消毒。种蛋正式孵化前，一般需要消毒2次，第一次在养殖场收集种蛋后进行；第二次在种蛋转运至孵化场后进行。一般每天收集种蛋2次，每次收集后立即放入场内蛋库存放，用甲醛、高锰酸钾熏蒸消毒（图3-9-16）。用量为每立方米空间用福尔马林30 mL，高锰酸钾15 g，熏蒸15～20分钟。要求密闭，温热（温度25 ℃）、湿润（湿度为60%），有风扇效果较好。种蛋库每星期定期清扫和消毒，最好用拖布打扫，用熏蒸法消毒，或用0.05%新洁尔灭消毒。种蛋库保持温度在12～16 ℃；湿度70%～80%为宜。另外，入孵24～96小时的种蛋不能用上述方法消毒。

图 3-9-16　种蛋熏蒸消毒

3. 孵化设备及用具消毒

孵化器（图 3-9-17）的顶部和四周易积飞尘和绒毛，要由专门值班员每天擦拭一次，最好用湿布。每批种蛋由孵化器出雏器转出后，将蛋盘、蛋车、周转箱全部取出冲洗，孵化器里外打扫干净，断电后用清水冲洗干净，包括孵化器顶部、四壁、地面、加湿器等然后将干净的蛋车、蛋盘，放入孵化器消毒。可以喷洒 0.05% 的新洁尔灭或 0.05% 的百毒杀，也可以用福尔马林 42 mL，高锰酸钾 21 g/m³ 的剂量熏蒸消毒。雏鸡注射用针、针头、镊子等需用高温蒸煮消毒，在每批鸡使用前及用后蒸煮 10 分钟。

图 3-9-17　孵化场孵化器

4. 空气及墙壁地面卫生消毒

由于种蛋和进入人员易将病原菌带入孵化场，出雏时绒毛和飞尘也易散播病菌，而孵化室内气温较高，湿度较大宜于细菌繁殖，所以孵化室内空气的卫生消毒十分重要。首先，要将孵化器与出雏器分开设置，中间设隔墙及门。1 ～ 19 胚龄的胚胎在孵化器中，19 ～ 21.5 胚龄转入出雏器中出雏，21.5 天后雏禽在专门的禽苗储存间存放。其次，孵化室要设置足够大功率的排风扇，排出污浊的空气。每台孵化器及出雏器要设置通风管道与风门相接，将其中的废气直接排出室外。出雏室在出雏时及出完后都要开排风扇，有条件的孵化场还可以设置绒毛收集器以净化空气。每出完一批禽都要对整个出雏室彻底打扫消毒一次，包括屋顶、墙壁及整个出雏室。消毒可选用 0.05% 的新洁尔灭、0.05% 的百毒杀以及 0.1% 的碘伏喷洒。

（二）孵化场消毒注意事项

1. 遵守消毒的原则和程序

不同的消毒对象应使用不同的消毒药物，选择时应加以注意。种蛋熏蒸消毒时按照 3 倍熏蒸剂量执行。熏蒸时间 20 分钟；排烟时间 20 分钟；温度 18 ～ 24 ℃；湿度 75%；熏蒸结束后，将消毒剂残渣放到指定位置处理。

2. 注意孵化用具的定期消毒和随时消毒

略。

（三）孵化场消毒防疫流程案例

孵化场是极易被污染的场所，禽业生产中许多疾病是通过孵化场的种蛋、雏鸡而传播和扩散，被污染严重的孵化场，孵化率也会降低。因此，孵化场地面、墙壁、孵化设备和空气的清洁卫生非常重要，必须按规定做好消毒工作，表 3-9-4 为某企业孵化场消毒防疫方案，供大家参考。

表 3-9-4　某孵化场生物安全操作流程

SOP（Standard Operating Procedure）	编号：022
修订日期：2023.12.25	修订次数：1
SOP 名称：孵化场生物安全操作流程	责任人：场长
目的：规范孵化场各环节消毒防疫工作，确保鸡雏质量，规避养殖风险。	
相关材料：	
1.75% 酒精　2. 消毒剂　3. 消毒喷枪	

1. 种蛋接收标准

核对铅封号确认与鸡场出场一致并做好记录。孵化场区域技术员卸车前对鸡场种蛋进行抽检，数量 100 盘 / 车，检查发现不合格种蛋选出并做好记录，检查结果反馈鸡场场长。

2. 种蛋消毒标准

熏蒸：熏蒸剂量 3 倍量，排烟时间 20 分钟；温度 18 ～ 24 ℃、湿度 75%；熏蒸结束后，将消毒剂残渣放到指定位置处理。

3. 孵化场蛋库管理标准

3.1　种蛋存放标准：种蛋码放时应在每摞下放垫空盘，每两栋间距 30 cm，每摞蛋的高度 ≤ 18 盘。种蛋存放不能超出 6 天，初产蛋 <7 天、中龄蛋 3 ～ 5 天、老龄蛋 <3 天。如有超出 7 天的种蛋应上孵化车翻蛋储存。

3.2　种蛋保存注意事项：种蛋经过选择后，要妥善保存，种蛋保存一周以内不用翻蛋，超过一周每天翻蛋 1 ～ 2 次。每天翻蛋角度不应小于 90°，以防蛋黄黏壳，种蛋从产到入孵期间不宜洗涤，以免细菌侵入产生爆蛋污染环境和鸡雏质量。

3.3　蛋库环控标准：蛋库密闭良好，保证蚊蝇无法进入。蛋库安装空调和加湿器，蛋库温度 18 ℃，湿度 70% ～ 75%，放置温度计和湿度测定仪每日监控。

3.4　蛋库卫生消毒标准：库保管员负责蛋库的卫生消毒，每次接蛋完毕后，应对推蛋车和熏蒸间、蛋库前地面作冲洗消毒浓戊二醛比例 1：400；蛋库内门口消毒盆浓戊二醛比例 1：400；洗手架，每次进入蛋库应脚踏消毒盆，每次卸蛋应先洗手。

3.5　每次装车时应考虑存蛋时间。先装存蛋时间长的，后装时间短的。装车时间应控制在 ≤ 45 分钟。

3.6　班组人员在装车时应选出下列不合格蛋：破蛋（包括生理恢复蛋）、薄壳蛋、脏蛋（脏面 ≥ 1 cm²）、砂壳蛋、钢皮蛋、皱纹蛋、畸形蛋、白壳蛋、过长过圆蛋（超出蛋型指数范围的 0.72 ～ 0.75）、太大（大于 75 g）、太小（小于 50 g）。选出的不合格蛋应有固定的位置存放，蛋数和位置都应标识清楚；打蛋必须当天处理。

4. 孵化设备冲洗消毒

4.1　冲洗消毒在清洁间内进行，每落完一车，孵化车送到清洁间待冲洗，冲空孵化蛋车，用钢丝球将上面所附的蛋黄等除净，并用水清洗干净，再用消毒液浓戊二醛比例 1：500 进行全面消毒，冲洗后的孵化车送到本厅孵化器前按顺序摆放整齐。

4.2　蛋盘必须经高压冲洗枪冲洗消毒浓戊二醛比例 1：500，清洗蛋盘时卫生程度要求蛋盘清洁无脏物，不宜清洗的蛋盘要单独处理后再清洗，清洗后的不允许再滞留任何脏物。60 个一捆，然后整齐地摆放，重复此方法直到冲洗完。

4.3　每次工作完毕时，冲洗间内、外及相关区域卫生进行彻底打扫，处理地面水达到无任何污物，消毒浓戊二醛比例 1：500。

4.4　点照工具应放到指定地点。

4.5　孵化器内加药和熏蒸要求：

①入孵后的孵化器：每周四、五、六熏，每日一、二、三不熏，要避开胚胎发育的 24 ～ 96 小时，消毒药剂量：360 g 高锰酸钾，720 mL 甲醛。

②空机时的孵化器消毒药剂量：720 g 高锰酸钾，1 440 mL 甲醛。

续表

5. 孵化器倒车消毒标准

5.1 在满负荷生产时，没有空台机器，每月要倒车清理卫生一次。

5.2 机器剩有 5 个车位时倒车清理卫生。

5.3 先准备好工具，洗衣粉、海绵擦、钢丝球、2 个桶、消毒药等。

5.4 关掉电源，打开孵化器两侧门，必须在 20 ～ 30 分钟内完成，避免停机时间过长。

5.5 将孵化车向前推空出第一位置，先用湿抹布擦拭顶部、侧壁，处理掉灰尘、污垢、之后用消毒液（浓戊二醛 1∶500）擦拭消毒。

5.6 顶部、侧壁消毒后清扫地面，处理掉蛋液等杂物，最后用拖布带有消毒液拖到消毒。

5.7 处理完第一车位后，把第一车推回原位（第一车位）后，处理第二车位，方法同第一车位，以此类推直到处理第六位置。

5.8 孵化器预混室要在入孵时擦拭消毒，这样可减少停机时间。

5.9 擦拭结束后值班用第一时间接好气管、打开电源、关门。

5.10 在做此项工作时厂长、技术员必须在现场指导操作。机器运行时厂长、技术员一定要检查运行状况，一切都正常时才能去做下一项工作。

6. 出雏设备冲洗消毒

6.1 冲洗出雏盘，接盘人应坚守岗位，防止铁盘掉到地上。从洗盘机中洗完的铁盘应掉到接盘箱的消毒水中浓戊二醛比例 1∶400，接盘人从中捞出铁盘，倒扣放入出雏车中。冲盘时以每台车 15 分钟为准，不得过快或过慢。

6.2 出雏结束后，将投雏厅内杂物清扫干净放入蛋壳桶中，并连同蛋壳一并推到室外，装车中运到场外销毁，最后用拖布脱掉地面水，一定要保持地面干净。

6.3 冲出雏器：清理掉出雏器内和风扇车绒毛，先用清水冲洗干净，再用浓戊二醛比例 1∶200 全面消毒一次，冲洗消毒后安装好轨道，门槛等待入车。

6.4 选完雏后对负责区域的卫生进行彻底清扫，保持无绒毛，积水等。

6.5 出雏器空机时，周一、二、三中午 12∶30，周四、五、六下午 16∶00，消毒药量：200 g 高锰酸钾，400 mL 甲醛。落盘的出雏器消毒药剂量：50 g 高锰酸钾，100 mL 甲醛。

7. 防疫员操作标准

7.1 每天注射疫苗前要对机器的各个部位用 75% 的酒精消毒，使用前要用蒸馏水再次清洗。

7.2 注苗提前对机器先进行调试，确保管内无气泡。

7.3 注射时要时刻关注注射质量，出现问题及时调试防止漏药和出血。范围要求：渗漏 ≤ 0.2%，出血 ≤ 0.1%。

7.4 注射完一摞（1 000 只）时要依次查箱，再次检查注射质量，挑出出血、渗漏的鸡雏，渗漏的补针，确保每只鸡雏都能得到免疫。

7.5 每免疫 1 000 只鸡雏用 75% 消毒擦拭消毒一次针头。

7.6 每天注射完毕要把针头和点滴管放入垃圾桶内，对机器进行擦拭消毒，打开止回阀用消毒酒精浸泡。

7.7 技术员每天喷雾前必须对喷雾机进行调试，做到每个喷头药量一致，喷头不可以滴水。

7.8 喷雾时要慢，每喷一箱要停留 2 ～ 3 秒。

7.9 喷雾结束后，要用先清水擦拭机器，然后用酒精浸泡消毒。

8. 雏箱、装雏操作标准

8.1 每天早上要对所有运雏车进行清理，卫生达标消毒后方可进入厂区。

8.2 每天负责冲洗间的卫生清理，并清点塑料雏箱数量。

8.3 消毒雏箱；冲洗机和水箱要放入 1∶800 二氯异氰尿酸钠消毒药，冲洗前先拿出垫纸，冲洗时两人相互配合，确保雏箱干净，特脏的单独处理。

8.4 冲洗消毒后的雏箱要存放到指定的位置，每垛要倾斜摆放便于雏箱干燥。

8.5 装雏时听从技术员指令，不准随意推雏。装雏结束后，关闭车库大门、车库照明灯 / 暖风幕等，把小雏车摆放到指定位置。

9. 水箱处理标准流程

每月将水箱内水彻底排出，用钢丝球蘸洗衣粉擦拭一遍，处理掉水箱底部污物。

续表

10. 霉菌控制
4—10月份：孵化环境用硫酸铜1∶200擦拭或喷洒消毒。
关键控制点：
①各环节冲洗干净；②消毒剂配比准确性、消毒时间。

四、隔离场消毒方法

隔离场是指专用于进境动物隔离检疫的场所，包括两类，一是海关总署设立的动物隔离检疫场所，二是由各直属海关指定的动物隔离场所。隔离场使用前后，货主用口岸动植物检疫机关指定的消毒药物按动植物检疫机关的要求进行消毒，并接受口岸动植物检疫机关的监督。

（一）隔离场消毒操作步骤

1. 运输工具的消毒

装载动物的车辆、器具及所有用具须经消毒后方可进出隔离场（图3-9-18）。

图3-9-18　运输车消毒

图3-9-19　动物铺垫材料消毒

2. 铺垫材料的消毒

运输动物的铺垫材料须进行无害化处理，可采用焚烧方法进行消毒（图3-9-19）。

3. 工作人员的消毒

工作人员及饲养人员及经动植物检疫机关批准的其他人员进出隔离区，隔离场饲养人员须专职。所有人员均须消毒、淋浴、更衣；经消毒池、消毒道出入（图3-9-20）。

图3-9-20　人员消毒通道

4. 畜禽舍和周围环境的消毒

保持动物体、畜禽舍（池）和所有用具的清洁卫生，定期清洗、消毒，做好灭鼠、防毒等工作（图 3-9-21）。

图 3-9-21　畜禽舍消毒

5. 死亡和患有特定传染病动物的消毒

发现可疑患病动物或死亡的动物，应迅速报告口岸动植物检疫机关，并立即对患病动物停留过的地方和污染的用具、物品进行消毒，患病（死亡）动物按照相关规定进行消毒处理（图 3-9-22）。

图 3-9-22　对死亡动物进行消毒

图 3-9-23　排泄物处理

6. 动物排泄物及污染物的消毒

隔离动物的粪便、垫料及污物、污水须经无害化处理后方可排出隔离场（图 3-9-23）。

（二）隔离场消毒注意事项

①经常更换消毒液，保持有效浓度。
②病死动物的消毒处理应按照有关的法律法规进行。
③工作人员进出隔离场必须遵守严格的卫生。

📝 **练一练**

> 制订年出栏 2 000 头的育肥猪场消毒方案。

📖 **拓展学习**

种蛋库环境管理

种蛋库环境控制效果的好坏会直接影响到入孵蛋健雏率以及 1 日龄雏鸡的健康状况。做好种蛋库的日常管理工作，使之达到相应的卫生消毒标准和微生物学检测标准尤为重要，主要包括以下几个方面：

①做好种蛋库的密闭工作，减少蛋库与外界空气接触的概率。种蛋库设计时要求密闭，

不安排窗户，安装负压风机对蛋库通风换气。种蛋库大门保持常闭状态，只有在接收种蛋时可以开门。

②做好种蛋库日常卫生管理工作。要求蛋库内不得存放与生产无关的物品，杜绝禽类食品；室内物品摆放整齐；蛋库地面和墙面无蛋皮蛋黄、无粉尘、无绒毛和无蛛网等废弃物。

③做好种蛋库日常消毒管理工作。每天上午和下午各用配制1%次氯酸钠或0.03%瑞特杀对种蛋库地面进行擦拭消毒1次；每周2次取28 mL/m³福尔马林，放入不锈钢锅内（容器体积是药物的1.2倍），采用电磁炉加热（功率2 000～2 200 W），在温度20～26 ℃、相对湿度75%～80%的条件下，对种蛋库进行密闭熏蒸1小时消毒；每月对种蛋库所有空间进行彻底清整，地面消毒1次。

种蛋库的管理工作非常烦琐，这就要求生产管理者严谨认真、求真务实才能做好本项工作，从而保障养鸡生产安全、高效进行。

任务 9.3　养殖场环境消毒药物的选择与应用

【学习目标】

针对养殖场畜禽生产管理岗位技术任务要求，学会强碱性消毒药物、强氧化性消毒药物、阳离子表面活性剂消毒药物、有机氯类消毒药物、复合酚类消毒药物、双链季铵酸盐类消毒药物、卤素类消毒药物、酸类消毒药物的选择与应用等实践操作技术。

【任务实施】

一、强碱性消毒药物的选择与应用

强碱性消毒药临床上常用的有烧碱、生石灰及草木灰等。消毒的基本原理为通过与细菌、病毒、芽孢等直接或间接接触方式，以其碱性物质作用并破坏病原的蛋白质和核酸等生命物质，造成病原的代谢紊乱，从而起到杀灭作用。

（一）烧碱

烧碱（又名苛性钠、氢氧化钠）是一种强碱性高效消毒药，杀菌力强，并且具有很强的腐蚀性，因此不宜对金属制品进行消毒，但是对病毒、细菌、芽孢均有很强的杀灭作用，同时对某些寄生虫卵也有一定的杀灭作用。1%～2%的水溶液用于消毒养殖场地、圈舍、饲槽、器具、运输车辆等；3%～5%的水溶液可用于消毒芽孢污染区域。烧碱对金属物品有腐蚀作用，因此在消毒后，要用清水冲洗干净。同时烧碱对皮肤、被毛、黏膜、衣物也有强腐蚀和损坏作用，消毒人员使用时要注意自身防护，以防造成损伤。在对圈舍和饲槽等消毒时，要做到先清空圈舍或将动物移出，待消毒完毕后间隔半天用清水冲洗地面、饲槽后再将动物移入圈舍。

消毒用的氢氧化钠制剂大部分是含有90%左右氢氧化钠的粗制碱液，由于价格较低且易获得，常代替精制氢氧化钠作消毒药使用。

（二）生石灰

生石灰主要成分为氧化钙，为白色或灰白色硬块，利用氧化钙和水反应生成氢氧化钙，使水质呈强碱性，从而达到消毒的作用，其对大多数病原菌有较强的消毒作用，但不能杀灭细菌的芽孢。生石灰是无机盐类中最常用的一种消毒药物，价格便宜，易为养殖户所接受。实际应用中常配成10%～20%的溶液对畜禽地面、墙壁、栏杆等处的消毒，也可与粪便混合消毒。对于阴湿地面、粪池周围及污水沟等处的消毒，可提高生石灰的百分比（70%～80%），将生石灰加水搅和而成的粉末直接撒在需消毒区域。同时，在病死畜禽进行深埋无害化处理时，在深埋坑的底部和覆土层的底部撒上生石灰，再覆土掩埋，能够有效地杀死病原微生物。石灰乳不宜久贮，长时间在空气中暴露会吸收二氧化碳变成粉末状碳酸钙，应现用现配。直接将生石灰撒布在干燥地面上，不能生成氢氧化钙也不具有消毒作用。

二、强氧化性消毒药物的选择与应用

常用的强氧化性消毒药物有过氧乙酸、高锰酸钾、臭氧等，多用于病毒、细菌、芽孢和真菌的杀灭。

（一）过氧乙酸

过氧乙酸为强氧化剂，有很强的氧化性，遇有机物放出新生态氧而起氧化作用，为高效、速效、低毒、广谱杀菌剂，对细菌、芽孢、病毒、真菌均有杀灭作用。此外，由于过氧乙酸在空气中具有较强的挥发性，对空气进行杀菌、消毒具有良好的效果。过氧乙酸对眼睛、皮肤、黏膜和上呼吸道有强烈刺激作用，在配制和使用时要注意防护。同时，对金属、棉、毛、化纤织物具有腐蚀和漂白作用，对上述材料慎用过氧乙酸消毒，若必须使用时，消毒后应即刻用水冲洗干净，以减少损坏。实际应用中 0.2% ～ 0.5% 的溶液多用于圈舍、饲槽、用具、车辆、地面及墙壁的喷雾消毒。因其蒸气有刺激性，消毒圈舍时人畜不能留在圈舍内。但其分解产物无毒副作用。

过氧乙酸稀释后不能久贮，1% 溶液只能保效几天，应现用现配。

（二）高锰酸钾

高锰酸钾是最强的氧化剂之一，遇有机物时即释放出初生态氧和二氧化锰，而无游离状氧原子放出，故不出现气泡。初生态氧有杀菌、除臭、解毒作用。二氧化锰能与蛋白质结合成盐，在低浓度时呈收敛作用，高浓度时有刺激和腐蚀作用。高锰酸钾的杀菌能力随浓度升高而增强，0.1% 的溶液能杀死多数细菌的繁殖体，2% ～ 5% 的溶液能在 24 小时内杀死细菌芽孢。酸性环境下，高锰酸钾杀菌能力会得到明显提高。生产实践中常配成 0.05% ～ 0.1% 的水溶液，供畜禽自由饮用，预防和治疗胃肠道疾病。0.5% 的溶液可用于皮肤、黏膜和创伤消毒及洗胃解毒。高锰酸钾与福尔马林联合使用，可用于畜禽圈舍、孵化室等空气的熏蒸消毒。因高锰酸钾具有一定的腐蚀性，可对呼吸道、皮肤、眼结膜、消化道等造成损伤，使用时要谨慎。

（三）臭氧

臭氧为已知最强的氧化剂之一。臭氧在水中的溶解度较低（3%）。臭氧稳定性差常在常温下可自行分解为氧。因此，臭氧不能瓶装储备，只能现场生产，立即使用。

臭氧的杀菌原理主要是靠强大的氧化作用，使酶失去活性导致微生物死亡。臭氧是一种广谱杀菌剂，可杀灭细菌繁殖体和芽孢、病毒、真菌等，并可破坏肉毒杆菌毒素。在畜禽场消毒方面，臭氧的用途主要有以下几种。

1. 畜禽场饮用水和养殖污水的消毒

用臭氧处理污水的工艺流程是污水先进入一级沉淀，净化后进入二级净化池，处理后进入调节储水池，通过污水泵抽入接触塔，在塔内与臭氧充分接触 10 ～ 15 分钟后排出。

2. 物体表面消毒

饲养用具、饲料加工用具、工作服、围栏、保育箱等放密闭箱内消毒。臭氧对表面上污染的微生物有杀灭作用，一般要求 60 mg/m^3，相对湿 ≥ 70%，作用 60 ～ 120 分钟才能达到消毒效果。

3. 畜禽舍内空气消毒

臭氧对空气中的微生物有明显的杀灭作用，采用 30 mg/m^3 浓度的臭氧，作用 15 分钟，对自然菌的杀灭率达到 90% 以上。用臭氧消毒空气，必须是人不在的条件下，消毒后至少过 30 分钟才能进入，可用于手术室、病房、无菌室等场所的空气消毒。

三、阳离子表面活性剂消毒药物的选择与应用

新洁尔灭是阳离子表面活性剂消毒药物，其既有清洁作用，又有抗菌消毒效果，抗药作用快、毒性小，既对畜禽组织无刺激性，又对金属及橡胶无腐蚀性，但价格较高。

实际生产中 0.1% 溶液可以对器械用具消毒，0.5% ～ 1% 溶液可用于手术的局部消毒。使用中要避免与阴离子活性剂接触，如与肥皂等共用，否则会降低消毒的效果。

四、有机氯类消毒药物的选择与应用

有机氯类消毒药主要对细菌、芽孢、病毒及真菌具有较强杀菌作用，缺点是药效持续时间较短，药物不易久存。漂白粉是常用的有机氯类消毒药物之一。

（一）漂白粉

漂白粉又称氯化石灰，主要成分是次氯酸钙。漂白粉遇水产生极不稳定的次氯酸，易分解产生氧原子和氯原子，通过氧化和氯化作用，产生强大迅速的杀菌作用。漂白粉的消毒作用与有效氯含量有关，有效氯含量一般为 25% ～ 36%，当有效氯含量低于 16% 时不适用于消毒。漂白粉能用于圈舍、饲槽、用具、车辆的消毒。一般用其 5% ～ 20% 混悬液喷洒消毒，干燥粉末也能达到消毒作用。同时可用于饮水消毒，每升水中加入 0.3 ～ 1.5 g 漂白粉，不但能杀菌，而且具有除臭作用。漂白粉用时现配，久贮则有效氯含量逐渐降低。因其具有一定的漂白作用，不能用于有色棉织品和金属用具的消毒。漂白粉溶液有轻微毒性，使用浓溶液时应注意安全。

（二）次氯酸钠液

次氯酸钠液是一种非天然存在的强氧化剂（图 3-9-24）。它的杀菌效果比氯气更强，属于真正高效、广谱、安全的强力灭菌、杀病毒药剂，已经广泛用于包括自来水、养殖循环水、养殖污水等各种水体的消毒和防疫消杀。同其他消毒剂相比较，次氯酸钠液非常具有优势。它清澈透明，互溶于水，彻底解决了氯气、二氧化氯，臭氧等气体消毒剂所存在的难溶于水而不易做到准确投加的技术困难，消除了液氯、二氧化氯等药剂时常具有的跑、泄、漏、毒等安全隐患，消毒中不产生有害健康和损害环境的副反应物，也没有漂白粉使用中带来的许多沉淀物。正因为有这些特性，故它消毒效果好，投加准确，操作安全，使用方便，易于储存，对环境无毒害、不产生第二次污染，还可以任意环境工作状况下投加。但是，由于次氯酸钠液不易久存（有效时间大约为 1 年），加之从工厂采购需大量容器，运输烦琐不便，而且工业品存在一些杂质，溶液浓度高也更容易挥发，因此，次氯酸钠液多以发生器现场制备的方式来生产，以便满足配比投加的需要。

图 3-9-24　次氯酸钠液及喷雾消毒器

五、复合酚类消毒药物的选择与应用

复合酚类消毒药除可以杀灭细菌、病毒和霉菌外，对多种寄生虫卵也有杀灭作用。要注意不能与碱性药物或其他消毒药混合使用。常用为消毒灵。

消毒灵是一种强力、速效、广谱、对人畜无害、无刺激性和腐蚀性的消毒剂。可带畜消毒，

易于储运，使用方便，成本低廉，不使衣物着色是其最突出的优点。广泛用于各种环境、场所、圈舍、饲具、车辆等的消毒。使用时按比例加水溶解，配成消毒液进行浸泡、喷洒、喷雾、熏蒸消毒。

六、双链季铵酸盐类消毒药物的选择与应用

双链季铵酸盐类消毒药是一类新型的消毒药，具有性质比较稳定、安全性好、无刺激性和腐蚀性等特点，以主动吸附、快速渗透和阻塞呼吸来杀灭病毒、细菌、霉菌、真菌及藻类致病性微生物。在指定使用浓度下，对人畜安全可靠，无毒无刺激，不产生抗药性，并且在水质硬度较高的条件下，消毒效果也不会减弱。适合于饲养场地、栏舍、用具、饮水器、车辆、孵化机及种蛋的消毒，如百毒杀。

百毒杀具有速效和长效双重效果，能杀灭细菌、霉菌、病毒、芽孢和球虫等。实际应用中 150 mg/kg 可用于圈舍、环境喷洒或设备器具洗涤、浸泡消毒、预防传染病的发生；250 mg/kg 在传染病发生季节或附近养殖场发生疫病时，用于圈舍喷洒、冲洗消毒；500 mg/kg 在病毒性或细菌性传染病发生时，用于紧急消毒。

七、卤素类消毒药物的选择与应用

（一）二氧化氯消毒剂

二氧化氯消毒剂是国际上公认的新一代广谱强力消毒剂，被世界卫生组织列为 A1 级高效安全消毒剂，杀菌能力是氯气的 3 ～ 5 倍；可应用于畜禽活体、饮水、鲜活饲料消毒保鲜、栏舍空气、地面、设施等环境消毒、除臭。本品使用安全、方便，消毒除臭作用强，单位面积使用价格低。

（二）消毒威（二氯异氰尿酸钠）

消毒威使用方便，主要用于畜禽场地喷洒消毒和浸泡消毒，也可用于饮水消毒，消毒力较强，可带畜禽消毒，使用时按说明书标明的消毒对象和稀释比例配制。

（三）二氯异氰尿酸钠烟熏剂

二氯异氰尿酸钠烟熏剂用于畜禽栏舍、饲养用具的消毒，使用时，按每立方米空间 2 ～ 3 g 计算，置于畜禽栏舍中关闭门窗，点燃后即离开，密网闭 24 小时后，通风换气即可，还可用于畜禽养殖大棚的消毒。

八、酸类消毒药物的选择与应用

农福为酸类消毒剂，由有机酸、表面活性剂和高分子量杀微生物剂混合而成，对病毒、细菌、真菌、支原体等都有杀灭作用。常规喷雾消毒作 1∶200 稀释，每平方米使用稀释液 300 mL；多孔表面或有疫情时，作 1∶100 稀释，每平方米使用稀释液 300 mL；消毒池作 1∶100 稀释，至少每周更换 1 次。

📝 练一练

> 张总的养猪场近期已经空栏，请为他选择合适的消毒剂进行消毒。

📖 拓展学习

消毒剂应用中常见问题

1.消毒意识薄弱，不重视消毒

部分养殖场没有意识到消毒工作的重要性，消毒无计划无记录。比如，有的养殖场建立

了消毒池，也领取了消毒药，但是消毒池普遍不符合规格，消毒药更换不及时，甚至有的消毒池都从来没用过，只是为了应付检查部门。只有在发生疫情时才想起来消毒；外来人员、车辆等随意进出，不及时驱蚊虫、灭鼠、防鸟等。

2.消毒方法不科学

一些养殖场没有科学、严谨的消毒方案，消毒比较随意，繁忙时几周才进行一次消毒；有的养殖场对消毒方法操作不当，而不同的消毒方法（物理、化学和生物）都有其严格的操作规程；消毒不彻底，譬如在消毒前没有对圈舍及周围环境进行彻底的清扫，没有对畜禽粪便进行无害化处理而影响消毒效果。

3.消毒药使用不合理

盲目选择消毒药，没有针对性。人云亦云看别人用什么消毒药自己就跟着用什么，没有根据本地区、自身养殖场的微生物情况选择合适的消毒剂或消毒剂组合；配制消毒药仅凭感觉，导致消毒药稀释浓度和作用时间不够，消毒效果大打折扣；消毒药使用观念错误，没有按照消毒剂的种类、使用浓度、消毒方法、次数以及消毒剂的轮换等方面进行科学合理的使用，甚至认为消毒药浓度越高越好，盲目配置浓度过高的消毒药，造成无效消毒和严重的环境污染。

建设生态文明，是关系人民福祉、关乎中华民族永续发展的长远大计。习近平总书记多次提到"绿水青山就是金山银山"。良好生态本身蕴含着无穷的经济价值，能够源源不断创造综合效益，实现经济社会可持续发展。作为畜牧人，在消毒剂的选择使用过程中应该更专业、科学，以免造成环境污染，破坏生态环境。

技能8　养殖场消毒训练

【学习目标】

了解常用消毒剂，掌握畜禽场的化学消毒方法，掌握消毒剂的配制。

【实训准备】

（1）器材　喷雾消毒器、电子天平或台秤、量筒或量杯、玻璃棒、烧杯、清扫用具等。

（2）试剂　95%酒精、粗制氢氧化钠、过氧乙酸、来苏尔、高锰酸钾、蒸馏水等。

【实训内容】

（一）常用消毒剂

常用消毒剂见表3-9-5。

表 3-9-5　常用消毒剂

消毒剂名称	使用浓度 /%	消毒对象	注意事项
氢氧化钠	1～4	畜舍、车间、车船、用具	防止对人畜皮肤腐蚀、消毒完用水冲
酒精	75	皮肤	远离明火
漂白粉	0.5～20	饮水、污水、畜舍、用具	含有效氯>25%，新鲜配用
来苏尔	2～5	畜舍、笼具、洗手、器械	先清除污物，再消毒，效果好
过氧乙酸	0.2～0.5	畜舍、体表、用具、地面	0.3%溶液可作带畜喷雾消毒
新洁尔灭	0.1	畜舍、食槽、体表	不可与碱性物质混用

（二）配制消毒液

1. 配制 2% 氢氧化钠

用电子天平称取 10 g 氢氧化钠，小心地放入 500 mL 的容量瓶中，然后慢慢地倒入蒸馏水，在倒入 150 mL 左右蒸馏水时，盖紧容量瓶，摇晃，让氢氧化钠溶解，然后静置，放凉后再加入蒸馏水至刻度线，晃匀，得到 2% 氢氧化钠 500 mL。

2. 配制 75% 酒精

计算需加入蒸馏水的用量，用量筒量取 95% 的酒精放入烧杯，然后用量筒量取所需蒸馏水倒入烧杯用玻璃棒搅拌均匀即可。

3. 配制 20% 漂白粉混悬液

用称量仪器称取 1 份单位体积漂白粉（含有效氯 25%），加 4 份单位体积的蒸馏水混合成乳剂即可。

4. 配制 0.1% 新洁尔灭消毒液

新洁尔灭常温下为白色或淡黄色胶状体或粉末，低温时可能逐渐形成蜡状固体，带有芳香气味。新洁尔灭兼有消毒和去垢的功能，对金属无腐蚀性，因此常用于设备表面的消毒。

配制方法：用量筒量取水 9 800 mL 倒入配液桶中，放冷至 30 ℃以下，再用量筒量取 5% 新洁尔灭 200 mL 倒入配液桶，搅拌混匀后备用，在容器上贴标签，注明品名、浓度、配制时间、配制人。

5. 配制 3% 来苏尔消毒液

来苏尔消毒液就是甲酚的肥皂溶液，俗称甲酚皂溶液，为黄棕色至红棕色的黏稠液体，带有甲酚臭气，能与乙醇混合成澄清液体，适用于手部和器械的消毒，市售的商品化来苏尔消毒液一般为 50% 浓度，不可直接使用。

配制方法：用量筒量取水 10 L 倒入配液桶中，放冷至 30 ℃以下，再用量筒量取 50% 来苏儿 640 mL 倒入水中，搅拌混匀后备用，在容器上贴标签，注明品名、浓度、配制时间、配制人。

6. 配制碘酊

兽用碘酊的浓度一般为 3% ～ 5%。配制 5% 的兽用碘酊需准备碘片 5 g、碘化钾 2.5 g、蒸馏水 2.5 mL、75% 的酒精适量。

制法：先取碘化钾溶于蒸馏水中，配制碘化钾饱和溶液，待碘化钾完全溶解后，再加入碘片研磨或搅拌溶解，最后加入酒精搅拌均匀，使体积达到 100 mL 即可。

（三）实施消毒

1. 喷洒消毒

在养殖场畜禽舍喷洒消毒应"先里后外，先上后下"，45°喷洒到所有地方。具体消毒时，先对畜舍地面、饲槽等清扫，随后进行彻底机械清扫，扫除粪便、垫草及残余的饲料等污物后再用配制好的消毒液对全屋进行消毒。消毒完后，最后打开门窗通风，将消毒药味除去。

2. 养殖场喷雾消毒机消毒

喷洒化学消毒液，对养殖器具、空气和操作人员进行杀菌消毒，是畜禽养殖日常管理过程中最常见、高效的防疫消毒方式（图 3-9-25）。通过增压喷射、风助扩散、超声振荡等多种雾化方式，将化学消毒液雾化为微粒雾滴，并喷射至消毒机具表面或者空气中，实现不同消毒环节和消毒对象的防疫处理。喷洒消毒液设备使用方式，可分为移动式和固定式两类，其中移动式主要针对畜禽舍内日常空气消毒，包括人工背负喷雾器和车载喷雾风机。一些低风量、低噪声、高度雾化性能的设备可以进行舍内带畜（禽）消毒；固定式喷洒设备主要以喷淋室和畜禽舍内顶部固定喷雾管道形式使用，对养殖器具、运送车辆和人员进行封闭定时定量消毒，此类设备可进行高浓度、高清洁度要求的消毒作业。近年来消毒喷雾设备通过集成变量控制、药液在线配比、静电雾化等新技术和部件，以低量雾化技术、气力辅助喷雾技术、自动控制技术为核心，药液雾滴直径50 ～ 100 μm、喷射距离达 10 m，不断改善药液雾化和附着效果、提高消毒药液使用效率和防疫效果。

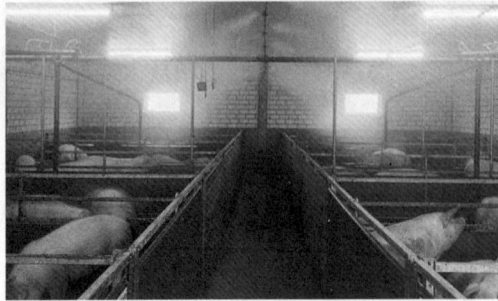

图 3-9-25　喷雾消毒机消毒

注意事项：

①药量、水量和药与水的比例应准确。固体药品应充分溶解；液体消毒剂需充分混匀。

②配制消毒液的容器必须干净且合适。

③检查配制好的消毒剂有效浓度且牢记配制好消毒药品不能久放，否则失去消毒作用。

④配制消毒液过程中应注意个人防护。

【实训反思与总结】

通过课程学习和实训训练，是否掌握不同类型消毒液配制，能否胜任养殖场生产岗位科学选择消毒药任务。

项目 10

养殖场灭鼠消蚊蝇

◆ 项目提要

养殖场饲料丰富，水源充足，为鼠类提供了繁衍生息的良好环境。鼠类不仅会吃掉大量的粮食，啃食包装、设备器材和建筑物等，更为严重的是它们会传播疾病，危害畜禽健康，影响正常养殖生产秩序。蚊蝇是昆虫纲的一种，其最明显的特点便是数量大、种类多，蚊蝇还具有较快的繁殖速度，在畜禽养殖场中分布十分广泛。蚊蝇作为多种疫病的传播媒介，当在畜禽养殖场中大量繁殖时，一旦大量滋生会促进多种疫病在畜禽场中传播扩散，对畜禽场内的家禽家畜带来严重的危害，影响畜禽养殖业的收益。因此，做好养殖场防鼠捕鼠、消灭蚊蝇工作是养殖生产安全有序进行的重要保障。本项目主要阐明养殖场灭鼠、消灭蚊蝇的重要性，并重点介绍养殖场灭鼠、消灭蚊蝇的具体做法。

◆ 项目教学案例

从某养猪企业养户养殖场监控图中看到，圈舍内老鼠乱窜。

思考：请你为该养户提供科学的灭鼠方案。

◆ 知识目标

1. 了解养殖场害鼠、蚊蝇种类。
2. 理解不同的灭鼠、消蚊蝇方法原理。
3. 掌握具体的防鼠灭鼠、消蚊蝇方法。

◆ 技能目标

1. 能熟练使用器械灭鼠。
2. 能根据养殖场实际情况，选用化学灭鼠药并制订灭鼠方案。
3. 具有制订消灭蚊蝇方案的基本技能。

◆ 素质目标

1. 具有严谨认真的职业精神。
2. 具有热爱生命的责任意识。
3. 具备刻苦钻研、勇于探索的职业态度。

任务 10.1　养殖场灭鼠方法

【学习目标】

针对畜禽场畜禽生产管理岗位技术任务要求，学会畜禽场建筑防鼠、器械灭鼠、化学药物灭鼠等实践操作技术。

【任务实施】

一、认识养殖场害鼠种类

鼠害是指鼠类对农业的生产、林业和牧业的可持续发展造成的危害。鼠类有 1 600 多种，且孕育周期短，产仔率高，数量能在短期内急剧增加。养殖场的鼠类以褐家鼠、黄胸鼠和小家鼠为主。其中，褐家鼠为第一优势种，占总鼠数的80%左右，其次为黄胸鼠，占10%～15%，小家鼠占5%左右。在靠近农业耕作区的养殖场还可捕获少量的黄毛鼠和施氏屋顶鼠。养殖场鼠类的栖息空间分布有显著的物种差异，褐家鼠主要栖息在房内地下、杂物多的库房、阴沟里、房外四周、水沟附近、草丛和水泥地裂缝内等地方，分布在底层。而黄胸鼠善于攀爬，主要在房内墙缝内、屋檐下（即建筑物的上层）营巢。小家鼠则栖息在饲料间等较干燥地方，该鼠体型小，耐药性强，通常灭鼠后残留鼠多。褐家鼠与黄胸鼠的体型较大，对养殖业造成的损失最为严重。同时，这两种鼠也是鼠疫菌的主要贮存宿主之一。因此，养殖场应重点针对褐家鼠与黄胸鼠制定相应的技术措施做好鼠害治理工作。

二、畜禽场建筑防鼠

建筑防鼠是从猪场建筑和卫生着手控制鼠类的繁殖和活动，把鼠类在各种场所的生存空间限制到最低限度，使它们难以找到食物和藏身之所。要求猪舍及周围的环境整洁，及时清除残留的饲料和生活垃圾，猪舍建筑要求墙基、地面、门窗等方面要求坚固，一旦发现洞穴立即封堵。

①粪池、粪缸应严密封盖。

②垃圾、腐烂有机物应有容器装载并加盖；栽种花木不施未经发酵的有机肥。

③地下管线沟或暗渠应封密。

④新建和改建房屋、马路的沙井口，应设置活动闸板或水封曲管。

⑤建筑防鼠设置要求。

a.下水道及排水口。及时修复破碎的地下管道，与室外相通的排水口、管道要安装单向闸门或稳固的防鼠栏栅，可用固定式和插入式，栏栅间距小于1 cm，与排水口、管道边缝也不超过1 cm。

b.门、窗关闭良好，缝隙小于0.6 cm。木质门及门框向外一面的下部，镶高度为30 cm的金属板。如地面不平使门下缝超过0.6 cm时，应加设5 cm高的门槛。食品、粮食仓库应同时安装表面光滑、高度大于50 cm的防鼠匣板。

c.墙上孔洞。所有管线进出建筑物的孔洞要用水泥堵塞。

三、畜禽场器械灭鼠

常用的有鼠夹子和电子捕鼠器（电猫）。此方法要注意捕鼠前要考察当地的鼠情，弄清本地以哪种鼠为主，便于采取有针对性的措施。此外诱饵的选择常以蔬菜、瓜果作诱饵，诱饵要经常更换，尤其阴天老鼠更容易上钩。捕鼠器要放在鼠洞、鼠道上，小家鼠常沿壁行走，褐家鼠常走沟壑。捕鼠器要经常清洗。

（一）平板夹捕鼠（图3-10-1）

首先要收藏好室内的食物，放置鼠夹时插牢诱饵。横梁尖端铁锈磨干净，微微搭在架夹上，饵料一受力就能牵动弹簧。听到鼠夹声要立即进行处理。捕到老鼠后，要及时清除夹上的血迹、气味。在连续捕鼠时，鼠夹要经常更换地方。

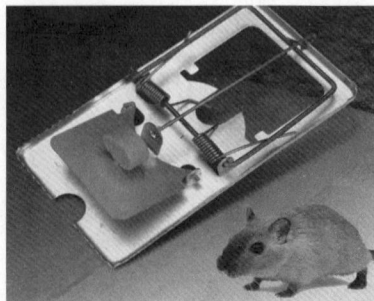

图3-10-1　平板夹捕鼠

（二）粘鼠板灭鼠

1. 选用能够自动诱导老鼠上门取食的粘鼠板（图 3-10-2）

一般能够上门取食的都配有诱鼠剂之类的产品。这样就会能提高灭鼠的效率，用不着去守株待兔，只要等着老鼠自动上门就行了。

2. 粘鼠板的黏性

普通的粘鼠板对付小老鼠时比较牢，可是一旦去粘大老鼠时就不一定能粘住，故在选用粘鼠板时，一定要选黏度强的粘板。

3. 粘鼠板的使用

如果要想更好地粘住老鼠，我们要留心去观察老鼠的活动范围。

4. 粘鼠板使用注意事项

不要放置在日晒雨淋的地方，不要放在灰尘繁多的地方，以免影响粘鼠板的最佳效果。

图 3-10-2　粘鼠板

（三）电子灭鼠器

鼠体接触高压导线时，高压电流通过鼠体与大地之间形成回路。通过鼠体的高压电流驱动捕鼠器的声光报警灯电路发出报警信号，同时在高压电流的作用下鼠体不能行动全身麻热窒息直至死亡。机器连续工作 1 分钟左右，机器会自动切断高压输出，高压停止工作，老鼠身体倒地，30 分钟左右机器恢复待机功能，重新进入捕鼠状态，等待下一只老鼠的到来（图 3-10-3）。

图 3-10-3　多功能自动灭鼠器

灭鼠器使用方法有以下几种。

1. 潮湿地面

将地线插入地面，并用水再次洒湿地面（保证地面导电性良好），然后在距离地面 3～5 cm 处拉一根火线。当老鼠在地面行走碰到火线老鼠即可被击毙。

2. 干燥地面

拉上下（或左右平行）两根铁丝，间距 3～5 cm，上面铁丝连接火线，下面铁丝连接地线。

当老鼠从两根线中间经过（同时碰到火线和地线）即可被击毙。

3. 畜禽场布线

在畜禽场布线时可以用支架、竹签、铁钉等作支撑，把线架起（两根线的距离可以根据鼠体大小自由调整），细铁丝与支撑物之间要用绝缘和耐高压的塑料胶管隔开，防止火线和地线之间导电。

四、畜禽场化学药物灭鼠

（一）常用灭鼠药

常用灭鼠药主要是肠道灭鼠药，有急性和慢性灭鼠剂两类。只需服药一次可奏效的称急性灭鼠剂，或速效药。需一连几天服药效果才显著的称慢性灭鼠剂或缓效药，前者多用于野外；后者多用于居民区内。

1. 磷化锌

磷化锌为灰色粉末，有显著蒜味，不溶于水，有亲油性。干燥时稳定，但受潮湿后缓慢分解，遇无机强酸则迅速反应，放出磷化氢气体，主要作用于神经系统；破坏代谢。磷化锌作用快，是速效药，中毒后食欲减退，活动性下降，常常后肢麻痹，终于死亡。配制毒饵浓度一般为2%～5%。本品毒力的选择性不强，对人类与禽、畜毒性和对鼠类相近，故应注意安全。对本剂第一次中毒未死的鼠再次遇到时，容易拒食，不宜连续使用。

2. 毒鼠磷

毒鼠磷为白色粉末或结晶，甚难溶解于水，无明显气味，在干燥状态下比较稳定。它的主要毒理作用是抑制神经组织和细脑内胆碱酯酶，对鼠类毒力大，且选择性不强。鼠吃下毒饵经4～6小时出现症状，10小时左右死亡。毒鼠磷对大鼠类的适口性较好，再次遇到时拒食不明显，用于野鼠与家鼠效果均较好。毒鼠磷对人、畜的毒力也强，对鸡的毒力很弱，但对鸭鹅很强，使用时注意安全。毒鼠磷灭家鼠常用浓度是0.5%～1.0%，灭野鼠可增加到1%～2%。

3. 杀鼠灵

杀鼠灵为白色结晶，难溶于水，易溶于碱性溶液成钠盐，无臭无味，相当稳定。它是世界上使用最广的抗凝血灭鼠剂，是典型的慢性药。杀鼠灵的毒力和服药次数有密切关系。服药一次，只有在剂量相当大时才能致死；多次服用时；虽各次服总量远低于一次服药的致死量，也可能致鼠死亡。它主要破坏鼠类的血液凝固能力，并损伤毛细血管，引起内出血，以致贫血、失血、终于死亡。它作用较缓慢，一般服药后4～6天死亡，少数个体可超过20天，加大剂量并不能加速死亡。

由于杀鼠灵用量低，适口性好，毒饵易被鼠类接受，加之作用慢，不引起保护性反应，效果一般很好。不过，投饵量必须大大超过急性药毒饵，投饵期不应短于5天。

杀鼠灵对褐家鼠的慢性毒力甚强，但对小家鼠、黄胸鼠等稍弱，在禽、畜、猫、猪中敏感，鸡、鸭、牛等耐力很大。总的看来是当前最安全的杀鼠剂之一。

杀鼠灵的使用浓度为0.025%。因用量低，常先将纯药稀释成0.5%或2.5%母粉或配成适当浓度的钠盐溶液，然后加入诱饵中制成毒饵。

4. 敌鼠钠盐

敌鼠钠盐为土黄色结晶粉末，纯品无臭无味，溶于乙醇、丙酮和热水，性稳定。敌鼠也为黄色，不溶于水。它们的毒理作用与杀鼠灵基本相同。

敌鼠钠盐对鼠的毒力强于杀鼠灵，因而投饵次数可减少，但对禽、畜危险性相应增加。它对小家鼠、黄胸鼠的毒力也强于杀鼠灵，对长爪沙鼠等野鼠有较好的杀灭效果。敌鼠钠盐的适口性不如杀鼠灵，尤其是在浓度较高时。敌鼠适口性较好，它们对鸡、鸭、羊、牛等的毒力较小但对猫、兔、狗毒力较大，对人的毒力也较强，可能引起中毒。按照敌鼠钠盐的毒力，其使用浓度应0.01% ～ 0.012 5%，但为了减少投饵次数而往往用0.025%，在野外灭鼠甚至用0.1% ～ 0.2%。但浓度越高，适口性越差，反而降低效果。

（二）诱饵

诱饵的好坏也直接影响效果，必须选择鼠类喜食者。大规模灭鼠使用的诱饵有以下几种类型：①整粒谷物或碎片，如小麦、大米、莜麦、高粱、碎玉米等。②粮食粉，如玉米面、面粉等，主要用于制作混合毒饵。通常可用60% ～ 80% 玉米面加20% ～ 40% 面粉。③瓜菜，如白薯块、胡萝卜块等，主要用于制作黏附毒饵，现配现用。

（三）毒饵的配制

①灭鼠药、诱饵黏着剂等必须符合标准。②拌饵均匀，使灭鼠药均匀地与诱饵混合；在使用毒力大的灭鼠药时应先配成适当浓度的母粉或母液再与诱饵相混。母粉与母液的含药量必须准确。③灭鼠药的浓度适中，不可过低，也不能过高。过高影响适口性，反而降低灭鼠效果。对慢性药来说，提高浓度并不能相应地加快奏效速度。

（四）毒饵投放最好由受过训练的人员进行

投放方法：①按洞投饵：对洞穴明显的野鼠适用；②按鼠迹投放：大部分地区家鼠洞不易找到，但活动场所容易确定，可用此法投药；③等距投放：在开阔地区消灭野鼠，按棋盘格方式，每行每列各隔一定距离放毒饵一堆；④均匀投放：一般只限野鼠，适于鼠密度高，地广人稀之处；⑤条带投放：每隔一定距离在一条直线上投药，用于灭野鼠。在家庭中灭鼠投饵可以采取晚上布放，白天收掉，以免误伤儿童及禽、兽；也可用毒饵盒的方法，毒饵盒可就地取材，因时因鼠而异。毒饵盒的置放一般不超过5天，若5天以上无鼠入内，应更换地点。灭家鼠时，每户放毒饵盒一两个即可，但应地点合适，使用之初勤检查，及时补充新鲜毒饵。鼠密度下降后，每月检查一次，以保证安全。

化学灭鼠法在规模化猪场比较常用，优点是见效快、成本低，缺点是容易引起人畜中毒。因此，选择灭鼠药要选择对人畜安全的低毒药物，并且专人负责撒药布阵、捡鼠尸，撒药要考虑鼠的生活习性，有针对性地选择鼠洞、鼠道。常用的灭鼠药有敌鼠钠、大隆、卫公灭鼠剂等（抗凝血灭鼠剂），此类药物共同的特点是不产生急性中毒症状，鼠类易接受，不易产生拒饵现象，对人畜比较安全。

（五）化学灭鼠药物投放方法

①投药前要做到垃圾密闭收集、完善防鼠设施，以断绝鼠粮，提高灭鼠效果。

②室外投放在发现有鼠的墙角、墙边、鼠道上，离墙3 ～ 5 cm，或直接投放在鼠洞里；沟渠、池塘边、绿化带边等处也可投放，每隔5 ～ 10 m 一堆，每堆10 ～ 20 g。室内每1 m² 投放2 堆（每堆20 ～ 25 g）。

③鼠药被盗要及时补充，老鼠食用多少补充多少，多食多补，少食少补。保证老鼠进食到足够量的鼠药，连续投放新鲜鼠药不得少于3 天。

④投放鼠药时应做好个人防护，戴手套，投放完后要洗净手。

五、植物灭鼠

很多植物具有很强的驱鼠或杀鼠作用，如接骨木、稠李、柠条、缬草等野生植物驱鼠效果较好；羊角拗、皂荚、苦参、油桐、烟草、曼陀罗等表现出较好的杀鼠活性。将这些植物的有效部位与鼠类喜欢的食物混合后做成饵料，可用于毒杀害鼠。美国康奈尔大学的研究人员发现，在饲料中添加干辣椒和胡椒可以控制鼠害。适量的辛辣物能改变饲料的适口性，使鼠类另觅食物。

练一练

1. 养殖场常用化学灭鼠药包括_____、_____、_____、_____。
2. 养殖场器械灭鼠主要包括_____、_____、_____。

拓展学习

关于草原鼠害

我国拥有各类天然草原近 4 亿 hm²，草原是面积最大的陆地生态系统，也是畜牧业发展的重要物质基础和农牧民赖以生存发展的基本生产资料。鼠类是草原生态系统中主要的动物类群之一，包括啮齿目和兔形目等小型兽类，在食物网维系、植物群落演替、养分循环中扮演着重要的角色。正常情况下，鼠类对草原适度的啃食和挖掘有利于维持生态系统的平衡，但当鼠密度过高时就会造成草原植被受损与草场退化、粮食与牧草减产、土壤结构破坏与水土流失、鼠疫暴发等危害（即"草原鼠害"），对草原生态系统、畜牧业与人类健康构成巨大威胁。我国草原上普遍存在鼠害，草原鼠害的发生与草原退化、天敌减少有直接关系。近 30 年来，草原鼠害呈现逐渐加重的趋势，受危害面积已由 20 世纪 90 年代的平均 0.27 亿 hm² 上升至目前的平均 0.40 亿 hm²，每年鼠害造成的牧草损失超过 60 亿元。我国草原鼠害呈持续偏重发生，严重影响着草原畜牧业发展，也对农牧民的生存和发展构成威胁。通过科技研发攻关，基层农技人员水平提升，截至目前，全国已经形成以"生物防治为主"的鼠害防控模式，运用 C 型肉毒素、D 型肉毒素、招鹰控鼠、野化狐狸等生物技术防治鼠害的面积占防治总面积的比例达到 80% 以上。

尽管科技的进步已极大增强草原鼠害防治能力，但完全防止鼠害还要做实做优大量的工作，这就需要相关从业者坚持长期学习，不断提升理论与技能水平，与害鼠做持久斗争。

任务 10.2　养殖场消灭蚊蝇措施

【学习目标】

针对养殖场畜禽生产管理岗位技术任务要求，学会控制和消除蚊蝇滋生条件、畜禽场消灭蚊蝇幼虫、消灭蛹、杀灭成蚊蝇、药物速效灭蝇、生物学控制蚊蝇方法等实践操作技术。

【任务实施】

一、认识养殖场蚊蝇

（一）养殖场蚊蝇类型

蚊蝇是昆虫纲的一种，其最明显的特点便是数量大、种类多，蚊蝇还具有较快的繁殖速度，在畜禽养殖场中分布十分广泛。养殖场内的昆虫种类繁多，但其中主要产生危害的是蝇和蚊。饲养条件越差，蚊蝇越猖獗泛滥（图 3-10-4）。目前，我国已经发现超过 300 种蚊类，其中在蚊虫当中对畜禽危害最大的是蚊属、库蚊属和伊蚊属的蚊虫，以上三个种类占蚊虫总数的 50% 以上。蝇属双翅目，环裂亚目。全世界已知 10 000 余种，中国记录有 1 600 余种，养殖场常见蝇类型有：家蝇、市蝇、厩腐蝇、丝光绿蝇、亮绿蝇、大头金蝇、黑腹苍蝇等，比较常见的蝇包括小家蝇、绿蝇、丽蝇和大头金蝇等。养殖场的温度、湿度及光线等因素都和蚊蝇活动有很密切关系，大部分的蚊蝇在 30 ℃左右活动比较活跃，而在 10 ℃以下时，基本会停止活动。通常蚊类喜欢在夜间活动，且具有趋光性，蝇类主要在白天活动。动物粪便、路边草丛及富含有机物的水面，都是蚊蝇较为喜爱的产卵场所。

图 3-10-4　蚊蝇泛滥

（二）养殖场蚊蝇危害

1. 影响畜禽生产性能

夏季蚊蝇数量增多的时候，家畜表现为食欲减退，抵抗力差，生产性能降低。蝇蛆在粪便中的活动会导致畜牧场氨气浓度升高，对动物产生不利影响。养殖场内苍蝇、蚊在家畜体表的爬行、叮咬或在其周围飞行产生的噪声，轻则会影响动物的休息，影响其生长发育，并导致抵抗力下降，影响生产性能和饲料利用率，严重则会因动物的相互摩擦和运动的加剧，造成肢体损伤、炎症、过敏、贫血等严重问题，给畜禽生产带来损失。

2. 携带病菌，传播疾病

由于蚊蝇来自粪污处，身上可黏附 1 700 多万个细菌和病毒，能够传播 50 多种疾病，尤其是牛的流行热、多杀性巴氏杆菌病、口蹄疫、布氏杆菌病等多种疾病的重要传播媒介。蚊蝇可以加剧流行性疾病的传播、扩散和蔓延。此外，蚊蝇还是多种猪病的重要传播媒介，如高致病性猪蓝耳病、附红细胞体病、猪乙型脑炎、猪弓形体病及其他血液寄生虫病、圆环病毒病、疥螨病、沙门氏菌病、猪痢疾、埃希氏大肠杆菌病、猪丹毒、口蹄疫、球虫病等。

3. 影响生产设备产生

苍蝇饱食之后，间隔几分钟，即可排粪。由于吐泻、排粪频繁，失水较多，又促使它频繁取食。因此，当苍蝇数量过多时，会污染生产设备，降低照明设备亮度，严重的时候会导致机械设备损耗，使饲料供给及饲喂设备、供水及饮水设备、供热保温设备、通风降温设备、清洁消毒设备、粪便处理设备、监测仪器及运输设备使用年限降低。

二、控制和消除养殖场蚊蝇滋生条件

1. 储粪场、污水池等是蚊蝇的主要滋生地

应保持储粪场、污水池等的清洁，化粪池盖板无破损，并定期检查，发现有蝇蛆滋生要及时处理。

2. 及时清理粪堆

畜禽舍内外应经常打扫，使地面无粪便、垃圾和饲料残留。及时清理畜禽舍内的粪污。

3. 畜禽场各种垃圾及时清理

粪污池、垃圾箱等存放处要用水泥砖石铺成、加盖，经常清扫，定期清除，消除死角，保持清洁。若发现蝇类滋生，用 0.5% ～ 1% 的敌百虫或倍硫磷进行喷洒，粪污无害化综合治理。

4. 保持养殖环境的干燥通风

适宜的温湿度条件是导致蚊蝇大量繁殖的主要因素，因此我们在日常饲养管理过程中，要选用质量好的乳头饮水器，加强水线管理。

三、养殖场消灭蚊蝇幼虫

（一）物理方法消灭蚊蝇幼虫

1. 水淹

一般水淹 1 天以上蝇蛆即全部死亡。

2. 捞捕

捞出的蝇蛆可喂家禽，设捕蛆沟，防止蝇蛆爬出沟外。

3. 闷杀

在粪污池坑表面撒上约 6 cm 厚草木灰，也可用开水闷杀。

4. 堆肥

用泥封堆肥法，夏季约 1 周，春秋需 2 周时间。

（二）化学药物消灭蚊蝇幼虫

通常选择幼虫滋生集中的场所，如垃圾堆、粪堆、粪坑等环境施行喷洒。药物灭蝇蛆的操作应注意以下几点。在进行滋生地处理前，对孳生情况进行调查，对阳性孳生物进行控制。喷洒时将滋生物喷湿，杀灭垃圾袋等容器内的蝇蛆要将杀虫剂喷入容器内。对短时间内不能及时清除的垃圾进行定期控制，6—9 月份每 3 天喷洒 1 次，其余月份每周喷洒 1 次。常用的化学药物消毒剂包括有机磷杀虫剂和拟除虫菊酯类杀虫剂。有机磷类杀虫剂主要包括有机磷酸酯类和硫代有机磷酸酯类两类有机磷杀虫剂，通过作用于乙酰胆碱酯酶，可引起害虫神经系统兴奋导致呼吸困难，从而使害虫死亡的神经毒剂。现行的有机磷类杀虫剂中的一类新产品是杂环衍生物，其特点是持效期长且为有机磷类杀虫剂之最，在动物生产中广泛应用。

拟除虫菊酯类杀虫剂在应用上分为两大类，一类为卫生用拟除虫菊酯类杀虫剂，另一类为农用拟除虫菊酯类杀虫剂。拟除虫菊酯类杀虫剂的作用机理是干扰神经膜中钠离子通道，导致该通道打开时间过长，从而阻碍神经信号的传输，最终导致虫螨死亡。拟除虫菊酯类杀虫剂是一类高效、低残留、易于代谢、不易于产生生物富集现象且对哺乳动物低毒的杀虫剂。

养殖场采用的药物及方法主要为：敌百虫（0.5% ~ 1%）水溶液每天喷 300 ~ 500 mL/m^2。0.5%倍硫磷乳剂每天 500 mL/m^2。0.05% ~ 0.1% 二嗪哝（地亚哝）乳剂 500 mL/m^2。灭幼脲 0.012 5% ~ 0.025% 悬浮剂 500 mL/m^2，可保持 14 天以上。

四、养殖场消灭蛹

1. 紧土灭蛹

对孳生有蝇蛹的松土洒水后敲打结实，使蛹羽化为成蝇后钻不出来。

2. 湿土灭蛹

改变蛹土湿度，对有蛹的土或孳生物用水浇洒使之潮湿，以减少蝇蛹羽化率。

五、养殖场杀灭成蚊蝇

1. 捕蝇笼或灭蚊蝇器

捕蝇笼或灭蚊蝇器主要适用于室外蝇多的场所，应有专人管理，早放晚收，勤换诱饵，防止猫狗将笼子弄翻（图 3-10-5）。

2. 粘蝇纸

粘蝇纸挂在畜圈禽舍及蝇多的地方能粘捕苍蝇。在室内，粘蝇纸应放在明亮的、蚊蝇喜停息的地方。一般可保持 10 ～ 14 天黏性。用过的粘蝇纸要烧掉。

3. 毒蝇绳或布条

将粗绳浸入 0.1% 二嗪农悬剂中，浸透后取出晾干，将绳挂于室内灭蝇。用时将绳或布条悬挂于天棚或铁丝上，游离端离地 2 ～ 2.5 m 每 10 m² 挂一条，主要用于马厩、猪圈、禽舍、猪食房、室内厕所等苍蝇较多的场所。其他主要浸泡药物有 0.6% 氯氰菊酯、0.1% 凯灵素。上述的毒蝇绳残效期可以保持 2 ～ 3 个月，失效后可以再浸药悬挂。

图 3-10-5　畜禽场灭蚊蝇器

4. 毒饵诱杀

灭蝇毒饵是将胃毒作用强的杀虫剂掺入蝇类所喜爱的诱饵中制成。家庭自制的饵料可就地取材，采用家蝇喜食的各种食物，也可用动物内脏，臭鱼烂虾，甚至是吃剩的水果等。为了提高毒饵的引诱力，还可以在毒饵中加入少量鱼骨粉或糖醋液。用时将毒饵盛于浅盘内，如为液体毒饵。须将棉球、纱布或细沙置于盘中露出液面，供苍蝇停落吸食。常用的毒饵有 1% 敌百虫糖液；1% ～ 2% 敌百虫饭粒；0.2% 敌百虫鱼杂；0.03% 溴氰菊酯毒蝇液，每隔 10 天左右更换或添加杀虫液 1 次。

5. 滞留喷洒

（1）畜圈、禽舍灭蝇　对畜圈、禽舍的顶棚，垃圾箱的内上盖和外壁可选用 5% 奋斗呐，配成 0.02% ～ 0.04% 有效浓度的水悬剂，量为 50 ～ 100 mL/m²。也可用 2.5% 的凯素灵，配成 0.03% 有效浓度的水悬剂，用 50 ～ 100 mL/m² 量喷洒。对室外的玻璃窗和纱窗也可选用上述杀虫剂进行涂刷。

（2）室内灭蝇　对前厅、走廊的照明灯具和灯线、房梁的下角处用 0.04% 有效浓度的奋斗呐水悬剂按 25 ～ 50 mL/m² 的用量涂刷。对纱窗纱门全部涂刷。对不经常打开的玻璃窗的玻璃及窗框衔接处的四周边缘，用 0.04% 奋斗呐或凯素灵以及 0.6% 有效浓度的氯氰菊酯乳剂进行涂刷，药膜宽度约 3 cm。对雨水淋过的纱窗纱门要及时涂刷。用药后 45 天后再重复用药。

（3）树木灭蝇　对距房舍较近、蝇类易栖息的树木等，使用 0.2% 有效浓度的氯氰菊酯乳剂喷洒。

6. 电子灭蚊蝇器

电子灭蚊蝇器（图 3-10-6）是根据蚊蝇习性设计制作的特殊电子程序，包括诱蝇素、转动轮、电机、集蝇盒等装置，在转动轮内装填诱料，对蝇虫具有极强的诱惑力，通过转动轮的特制功能，使它们叮吃的过程中不知不觉地被滚筒卷入机器上方的集蝇盒中，最终因为集蝇盒的密闭和无食物而死掉，从而达到捕蝇的目的。

图 3-10-6　电子灭蚊蝇器

六、养殖场药物速效灭蝇

药物速效灭蝇多用于突击灭蝇和疫情发生时的现场处理。在市场上出售的除虫药物多数是以拟除虫菊酯复配成酊剂、油剂、乳剂等剂型，对蝇杀灭效果较好。

① 5% 沙飞克水乳剂 0.1% ～ 0.025%，用量 1 ～ 2 mL/m²，用超低容量喷雾器向室内空间喷洒。

② 4% 氯菊酯乳剂，用量 0.1 mL/m²，用超低容量喷雾器向室内外空间喷洒，关闭门窗，20 分钟杀死室内全部蝇类。

③ 0.2% 氯氰菊酯乳剂，用于垃圾堆、粪堆灭成蝇，1 ～ 2 mL/m²，用储压式喷雾器进行表面喷洒，20 分钟灭蝇效率为 70% ～ 80%。

七、养殖场生物学控制蚊蝇方法

蜘蛛、壁虎等是蚊蝇的天敌，夏季有选择地培养蚊蝇的天敌，可以在自然状态下防控养殖场蚊蝇。在畜禽粪便中培养蚊蝇的天敌如甲虫、螨和黄蜂等也可控制蚊蝇。在养殖场内种植薄荷、夜来香、除虫菊、艾草、天竺葵等有特殊气味的花草，也能驱逐蚊蝇，还能达到美化环境、吸附养殖场异味的目的。此外，苦参、鱼藤、黄荆、辣蓼、曼陀罗、橘皮等多种中草药的根茎热水浸泡或者直接点燃烟熏也具有很好的驱杀蚊蝇作用。

📝 **练一练**

> 简述器械灭蚊蝇方法。

📖 **拓展学习**

动物源杀虫剂及其衍生物

动物源杀虫剂选择性强、活性高、对人畜无害和对环境无污染。动物源杀虫剂的主要分为以下几类：昆虫激素、昆虫信息素、昆虫毒素等。其中，杀灭蚊蝇主要选用昆虫激素和昆虫信息素类物质。烯虫酯是昆虫激素中保幼激素的仿生产物，作用机理是作为一种生长调节剂，用于干扰昆虫体内激素平衡，阻止昆虫卵的胚胎发育，引起昆虫各期的反常现象，破坏昆虫的生命周期。烯虫酯与有机磷杀虫剂相比，对家蝇的生物活性高几十倍，且其大鼠口服 LD_{50} 为 34 600 mg/kg。因为是昆虫生长调节剂，烯虫酯可制成口服的饲料预混剂和盐，用于畜禽来防治蝇类骚扰。除虫脲是几丁质合成抑制剂。将其制成 0.24% 的饲料预混剂用于驱杀马的厩蝇和家蝇。每天连续饲喂畜禽可防治粪便中的蚊蝇幼虫。将 10% 含量的烯虫酯制成微型缓释胶囊，通过用水配置后，喷洒在蚊蝇孳生地不仅可以控制蚊蝇数量还可以延长药物存留时间。三嗪胺类杀虫剂是一种昆虫杀幼虫剂，对蝇类幼虫有特效，其杀虫机理是作用于昆虫发育过程中的第二阶段，使双翅目昆虫幼虫和蛹在形态上发生畸变，成虫羽化不全或受抑制。三嗪胺类杀虫剂的优点包括对人、畜无毒副作用，对环境安全，可直接添加到家畜饲料中，也可直接施用到粪便当中，是一种理想的用于畜牧场的苍蝇防控的饲料添加剂。研究发现，在羊的整个生长时期，以 1% 的环丙氨嗪 0.03% 的比例拌入羊的精料中，不会产生任何蚊蝇危害。值得注意的是，此类杀虫剂超量使用会危害动物健康。以犊牛为例，以 0.5 mg/kg 体重的剂量施用环丙氨嗪，可以很好地控制家蝇数量，但剂量增加到 1.0 mg/kg 体重，不但不会增加苍蝇死亡率，还会在动物组织中造成药物残留。此外，当剂量水平为 3 000 或 2 000 mg/kg 时，可以导致蛋鸡蛋重、后代体重、饲料转化率显著下降，300 mg/kg 的水平也显示出蛋重的下降，但并不会影响雏鸡出生体重。

动物源杀虫剂及衍生物虽好，但超量会危害健康，和我们做人做事一样，凡事应有度，过犹不及。作为当代大学生，应该记住：做人要大度，做事要适度；内心要有温度，眼界要有宽度；目标要有高度，努力要有长度。

技能 9　养殖场灭鼠训练

【学习目标】

了解常用灭鼠器械，掌握各类灭鼠器具的使用方法。

【实训内容】

（一）了解常用灭鼠器械

①板式捕鼠夹。
②匣式捕鼠夹。
③粘鼠板。
④电子灭鼠器。

（二）掌握常用灭鼠器械使用方法

1. 板式捕鼠夹使用方法

①先将诱饵放入诱饵槽中。诱饵应根据鼠的种类和场所来选择，并根据鼠种类立即调整，连续使用时应保持诱饵新鲜。

②用手握住有弹簧的一头，然后用力地压下去直到听见"咔嚓"声就完成了支夹。

③将支好的鼠夹放在老鼠常常活动的场所，通常需要沿墙布放。一般晚上布放，清晨收起，仓库等人活动少的地方可在检验后更换新鲜诱饵继续布放。

板式捕鼠夹如图 3-10-7 所示。

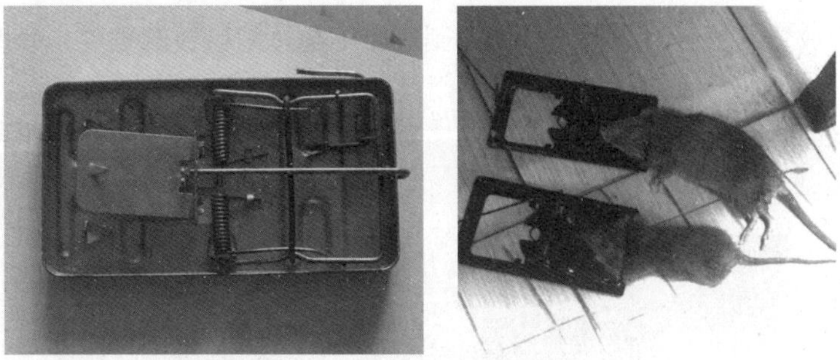

图 3-10-7　板式捕鼠夹

2. 匣式捕鼠夹使用方法

①将下锁扣向上提到笼子上方。

②将长柄下压，与笼子齐平。

③当看到笼口打开时，用手按住长柄。

④在笼子内的铁钩上放上诱饵，注意不要太多，一半长就够了。

⑤将挂钩勾上笼子，随后左右晃动笼子，确保挂钩不会因为震动而脱离。

⑥最后把笼子放在老鼠出没的地方。

匣式捕鼠夹如图 3-10-8 所示。

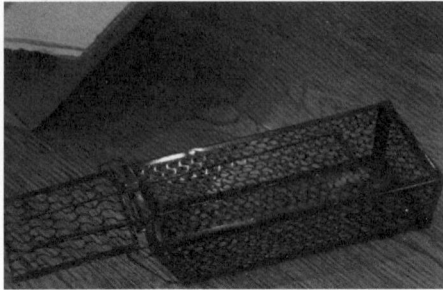

图 3-10-8　匣式捕鼠夹

3. 粘鼠板使用方法

①双手打开粘鼠板，将粘鼠板上两粒防黏纽扣拿掉（图 3-10-9），可借助牙签利用纽扣上的小孔打开。

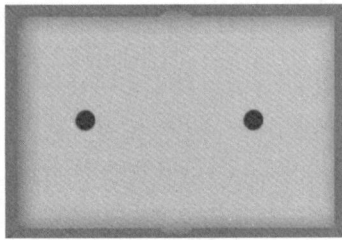

图 3-10-9　打开粘鼠板

图 3-10-10　撕开粘鼠板

②纽扣拿掉后，合上粘鼠板用力挤压，再用双手使劲撕开（图 3-10-10），这样做可以使胶水更具黏性。特别是冬季胶水黏性会降低，这一步必不可少。

③在粘鼠板正中间放带壳的花生、瓜子、坚果、巧克力等诱饵，切记不用剥壳，老鼠喜欢啃咬硬物。诱饵不要太大、太多。

④用量不能太少，一个位置放一张不够，建议至少两三张一起放。根据放置的位置，将粘鼠板折叠成"口"形或"U"形。

⑤藏在吊顶和高处的老鼠，多通过管道、电线来往于地面，管道旁边可用多块粘鼠板把老鼠穿梭下来的路线堵死。

⑥在门、窗旁放置粘鼠板时，把门、窗拉到缝隙不超过粘鼠板的宽度，确保粘鼠板把老鼠进来的路线封死。

⑦可在过道、门缝转角等老鼠必经之路上多放置几张，将必经之路铺满不留缝隙。根据地形平铺或折叠成"U"形（图 3-10-11）。

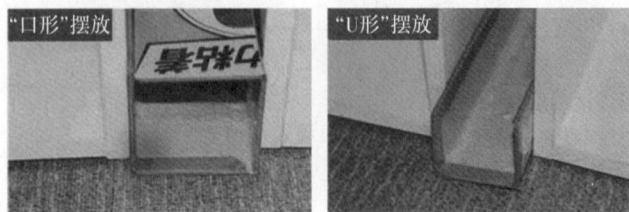

图 3-10-11　粘鼠板的摆放

⑧老鼠有大有小，若粘鼠板粘到的是小老鼠，建议不要立即更换，小老鼠头脑比较愚钝，被粘住后，一般会发出求救信号，引来室内其他的小老鼠。相反如果粘到的是大老鼠，粘一只就需要更换一次板子。大老鼠头脑精明，会向同伴发出警告信号，通知同伴不要靠近。

4. 电子灭鼠器使用方法

①首先需要选择一个合适的位置放置电子灭鼠器，最好是在室内角落、墙角或者门口等鼠类活动频繁的地方放置。

②在放置电子灭鼠器之前，需要先将房间内的食物和垃圾清理干净，避免吸引老鼠前来。

③按照电子灭鼠器的说明书，将设备插入电源插座，一般来说，电子灭鼠器的使用电压为220 V，故需要选择符合要求的插座。

④开启电子灭鼠器的开关，电子灭鼠器会发出高频声波和电磁波等信号，这些信号可以让老鼠感到不适，从而逃离这个区域。

⑤定期检查电子灭鼠器的工作状态，如果发现设备出现故障或者失效，需要及时更换或者修理。

⑥在使用电子灭鼠器的同时，也可以采取其他措施，比如堵住老鼠可能进入的缝隙、洞口等。

如图 3-10-12 所示为电子捕鼠器。

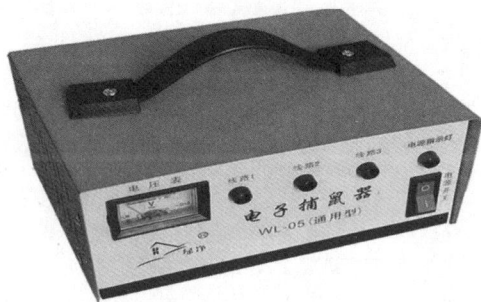

图 3-10-12　电子捕鼠器

注意事项：

1. 板式捕鼠夹和匣式捕鼠夹使用注意事项

①使用时必须注意使用安全，放诱饵时一定要确定该鼠夹处于解除状态，任何时候不能试图用手去接触已经支好的鼠夹踏板。

②应放置在远离儿童的地方，严禁儿童接触捕鼠夹。

③布放捕鼠夹期间需要看管好宠物，严防宠物接触踏板。

④布放捕鼠夹期间要收好室内一切食物，以增加诱饵对老鼠的诱惑力，提升捕鼠夹的捕鼠率。

⑤捕到老鼠的鼠夹经过清洗后可反复使用。

2. 粘鼠板使用注意事项

①不能将粘鼠板放在其他非捕捉动物容易接触到的地方。

②为防止粘捕到的老鼠挣扎拖动鼠板弄脏地面或墙面，可将粘鼠板固定到地面上或在其下面垫一张较大的纸张。

③应避免阳光直射粘鼠板，避免粘鼠板沾染灰尘。

④如果粘鼠板沾上水分，可将水分倒掉，并在阴凉处晾干后使用。

⑤如果胶液粘到手上、衣物上、地板上或其他物品上，可使用柴油擦洗，然后再用洗涤剂清洗。

⑥粘鼠板适宜在 0 ～ 50 ℃的温度环境中使用，冬季使用时在暖气上加热后使用效果更佳。

3. 电子灭鼠器使用注意事项

①由于变频脉冲电磁波是沿着插座电源线向周围发射，因此在使用时应该配备较长的电源线

以保证使用效果。

②通电时绝对不能触摸，高压输出非常危险。

③取死鼠时必须断电或用绝缘夹子夹出死鼠。

【实训作业】

结合课程及实训内容，请想一想、练一练如下问题。

①如何制订养殖场灭鼠方案？

②如何科学选择灭鼠器和灭鼠药？

③灭鼠器使用过程中容易出现哪些问题？

模块四
养殖场废弃物处理技术

◆ **模块导读**

我国畜禽养殖业规模化、集约化的迅猛发展使畜禽生产废弃物大量增加，尤其是畜禽粪污不合理利用和排放污染问题日益突出。回顾人类几千年的养殖历史，畜禽粪污始终是农业生产的重要肥料资源，但随着养殖水平不断提高、人力资源成本不断攀升、农业生产机械化程度不断增强，才打破了这种规律和平衡，其结果是一方面土壤有机质水平不断下降，农业面源污染不断加重，另一方面畜禽养殖成为乡村的主要污染源之一。养殖粪污因为集中才成为问题，因为量大才难处理。总体来看，粪污是放错了的地方资源，因此需要坚持用循环经济的理念，推进农牧业有机结合，将畜禽粪污进行及时高效处理，实现资源化利用。养殖生产过程中，除畜禽粪污外，有害气体、病死畜禽及医疗废弃物等因安全隐患大也成为制约行业发展的焦点问题。因此，本模块主要介绍畜禽生产废弃物处理技术，主要包括粪污、有害气体、病死畜禽、医疗废弃物等处理技术以及常见生态养殖模式。

◆ **模块教学案例**

2023 年 12 月 12 日，全国畜禽养殖废弃物资源化利用工作推进会在河北省石家庄市召开，总结交流"十四五"以来畜禽粪污综合利用工作进展和经验做法，谋划未来发展思路举措，对下一阶段重点任务进行再动员、再部署。会议指出，近年来，各地认真贯彻落实习近平总书记关于加快推进畜禽养殖废弃物处理和资源化的重要指示精神，逐步完善综合治理的制度机制，持续实施畜禽粪污资源化利用整县推进工程，改造提升处理设施设备，建设粪肥还田利用示范基地，全国畜禽粪污综合利用率达到 78.3%，种养结合农牧循环发展新格局初步形成。

思考：作为养殖生产从业者，请您结合自己岗位，围绕如何提升畜禽粪污综合利用率建言献策。

◆ **知识目标**

1. 了解养殖污染现状及国家排放标准。
2. 理解畜禽生产中的废弃物类型及特点。
3. 掌握养殖生产废弃物资源化利用技术。

◆ **技能目标**

1. 熟练使用堆肥发酵技术。
2. 能应用异位床发酵技术。
3. 能应用养殖场有害气体控制理论，并熟练使用便携式测定仪进行有害气体测定。

◆ **素质目标**

1. 具有爱护环境、保护环境意识，具备基本的法治意识。
2. 具备科技创新素养，在推进绿色养殖中彰显新时代畜牧人的职业担当。

◆ 模块知识导图

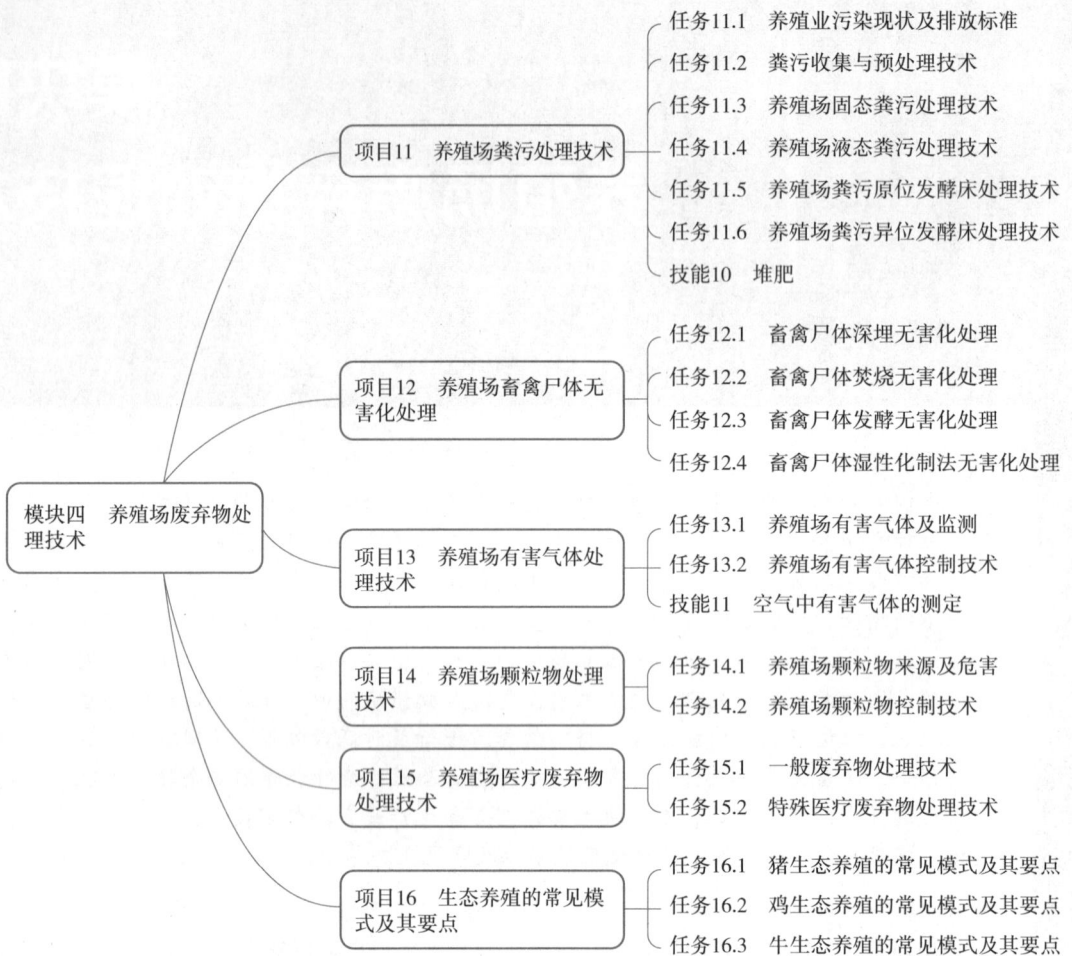

模块四 养殖场废弃物处理技术

项目11 养殖场粪污处理技术
- 任务11.1 养殖业污染现状及排放标准
- 任务11.2 粪污收集与预处理技术
- 任务11.3 养殖场固态粪污处理技术
- 任务11.4 养殖场液态粪污处理技术
- 任务11.5 养殖场粪污原位发酵床处理技术
- 任务11.6 养殖场粪污异位发酵床处理技术
- 技能10 堆肥

项目12 养殖场畜禽尸体无害化处理
- 任务12.1 畜禽尸体深埋无害化处理
- 任务12.2 畜禽尸体焚烧无害化处理
- 任务12.3 畜禽尸体发酵无害化处理
- 任务12.4 畜禽尸体湿性化制法无害化处理

项目13 养殖场有害气体处理技术
- 任务13.1 养殖场有害气体及监测
- 任务13.2 养殖场有害气体控制技术
- 技能11 空气中有害气体的测定

项目14 养殖场颗粒物处理技术
- 任务14.1 养殖场颗粒物来源及危害
- 任务14.2 养殖场颗粒物控制技术

项目15 养殖场医疗废弃物处理技术
- 任务15.1 一般废弃物处理技术
- 任务15.2 特殊医疗废弃物处理技术

项目16 生态养殖的常见模式及其要点
- 任务16.1 猪生态养殖的常见模式及其要点
- 任务16.2 鸡生态养殖的常见模式及其要点
- 任务16.3 牛生态养殖的常见模式及其要点

项目 11

养殖场粪污处理技术

◆ **项目提要**

　　近年来，随着规模化养殖业的迅速发展，养殖场粪污问题日益严峻。为了维护生态环境和保障食品安全，政府已明确提出对养殖场粪污实施全面管理的要求。掌握有关粪污排放的法律法规以及粪污治理的方法是保障养殖业持续健康发展不可或缺的前提条件。该项目重点介绍了关于粪污排放的相关法律法规和相应的处理技术。

◆ **项目教学案例**

　　2022 年 12 月，某地生态环境局接到流域环境监测报告，显示部分畜禽养殖场污水收集处理不到位。据此，该地生态环境局立即组织执法人员对沿岸畜禽养殖场进行排查，发现某家农牧有限公司利用猪舍附近消纳地的荒废水渠将养殖废水外排至外环境（图 4-11-1）。生态文明建设的战略意义已经被提升到国家政策的高度。作为畜牧行业的从业者，我们应当真正践行"绿水青山就是金山银山"的理念，为美丽中国的建设贡献自己的一份力量。

◆ **知识目标**

　　1.了解畜禽养殖业对环境的影响及其相关法律法规。

　　2.全面掌握现代养殖场固态粪污和液态粪污的处理方式。

　　3.熟知原位发酵床和异位发酵床处理技术。

◆ **技能目标**

　　1.具备全面管理粪污处理设施的能力，并熟悉相关的规程、规则、标准及法律法规。

　　2.能独立规划并实施养殖场粪污治理方案。

　　3.具有实操粪污堆肥发酵技术的能力。

◆ **素质目标**

　　1.具有爱岗敬业、协作创新的精神。

　　2.具有爱护、保护环境的责任意识。

　　3.具备刻苦钻研、勇于探索的职业态度。

任务 11.1　养殖业污染现状及排放标准

养殖场污染物
及现状、排放
标准

【**学习目标**】

　　了解当前我国养殖行业对环境的影响，包括大气、水体、土壤等各个方面的污染现状；了解国家对于养殖行业的环保政策，以及相应的排放标准和限制措施。

【**任务实施**】

一、畜禽养殖业污染现状

　　畜禽养殖业在给人们提供大量肉、蛋、奶的同时也产生了大量的废弃物，尤其是改革开放以来，由于大量规模化养殖场、养殖小区和养殖村出现，大量畜禽粪尿和污水无法得到有效处理和利用，远远超过周围农田的消纳能力，肆意排放至河流、沟渠和土地，对水体和土壤产生严重的污染；散发的恶臭气体，对附近空气产生严重的污染；滋生的蚊蝇对附近居民的日常生活也产生影响。在过去相当长的时间内，对畜禽养殖业存在重发展、轻环保的意识，致使畜禽养殖配套的粪污处理工艺相对落后、处理设施相对不足，从而造成环境污染；再加上粪污处理需要较大的投资、较高的运行成本及较复杂的技术，养殖业主不愿投入或投入不足，加剧了畜禽养殖环境的污染，畜禽养殖业已成为我国主要污染源之一。

（一）畜禽养殖业对土壤的影响

畜禽废弃物对土壤的影响包括粪便还田和粪便堆放储存两个阶段。

1. 粪便还田

农田利用是消纳和处理畜禽粪便最为常用的方式之一，合理的畜禽粪便还田对改善土壤是有利的。畜禽粪便营养丰富，原粪中除含有大量有机质，氮、磷、钾及微量元素外，还含有各种生物酶（来自畜禽消化道、植物性饲料和胃肠道）和微生物畜禽粪便施入农田后，有机物等在微生物的作用下分解为二氧化碳水及小分子物质，其中有效态的营养成分很快被作物吸收和利用。其他有机物在微生物的作用下缓慢分解和转化，表现出缓释肥料的特性，尤其是腐殖质能提高土壤中有机质的含量，改善土壤结构。

2. 粪便堆放储存

畜禽粪便不宜直接还田，而是通过堆肥发酵后还田利用。新鲜畜禽粪便中含有病原微生物、寄生虫及杂草种子等，将其直接施用到农田后会对环境造成污染。此外，粪便中的有机质在被土壤微生物降解过程中产生热量、氨和硫化氢等，对植物根系不利，还有可能造成恶臭和病原菌污染。堆肥不但能够有效杀死畜禽粪便中的病原微生物、寄生虫及杂草种子等，而且能有效提高堆肥中的腐殖酸及有效态氮、磷、钾等元素的含量，更容易被植物吸收和利用。因此，畜禽粪便经过腐熟和无害化处理后方可施用。但目前我国畜禽粪便大部分都是直接施用，其方式虽然简单但对环境及人类健康存在着潜在的威胁。

（二）畜禽养殖业对水体的影响

目前，我国畜禽养殖粪污处理设施相对不足，大量的养殖污水没有能够实现达标排放。养殖污水中含有大量的氮、磷，以及兽药和微生物，被排放进入河流、湖泊等水体后，对地表水、地下水造成污染，是许多河流水质下降、湖泊富营养化的"罪魁祸首"之一对于水体，主要的威胁来自畜禽粪便和污水中的有机物、硝态氮和磷元素。畜禽污水中的氮主要以铵态氮形式存在，排到环境中后很快在微生物的作用下通过硝化反应转化成硝态氮。硝态氮作为阴离子，不容易被土壤吸附，很容易以径流和淋溶的方式流失染地表水和地下水。地下水硝态氮含量高会对饮用水安全造成危害，而且在一定条件，地下水可能渗入地表水，引起藻类疯狂生长、体缺氧及鱼类死亡等水体富营养化现象。磷元素相对稳定，一般不会随粪污径流进入环境水体，但在一定条件下仍然会进入土壤中成土壤磷饱和，从而导致磷元素随水流失，进入水体造成水体富营养化。

此外，畜禽粪便和污水中有大量的病毒、致病菌及寄生虫卵等如果处理不当，这些病原体容易进入环境中，有可能造成人畜之间的传播，对人类的健康构成威胁。

（三）畜禽养殖业对大气的影响

氮可以以氨气形式释放进入大气，通过氧化产生温室气体以及酸雨。氨也可以在大气中与硝酸反应生成硝酸钱颗粒，导致烟雾和健康问题。猪舍中，高浓度氨气可引起眼睛和呼吸系统刺激以及工人和动物疾病。臭味是规模化养猪粪污引起的一大环境问题，主要是粪污在堆放、存储过程中有机物的腐败分解（特别是厌氧腐解），碳水化合物分解产生甲烷、有机酸和醇等带臭味的气体；蛋白质、脂类等分解产生氨、硫化氢、丙醇、吲哚、甲基吲哚、甲硫醇、3-甲基丁醇、粪臭素等具有恶臭的含硫和氨的化合物。据测定，猪粪可产生 230 种恶臭物质，包括具有强烈粪臭的吡咯类（吲哚、粪臭素等）、有腐蛋刺激臭的硫化物、有腐鱼臭的胺类、有烂洋葱臭的硫醇类、有刺激臭的脂肪酸类、有不快和刺激臭的醛类、有黄油臭和金属臭的酮类、有不快臭的酚类等有机成分，此外还有氨、硫化氢等无机成分。

由猪舍和粪污堆场、贮池、处理设施产生并排入大气的恶臭物质，除引起不快产生厌恶感外，恶臭的大部分成分对人和动物有刺激性和毒性。吸入某些高浓度恶臭物质可引起急性中毒，长时间吸入低浓度恶臭物质，开始是引起反射性的呼吸抑制呼吸变浅变慢，肺活量减少，继而使嗅觉疲劳而改变嗅味阈，同时也解除了保护性呼吸抑制而导致慢性中毒。氨、硫化氢、硫醇、硫醚、有机酸、酚类等恶臭物质均有刺激性和腐蚀性，可引起呼吸道炎症和眼病；脂肪族胺、醇类、醛类、酮类、酯类等恶臭物质，对中枢神经系统均可产生强烈刺激，不同程度地引起兴奋或麻醉作用，有些（如酯类、杂环化合物等）还会损害肝脏、肾脏；此外，长时间吸入恶臭物质会改变神经内分泌功能，降低代谢机能和免疫功能，使生产力下降，发病率和死亡率升高。

二、畜禽养殖业污染物排放标准

2001 年，《畜禽养殖业污染物排放标准》（GB 18596—2001）旨在贯彻《中华人民共和国环境保护法》《中华人民共和国水污染防治法》和《中华人民共和国大气污染防治法》，控制畜禽养殖业产生的废水、废渣和恶臭对环境的污染，促进养殖业生产工艺和技术进步，维护生态平衡。该标准适用于集约化、规模化的畜禽养殖场和养殖区，不适用于畜禽散养户。根据养殖规模，分阶段逐步控制，鼓励种养结合和生态养殖，逐步实现全国养殖业的合理布局。根据畜禽养殖业污染物排放的特点，该标准规定的污染物控制项目包括生化指标、卫生学指标和感官指标等为推动畜禽养殖业污染物的减量化、无害化和资源化，该标准规定了废水、恶臭排放标准和废渣无害化环境标准，现将该标准摘录如下。

畜禽养殖污染
物排放标准

1. 主题内容与适用范围

（1）主题内容　本标准按集约化畜禽养殖业的不同规模分别规定了水污染物、恶臭气体的最高允许日均排放浓度、最高允许排水量，畜禽养殖业废渣无害化环境标准。

（2）适用范围　本标准适用于集约化畜禽养殖场和养殖区污染物的排放管理及其相关建设项目环境影响评价、环境保护设施设计、竣工验收及其投产后的排放管理。

①本标准适用的畜禽养殖场和养殖区的规模分级，按表 4-11-1 和表 4-11-2 执行。

表 4-11-1　集约化畜禽养殖场的适用规模（以存栏数计）

规模分级	类别				
	猪/头（25 kg 以上）	鸡/只		牛/头	
		蛋鸡	肉鸡	成年奶牛	肉牛
Ⅰ级	≥ 3 000	≥ 100 000	≥ 200 000	≥ 200	≥ 400
Ⅱ级	500 ≤ Q < 3 000	15 000 ≤ Q < 100 000	30 000 ≤ Q < 200 000	100 ≤ Q < 200	200 ≤ Q < 400

注：Q 表示养殖量。

表 4-11-2　集约化畜禽养殖场的适用规模（以存栏数计）

规模分级	类别				
	猪/头（25 kg以上）	鸡/只		牛/头	
		蛋鸡	肉鸡	成年奶牛	肉牛
Ⅰ级	≥ 6 000	≥ 200 000	≥ 400 000	≥ 400	≥ 800
Ⅱ级	3 000 ≤ Q < 6 000	10 000 ≤ Q < 200 000	20 000 ≤ Q < 400 000	200 ≤ Q < 400	400 ≤ Q < 800

注：Q表示养殖量。

②对具有不同畜禽种类的养殖场和养殖区，其规模可将鸡、牛的养殖量换算成猪的养殖量。换算比例：30只蛋鸡折算成1头猪，60只肉鸡折算成1头猪，1头奶牛折算成10头猪，1头肉牛折算成5头猪。

③所有Ⅰ级规模范围内的集约化畜禽养殖场和养殖区，以及Ⅱ级规模范围内且地处国家环境保护重点城市、重点流域和污染严重河网地区的集约化畜禽养殖场和养殖区，自本标准实施之日起开始执行。

④其他地区Ⅱ级规模范围内的集约化养殖场和养殖区，实施标准的具体时间可由县级以上人民政府环境保护行政主管部门确定。

⑤对集约化养羊场和养羊区，将羊的养殖量换算成猪的养殖量，换算比例为：3只羊换算成1头猪，根据换算后的养殖量确定养羊场或养羊区的规模级别，并参照本标准的规定执行。

2. 定义

（1）集约化畜禽养殖场　集约化畜禽养殖场指进行集约化经营的畜禽养殖场。集约化养殖是指在较小的场地内，投入较多的生产资料和劳动，采用新的工艺与技术措施，进行精心管理的饲养方式。

（2）集约化畜禽养殖区　集约化畜禽养殖区指距居民区一定距离，经过行政区划确定的多个畜禽养殖个体生产集中的区域。

（3）废渣　废渣指养殖场外排的畜禽粪便、畜禽舍垫料、废饲料及散落的毛羽等固体废物。

（4）恶臭污染物　恶臭污染物指一切刺激嗅觉器官，引起人们不愉快及损害生活环境的气体物质。

（5）臭气浓度　臭气浓度指恶臭气体（包括异味）用无臭空气进行稀释，稀释到刚好无臭时所需的稀释倍数。

（6）最高允许排水量　最高允许排水量指在畜禽养殖过程中直接用于生产的水的最高允许排放量。

3. 技术内容

本标准按水污染物、废渣和恶臭气体的排放分为以下三部分。

（1）畜禽养殖业水污染物排放标准

①畜禽养殖业废水不得排入敏感水域和有特殊功能的水域。排放去向应符合国家和地方的有关规定。

②标准适用规模范围内的畜禽养殖业的水污染物排放分别执行表4-11-3、表4-11-4和表4-11-5的规定。

表 4-11-3　集约化畜禽养殖业水冲工艺最高允许排水量

种类	猪/[m³·(百头·d)⁻¹]		鸡/[m³·(千只·d)⁻¹]		牛/[m³·(百头·d)⁻¹]	
季节	冬季	夏季	冬季	夏季	冬季	夏季
标准值	2.5	3.5	0.8	1.2	20	20

注：废水最高允许排放量的单位中，百头、千只均指存栏数。
　　春、秋季废水最高允许排放量按冬、夏两季的平均值计算。

表 4-11-4　集约化畜禽养殖业干清粪工艺最高允许排水量

种类	猪 /[m³·（百头·d）⁻¹]		鸡 /[m³·（千只·d）⁻¹]		牛 /[m³·（百头·d）⁻¹]	
季节	冬季	夏季	冬季	夏季	冬季	夏季
标准值	1.2	1.8	0.5	0.7	17	20

注：废水最高允许排放量的单位中，百头、千只均指存栏数。春、秋季废水最高允许排放量按冬、夏两季的平均值计算。

表 4-11-5　集约化畜禽养殖业水污染物最高允许日均排放浓度

控制项目	五日生化需氧量 /（mg·L⁻¹）	化学需氧量 /（mg·L⁻¹）	悬浮物 /（mg·L⁻¹）	氨氮 /（mg·L⁻¹）	总磷（以P计） /（mg·L⁻¹）	粪大肠菌群数 /（个·100 mL⁻¹）	蛔虫卵 /（个·L⁻¹）
标准值	150	400	200	80	8.0	1 000	2.0

（2）畜禽养殖业废渣无害化环境标准

①畜禽养殖业必须设置废渣的固定储存设施和场所，储存场所要有防止粪液渗漏、溢流措施。

②用于直接还田的畜禽粪便，必须进行无害化处理。

③禁止直接将废渣倾倒入地表水体或其他环境中。畜禽粪便还田时，不能超过当地的最大农田负荷量，避免造成面源污染和地下水污染。

④经无害化处理后的废渣，应符合表 4-11-6 的规定。

表 4-11-6　畜禽养殖业废渣无害化环境标准

控制项目	指标	控制项目	指标
蛔虫卵	死亡率≥ 95%	粪大肠菌群数	≤ 10⁵ 个 /kg

（3）畜禽养殖业恶臭污染物排放标准

集约化畜禽养殖业恶臭污染物的排放执行表 4-11-7 的规定。

表 4-11-7　集约化畜禽养殖业恶臭污染物排放标准

控制项目	标准值
臭气浓度（无量纲）	70

（4）畜禽养殖业应积极通过废水和粪便的还田或其他措施对所排放的污染物进行综合利用，实现污染物的资源化。

4. 监测

污染物项目监测的采样点和采样频率应符合国家环境监测技术规范的要求。污染物项目的监测方法按表 4-11-8 执行。

表 4-11-8　畜禽养殖业污染物排放配套监测方法

序号	项目	监测方法	方法来源
1	生化需氧（BOD₅）	稀释与接种法	GB 7488—87
2	化学需氧（COD_{cr}）	重铬酸钾法	GB 11914—89
3	悬浮物（SS）	重量法	GB 11901—89
4	氨氮（NH₃-N）	钠氏试剂比色法 水杨酸分光光度法	GB 7479—87 GB 7481—87

续表

序号	项目	监测方法	方法来源
5	总 P（以 P 计）	钼蓝比色法	①
6	粪大肠菌群数	多管发酵法	GB 5750—85
7	蛔虫卵	吐温 -80 柠檬酸缓冲液离心沉淀集卵法	②
8	蛔虫卵死亡率	堆肥蛔虫卵检查法	GB 7959—87
9	寄生虫卵沉降率	粪稀蛔虫卵检查法	GB 7959—87
10	臭气浓度	三点式比较臭袋法	GB 14675

注：分析方法中，未列出国标的暂时采用下列方法，待国家标准方法颁布后执行国家标准。
①水和废水监测分析方法（第三版），中国环境科学出版社，1989。
②卫生防疫检验［M］. 上海：上海科学技术出版社，1964。

5. 标准的实施

①本标准由县级以上人民政府环境保护行政主管部门实施统一监督管理。

②省、自治区、直辖市人民政府可根据地方环境和经济发展的需要，确定严于本标准的集约化畜禽养殖业适用规模，或制定更为严格的地方畜禽养殖业污染物排放标准，并报国务院环境保护行政主管部门备案。

练一练

1. 简述养殖场污染物对环境的影响。
2. 简述畜禽养殖污染物排放标准主题内容。

拓展学习

粪便成分

畜禽粪便作为农业生态系统中的重要组成部分，富含多种有机和无机成分。这些成分不仅对土壤肥力和植物生长有着积极影响，还为微生物的活动提供了必要的养分。了解畜禽粪便的组成及其特性对于合理利用这一资源具有重要意义。

（1）有机物质　畜禽粪便中含有大量的有机物质，包括纤维素、半纤维素、木质素、蛋白质以及脂肪等。这些有机物是微生物分解的主要来源，也是提供土壤生物活性的关键因素。

（2）氮素　氮是植物生长发育过程中必不可少的营养元素。在畜禽粪便中，氮以尿素、铵态氮、硝态氮以及氨基酸等有机氮化合物的形式存在。通过合理的处理和施用，可以有效提高土壤的氮含量。

（3）磷和钾　磷酸盐和钾是畜禽粪便中重要的矿物质元素。它们对植物的光合作用、抗病能力和产量有直接影响。适当的粪便管理有助于将这些有益元素释放到土壤中，促进农作物的健康生长。

（4）微量元素　除主要的营养元素外，畜禽粪便中还含有锌、铜、铁等多种微量元素。虽然其含量相对较低，但对于维持植物的正常代谢过程和增强抗逆性至关重要。

（5）水分　不同类型的畜禽粪便含水量也有所差异。例如，猪粪的含水量通常较高，而牛粪则较为干燥。水分的存在有助于保持粪便的松散度，并有利于微生物的活性。

（6）微生物　畜禽粪便中含有丰富的微生物群落，包括细菌、真菌和原生动物等。这些微生物在土壤中发挥着重要作用，如分解有机质、固氮、解磷和抑制病害等。

（7）酶　粪便中还含有一些酶，如蛋白酶、淀粉酶等，它们能够加速有机物的分解过程，促进养分的释放和吸收。

（8）无机盐　除上述元素外，畜禽粪便中还含有钙、镁、硫等其他无机盐。它们对于维持土壤结构、酸碱平衡和植物生理功能有积极作用。

总之，畜禽粪便是一种宝贵的资源，其丰富的有机和无机成分对土壤肥力和农业生产具有积极影响。然而，未经适当处理的粪便也可能带来环境污染问题。因此，发展科学有效的粪便管理和利用技术，既可以解决环境问题，又能实现资源的最大化利用。

任务 11.2　粪污收集与预处理技术

【学习目标】

了解粪污分类，掌握规模化养殖场粪污收集方式和粪污预处理技术。

【任务实施】

一、粪污类型

畜禽养殖场粪污主要包括固态粪污和液态粪污两种类型。

（一）固态粪污

固态粪污包括猪、牛、羊的粪便，以及鸡、鸭的粪便，是在对猪、牛、羊的粪污处理中，人工清粪或者机械清粪中，进行固液分离后的固体粪污。含氮化合物和糖类是粪污中主要的有机质。在发酵过程中会有恶臭气体还有甲烷等温室气体产生，会对禽畜、人类的生活环境产生不良影响。粪便中有大量微生物和寄生虫卵等，会导致人畜共患的传染病。

固体粪污的处理一般是进行堆肥化。堆肥是指在人工控制好的条件下，通过使固体粪污发酵，促进细菌、真菌等微生物的分解，最终使得固体粪污中的有机物转化成简单又稳定的腐殖质。处理同时对固体粪污达到无害化处理的效果和资源化结果。

（二）液体粪污

液体粪污包括猪、牛的尿液以及冲洗禽畜圈的污水，是在对猪、牛、羊粪污处理中，被固液分离后的液体粪污。液态粪污中含有大量有机物以及丰富的氮、磷、钾等物质在水体中会造成水体的富营养化，水生植物快速增殖导致水中含氧量迅速减少，导致水生生物的大量死亡、水质恶化、该部分水生生态系统的破坏。液态粪污中也含有大量的重金属离子、抗生素、病原体等污染物。

液态粪污的处理主要有两种：厌氧发酵和活性污泥处理。厌氧发酵是在厌氧微生物的作用下，通过处理畜禽粪便中的氨基酸和多糖，产生并收集沼气（CH_4）的过程。活性污泥法是利用活性污泥去除污水中可生化有机物的过程，同时也去除磷和氮。沼气发酵和活性污泥法是解决畜禽养殖场粪污处理和资源化利用的主要方式。

二、畜禽粪污的收集

（一）水冲粪

水冲粪方法是每天定时、多次从粪沟一头的高压喷头放水，将进入漏粪地板下的猪粪尿冲入主沟，然后流进地下的贮粪池或用泵抽到地面上的贮粪池，使得圈舍内保持清洁卫生的环境，冲洗水带着粪污进入粪沟后进行后续处理。

水冲粪工艺设备简单，投资少，人工劳动强度小，猪舍内能及时保持干净清洁。但冲粪需要消耗大量的水，水分的加入使得粪污的养分进行稀释，并且含水量过多对后续的堆肥发酵处理都有很不利的影响。水冲粪后的粪污固液分离难度大，固液分离后的废水含有抗生素、病原体等污染物，处理难度也大。处理的固体肥料养分含量低、肥效差。该工艺目前已经被基本淘汰。

（二）水泡粪

水泡粪工艺是在水冲粪工艺的基础上，经改进后推广使用的一种粪尿收集方法，主要用于猪场。其方法是：先向猪舍的漏粪地板下粪沟中注入一定量的水，生产过程中产生的粪尿、废水全部排放到粪沟，向收集的粪污中加入发酵菌经 1～2 个月发酵，粪沟里的粪尿、废水已经装满，这时可以打开出口的闸门，粪水通过主干沟流进地下的贮粪池或用泵抽到地面上的贮粪池。该工艺劳动强度小，用水少。然而水泡粪方式属于粪污的一种初步稳定化处理过程，消化过程造成的污染物排放要计入舍内环节，采用水泡粪方式的粪污舍内停留时间远高于水冲粪，粪水长时间混合发生厌氧发酵，产生大量包括氨气、硫化氢和甲烷等的有害气体，严重影响舍内空气质量，对生猪和工作人员的健康不利，故采用水泡粪方式的猪舍更需要注意环境问题。

相比水冲粪，水泡粪工艺更节省冲洗用水，工艺技术上不复杂，不会受气候变化影响，这些优点使得该工艺应用更加广泛。此外，如事先在粪沟的底部注入一定高度的水，且粪污的收集过程未使用冲洗水，且养殖废水分类收集，未进入粪池中这种方式为尿泡粪工艺，是水泡粪的一种特殊类型，节水效果更好同时舍内环境要优于水泡粪圈舍。

（三）干清粪

干清粪是借助机械或人工将畜禽粪尿、冲洗水单独或一起清理出舍，保持环境卫生，提高肥效，降低后续处理费用的一种工艺。其方法是：借助刮粪系统、履带式清粪机或直接人工将畜禽粪便清理出粪道，尿、冲洗水自下水道流出，分别进行收集。人工干清粪设备简单，投资小，粪尿可直接分离，后期处理简单。但劳动量大，生产效率低，不利于规模化养殖场推广应用。机械干清粪一次性投资大，在经常更换刮粪板并做好维护的情况下，可连续使用多年；可以减轻劳动强度，适于规模化养殖场应用。

水泡粪工艺的粪尿长时间停留在水中，粪便中的养分如有机物、氮磷等物质会转移到水中，导致污水的污染物浓度升高，水泡粪污水的 COD 浓度能达到 20 000 mg/L、氨氮也有近 1 500 mg/L，好氧微生物在这种高氨氮的废水中活动会受到抑制和毒害，难以进行生物处理；而且 TS 含量高的污水采用筛分、沉淀和过滤等常用的固液分离方式时效果并不明显，处理后水中仍有较高浓度的氮、磷等营养元素，对于脱水后的固相部分来讲，含水率高的问题无法解决。目前存在一种技术可以很大程度提高营养物质的分离能力，那就是离心，目前离心技术的广泛应用被限制是因为比较高的运行成本。水泡粪的高有机物浓度污水的后续处理费用和难度很高，水泡粪工艺的使用在很多地区受到了限制。良好的舍内环境和较低的后续处理难度使干清粪方式成为我国清粪方式的优先选择，目前生态环境部门的相关规范明确指出新建、改扩建的畜禽养殖场宜采用干清粪工艺。

干清粪方式分为机械干清与人工干清粪两种，通过漏粪地板等地面设计使粪尿在产生后进行初步分离，其中固态粪便由机械设备或者人工进行清扫，并转移到粪便收集池；尿液和冲洗废水等则在产生时通过沟渠流入污水收集池，之后分别进行后续处理。采用机械清粪方式的畜舍，粪便产生后留在粪槽中，尿液则经过导尿槽流出。由于粪污在产生后即完成初步的固液分离，得到的固态粪便水分含量低，粪便中流失的营养物质少，增加了后续利用价值；同时该方式能减少冲洗水的使用，污水排放量少，因减少粪便与废水共存时间，故废水中污染物的含量较低，减小了废水后续处理的难度，同时及时有效地将粪便运出舍外，能使舍内保持良好的环境。

不同清粪工艺污水产生量有所差异，但是我们可以说，干清粪可以产生远低于水泡粪、水冲粪工艺的污水。水冲粪方式耗水量极大，增加了猪场的生产成本和粪污产量；相比干清粪方式，水泡粪的污水量也很高，是人工清粪的 3.66 倍。人工干清粪工艺产生的污水量与机械干清粪工艺相差不大，都可以从源头上减少污水的排放，这样更有利于做到排放减量化，而机械清粪工艺因操控机械进行粪污清运，不仅减少人力需求降低了工作量，还有较好的工作效果，对规模化猪场提高机械化、自动化、集约化水平提供助力。

（1）人工清粪　人工清粪是干清粪方式之一，该清粪方式通过人工清理出畜禽舍地面的固体粪便，人工清粪只需用一些清扫工具、手推粪车等简单设备即可完成。畜禽舍内大部分的固体粪便通过人工清理后，用手推车送到贮粪设施中暂时存放，地面残余粪尿用少量水冲洗，污水通过粪沟排入舍外贮粪池。该清粪方式的优点是不用电力，一次性投资少，还可做到粪尿分离；缺点是劳动量大，生产效率低。人工成本不断增加，养殖场就要付出更多的成本，收集后的粪便不能及时运走，会占用大量场区土地；大量粪尿会滋生蚊蝇，产生恶臭，从而污染空气、土壤、水源，加剧病原菌的传播和扩散，严重威胁畜禽的生长和健康，也会给周围居民的身体健康带来隐患。

（2）机械化清粪　国内机械式清粪的主要方式是刮板机械清粪，主要是指清除诸如猪、牛等传统大型畜禽棚内的粪便。

其主要机械设备有刮板清理装置、自动清粪车或小型装载机等。大规模育肥牛场主要采用自走式清理技术，利用自走式清粪车或小装载机等机械设备将固体粪便直接运到圈舍外或粪沟内，地面上残留的粪尿用少量水冲洗排入粪沟。大多数奶养殖场主要采用刮板自动清粪技术，包括链式刮板清粪装置和往复式刮板清粪装置。刮板清粪原理是通过电力带动刮板沿纵向粪沟将粪便刮到横向的粪沟排出，链式板和往复式刮板的区别在于：链式刮板清粪机通过电力带动刮板排出舍外。驱动装置由链条或钢丝绳带动刮板形成闭合环路在粪沟内单向移动，将粪便运至圈舍污道端的集粪坑内，并由倾斜的升运器将粪便送出舍外。往复式刮板清粪装置由带有粪板的滑架、传动装置、导引轮、张力装置、刮板等部件组成，装在明沟或漏粪底泥的粪沟内，清粪时刮粪板作直线往复运动。刮板清粪可 24 h 清粪，时时保持畜禽圈舍的清洁，机械操作简单，基本无噪声，对圈舍动物饲养无不利影响，缺点是链条或钢丝绳与粪尿接触易被腐蚀而发生断裂。

①刮板清粪装置。链式刮板清粪机，适用于粪沟在猪舍外部的猪舍。猪粪需要人工清扫至粪沟内，再通过链节上的刮粪板将粪便刮到猪舍一端的集粪池内，再通过螺旋推进器将粪便提升至运粪车中，该装置主要是省去了农民将猪粪装至运粪车的过程，对工作量的减少相对较少，在北方温度较低时使用会受到限制。

往复式刮板清粪机适用于装有漏粪地板的猪舍。粪沟直接就在漏粪地板下方，猪尿通过粪沟下方的排尿管流入整个猪场的排污管道中，猪粪经过刮粪板收集到猪舍两端的集粪池内，再通过螺旋推进器提升至运粪车中。使用漏粪地板结合该装置可以大大提高猪场的清粪效率，减少工人的工作量。多数使用机械清粪的猪场使用的都是此类清粪机。

②刮板清粪装置的不足。比如刮板清粪设备在清粪过程中刮粪板会挤压粪便导致粪便黏附在地面或传送带上，导致清粪不彻底，而且刮粪过程容易破坏粪污的结壳，增加 NH_3 的产生，造成清粪过程中的排污量增加；刮粪板在长期使用后会老化损坏，导致清理不完全影响清粪周期，难以做到及时清运；很多采用刮粪板的猪舍不注重舍内密闭性的问题，在冬季经常出现通风问题。传送带清粪虽然能快速将粪便运出并初步完成粪尿分离，但是粪尿分离效率低，后续处理仍较困难，在舍内设置时也有诸多不便；且传送带长时间未清洁使用会导致粪污在带上聚集，影响清粪效果。

三、畜禽粪污的预处理技术

（一）固液分离

固液分离技术是采用物理或化学法将畜禽养殖场粪污中的固体与液体部分分开，然后分别对分离物质加以利用的方法。

从规模化猪场排出的粪便污水量较大，固形物（TS）浓度较低，一般在 3% 左右。因此，要在污水处理工程中应用先进的发酵工艺以及开展猪粪便的综合利用，其重要的前提条件，是必须对猪粪便污水进行前处理——固液分离，主要降低污水中 SS 浓度。固液分离主要有以下特点。

①通过固液分离方法分离出的固形物，可制成优质有机复合肥，不仅改善猪场环境，减少臭气，防止致病性微生物的扩散，降低污水中 COD、BOD、TS 的含量，而且为农田提供有机肥，有利于农作物增产增收、改良土壤和生态农业的良性循环。同时，又给猪场带来经济效益，仅依靠有机复合肥的收益，就能在较短时间内收回设备投资。

②经固液分离后，污水中 COD 可下降 40% 左右，为高效的厌氧工艺创造了条件，若 COD（或 SS）过高，则可能堵塞高效过滤器或污泥床，不能充分发挥高效工艺的作用。例如：采用 UASB 处理猪场废水过程中，养猪场废水中含有大量的固体悬浮物进入 UASB 反应器会形成浮渣或占据一部分有效容积，并导致颗粒污泥的解体，使悬浮物质与厌氧微生物混合，将厌氧微生物挤出厌氧反应器，从而降低了厌氧污泥的活性与反应器中的活性厌氧污泥含量，严重时浮渣还会结成硬壳，在三相分离器内阻碍沼气的释放和收集，甚至会阻塞管路，因此，废水中悬浮固体物的含量对整个厌氧过程会有很大影响。

③由于 COD 的降低，减轻了厌氧处理的负荷，缩小了厌氧处理装置的容积和占地面积，降低了造价。

④可以使厌氧消化后出水的 COD 浓度降到 1 000 mg/L 以下，厌氧污泥生成量大为减少，这样便于后处理（好氧处理），达到排放标准。因此，固液分离技术已成为发展规模化猪场粪污水处理工程及猪粪便综合处理和利用的关键。

目前规模化的禽畜养殖场多采用固液分离机来进行粪污固液分离（图 4-11-1），化学和生物的方法很少应用。

图 4-11-1　固液分离机

（二）干燥技术

畜禽粪便的干燥技术是无害化处理技术之一。据测定，非填料或非冲洗粪便的含水量一般为 60% ~ 85%，干燥处理法利用燃料、太阳能、风能等，除去家畜粪中的水分，使含水率降低到可以进行堆积发酵的程度（55%），便于作进一步储藏、加工、运输。

（1）自然脱水法

①干化床：干化床包括过滤层和排水层。干床污泥泥层厚度一般在 0.15 ~ 0.30 m，这样就会使污泥脱水到所需的含水率需要数天到数月，时间的长短取决污泥的性质和气候条件。因臭味大，影响环境卫生，故此方法仅适用于消化污泥水。这种方法在土地价格较低的地方很有吸引力。

②污泥干化池：淤泥干燥池类似于干化床，其泥层厚度比干化床大 3 ~ 4 倍，因此其污泥含水率下降至所需时间为 1 ~ 3 天。其原理是：根据污泥的脱水性能，选用相应的过滤材料。淤泥由泵抽至污泥干化池，泥浆在池中均匀扩散，水通过滤料层渗入池底的沟槽，而污泥则被截留在滤料上面，并在一定程度上进行掩埋处理淤泥干化池这一技术仅为英国、德国等几个国家所采用，国内应用较少。

（2）机械脱水法

①真空过滤机。真空过滤机的原理：转筒旋转，产生 4 080 kPa 负压，将污泥吸到滤布上形成

滤饼而脱水。带式真空过滤机的特征是循环滤布与转筒脱离后，用高压水从内向外冲洗滤布。

②板框压滤机。这种装置在高压（0.29 ～ 0.69 MPa）使污泥脱水，泥饼固体含量可达到30% ～ 50%。为了解决劳动量大、操作麻烦问题，近些年来，发展了自动装卸的板框压滤机。板框压滤机的滤室有定容式和变容式（称为膜式压滤机）。试验表明，在较低石灰用量下，膜式压滤机对氯化铁沉淀污泥脱水效果令人满意，产量较高、泥饼较干，不过它的单位过滤面积的投资较高。

③离心机。淤泥脱水用离心机出现于 20 世纪 50 年代，主要有两种，无孔转管和转鼓螺旋离心机。转鼓螺旋离心机由旋转壳体和内螺旋组成，壳体为筒形、锥形和圆锥形，转速比转筐式快，因此应用范围较广。离心污泥脱水后的各种参数对污泥脱水后的含水率有重要影响。

④带式压滤机。带式过滤机脱水区域主要分为重力排水区、低压区和压力区。经过调理的污泥按照顺序通过，分别受到过滤和压缩作用而排水，在起始供泥浓度小于 4% 情况下，能够得到很好的运行效果。

（3）干化脱水　干化是一种利用热能快速蒸发污泥水分的处理工艺，根据热源和加热方式的不同，可分为流化干燥、间壁干燥、过热蒸汽干燥、红外辐射干燥、碰撞流干燥等。目前国外常用的干燥工艺有流化床干燥、圆盘干燥和转鼓干燥。

①流化床干燥工艺：在流化床干燥器的整个底部断面均匀吹入流化气体，使其内部形成流化层。当污泥逐渐干燥和密度降低时，干化污泥会上升至上层，然后在流化床的上部被抽走。特性：污泥在干燥过程中无须预处理，直接进入流化床干燥器；整个系统是一个封闭的循环系统，气体中的氧含量极低，基本惰性化；污泥水分以气态形式进入空气，气体冷凝除水后再进入循环，否则污泥易黏结。淤泥在流化床中经过激烈的流态化运动，形成均匀的污泥颗粒，由旋风除尘器收集细颗粒，再与少量湿污泥混合，再进入污泥干燥器，可提高污泥干燥效率。干燥的颗粒经过冷却后进入充满惰化气体的干燥颗粒贮存室，所产生的少量废气被送入生物过滤器除臭后排放到大气。

②圆盘干燥工艺：热能通过油体或蒸汽输送至干燥盘。烘干盘为 5 ～ 7 层盘状先均匀地铺在上面的圆盘上，主轴上的搅拌叶片将污泥由内向外推，送到下一层圆盘上，依次下滑。为更好地利用污泥颗粒自身的热量，在每层污泥颗粒表面都有一层新污泥，并不断增大其干燥颗粒，干燥颗粒部分返回盘式干燥机，并将经合格的分粒径颗粒冷却后送至颗粒贮料仓。煤气冷凝除水后经过高温焚烧，可完全去除臭气后高空排放。

③转鼓干燥工艺：以空气为传热介质。湿污泥和部分干化颗粒在混合器中混合由气流把它带入转鼓干燥器，污泥在转鼓干燥器中随气流以稳定的速度旋转前进，由内筒向外筒转移，污泥逐渐被干化成颗粒。被干燥的污泥颗粒与气体分离，经分级筛，粒径合格颗粒进入贮料仓，粒径不合格的颗粒返回与湿污泥混合。气体处在个循环系统中，通过转鼓干燥器的气体与污泥颗粒分离，再经冷凝器冷凝再次进入循环，少量废气经生物过滤器除臭后排出。

（4）自然干燥　自然干燥处理方式的难度较小，目前应用较为广泛。工作人员只需在水密地面、塑料布上摊铺畜禽粪便，定时进行必要的翻动，自然风干粪便即可。本技术不需要较高的成本，适用于规模较小的养殖户，但季节、天气等因素会影响到技术的使用效果，且会有大量臭味产生。

（5）烘干膨化干燥　烘干膨化干燥是将喷放机械效应、热效应利用起来，通过杀灭粪便中的病菌与虫卵，消除摊粪便的臭味，促使其与卫生防疫要求相符合。技术应用实践中，需依托干燥车间处理畜禽粪污，之后利用低温干燥机对粪污水分含量进行降低，一般控制在 13% 以内。本方式需较大的投资成本和能量消耗，且会有较多臭气产生。

（6）高温快速干燥　高温快速干燥是将回转式滚筒干燥机利用起来，通过高温作用快速减少畜禽粪污中的水分。本技术能够大批量处理畜禽粪污，不会产生臭味，但存在着较大的养分损失。

📝 练一练

1. 简述三种清粪工艺各自的优缺点。
2. 简述固液分离和干燥技术使用场景。

📖 拓展学习

三种清粪工艺比较分析

投资情况：现有的资料表明，采用水冲式和水泡式清粪工艺的万头猪粪污水处理工程的投资和运行费用比采用干清粪工艺的多一倍。另据北京市顺义绿健集团的资料，养殖场每个工人每天清运100头猪的粪便，约200 kg，工人所得奖金为人民币（RMB）5元。

水冲式和水泡式清粪工艺耗水量大，排出的污水和粪尿混合在一起，给后处理带来很大困难，而且，固液分离后的干物质肥料价值大大降低，粪便中的大部分可溶性有机物进入液体，使液体部分的浓度很高，增加了处理难度。表4-11-9提供了养猪场三种清粪工艺水量消耗和水质情况。

表 4-11-9　养猪场三种清粪工艺水量消耗和水质情况

项目		水冲粪	水泡粪	干清粪
水量	平均每头 /（L·d⁻¹）	35～40	20～25	10～15
	万头猪场 /（m³·d⁻¹）	210～240	120～150	60～90
水质指标 /（mg·L⁻¹）	BOD_3	5 000～6 000	8 000～10 000	302，1 000，…
	COD_{cr}	11 000～13 000	8 000～24 000	989，14 761 255
	SS	17 000～20 000	28 000～35 000	340～132

与水冲式和水泡式清粪工艺相比，干清粪工艺固态粪污含水量低，粪中营养成分损失小，肥料价值高，便于高温堆肥或其他方式的处理利用。水冲式清粪工艺、水泡粪清粪工艺耗水量大，并且排出的污水和粪尿混合在一起，给后处理带来很大困难，而且，固液分离后的干物质肥料价值大大降低，粪中的大部分可溶性有机物进入液体，使得液体部分的浓度很高，增加了处理难度。而且北方地区应用较多的水泡粪清粪工艺由于粪便长时间在猪舍中停留，形成厌氧发酵，产生大量的有害气体如硫化氢、甲烷等，危及动物和饲养人员的健康干清粪工艺粪便一经产生便分流，可保持猪舍内清洁，无臭味，产生的污水量少，且浓度低，易于净化处理；干粪直接分离，养分损失小。

对养殖场的粪便污水治理，应该改变过去的末端治理模式，从生产工艺上进行改进，以用水量少的清粪工艺——干清粪工艺，减少污水量，使干粪与尿、污水分流，最大限度保存粪的肥效，减少污水中污染物的浓度。

任务 11.3　养殖场固态粪污处理技术

【学习目标】

系统学习养殖固态粪污处理基本思路，掌握常用的处理技术原理和工艺流程。

【任务实施】

一、堆肥技术

合理开发利用畜禽养殖废物，既可以解决环境污染问题，又可为农林业开辟有机肥源，而利用畜禽养殖废物中的固态有机成分进行堆肥则是一种有潜力的资源化处理方式。畜禽养殖固态废

养殖类污肥
料化利用

物堆肥处理后，可以达到无害化的要求，并可以将有机质重返大自然，进行资源再利用，因此不管是从环保角度还是经济角度，堆肥化都具有广阔的应用与发展前景。

（一）堆肥的原理

堆肥是在微生物作用下通过高温发酵使有机物质腐殖化和无害化而变成腐熟肥料的过程，在微生物分解有机质过程中，生成大量可被植物吸收的有效氮、磷、钾等化合物，且又合成可提供土壤肥力的重要活性物质腐殖质。堆肥本质上是由群落结构演替非常迅速的多个微生物群体共同作用分解有机物的动态过程，该过程中每一个微生物群体都在相对较短的时间内有适合自身生长、繁殖的环境条件，并且对某一种或某一特定的有机质的分解起作用，其中涉及细菌、真菌、放线菌等微生物。

根据微生物生长的环境条件可以分为中温菌、高温菌等种群。堆肥过程中微生物将高分子、长链有机物发酵分解，使其转化成小分子的氨基酸、葡萄糖以及脂肪酸等，最后转化为二氧化碳、氨气、水、无机盐以及腐殖质等物质其中涉及有机物的氧化、细胞物质的氧化、细胞物质的合成以及腐殖质的合成等过程。因此，生物堆肥本质上是受控的生物降解和转化有机质的过程。

（二）堆肥的影响因素

1. 含水量

含水量是控制堆肥过程的一个重要参数。因为水分是微生物生存繁殖的必需物质；而且由于吸水软化后的堆肥材料易被分解，水分在堆肥中移动时，可使菌体和养分向各处移动，有利于腐熟均匀；再者，水分还有调节堆内通气的作用。一般认为含水量控制在45%～65%，但有研究表明，堆肥合适的水分含量一般控制在60%～80%为佳。

2. 通气状况

通风供氧是堆肥成功的关键因素之一。堆肥需氧的多少与堆肥材料中有机物含量息息相关，堆肥材料中有机碳越多，其好氧率越大。堆肥应掌握前期适当通气后期嫌气的原则。堆肥分解初期，主要是好气性微生物的活动过程，需要良好的通气条件。如果通气不良，好气性微生物受到抑制，堆肥腐熟缓慢；相反，通气过盛，不仅堆内水分和养分损失过多，而且造成有机质的强烈分解，对腐殖质的积累也不利。因此，堆置前期要求肥堆不宜太紧，设通风沟等。后期嫌气有利于氧气保存，减少挥发损失，因此要求肥堆适当压紧或塞上通风沟等。一般认为，堆体中的氧含量保持在8%～18%。氧含量低于8%会导致厌氧发酵而产生恶臭；氧含量高于15%，则会使堆体冷却，导致病原菌的大量存活。

3. 碳氮比（C/N）和碳磷比（C/P）

C/N和C/P是微生物活动的重要营养条件。为了使参与有机物分解的微生物营养处于平衡状态，堆肥C/N应满足微生物所需的最佳值25～35，最多不能超过40。猪粪C/N平均为14，鸡粪为8。单纯粪肥不利于发酵，需要掺和高C/N的物料进行调节。

磷是磷酸和细胞核的重要组成元素，也是生物能ATP的重要组成部分，一般要求堆肥料的C/P在75～150为宜。

4. 温度

对堆肥而言，温度是堆肥得以顺利进行的重要因素，温度的作用是影响微生物的生长，一般认为高温菌对有机物的降解效率高于中温菌，现在的快速、高温、好氧堆肥正是利用了这一点。初堆肥时，堆体温度一般与环境温度相一致，经过中温菌1～2天的作用，堆肥温度便能达到高温菌的理想温度50～65℃，在这样的高温下，一般堆肥只需5～6天即可达到无害化。过低的温度将大大延长堆肥达到腐熟的时间，而过高的堆温（＞70℃）将对堆肥微生物产生有害影响。

5. 接种剂——堆肥发酵素

向堆料中加入接种剂可以加快对堆腐材料的发酵速度。向堆肥中加入分解较好的厩肥或加入占原始材料 10% ～ 20% 的腐熟堆肥能加快发酵速度。在堆置中，自然形成了参与有机废弃物发酵以及从分解产物中形成腐殖质化合物的微生物群落。通过有效的菌系选择，从中分离出具有很大活性的微生物培养物，建立人工种群—堆肥发酵素母液。

6. 酸碱度

酸碱度对微生物活动和氮元素的保存有重要影响。微生物的降解活动，需要一个微酸性或中性的环境条件。一般要求原料的 pH 值为 6.5。好氧发酵有大量铵态氮生成，使 pH 值升高，发酵全过程均处于碱性环境，高 pH 值环境的不利影响主要是增加氮素损失。工厂化快速发酵应注意抑制 pH 值的过高增长，可通过加入适量化学物质作为保护剂，调节物料酸碱度。若利用秸秆堆肥，由于秸秆在分解过程中能产生大量的有机酸，因此需要添加石灰中和。

（三）堆肥的分类

根据堆肥化过程中氧气的供应情况，可以把其分为好氧堆肥和厌氧堆肥。

1. 好氧堆肥

好氧堆肥是在通气条件好、氧气充足的条件下借助好氧微生物的生命活动降解有机质。在堆肥过程中，有机废弃物中的溶解性有机物透过微生物的细胞壁和细胞膜被微生物吸收，固体和胶体的有机物先附着在微生物外，由微生物所分泌的胞外酶分解为溶解性物质后再渗入细胞。微生物通过自身的生命活动氧化、还原和合成过程，把一部分有机物氧化为简单的无机物，释放出生命活动所需的能量，并把一部分有机物转化为生物体所必需的营养物质以合成新的细胞物质，于是微生物逐渐生长繁殖产生更多的生物体。好氧堆肥过程中畜禽粪便物质成分的变化如图 4-11-2 所示。

通常好氧堆肥堆体温度高，一般在 50 ～ 70 ℃，故也称为高温堆肥。由于高温堆肥可以最大限度地杀灭病原菌、虫卵及杂草种子，同时将有机质快速地降解为稳定的腐殖质，转化为有机肥。目前实际生产中，多采用高温好氧堆肥。

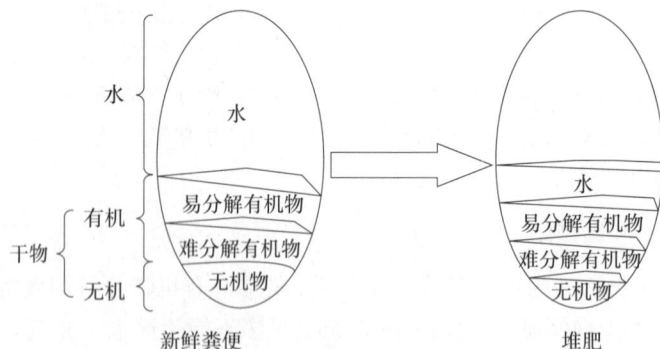

图 4-11-2 好氧堆肥处理中畜禽粪便物质成分的变化

好氧堆肥过程应伴随着温度变化过程，将其分成三个阶段：起始阶段、高温阶段和熟化阶段。

（1）起始阶段 不耐高温的细菌分解有机物中易降解的碳水化合物、脂肪等，同时放出热量使温度上升，温度可达 15 ～ 40 ℃。

（2）高温阶段 耐高温细菌迅速繁殖，在有氧条件下，大部分较难降解的蛋白质、纤维素等继续被氧化分解，同时放出大量热能，使温度上升至 70 ℃。当有机物基本降解完，嗜热菌因缺乏养料而停止生长，产热随之停止。堆肥的温度逐渐下降，当温度稳定在 40 ℃，堆肥基本达到稳定，形成腐殖质。

（3）熟化阶段 冷却后的堆肥，一些新的微生物借助残余有机物（包括死后的细菌残体）而生长，将堆肥过程最终完成。

2. 厌氧堆肥

厌氧堆肥是在通气条件差、氧气不足的条件下由厌氧微生物发酵堆肥，是一种在厌氧状态下利用微生物使有机物快速转化为甲烷和氨的厌氧消化技术。厌氧过程一般在缺氧状态下产生，它的形成如下：

有机物质 + 厌氧菌 + 二氧化碳 + 水→气态甲烷（沼气）+ 氨 + 最后产物

当有机物厌氧分解时，主要经历酸性发酵和碱性发酵两个阶段。分解初期微生物活动中的分解产物主要有机酸、醇、二氧化碳、氨、硫化氢、磷化氢等，在这一阶段，因有机酸大量积累，发酵材料中 pH 值逐渐下降。随着易分解性有机物质的减少和氧化还原电位的下降，另一群统称为甲烷细菌的微生物开始分解有机酸和醇类等物质，主要产物是甲烷和二氧化碳。随着甲烷细菌的繁殖，有机酸迅速分解、pH 值迅速上升，这一阶段叫碱性发酵阶段。厌氧分解后的产物中含许多喜热细菌并会对环境造成严重的污染，其中明显含有有机脂肪酸、乙醛、硫醇（酒味）、硫化氢气体，还夹杂着一些化合物及一些有害混合物例如硫化氢，它是一种非常活跃并能致人死亡的高浓度气体，它能很快地与一部分废弃的有机质结合形成黑色有异味的混合物。图 4-11-3 是厌氧发酵过程示意图。

以纤维素为例，堆肥的厌氧分解反应表示为

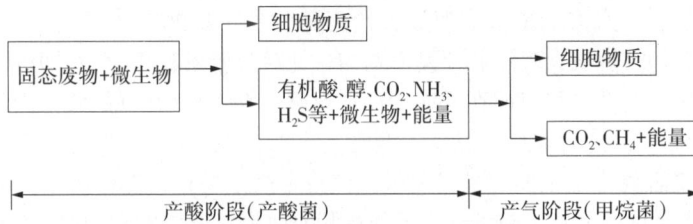

$$(C_6H_{12}O_6)_n \longrightarrow 3nCO_2 + 3nCH_4 + 能量$$

图 4-11-3　厌氧发酵过程示意图

（四）两种堆肥方式的优缺点和适用范围

作为堆肥技术的两种方式，好氧堆肥和厌氧堆肥各有利弊，实际应用中应根据具体情况加以合理利用。与厌氧堆肥相比，好氧堆肥效率高、设备体积小、相对简单，因此适合于处理量较少的场合；由于厌氧发酵后的产物呈液体状，有时仍含少量病原菌和散发臭气，所以在农田施用前必须经过灭菌并利用专门的沼液散布机械进行喷洒，施肥田块的土地面积也要更大，所以该方法比较适合大农场使用。此外，由于沼气的产生受外界温度变化影响大，在北方寒冷的冬季产气量低，因此比较适合我国南方。表 4-11-10 总结了好氧堆肥与厌氧堆肥的优缺点。

表 4-11-10　好氧堆肥与厌氧堆肥的优缺点

工艺	优点	缺点
好氧堆肥	高品质的产品可农用，可销售	要求脱水后的废弃物含水率低
		要求填充剂，要求强力透风和人工翻动
	可与其他工艺联用	投资随处理的完整性、全面性而增加
		可能要求大量的土地面积
厌氧堆肥	良好的有机物降解率	要求操作人员技术熟练
		可能产生泡沫
	如果气体被利用，可降低净运行成本	可能出现酸性消化池
		上清液富含 COD、BOD、SS 及氨

续表

工艺	优点	缺点
	应用性广，生物固体适合农用	清洁困难（浮渣和粗沙）
		可能产生令人厌恶的臭味
	总处理量减少，净能量消耗低	初期投资高
		有鸟粪石形成（矿物沉积）和气体爆炸的安全问题

二、堆肥工艺

（一）条垛堆肥

对于养殖规模不太大的猪场，如果猪场附近有有机肥生产厂，猪舍清除的猪粪可以转运到有机肥生产厂进行现代化堆肥处理。如果附近没有有机肥生产厂，可以在猪场内采用简单的条垛堆肥。条垛堆肥源于传统的自然堆腐法，就是将混合好的原料排成行，通过机械设备周期性翻动堆垛。条垛堆肥因为操作灵活，适合多种原料且运行成本低，目前已经得到广泛应用。具体做法：将粪便和堆肥辅料混合后，在土质或水泥地面上堆制成长条形堆垛（图 4-11-4），长、宽、高分别为 10～15 m、2～8 m、1.0～3.0 m，长度可根据堆肥物料和场所调整。在气候干燥、雨水少的地方，可在露天堆肥，雨水多的地方需要设置遮雨棚。在气温 20 ℃左右时，需腐熟 25～30 天，其间需翻堆 1～2 次，以供氧、散热和使发酵均匀，此后静置堆放 12 个月即可完全腐熟。为加快发酵速度，可以在垛内埋设秸秆束或在垛底铺设通风管。在堆垛后的前 20 天因经常通风，则不必翻垛，温度可升至 60 ℃，此后在自然温度下堆放 2～3 个月即可完全腐熟。条垛堆肥的最大优点在于设备投资低，仅需翻斗小车即可满足要求；该技术简便易行，操作简单；堆垛长度可根据粪便量自由调节。缺点是堆垛的高度较低，占地面积相对较大；堆垛发酵和腐熟较慢，堆肥周期长。

图 4-11-4　长条形垛堆肥示意图

（二）静态堆肥

静态堆肥（图 4-11-5）是将原料混合物放在木屑、碎稻草或其他通气材料制成的通气层上，通气层中设有多孔管道，可使用鼓风机通过多孔管道向堆体供气。与条堆肥不同之处是堆肥过程中不需要对堆体物料进行翻堆。此工艺采用专门通风系统和风机向堆体强制供氧。堆体高度为 1.5～2.0 m。由于料堆中的空隙是通风系统的组成部分，因而堆体中的空隙率很重要，理论上 30% 最佳。通常需要添加硬度较大的固体调理剂（如秸或木屑）维持良好的通气结构，为了使空气分布更合理，粪便在堆肥之前必须和调理剂良好混合。鼓风可以采用正压（强制式），也可以采用负压通风（诱导式），在负压通风模式下，抽风机排出的废气可以收集起来，经过脱臭再排放出去。

静态堆肥堆体可根据原料的透气性、天气条件以及所用设备性能来建造。堆体高有利于冬季保存热量，另外可以在堆体表面铺一层腐熟堆肥，使堆体保湿、绝热保温，防止苍蝇接触，并可过滤氨气和其他臭气。堆体长度受堆体气体输送条件限制，如果堆体太长，距离鼓风机最远的位置难以得到氧气，可能产生厌氧条件，部分堆肥达不到腐熟。如果系统中供氧充足，翻堆均匀，堆肥发酵时间预计为 3～5 周。

静态堆肥的优点：由于堆体相对较高，占地面积较小，强制通风使堆肥系统的处理能力增加，但强制通风静态堆肥的投资比条垛堆肥高；尽管通风系统中风机的功率小，运行费用不高，但仍然较条垛堆肥高。

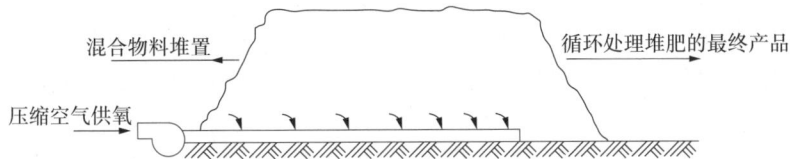

图 4-11-5　静态堆肥

（三）槽式堆肥

养殖规模比较大的养猪场，可以在猪场内采用槽式堆肥无害化处理猪粪，并生产有机肥。槽式堆肥是将堆料混合物放置在长槽式的通道中并进行发酵，通道（槽）墙体上架设轨道，在轨道上设置翻堆机对物料进行翻堆，槽底部敷设曝气管道，可对堆料进行通风曝气，因此，槽式堆肥是将可控通风与定期翻堆结合的堆肥系统，通常在室内进行（图 4-11-6）。堆料深度 1.2～1.5 m，一次发酵时间 10～20 天，二次发酵时间 15～30 天。槽式堆肥由于操作简便，节约人工，能耗低，近年来在我国应用较为广泛。由于该技术要购置搅拌机，且搅拌机的功率较大，因而该技术系统的投资成本和运行费用均较强制通风静态堆肥高；搅拌机与堆料接触部分高速旋转易磨损，且与粪便混合物直接接触容易被腐蚀，需要进行维护和更换。

图 4-11-6　槽式堆肥示意图

猪粪堆肥具体做法如下，新鲜的猪粪以及固液分离的粪渣添加辅料（秸秆或木屑）或者风干堆肥调节水分，辅料或风干堆肥的加入量为 10%～25%。在预处理棚将猪粪堆高至 1 m 左右，加入木屑或粗糠，或风干堆肥，用铲车或人工进行搅拌、混匀，将水沥干，使含水率达到 65% 左右，C/N 为 20～40，堆放 10 天左右，然后进入发酵槽。

对于年出栏 10 000 头左右的猪场，建 1 条发酵槽即可，槽的长度 80～100 m，宽度 5 m（根据翻堆机轨距确定），高 0.75～0.80 m。发槽两边轨道基础采用砖混结构或钢混结构，上面安装钢道轨。翻堆机在道轨上行走，翻堆发酵物料。翻堆机行走速度 1～4 m/min，翻料功率大约 7.5 kW。发酵槽（发酵车间）应建在室内，发酵车间可以采用棚顶半开放式的轻钢结构、砖混结构，也可用塑料薄膜顶盖棚架结构，长 100～110 m，宽 10～15 m，高 3.5～4 m。经预处理的物料进入发槽 2～4 天后开始升温，这阶段一般 2 d 翻 1 次，主要起到通气作用和水分蒸发作用。待温度达到 55 ℃ 以上时，1 天翻 1 次，当温度高于 70 ℃ 时，1 天翻 2 次，间隔时间 6 小时左右。高温（55～65 ℃）发酵时间持续 20～25 天，使发酵物料得到充分腐熟。当温度高于 75 ℃，增加翻堆次数，以保持发酵温度必须在 75 ℃ 以下。充分腐熟后，物料进入造粒车间后熟 15～30 天后，烘干，用造粒机制成颗粒有机肥，或者添加无机肥制成有机-无机复混肥。一般年出栏在1万头左右猪场需场地0.4 hm²左右，最佳设计是长100 m、宽12 m。

（四）反应器堆肥

自20世纪80年代起，世界各国开始研发出大量的反应器堆肥系统，有的被称为"容器系统"，也有的被称为"消化器"或"发酵器"。堆肥反应器设备必须具有改善和促进微生物新陈代谢的功能，在发酵过程中通过运行翻堆、曝气、搅拌、混合、协助通风等设施或操作以控制堆体的温度和含水率，同时在反应器堆肥中还需解决物料移动、出料的问题，最终达到提高发酵速率、缩短发酵周期，实现机械化生产的目的。按物料的流向可将反应器堆肥系统分为：水平流向反应器和竖直流向反应器。水平流向反应器包括滚筒式、搅动仓式；竖直流向反应器包括搅动固定床式、筒仓式等。

反应器系统是使物料在部分或全部封闭的容器内，控制通气和水分条件，使物料进行生物降解和转化。反应器系统具有高度机械化、自动化等优点。与条垛式系统和通气静态垛式系统相比，反应器系统的优点是堆肥设备占地面积小；在发酵过程中，能对水、气、温度等参数自动化控制；堆肥过程不受气候条件的影响；能对废气统一收集处理，防止对环境的二次污染，同时也解决了臭味问题；对热量进行回收利用。反应器系统缺点也比较明显，反应器的投资和运行费用及维护费用很高；堆肥周期较短，堆肥产品会有潜在的不稳定性，堆肥的后熟期相对延长；由于反应器机械化程度较高，一旦设备出现问题，堆肥过程受影响较大。

堆肥反应器的种类很多，以下仅仅介绍猪粪堆肥常用的两类反应器系统——滚筒式堆肥反应器和筒仓式堆肥反应器。

1. 滚筒式堆肥反应器

滚筒式堆肥反应器属于水平流向反应器，使用水平滚筒来混合、通风以及输出物料。滚筒架在大的支座上，并且通过一个机械传动装置来翻动。在滚筒中堆肥过程很快开始，易降解物质很快被好氧降解。但是堆肥反应器输出物料必须进一步后熟降解，通常采用条垛或静态好氧堆肥来完成堆肥过程的第二阶段。在一些商业堆肥系统中堆料在滚筒中停留不到1天，滚筒基本上作为一种混合设备。图4-11-7是一个典型的滚筒式堆肥系统示意图。由滚筒的出料端提供通气，原料在滚筒中翻动时与空气混合在一起空气的流动方向和原料运动方向相反。靠近滚筒的出料端，堆肥由新鲜空气冷却；在滚筒的中部，气流温度升高且堆肥速率加快；在滚筒的入口处，添加新的堆料，气流温度最高，堆肥过程开始。滚筒可为合体式滚筒或分体式滚筒。合体式滚筒使所有堆料按照其装入滚筒时的次序运动，滚筒旋转的速度和旋转时滚筒中轴线的倾斜度决定了堆肥的停留时间。分体式滚筒的管理要比合体式滚筒方便。分体式滚筒分为两个或三个仓，每个仓包括一个装有移动门的移动箱。每天堆肥结束后，滚筒出料端的移动门被打开，隔仓被清空，其他隔仓随后开放并相继移动。

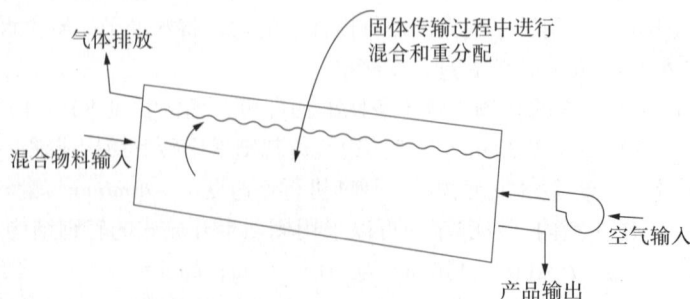

图4-11-7　滚筒式堆肥反应器示意图

2. 筒仓式堆肥反应器

筒仓式堆肥反应器属于竖直流向反应器，该反应器堆肥系统是一种从顶部进料底部卸出堆的筒仓，由一台旋转桨或轴在筒仓的上部混合堆肥原料、从底部取出堆肥。内部有可以输送空气和进行搅拌的叶片，通风系统使空气从筒仓的底部通过堆料，在筒仓的上部收集和处理废气。反应器的堆肥周期为 7 ～ 12 天。每天取出堆肥的体积或重新装入原料的体积约是筒仓体积的 1/10。从筒仓中取出的堆肥经常堆放在第二个通气筒仓。由于原料在筒仓中垂直堆放，因而这种系统使堆肥的占地面积很小。但是，需要克服物料压实、温度控制和通气等问题，因为原料在仓内得不到充分混合，必须在进入筒仓之前就混合均匀。图 4-11-8 是日本的一种筒仓式堆肥系统，发酵室的总容量是 66.0 m³，每天通过进料料斗可进料约 6 m³，物料在反应室中发酵 10 天，可用于生活垃圾、养殖粪污、污泥等有机固体废弃物的处理。

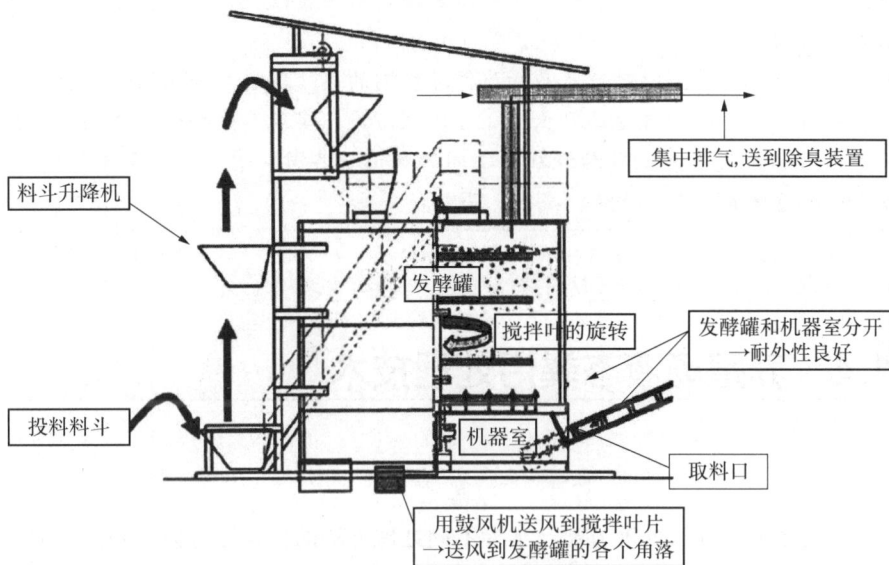

图 4-11-8　典型筒仓式堆肥示意图

练一练

1. 简述影响堆肥的因素。
2. 有哪几种堆肥工艺？

拓展学习

堆肥的作用

由于畜禽养殖废物内含有大量的病原微生物和寄生虫卵，如果不及时处理会滋生蚊蝇，使环境中病原菌种类增多、数量增大、病原菌和寄生虫蔓延，危及人畜健康。畜禽养殖固体废物若大量堆积不仅占用土地，还会对土壤造成破坏，使其降低或失去生产能力。对畜禽养殖固体废物进行堆肥处理可较好地实现其减量化、无害化和资源化。

畜禽养殖固体废物中含有大量的有机质和一定量的氮、磷、钾等营养成分，进行堆肥处理后得到的有机肥能改良土壤，提高土壤保水、保肥能力，改善由于长期使用化肥引起的土壤板结状况。堆肥含有作物生长所需的氮、磷钾、钙、硫、镁等大量、中量、微量元素及氨基酸、蛋白质、糖等各种有机养分，可以满足作物各生长时期的养分需要。同时，堆肥中含有生物物质、抗生素等。能增强作物的抗逆性和对不良环境的适应能力。根据中国农业科学院对不同土壤类型下长期施肥研究进行统计，土壤有机质平均提高 0.1%，粮食产量的稳产性就会提高 10% ～ 20%。未来中国粮食安全除依赖提高单产以外，还应重视土壤的基础肥力及其对产量的重要贡献。因此，畜禽养殖固体废物的堆肥化处理不仅可以消除污染，保护环境，而且可以获得大量的优质有机肥料，具有很好的社会、经济和生态效益。

堆肥的另一个不为人所知晓的贡献是对土壤病害的控制。美国俄亥俄大学的 Hoitink 教授在 1970 年就发现堆肥处理过的有机质对土壤真菌病害具有显著的控制作用。国内近些年开展的大量功能有机肥的研究与实践也非常普遍。中国农业大学曲周实验站已开展的 10 年有机蔬菜定位研究表明，长期施用堆肥可以显著控制土传病害的发生。

除耕地以外，我国大面积的未利用国土如沙荒地、盐碱地、酸化土、污染土壤等在施用堆肥的情形下绝大部分可以实现增值。沙荒地、盐碱地在具备水利条件基础上若增加堆肥施用完全可以进行农林利用，矿区退化土壤经过土地整理特别是增加堆肥施用可以成为高标准农田，污染土壤最经济有效的措施是通过施用堆肥让自然界的微生物对污染物进行转化、转移和降解，逐步恢复其价值。所有这些表明堆肥施用对土壤改良、农田健康维护、污染土壤修复等有着深远的影响。

由此看来，堆肥实质上是对自然界物质循环机制的恢复，它充分利用微生物把城乡产生的各类有机废弃物经过处理再返回到土壤，在治理污染、实现养分循环利用的同时，保障了农业生产的长期持续发展和城乡两级社会之间的和谐与共同繁荣。堆肥意味着环保、健康、持续、安全，也意味着低碳、节能、减排、高效。

任务 11.4　养殖场液态粪污处理技术

【学习目标】

系统学习养殖场液态粪污处理方法，掌握不同处理方法的技术原理以及熟悉不同处理方法的工艺流程。

【任务实施】

一、厌氧处理技术

厌氧处理又称为厌氧消化或沼气发酵，是在无氧、无硝酸盐存在的条件下，由多种微生物共同作用，将有机物分解并生成沼气（CH_4 和 CO_2）的过程。厌氧处理技术的发展已有百余年历史，特别是近 20 年来，更是呈现飞速发展的势头，并为世界各国环境保护的重视和生物技术的发展所推动。随着现代高速厌氧反应器的出现以及对厌氧技术原理的深入认识，厌氧技术已为畜禽养殖业废水处理提供了重要手段，它以低成本和回收能源成为极具吸引力的处理技术。

厌氧处理技术是一种低成本的处理技术，它又是把废水的处理和能源的回收利用相结合的一种技术。我国当前面临环境污染、能源短缺和经济发展和环境治理资金不足等问题，特别是利润低微的畜禽养殖业，需要既有效、简单又费用低廉的废水处理技术。而厌氧处理技术是特别适合养殖业废水处理、符合我国国情的处理技术。厌氧废水处理技术可作为能源生产和环境保护体系的一个核心部分，其产物可以被积极利用而产生经济价值。例如处理后的养殖业废水可用于池塘养鱼、灌溉和施肥；产生的沼气可作为能源回收；剩余污泥可以作为肥料施用农田。

1. 厌氧消化机制

在废水的厌氧处理过程中，废水中的有机物经大量微生物的共同作用，被最终转化为甲烷、二氧化碳、水、硫化氢和氨。在此过程中，不同微生物的代谢过程相互影响，相互制约，形成复杂的生态系统。畜禽养殖业废水中有机物多以悬浮物或胶体形式存在，其厌氧降解过程可以分为以下四个阶段。

（1）水解阶段　高分子有机物相对分子质量相对巨大，不能透过细胞膜，因此不可能为细菌直接利用。因此，它们在第一阶段被细菌胞外酶分解为小分子。例如纤维素被纤维素酶水解为纤维二糖和葡萄糖，蛋白质被蛋白酶水解为短肽与氨基酸等。这些小分子的水解产物能够溶解于水并透过细胞膜为细菌所利用。水解阶段有蛋白质水解、碳水化合物水解和脂类水解。

（2）发酵（酸化）阶段　在这一阶段，上述小分子化合物在发细菌（酸化菌）的细胞内转化为更为简单的化合物并分泌到细胞外。这一阶段主要产物有挥发性脂肪酸（简写为 VFA）、醇类、乳酸、二氧化碳、氢气、氨、硫化氢等。与此同时，酸化菌也利用部分物质合成新的细胞物质，因此未酸化废水厌氧处理时产生更多的剩余污泥。发酵阶段包括氨基酸和糖类的厌氧氧化与较高级的脂肪酸与醇类的厌氧氧化。

（3）产乙酸阶段　在此阶段，上一阶段的产物被进一步转化为乙酸、氢气、碳酸以及新的细胞物质。产乙酸阶段又从中间产物中形成乙酸和氢气和由氢气和二氧化碳形成乙酸。

（4）产甲烷阶段　在此阶段，乙酸、氢气、碳酸、甲酸和甲醇等被转化为甲烷、二氧化碳和新的细胞物质。甲烷化阶段，包括由乙酸形成甲烷和从氢气和二氧化碳形成甲烷。

除以上这些过程外，在缺氧（anoxic）条件下，还会发生含有氧的电子受体生物还原的过程。缺氧条件是指生化反应中电子受体含有氧，但系统中不存在氧气或臭氧。硫酸盐、亚硫酸盐和硝酸盐等就是这样的电子受体。当废水含有硫酸盐时还会有硫酸盐还原过程，当进液中含有硝酸盐和亚硝酸盐时，还会发生脱氮过程。

2. 影响厌氧处理的因素

（1）温度　温度是影响微生物生命活动最重要的因素之一，其对厌氧微生物及厌氧消化的影响尤为显著。厌氧处理所涉及的各种微生物都在一定温度范围生长，根据微生物生长的温度范围，习惯上将微生物分为三类：①嗜冷微生物，生长适宜温度范围为 5～20 ℃；②嗜温微生物，温度范围为 20～42 ℃；③嗜热微生物，温度范围为 42～75 ℃。相应地，废水厌氧消化也分为低温、中温和高温三类。这三类微生物在相应的适应温度区间还存在最佳温度范围，当温度高于或低于最佳温度范围时，其厌氧消化速率将明显降低。在工程运用中，中温消化工艺中以 30～40 ℃最为常见。其最佳处理温度范围为 35～40 ℃；高温消化工艺以 50～60 ℃最为常见，最佳温度为 55 ℃。在上述最适温度范围内，温度的微小波动（例如 1～3 ℃）对厌氧消化过程不会有明显影响，如果温度下降幅度过大，污泥的活性显著降低，相应地，反应器的负荷也应当降低，以防止由于负荷过高引起反应器酸积累等问题。

高温消化的反应速率为中温消化的 1.5～1.9 倍，沼气产率也高，但沼气中甲烷所占百分比却较中温低，并且易受操作条件和环境变化的影响，容易引起挥发酸积累。当处理含病原菌和寄生虫卵的料液时，采用高温消化可取得理想的卫生效果，消化后污泥的脱水性能也较好。但是，采用高温消化需要消耗较多的能量，当处理水量大，有机物浓度不是很高时，往往不宜采用。常温消化工艺由于污泥活性明显低于中温和高温消化，其反应器负荷也相应较低。具体采用什么消化温度，需要根据原料浓度、当地气温、加热热源、净能产出等因素综合比较确定。

（2）pH 值　pH 值是厌氧消化重要影响因素之一。微生物对 pH 值的波动十分敏感，即使在其适宜生长 pH 值范围内，pH 值的突然改变也会引起微生物活性的明显下降，微生物对 pH 值改变的适应比对温度改变的适应过程要慢得多。超过 pH 值范围，会引起更严重的后果，低于 pH 值下限并持续过久时，会导致产甲烷菌活力丧失殆尽而产乙酸细菌大量繁殖，引起反应器系统的"酸化"。水解细菌与产酸细菌对 pH 值有较大范围的适应性，大多数可以在 pH 值为 5.0～8.5 生长良好，一些产酸细菌在 pH 值小于 5.0 时仍可生长。产甲烷菌对 pH 值变化适应性很差，其适宜范围为 6.8～7.2，在 6.5 以下或 8.2 以上的环境中，厌氧消化会受到严重的抑制。

pH 值对产甲烷菌的影响与挥发性脂肪酸（VFA）的浓度有关，这是因为乙酸以及其他挥发性脂肪酸在非离解状态下具有毒性。pH 值越低，游离酸所占比重越大，因而在同一种 VFA 浓度下，它们的毒性越大。pH 值的波动对厌氧污泥的产甲烷活性也会产生影响。

（3）氧化还原电位　绝对的厌氧环境是产甲烷菌进行正常活动的基本条件，产甲烷菌的最适氧化还原电位为 -400～-150 mV，培养产甲烷菌的初期，氧化还原电位不能高于 -330 mV。非产甲烷菌可以在氧化还原电位 -100～+100 mV 的环境下进行生长代谢。氧化还原电位还受到 pH

值的影响，pH 值低，氧化还原电位高；pH 值高，氧化还原电位低。因此，在富集产甲烷菌的初始阶段，应尽可能保持介质。pH 值接近中性，以及反应装置的密封性。

（4）营养 厌氧微生物对 C、N、P 等营养物质的要求略低于好氧微生物，营养比为 COD：N：P=（200～350）：5：1，这里的 COD 指易降解有机物。一般而言，含氮量过低，合成菌体所需的氮量就不足，微生物生长代谢受到抑制，同时因为铵态氮是消化液中重要的缓冲成分，消化液缓冲能力的降低容易使 pH 下降。反之，含氮量过高，容易引起铵态氮过高，抑制产甲烷菌的活性，也有可能使 pH 过度升高（8 以上），降低消化液中 COD 的浓度，不利于产甲烷菌的生长及甲烷的合成。

大多数厌氧菌不具有合成某些必要维生素或氨基酸的功能，为了保证微生物的增殖和活动，需要补充某些专门的营养物质，如 K、Na、Ca 等金属盐类，它们是形成细胞或非细胞金属络合物所需要的物质。

（5）有机负荷 在厌氧处理中，有机负荷通常指容积有机负荷，简称容积负荷，也可用污泥负荷表达。有机负荷是影响厌氧消化效率的一个重要因素，直接影响产气量和处理效率。在一定范围内，随着有机负荷的提高，原料产气率（沼气产率）即单位重量物料的产气量趋向下降，而厌氧消化器的容积产气率则增多，反之亦然。对于具体应用场合，进料的有机物浓度是一定的，有机负荷的提高意味着停留时间缩短，则有机物分解率将下降，势必使单位质量物料的产气量减少。但因反应器相对的处理量增多，单位容积的产气量将提高。

由于厌氧消化过程中产酸阶段的反应速率远高于产甲烷阶段，选择有机负荷时必须十分谨慎，使挥发酸的产生和消耗处于平衡，不至造成挥发酸的积累。

（6）重金属等有毒物质 常见的抑制厌氧生物过程的物质主要有硫化物、氨氮、重金属、氰化物及某些特殊有机物等。硫酸盐和其他硫的氧化物很容易在厌氧消化过程中被还原成硫化物。可溶性的硫化物达到一定浓度时，会对厌氧消化过程特别是产甲烷过程产生严重的抑制作用。投加某些金属盐类如 Fe^{2+} 可以去除 S^{2-}，或采用吹脱法从系统中去除硫化氢等都可以减轻硫化物对厌氧过程的抑制作用。氨氮是厌氧消化的缓冲剂，有利于维持较高的 pH，同时也可以被产甲烷菌作为氨源而利用。但如果氨氮浓度过高，则会对厌氧消化过程产生毒害作用；抑制浓度一般认为是 50～200 mg/L，但经过一定驯化后，适应能力会得到加强。重金属主要是通过破坏厌氧细菌的酶系统而抑制厌氧过程；不同的重金属离子以及不同的存在形态，会导致不同程度的抑制。

3. 厌氧处理工艺

（1）水压式沼气池 水压式沼气池是我国推广最早、数量最多的沼气池，属于传统厌氧消化工艺。

传统厌氧消化工艺又称低速消化池，消化池内不设加热和搅拌装置。因不加搅拌，池内污泥产生分层现象。只有部分容积起到分解有机物的作用，液面形成浮渣层、池底容积主要用于熟污泥的贮存和浓缩。这种消化池中微生物与有机物不能充分接触。传统消化池一般没有人工加热设施，温度随环境温度变化而变化，所以消化速率很低，消化时间长，根据温度不同，废水在池内停留时间需要 60～100 天。

水压式沼气池由发酵间、贮气间、进料口、水压间、出料口、导气管等组成（图 4-11-9）。发酵间为圆柱形、池底为平底，也有池底向中心或出料口倾斜。未产气或发酵间与大气相通时，进料管、发酵间、水压间的料液处在同一水平面上。发酵间上部贮气间完全封闭后，微生物发酵废水、粪渣产生的沼气上升到贮气间，随着沼气的积累，沼气压力不断增加，当贮气间沼气压力超过大气压力时，便将发酵间内料液压往进料管和水压间，发酵间液位下降，进料管和水压间液位上升，产生了液位差，由于液位差而使贮气间内的沼气保持一定的压力。用气时，沼气从导气管排出，进料管和水压间的料液流回发酵间，这时，进料管和水压间液位下降，发酵间液位上升，液位差减少，相应的沼气压力变小。产气太少时，如果发酵间产生的沼气小于用气需要，那么发酵间液位将逐渐与进料管和水压间液位持平，最后压差消失，沼气停止输出。水压式沼气池产生的沼气，其压力随着进料管和水压间与发酵间液位差的变化而变化，因此，用气时压力不稳定。

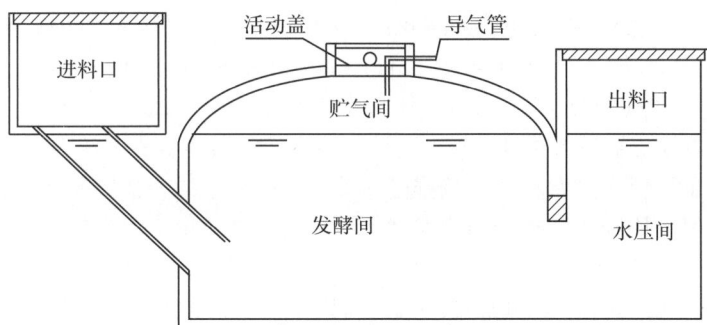

图 4-11-9　水压式沼气池示意图

　　水压式沼气池省工省料，建造成本比较低，管理简单，操作方便。但是由于没有搅拌装置，容易产生分层，液面上形成很厚的浮渣层，进一步板结成壳，妨碍气体顺利逸出。而且微生物与料液中的有机物接触不充分，中间部分的清液不能与底层的活性污泥接触，因此处理效果较差。

　　（2）完全混合式厌氧反应器　完全混合式厌氧反应器（CSTR）是在传统消化池内采用搅拌技术，加强微生物与底物的传质效果，以提高污水处理厂的处理效率。这一措施以及随后出现的加热措施使消化池内生化反应速率大大提高。CSTR 最初用于污泥消化；其后发展到处理畜禽粪便、餐厨垃圾、能源植物以及工业废水等，适合处理 TS 2% ～ 12% 的废水（液）。在完全混合式厌氧反应器系统中，原料连续或间歇进入消化池，与消化池内污泥混合，有机物在厌氧微生物作用下降解并产生沼气，经过消化后的发酵残余物和沉渣分别由上部和底部排出，所产的沼气则从顶部排出。为了使细菌和原料均匀接触，并使产生的沼气气泡及时逸出，需要设搅拌装置，定期搅拌池内的消化液，一般情况下，每隔 2 ～ 4 小时搅拌一次。在出料时，通常停止搅拌，排出上清液时尽量少带走污泥。如果进行中温和高温消化时，需要对料液进行加热。一般在池内设置换热盘管进行加热。完全混合式厌氧反应器适合处理没有经过固液分离的、高悬浮物、高有机物浓度的猪场废水。

　　搅拌混合是完全混合式厌氧反应器的关键，针对不同的原料和进料浓度，有不同的搅拌方式。

　　①水力搅拌：通过设在反应器外的水泵将料液从反应器中部抽出，再从底部或上部泵入消化池，有些消化池内设有导流筒或射流器，由水泵压送的混合物经射流器吸射或以导流筒流出，在喉管处或导流筒内形成真空，吸进一部分池中的消化液，形成较为强烈的搅拌。这种搅拌方法使用的设备简单，维修方便。但容易引起短流，搅拌效果较差，一般用于消化低固体原料的厌氧反应器。为了使消化液完全混合，需要较大的流量。

　　②沼气搅拌：沼气搅拌是将沼气从反应器内或贮气柜内抽出，通过鼓风机将沼气再压回反应器内，当沼气在反应器料液中释放时，由其升腾造成的抽吸卷带作用带动反应器内料液循环流动。沼气搅拌的主要优点是反应器内液位变化对搅拌功能的影响很小，反应器内无活动的设备零件，故障少，搅拌力大，作用范围广。由于以上优点，国外一些大型污水处理厂污泥消化广泛采用这种搅拌方式。但是，在进料浓度较高的条件下，气体搅拌难以达到良好的混合效果，在高固体物料厌氧消化中难以采用。

　　沼气搅拌在猪场废水厌氧处理工程中几乎没有采用。

　　③机械搅拌：通过反应器内设置带桨叶的搅拌器进行搅拌，当电机带动桨叶旋转时，推动导流筒内料液垂直移动，并带动反应器内料液循环流动。机械搅拌有垂直桨式搅拌器、倾斜轴桨式搅拌器和潜水搅拌器。机械搅拌的优点是低速运行、作用半径大，搅拌效果好。缺点是搅拌轴设置在罐顶或侧壁时要有气密性设施、需要防止长纤维杂物缠绕桨叶。

　　④复合搅拌：复合搅拌是气体搅拌、机械搅拌和水力搅拌的组合，在搅拌混合高浓度固形物料液的基础上，还增加了去除浮渣的功能。猪场废水处理工程中有采用机械搅拌和水力搅拌组合的复合搅拌，以增加破除浮渣和沉渣的能力。

　　完全混合式厌氧反应器处理养殖废水小试进料 TS 浓度一般在 6% 左右，生产性应用 VSS 只有 1.5% ～ 2.38%。VSS 去除率 22.4% ～ 66.0%，COD 去除率 35.7% ～ 73.0%。尽管小试的容积产气率可到 2.69 m^3/（m^3·d）（35 ℃），3.12 m^3/（m^3·d）（55 ℃），但报道的生产性应用只有 0.57 ～ 0.79 m^3/（m^3·d）（35 ℃）。

完全混合式厌氧反应器设有搅拌系统，可使料液和厌氧微生物充分混合，提高生化反应速率。同时，搅拌也避免了进料未经发酵产气就排出池外。一些完全混合式厌氧反应器设有加热保温装置，通过加热和保温的协同作用提升消化温度，可以改进消化率。因为完全混合式厌氧反应器具有完全混合的流态，反应器内繁殖起来的微生物会随出料溢流而排出，不能滞留微生物，所以，反应器中的污泥浓度低，只有 5 g MLSS/L 左右。特别是在短水力停留时间和低浓度投料的情况下，会出现严重的污泥流失问题，所以完全混合式厌氧反应器要求较长水力停留时间（HRT）来维持反应器的稳定运行，一般 HRT 为 15 ～ 30 天，结果反应器体积大，负荷较低，有机负荷一般为 1 ～ 4 kg VSS/（m^3·d）。

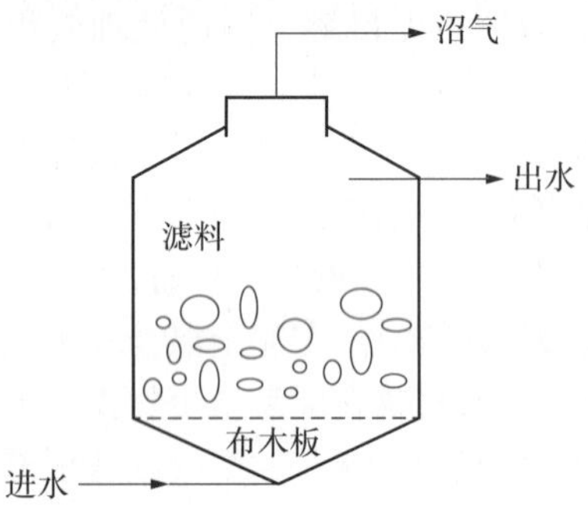

图 4-11-10　厌氧生物滤池示意图

（3）厌氧生物滤池　厌氧滤池是一种内部填充微生物载体（填料）的厌氧生物反应器，用碎石、卵石作填料，处理 COD 8 800 mg/L 的淀粉面筋加工废水。厌氧微生物部分附着生长在填料上，形成厌氧生物膜；部分微生物在填料空隙呈悬浮状态。厌氧滤池底部设置布水装置，废水从底部通过布水装置进入装有填料的反应器，在填料表面附着的与填料截留的大量微生物作用下，将废水中有机物降解转化成沼气（CH_4 与 CO_2），沼气从反应器顶部排出，被收集利用，净化后的出水通过排水设备排至池外（图 4-11-10）。反应器中的生物膜也不断新陈代谢，脱落的生物膜随出水带出，因此厌氧滤池后需设置沉淀分离装置。厌氧滤池适合处理经过固液分离后的中低浓度畜禽养殖废水。

根据不同的进水方式，厌氧滤池可分为上流式和下流式。

在上流式厌氧生物滤池中，废水从底部进入，向上流动通过填料层，处理后出水从滤池顶部的旁侧流出。微生物大部分以生物膜的形式附着在填料表面，少部分以厌氧活性污泥的形式存在于填料的间隙中，它的生物总量比下流式厌氧生物滤池高，因此效率也更高。通常上流式生物滤池底部易于堵塞，污泥沿深度分布不均匀。通过出水回流的方法可降低进水浓度，提高水流上升速度。

下流式厌氧滤池中，布水系统设于池顶，废水从顶部均匀向下直流到底部，产生的沼气向上流动可起一定的搅拌作用，下流式厌氧滤池不需要复杂的配水系统，反应器不易堵塞，但固体沉积在滤池底部会给操作带来一定的困难。传统的厌氧生物滤池进水通常采用上流方式。

（4）升流式厌氧污泥床　升流式厌氧污泥床（UASB）利用厌氧微生物自絮凝和颗粒化的性质，在反应器中形成可保持良好沉降性能的颗粒污泥，由进水配水系统、反应区、三相分离器、出水系统、污泥排出系统等组成。升流式厌氧污泥床剖面图如图 4-11-11 所示。

①进水配水系统：UASB 进料通常采取两项措施达到均匀布水，一是通过配水设备；二是采用脉冲进水，加大瞬时流量，使各孔眼的过水量较为均匀。进水配水系统位于反应器底部，有树枝管、穿孔管以及多点多管三种形式，其功能是保证配水均匀，防止出现短流和死水区，同时对搅拌混合和颗粒污泥形成具有促进作用。

②反应区：颗粒污泥区（污泥床区）和悬浮污泥区，是 UASB 的主要部位，有机物分解、沼气生成以及微生物增殖都在该区进行。

③三相分离器：由沉淀区、集气室、回流缝和气体水封组成，其功能是将气体（沼气）、固体（污泥）和液体（废水）三相分离，分离效果将直接影响反应器的处理效果。

④出水系统：由溢流堰和集水渠组成，功能是将沉淀的上清液均匀收集，排出反应器。

⑤污泥排出系统：由排泥管或排泥泵组成，功能是排出剩余污泥。

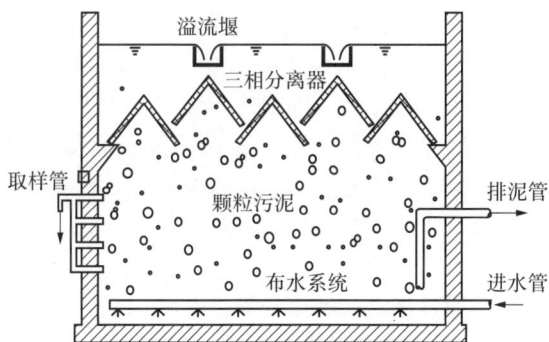

图 4-11-11　升流式厌氧污泥床剖面图

升流式厌氧污泥床反应器内污泥浓度高，有机负荷高，水力停留时间短；反应器依靠进料和沼气的上升达到混合搅拌的目的，无须搅拌设备；对水质水量负荷变化比较敏感，抗冲击能力差。由于悬浮固体不利于颗粒污泥的形成，升流式厌氧污泥床只适用于固液分离后的养殖废水处理，此外，高氨氮不利于颗粒污泥的形成，因此升流式厌氧污泥床反应器很难达到很高的处理负荷。

二、好氧处理技术

1. 活性污泥法

（1）基本原理　活性污泥法是利用悬浮生长的微生物絮体好氧处理有机废水的生物处理方法。这种生物絮体称为活性污泥，在活性污泥法中起主要作用的就是活性污泥。活性污泥是由具有活性的微生物（包括细菌、真菌、原生动物和后生动物等）、微生物自身氧化的残留物、吸附在活性污泥上不能为生物所降解的有机物和无机物组成。其中，微生物是活性污泥的主要组成部分，而细菌是活性污泥在组成和净化功能上的中心，是微生物的主要成分。如果向生活污水中连续鼓入空气，经过一段时间后，污水便形成一种污泥状絮凝体，即活性污泥，在显微镜下观察，可见大量的微生物。活性污泥法能够去除废水中的有机物，是经过以下几个过程完成的。

①吸附。废水和活性污泥充分接触，形成悬浊混合液，往往在很短的时间内就出现了很高的有机物（BOD）去除率，这种初期高速去除现象是吸附作用所引起的。废水中的污染物被比表面积巨大且表面上含有多糖类黏质层的微生物吸附和粘连，这些被去除的 BOD 像一种备用的食物源一样，贮存在微生物细胞的表面，经过几小时的曝气后，才会相继摄入代谢。在初期，被单位污泥去除的有机物数量是有一定限度的，它取决于污水的类型以及与污水接触时的污泥性能。对于含悬浮状态和胶态有机物较多的废水，BOD 的去除率是相当高的；反之如溶解性有机物多，则 BOD 去除率就小。又如，回流的污泥未经足够的曝气，预先贮存在污泥里的有机物将代谢不充分，污泥未得到再生，活性不能很好恢复，因而必将降低初期 BOD 去除率；但当回流污泥经过长时间的曝气，则会使污泥长期处于内源呼吸阶段，从而由于过分自身氧化而失去活性，也会降低初期去除率。

②微生物的代谢。活性污泥微生物以废水中各种有机物作为营养，在有氧的条件下通过代谢反应降解吸收进入细胞体内的污染物，这些污染物一部分经过一系列中间状态氧化为最终产物为 CO_2 和 H_2O 等，并使细胞获得合成新细胞所需要的能量；另一部分转化为新的有机体，使细胞增殖。

活性污泥微生物去除废水中有机物的代谢过程，主要是由微生物细胞物质的合成（活性的有机体，使细胞增殖。污泥增长）、有机物（包括一部分细胞物质）的氧化分解和的消耗所组成。当氧供应充足时，活性污泥的增长与有机物的去除是并行的。污泥增长的旺盛时期，也就是有机物去除的快速时期。

③凝聚与沉淀。絮凝体是活性污泥的基本结构。水中易于形成絮凝体的微生物有动胶菌属、产碱杆菌属、假单胞菌属、芽孢杆菌属、黄杆菌属等，但无论哪一种细菌都是在一定条件下才能够凝聚的。凝聚的原因主要有：细菌体内积累的聚 β - 羟基丁酸释放到液相，促使细菌间相互凝

取，结成绒粒，微生物摄食过程释放的黏性物质促进凝聚；在不同的条件下细菌内部的能量不同，当外界营养不足时，细菌内部能量降低，表面电荷减少，细菌内部的能量不同，当外界营养不足时，细菌内部能量降低，表面电荷减少，细菌间的结合力大于排斥力，形成绒粒等。但当营养物充足（废水与活性污泥混合初期，*F/M* 较大时），细菌内部能量大，表面电荷增大，形成的绒粒会重新分散。

沉淀是混合液中活性污泥与废水分离的过程。固液分离的好坏，直接影响出水水质。

活性污泥法的实质就是以存在于污水中的有机物作为培养基（底物），在有氧的条件下对各种微生物群体进行混合连续培养，通过吸附、氧化分解、凝聚、沉淀等过程去除有机物的一种方法。

（2）基本流程　自1914年在英国建成活性污泥水处理试验厂以来，活性污泥法已有一百多年的历史。随着生产的广泛应用，人们对其生物反应、净化机理、运行管理等进行了深入的研究，发展了许多行之有效的运行方式和工艺流程，但其基本流程是一样的，如图 4-11-12 所示。

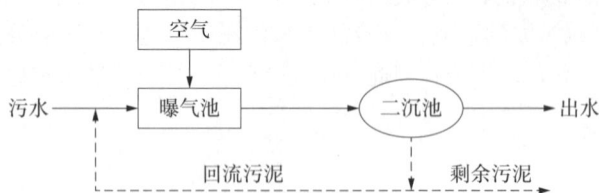

图 4-11-12　活性污泥法基本工艺流程图

流程中的主要构筑物是曝气池和二次沉淀池。废水与回流的活性污泥同时进入曝气池成为混合液，并在池内充分曝气，使废水与活性污泥充分混合接触，并供给混合液以足够的溶解氧。在好氧状态下，废水中有机物被活性污泥吸附、吸收和氧化分解后，混合液进入二次沉淀地，进行固液分离，净化的废水排出，活性污泥一部分回流到曝气池，一部分从系统中排除。污泥回流的目的是使曝气池内保持足够数量的活性污泥。

（3）运行方式　活性污泥法的运行方式很多，主要有传统活性污泥法、阶段曝气法、渐减曝气法、生物吸附法、完全混合法、延时曝气法等。各种运行方式的特征主要集中在以下几个方面：污泥负荷范围；曝气池进水点位置，曝气池流型及混合特征；曝气技术的改进等。下面介绍几种常用的运行方式。

①传统活性污泥法。传统活性污泥法，又称普通活性污泥法，工艺流程如图 4-11-13 所示，它采用长方廊道式曝气池，进水点设在池头，污水和回流污泥从池首端流入，呈推流式至池末端流出。污水净化过程的第一阶段吸附和第二阶段的微生物代谢是在一个统一的曝气池中连续进行的，进口有机物浓度高，沿池子长度逐渐降低，需氧率也是沿池子长度逐渐降低的。随后污水进入沉淀池，进行活性污泥与上清液的分离。污泥回流是为了使曝气池内维持足够高的活性泥微生物浓度。

曝气池中污泥浓度一般控制 2 ～ 3 g/L，污水浓度高时采用较高数值。根据污水中有机物浓度，污水在曝气池中的停留时间常采用 4 ～ 8 h。根据活性污泥的含水率，回流污泥量为进水流量的 25% ～ 50%。

普通活性污泥法的 BOD 和悬浮物去除率都很高，可达到 90% ～ 95%。其适用于处理要求高而水质稳定的污水，其不足之处有以下几点。

a. 对水质变化的适应能力不强。

b. 实际需氧量前大后小，而空气的供应往往是均匀分布，这就造成前段无足够的溶解氧，后段氧的供应大大超过需要，造成氧过剩浪费。

c. 曝气池的容积负荷率低，曝气池容积大，占地面积大，基建费用高。

②阶段曝气法。阶段曝气法又称逐步负荷法。进水点设在池子前端数米处，为多点进水，工艺流程如图 4-11-13 所示。污水沿池长多点进入，使有机物负荷分布较均匀，从而均化了需氧量，避免了前段供氧不足、后段供氧过剩的缺点，提高了空气的利用效率和曝气池的工作能力。阶段曝气法由于各进气口的水量易于改变，运行灵活，适合大型曝气池和高浓度污水处理。试验表明，

与普通活性污泥法相比，曝气池容积可减少约 30%。

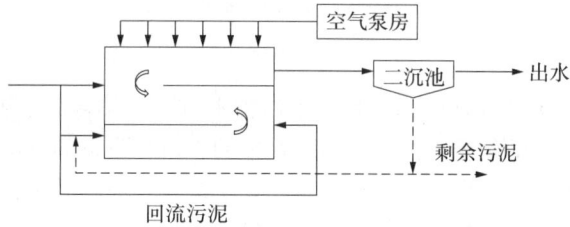

图 4-11-13　阶段曝气法的工艺流程图

③渐减曝气法。克服普通活性污泥法曝气池中供氧、需氧不平衡的另一个方法是将供气量沿池长方向递减，使供气量与需氧量基本一致，工艺流程如图 4-11-14 所示。

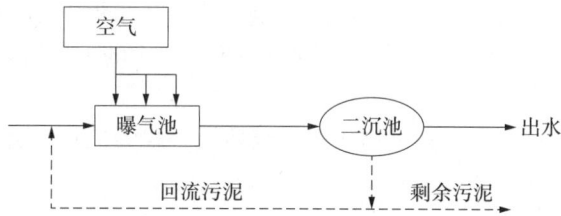

图 4-11-14　渐减曝气法的工艺流程图

④生物吸附法。生物吸附法又称接触式稳定法或吸附再生法，其工艺流程见图 4-11-15。生物吸附法的进水集中于池中央某一个位置，污水与活性污泥在吸附池中混合接触 15～60 分钟，使污泥吸附大部分悬浮物、胶体状有机物和部分溶解性有机物，然后混合液进入二次沉淀池。回流污泥首先在再生池中进行生物代谢，完全恢复活性后，再进入吸附池与新进水接触，重复上述步骤。吸收池和再生池在结构上可以分开建造，也可以联合建造。在合建过程中，前部分为再生部分，后部分为吸附部分，污水由吸附部分进入池中。

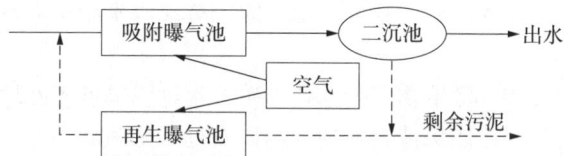

图 4-11-15　生物吸附法的工艺流程图

⑤完全混合法。完全混合法是目前使用较多的新型活性污泥工艺。不同于传统工艺，污水和回流污泥进入曝气池时，立即与池中原有混合液充分混合。完全混合法的特点如下。

a.有较好的承受冲击负荷的能力，能适应畜禽养殖污水的处理要求。

b.处理高浓度有机污水不需稀释，可随浓度高低在一定污泥负荷率范围内适当延长曝气时间。

c.在处理效果相同的情况下，污泥负荷率高于其他活性污泥法，同时，由于 F/M 在池内各点几乎相等，池内需氧均匀，能节省动力费。

d.完全混合法是一种灵活的污水处理方法，可以通过改变 F/M，即通过改变单位质量活性污泥 [kg（以 MLSS 计）] 或单位体积曝气池（m^3）在单位时间（d）内所承受的有机物量 [kg（以 BOD 计）]，以得到所期望的某种出水水质。

完全混合法的缺点是连续进出水可能会产生短流、出水水质不及传统法理想、易发生污泥膨胀等。

⑥延时曝气法。延时曝气法又称完全氧化法，为长时间曝气的活性污泥法。它采用低负荷方式运行，所需池容积大。由于微生物长期处于内源呼吸阶段，此法不但可去除水中的污染物，而且也氧化了合成的细胞物质，可以说，它是污水处理和污泥好氧处理的综合构筑物。因污泥氧化较彻底，所以其脱水迅速且无臭气，出水稳定性也较高。另外，由于池容积大，可适应进水变化，受低温影响较小。缺点是占地面积大，曝气量大，运行时曝气池内的活性污泥易产生部分老化现

象而导致二沉池出水漂泥。该法适应于要求较高而又不便于污泥处理的畜禽养殖场污水的处理。

延时曝气法一般采用完全混合式的流程，氧化沟也属此类。

2. 生物膜法

生物膜法是废水好氧生物处理法的一种，是使废水流过生长在固定支承物表面上的生物膜，利用生物氧化作用和各相间的物质交换，降解废水中的有机污染物的方法。生物膜法和活性污泥法同属好氧生物处理方法，但生物膜法主要依靠固着于载体表面的微生物膜来净化有机物，而活性污泥法则是依靠曝气池中悬浮流动着的活性污泥来分解有机物。

与活性污泥法相比，生物膜法具有以下特点：

①固着于固体表面上的生物膜对废水水质、水量的变化有较强的适应性，操作稳定性好；

②不会发生污泥膨胀，运转管理较方便；

③由于微生物固着于固体表面，即使增殖速度慢的微生物也能生长繁殖，而在活性污泥法中，世代期比停留时间长的微生物被排出曝气池，因此，生物膜中的生物相更为丰富且沿水流方向膜中生物种群具有一定分布规律；

④因高营养级的微生物存在，有机物代谢时较多地转移为能量，合成新细胞即剩余污泥量较少；

⑤采用自然通风供氧；

⑥活性生物难以人为控制，因而在运行方面灵活性较差；

⑦由于载体材料的比表面积小，故设备容积负荷有限，空间效率较低。国外的运行经验表明，在处理城市污水时，生物滤池处理厂的处理效率比活性污泥法处理厂略低。50% 的活性污泥法处理厂 BOD，去除率高于 91%，50% 的生物滤池处理厂 BOD，去除率为 83% 相应的出水 BOD，分别为 14 mg/L 和 28 mg/L。

当有机废水或由活性污泥悬浮液培养而成的接种液流过载体时，水中的悬浮物及微生物被吸附于固相表面上，其中的微生物利用有机底物而生长繁殖，逐渐在载体表面形成一层剩液状的生物膜。这层生物膜具有生物化学活性，其进一步吸附、分解废水中呈悬浮、胶体和溶解状态的有机物。

随着废水处理过程的发展，微生物不断生长繁殖，生物膜厚度不断增大，废水底物及氧的传递阻力逐渐加大，虽在膜表层还能保持足够的营养以及处于好氧状态，但在膜深层会出现营养物或氧的不足，造成微生物内源代谢或出现厌氧层，使得此处的生物膜因与载体的附着力减小及水力的冲刷作用而脱落。在正常运行情况下，整个反应器的生物膜各个部分总是交替脱落的，系统内活性生物膜数量相对稳定，膜厚 2 ~ 3 mm，净化效果良好。需要说明的是，过厚的生物膜并不能增大底物利用速度，却可能造成堵塞，影响正常通风。因此，当废水浓度较大，生物膜增长过快时，水流的冲刷力应加大。如依靠原废水不能保证冲刷能力，可以采用处理出水回流，以稀释进水和回大水力负荷，从而维持良好的生物膜活性和合适的膜厚度。

用生物膜法处理废水的构筑物主要形式有：生物滤池、生物转盘和生物接触氧化池等。

三、自然处理法

养殖废水经过厌氧处理后产生的消化液，应优先考虑采用自然生态处理还田利用。废水的自然处理是指利用天然水体和土壤中的微生物（细菌、真菌、藻类、原生动物等）的代谢活动，土壤或人工填料的物理、化学以及物理化学作用和水生植物的综合作用，使废水中的有机污染物和氮磷等元素得到转化、降解和去除，从而实现废水净化的方法。自然处理法主要包括氧化塘（稳定塘）、人工湿地和土地渗滤处理系统。

（一）氧化塘

氧化塘（Oxidation Ponds）又称为稳定塘（Stabilization Ponds），是经过人工适当修整的土地，设围堤和防渗层的污水池塘，主要依靠自然生物净化功能使污水得到净化的一种污水生物处理技术。除其中个别类型如曝气塘外，在提高其净化功能方面，不采取实质性的人工强化措施。污水在塘中的净化过程与自然水体的自净过程相近。污水在塘内缓慢地流动，较长时间贮留，通过在污水中存活微生物的代谢活动和包括水生植物在内的多种生物的综合作用，使有机污染物降解污水得到净化。氧化塘净化废水的全过程，包括好氧、兼性和厌氧 3 种状态。好氧微生物生理活动所需要的溶解氧由塘内以藻类为主的水生浮游植物所产生的光合作用提供。

根据氧化塘水中的优势生物种群和塘水中的溶解氧量，氧化塘可以分为厌氧塘、兼性塘、好氧塘。

1. 厌氧塘

厌氧稳定塘，简称厌氧塘，是一类在无氧状态下净化废水的稳定塘，是以厌氧微生物为主降解有机污染物的废水生物处理工艺。塘水深度一般在 2.0 m 以上，有机负荷率高，整个塘水基本上都呈厌氧状态，在其中进行水解，产酸以及甲烷发酵等厌氧反应全过程。净化速度低，污水停留时间长，具有构造简单、运行费用低等特点。

厌氧塘一般可作为畜禽养殖高浓度有机废水的首级处理工艺，可以在其后设置兼性塘、好氧塘甚至深度处理塘。采用自然处理系统处理猪场废水时，厌氧塘可以替代厌氧消化装置，起到厌氧消化的作用（图 4-11-16）。在厌氧消化出水浓度较高时，可采用厌氧塘作为二级处理单元。厌氧塘之前应设格栅，如废水含砂量大或含油高应增设沉砂池或除油池。厌氧塘作为预处理工艺使用时，截留污泥量大，可大大减小随后的兼性塘、好氧塘的容积以及污泥量，同时可消除夏季运行时兼性塘的浮泥现象。

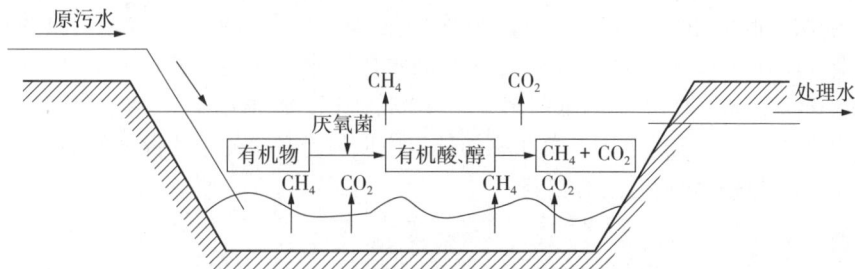

图 4-11-16　厌氧塘净化原理示意图

厌氧塘对污染物的去除机制与前述厌氧生物处理机制基本相同，即"厌氧三阶段理论"（水解酸化、产氢产乙酸、产甲烷）同样适用于厌氧塘。先由水解酸化细菌将复杂有机物（多糖、脂类、蛋白质等）水解转化为简单有机物（脂肪酸、醇类等），而后由产氢产乙酸菌将有机酸和醇类分解转化为乙酸、H_2 和 CO_2，最后再由产甲烷菌将乙酸和 H_2、CO_2 转化为 CH_4 和 CO_2。产甲烷阶段成为厌氧生物处理的限速步骤，因此对产甲烷菌有影响的条件即为厌氧塘的控制性因素，如温度、溶解氧、pH 值、有机负荷、C/N、重金属等。张建英等（1996）分析了污水性质、pH 值、负荷等因素对厌氧塘处理污水效果的影响，分析发现厌氧更适用于处理有机物浓度较高，成分较复杂的有机废水，在塘内的停留时间越长，处理效果越好，处理 COD 浓度为 2.95×10^3 mg/L 的合成废水时，COD 去除率最大可达 60% ～ 70%。

2. 兼性塘

兼性塘是氧化塘中应用最为广泛的一种。兼性塘一般深 1.0 ～ 2.0 m，在塘的上层，阳光能够照射透入的部位，为好氧层，其所产生的各项指标的变化和各项反应与好氧塘相同，由好氧异养微生物对有机污染物进行氧化分解；藻类的光合作用和水面复氧作用强烈，溶解氧含量较高。在塘的底部，由沉淀的污泥、衰死的藻类和菌类形成了污泥层，在这层里由于缺氧，而进行由厌氧微生物起主导作用的厌氧发酵，从而成为厌氧层。

好氧层与厌氧层之间，存在着一个兼性层，在这里溶解氧量很低，而且是时有时无，一般在白昼有溶解氧存在，而在夜间又处于厌氧状态，在这层里存活的是兼性微生物，这一类微生物既能够利用水中游离的分子氧，也能够在厌氧条件下，从 NO_3^- 或 CO_3^{2-} 中摄取氧。

兼性塘内生物种群丰富，对有机物的降解作用比较复杂（图 4-11-17）。兼性塘好氧层处理污水的作用原理与好氧生物处理原理基本相同，但由于污水的停留时间长，有可能生长繁育多种种属的微生物，其中包括世代时间较长的种属，如硝化菌等。除有机物降解外，这里还可能进行更为复杂的反应，如硝化反应等。厌氧区发生作用的原理与厌氧消化机制相同，厌氧区也可以去除大约 20% 的 BOD_5。

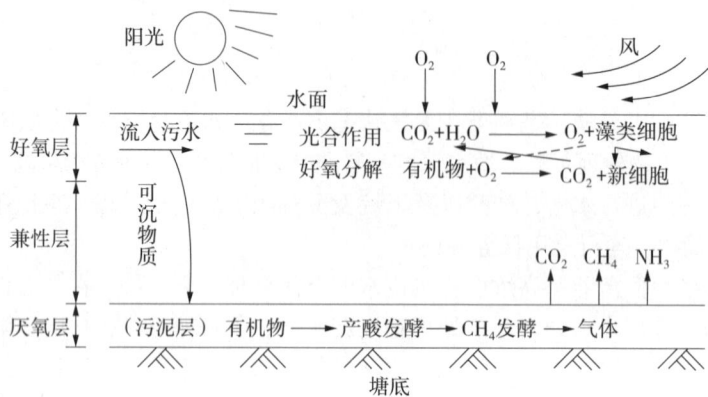

图 4-11-17　兼性塘净化作用示意图

兼性塘可以与其他处理设施连用，也可以将数座兼性塘串联构成塘系统，兼性塘内废水的停留时间一般规定为 7～180 天，幅度很大。高值用于北方，即使冰封期高达半年以上的高寒地区也可以采用。低值用于南方，但也能够保持处理水水质达到规定要求。具体停留时间应根据不同地区的水质、气象条件以及对处理水的水质要求来确定。兼性塘 BOD_5 表面负荷率按 $0.000\,2 \sim 0.010\,kg/（m^2 \cdot d）$ 考虑。低值用于北方寒冷地区，高值用于南方炎热地区。我国幅员辽阔，表面负荷率也处于较大的范围。负荷率的选定应以最冷月份的平均温度作为控制条件，同时还要考虑池容积，即废水停留时间的影响。

3. 好氧塘

好氧塘是在有氧条件下净化废水的稳定塘。好氧塘的深度一般在 0.5 m 左右，阳光能透入池底，采用较低的有机负荷值，塘内存在着藻 - 菌及原生动物的共生系统。依靠藻类的光合作用以及塘表面的复氧作用对池内的好氧微生物进行供氧，使池保持良好的好氧状态。

在好氧塘内高效地进行着光合成反应和有机物的降解反应，溶解氧是充足的，但在一日内波动较大，在白昼，藻类光合作用放出的氧远远超过藻类和细菌所需要的，塘水中氧的含量很高，可达到饱和状态，晚间光合作用停止，由于生物呼吸所耗，水中溶解氧浓度下降，在凌晨时最低，阳光开始照射，光合作用又再开始，水中溶解氧再行上升。好氧塘的净化速率较高，降解有机物的速率较快，水力停留时间短，但进水应进行比较彻底的预处理去除可沉悬浮物，以防形成污泥沉积层，造成底部厌氧菌繁殖。好氧塘的缺点是占地面积大，处理水中含有大量的藻类，需进行除藻处理，对细菌的去除效果也较差。

根据有机物负荷率的高低，好氧塘还可以分为高负荷好氧塘、普通好氧塘和深度处理好氧塘三种。①高负荷好氧塘，有机物负荷率高，污水停留时间短，塘水中藻类浓度很高，这种塘仅适于气候温暖、阳光充足的地区采用。②普通好氧塘，即一般所指的好氧塘，有机负荷率较前者低，以处理污水为主要功能。③深度处理好氧塘，以处理二级处理工艺出水为目的的好氧塘，有机负荷率很低，水力停留时间也较普通好氧塘低，处理水质良好。

为提高好氧塘的处理效率，还可以采用机械供氧设备。采用人工曝气装置向塘内污水充氧，并使塘水搅动的稳定塘又称为曝气塘。曝气塘是经过人工强化的稳定塘，曝气装置多采用表面机械曝气器，但也可以采用鼓风曝气系统。

好氧塘可作为独立的污水处理技术，也可作为深度处理技术，设置在人工生物处理系统或其他类型稳定塘（兼性塘或厌氧塘）之后。风是稳定塘塘水混合的主要动力，为此，好氧塘应建于高处通风良好的地域；每座塘的面积以不超过 4 万 m^2 为宜。塘表面积以矩形为宜，长宽比为（2：1）～（3：1），塘堤外坡（宽：高）（4：1）～（5：1），内坡（宽：高）（3：1）～（2：1），堤顶宽度取 1.8～2.4 m。

（二）人工湿地

湿地是陆地和水域之间的过渡地带。人工湿地（Constructed Wetlands，CW）是一个综合的生态系统，它应用生态系统中的物种共生与物质循环再生原理、结构与功能协调原则，在促进污水污染物质良性循环的前提下，充分发挥资源的再生潜力，使污水得到有效处理与资源化利用。人工湿地和好氧或厌氧生物处理技术相比，具有缓冲容量大、处理效果好、投资少、运行维护费用低等优点，适用于中小型水厂，尤其对畜禽废水中氮磷等营养成分具有较好的去除效果，不仅可以循环利用营养成分，湿地系统本身还可美化环境。人工湿地的净化机制主要是依靠基质的吸附交换、基质与表面附着微生物的协作、植物摄取、微生物的代谢作用等。

根据水在人工湿地内的流动状态不同，可以将湿地分为以下几种类型：表面流人工湿地、水平潜流人工湿地、波形潜流人工湿地处理、垂直流人工湿地、复合垂直流人工湿地。其中应用最为广泛的是表面流、水平潜流和垂直流人工湿地。

1. 表面流人工湿地

表面流人工湿地源于自然湿地，其水文体系、构造与自然湿地非常相似。废水在固体介质表面以上，暴露于大气中，以推流方式从湿地床体表面缓慢流过，形成一层地表水流，流至终端完成整个净化过程。表面流人工湿地水位较浅，水深一般为 0.1～0.3 m，以不超过 0.4 m 为宜，污染物主要依靠挺水植物的茎、杆和床体表面的生物膜得以去除。表面流人工湿地类似于沼泽，其固体介质一般采用自然介质，如土壤，不需要砂砾等物质作填料。这一类型的湿地投资少、操作简便、运行费用低，但占地面积大，水力负荷低，净化能力有限。而且，由于废水暴露于床体表面，夏季容易滋生蚊蝇，产生不良气味，冬季容易结冻，致使处理效果差。表面流人工湿地在废水处理中应用较少，且多应用于二级或三级处理出水的后续深度处理。图 4-11-18 为表面流人工湿地示意图。

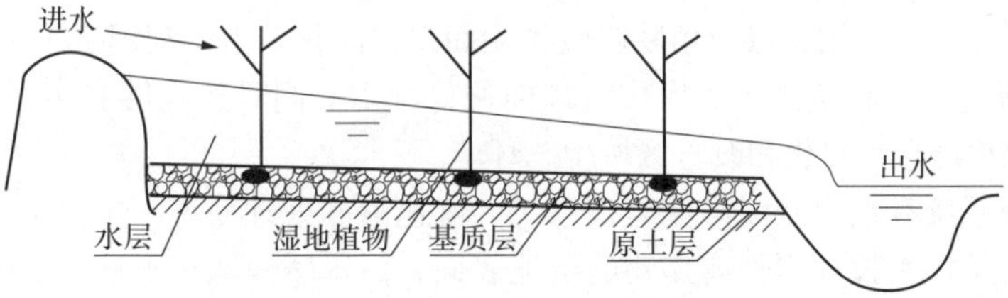

图 4-11-18　表面流人工湿地示意图

2. 水平潜流人工湿地

水平潜流人工湿地是指废水在基质中流动时，液面位于基质层以下，从池体进水端沿水平方向流至出水端的人工湿地。湿地出水端与水位控制器连接，以控制、调节床内水位。相对于表面流人工湿地，水平潜流人工湿地的建设造价较高，因此，单个湿地系统的建设面积一般不会大于 0.5 hm^2。不过水平潜流人工湿地的水力负荷大，对污染物的去除效果好，且少有恶臭和蚊蝇滋生现象。由于液面位于基质层以下且床体表面可予以保温处理，水平潜流人工湿地可在一定程度上降低温度对处理效果的影响，其冬季运行效果较表面流人工湿地好，更适用于低温地区废水的处理。但水平潜流人工湿地应注意滤料的堵塞问题，尤其是在湿地进水区域会出现大量的固体悬浮物积累和微生物膜的过量繁殖，因此应进行必要的预处理以及合理搭配基质颗粒。图 4-11-19 为水平潜流人工湿地示意图。

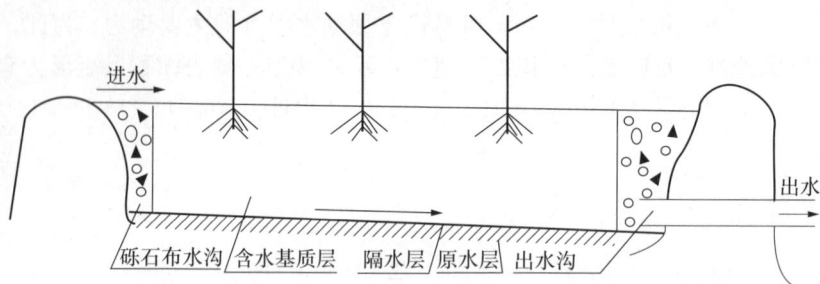

图 4-11-19　水平潜流人工湿地示意图

3. 垂直流人工湿地

垂直流人工湿地是指废水在湿地表面均匀分布并向下自由垂直流动的人工湿地。垂直流人工湿地的床体大部分时间处于非饱和状态，氧通过大气扩散与植物根系传输进入湿地。该湿地系统的硝化能力高于水平潜流人工湿地，适于处理氨氮含量较高的废水，但其建设费用相对较高，而且容易发生堵塞。图 4-11-20 为垂直流人工湿地示意图。

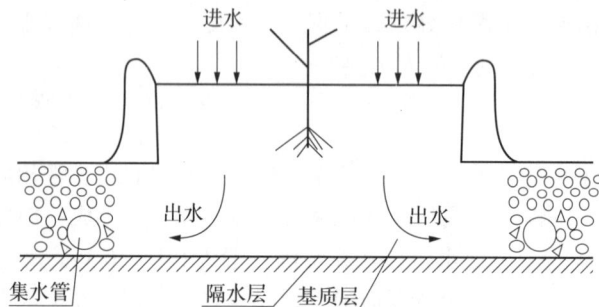

图 4-11-20　垂直流人工湿地示意图

（三）土地渗滤处理系统

土地渗滤处理系统是一种利用土壤中的动物、微生物、植物以及土壤的物理、化学和生物化学特性净化污水的就地污水处理技术。污水经预处理（化粪池和水解池）后，输送至土壤渗滤场，在配水系统的控制下，均匀进入场底砾石渗滤沟，由土壤毛细管作用上升至植物根区，经土壤的物理、化学和微生物生化作用，以及植物吸收作用而得以净化。由于利用了土壤的自然净化能力，因此具有基建投资低、运转费用少、操作管理简便等优点。同时还能够利用污水中的水肥资源，将污水处理与绿化相结合，美化和改善区域生态环境。

土地渗滤处理系统有地表漫流渗滤处理系统、慢速渗滤处理系统、快速渗滤处理系统等。慢速渗滤处理系统是将污水投配到种有作物的土地表面，污水缓慢地在土地表面流动并向土壤中渗滤，一部分污水直接为作物所吸收，一部分则渗入土壤中，从而使污水得到净化的一种土地处理工艺。可采用表面布水和喷灌布水，由于污水在系统中停留时间长，表层土壤含有微生物的数量很大，水质净化效果非常好。快速渗滤处理系统是将污水有控制地投配到具有良好渗滤性能的土地表面，污水向下渗滤的过程中，在过滤、沉淀、氧化、还原以及生物氧化、硝化、反硝化等一系列物理、化学及生物的作用下得到净化处理的一种污水土地处理工艺。快速渗滤处理系统中污水是周期地向渗滤田灌水和休灌，使表层土壤处于淹水 / 干燥，即厌氧、好氧交替运行状态，在休灌期，表层土壤恢复好氧状态，在这里产生强力的好氧降解反应，被土壤层截留的有机物为微生物所分解，休灌期土壤层脱水干化有利于下一个灌水周期水的下渗和排除。在土壤层形成的厌氧、好氧交替的运行状态有利于氮、磷的去除。快速渗滤处理系统进一步发展形成目前应用较为广泛的砂滤池。砂滤池一般采用渗透性能较好又具有一定阳离子交换容量的天然河砂作为渗滤介质，将废水投配到池表面，废水在向下渗透的过程中经历不同的物理、化学和生物作用，最终达到净化水质的目的。作为土地处理系统的一种，砂滤池的水力负荷较高，占地面积减小，用于营建的场地条件容易满足，且出水可以通过集水管网回收利用，因此应用广泛。

📝 **练一练**

> 1. 简述厌氧处理的消化机制。
> 2. 简述活性污泥法的原理与过程。

📖 **拓展学习**

粪污能源化、饲料化处理技术

沼气、沼液的利用

1. 沼气的综合利用

沼气中含有水蒸气和硫化氢，水蒸气在沼气管路中会增加沼气流动的阻力，还会降低沼气的热值；而硫化氢与水作用会加速金属管道、阀门及流量计的腐蚀和堵塞；硫化氢燃烧后产生二氧化硫与水蒸气结合生产亚硫酸，会污染大气环境，影响人体健康。因此沼气在利用前必须进行脱硫和脱水，使沼气的质量达到使用标准要求。沼气的综合利用主要包括以下几个方面：

①沼气作为生活用能：在生活用能方面，沼气最广泛的应用就是为做饭、热水器和照明提供能源。1 m^3 沼气燃烧产生的热能相当于 0.7 kg 标准煤，能使一盏沼气灯（亮度相当于 60 W 的电灯）照明 6 小时以上。

②沼气作为生产用能：沼气作为生产用能时主要供发电用。构成沼气发电系统的主要设备有燃气发动机、发电机和热回收装置。由厌氧发酵装置产出的沼气，经过水封、脱硫后至贮气柜，然后再从贮气柜出来，经脱水、稳压供给燃气发动机，驱动与燃气发动机相连接的发电机而产生电力。用于发电的沼气，其组分中甲烷含量应大于 60%，硫化氢含量应小于 0.05%，供气压力不低于 6 kPa。

③用于日光温室增温补肥：沼气在日光温室中的应用主要有两个方面。一是燃烧沼气为日光温室增温补光，燃烧 1 m^3 沼气大约可以释放 21 520 kJ 热量，在冬季气温较低或阴天时可以起到很好的效果。通常每 10 m^2 安装一盏沼气灯，或者每 50 m^2 安放一个沼气灶，每天早晨和晚上各燃烧 2 小时。二是燃烧沼气产生的二氧化碳为日光温室补充二氧化碳气肥，促进蔬菜生长。

2. 沼液的综合利用

猪场污水经厌氧消化处理后的发酵残留物，称为沼渣沼液，沼渣沼液主要由三部分组成：未消化的底物、微生物生物体和微生物代谢产物。在大多数猪场污水处理沼气工程中，猪场粪污需要经过固液分离后才进入厌氧消化装置，经沼气发酵后，排放的发酵残留物中含有的沼渣比较少，且粒度较细，难以继续利用固液分离机进行进一步分离，因此一般统称为厌氧消化液，俗称沼液。沼液富含植物生长的营养物质和一些生物活性物质，兼具有机废水和液体肥料的属性。沼液用作肥料是较为理想的处理利用方式，随着生猪养殖的集约化和沼气工程的规模化发展，沼液资源利用方式与模式都随之发生相应变化。

（1）沼液的主要成分　沼液含有丰富的养分特别是含有多种水溶性养分，是一种速效性的优质肥料。因为沼液中的一部分养分和有机质已转变为腐殖酸类物质，所以，它又是一种速效和迟效兼备的优质有机肥料。沼液除含有大量氮、磷、钾等常量元素外，还含有硼、铜、铁、锌、锰等多种微量元素，以及水解酶、氨基酸、有机酸、腐殖酸、生长素、赤霉素、B族维生素、细胞分裂素及某些抗生素等生物活性物质。

（2）沼液肥料化直接还田利用　沼液直接还田利用是指从厌氧消化罐流出的沼液经过简单的储存后直接施用于农作物。

①沼液浸种：这是一种将农作物种子放入沼液中浸泡再播种的技术。它能够促进种子发芽，提高农作物抗逆性和营养价值。

②沼液追肥：沼液中含有大量的氮、磷、钾等营养元素，可以作为农作物的优质追肥使用。

③喷洒叶面：沼液中的腐殖酸、氨基酸等物质对植物生长具有良好的促进作用，可以直接喷洒到农作物叶片上进行吸收。

④土壤改良剂：沼液中的有机物能够增加土壤的有机质含量，改善土壤结构，提高土壤的保水保肥能力。

⑤沼液灌溉：沼液可以用于农田灌溉，不仅可以提供农作物所需的养分，还可以改善土壤结构，减少化肥用量，保护环境。

⑥生物农药：沼液中含有多种生物活性物质，对防治病虫害有一定的效果。

（3）沼液肥料化高值利用　沼液肥料化高值利用技术是指通过一系列加工处理手段，将沼液转化为更有价值的产品或服务的过程。常见的沼液肥料化高值利用技术包括沼液浓缩提取技术、沼液生物降解技术和沼液制备功能性肥料技术等。

①沼液浓缩提取技术：该技术是通过物理或化学方法，将沼液中的有用成分浓缩提取出来，形成更具价值的产品。例如，可以通过膜分离技术，将沼液中的营养元素、微生物等物质浓缩提取出来，制成高浓度的液体肥料；也可以通过结晶法，将沼液中的矿物质提取出来，制成粉末状肥料。

②沼液生物降解技术：该技术是通过引入特定的微生物菌种，使沼液中的有机物质被微生物分解成小分子物质，进而降低沼液的毒性，提高其可利用性。例如，可以将沼液接种到专门培养基上，让微生物将其降解为无害的小分子物质，然后将这些物质再利用。

③沼液制备功能性肥料技术：该技术是通过添加特定的添加剂或采用特殊的生产工艺，将沼液制备成具有特殊功能的肥料产品。例如，可以在沼液中添加有机酸、糖类等物质，制成具有提高作物品质、增强抗逆性等功能的功能性肥料；或者将沼液经过特殊工艺处理，制成具有缓释、长效等特点的新型肥料。

（4）沼液养鱼　利用沼液养鱼也是沼液资源化利用的常见途径，沼液可以用于草鱼、青鱼、鳙鱼、鲤鱼、鲍鱼、蝙鱼的鱼类的养殖。沼液可为水中的浮游动、植物提供营养，增加鱼塘中浮游动、植物的产量，丰富滤食性鱼类饵料，从而减少尿素等化学肥料的施用，也能避免施用新鲜畜禽粪便带来的寄生虫卵及病菌而引发的鱼病及损失，保障并大幅度提高效益。

沼液既可作鱼塘基肥，又可作追肥。沼液作为鱼池基肥应在鱼池消毒后、投放鱼种前进行，每公顷水面施入沼液 3 000～4 500 kg，一般不宜超过 4 500 kg，作为追肥的施用量一般在 1 000～3 000 kg/hm²。

任务 11.5　养殖场粪污原位发酵床处理技术

【学习目标】

掌握原位发酵床处理系统的构建及运行原理，熟悉发酵床的特点及优势，学会建立猪场粪污异位发酵床处理系统。

【任务实施】

一、原位发酵床技术原理

微生物发酵床养猪技术又称自然养猪法、环保养猪法、生态养猪技术、零污染养猪技术等。其技术核心是根据微生态和生物发酵原理，筛选功能微生物，通过特定营养条件培养形成土著微生物原种；将原种按一定比例掺拌谷壳、木屑等材料，控制发酵条件，制成有机垫料；将垫料按一定厚度铺设在猪舍内，制成发酵床，利用生猪拱翻的生活习性，使垫料和排泄猪粪尿充分混合，通过微生物的原位发酵，使猪粪尿中的有机物质进行充分分解和转化；最终达到降解、消化猪粪尿，除去异味和无害化的目的。

与传统养猪模式相比，微生物发酵床养猪技术将微生态技术、发酵技术及畜禽养殖技术结合了起来，具有如下诸多优点：①微生物发酵床养猪技术利用垫料中的有益微生物活性对猪的排泄物进行原位分解发酵，减少氨、一氧化二氮、硫化氢和吲哚等臭味物质的产生和挥发，使猪舍内无臭味，提高了猪舍的卫生水平；②微生物发酵床猪舍一般采用全开放式，通风透气性好，温湿度适宜猪的生长，发酵床垫料松软，适应猪只翻拱的自然生活习性，改善了猪的生活环境；③与传统养猪法相比，发酵床猪舍的猪花在站立、拱翻等运动上的活动时间更多，机体抵抗力增强，猪只发病减少，特别是呼吸道和消化道疾病的发生大幅度下降，减少了抗生素的使用，可以提高育肥猪的蛋白质合成，增加机体氮沉积量，促进生长；④猪粪尿与垫料的混合物在微生物的作用下迅速发酵分解，产生热量，中心温度可达 $40 \sim 50\ ℃$，表层温度能维持在 $25 \sim 30\ ℃$，能很好地解决猪舍的冬季保温难题，节约了能源；⑤无须冲洗猪舍，可节约大量用水，减少了废水排放。

二、生产工艺

首先是选择发酵床垫料原料，垫料要具有透气性好、吸水性强、耐腐化、适合菌种生长等特点，如锅末、稻壳、秸秆、棉籽、花生壳、木屑等都可用作垫料。不同地区可因地制宜，就地取材，按照一定比例将原料铺设在舍内地面上，加入微生物菌剂。家畜将粪污直接排于发酵床上，工作人员定期对发酵床进行翻抛，根据垫料消耗情况及时补充、更新垫料。当垫料发酵腐熟到一定时间后，对垫料进行清理，并运送至有机肥厂作为生产有机肥的原料生产加工有机肥。原位发酵床处理模式工艺流程见图 4-11-21。

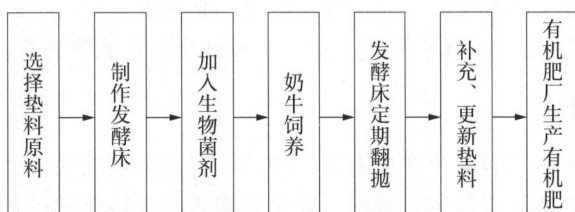

选择垫料原料 → 制作发酵床 → 加入生物菌剂 → 奶牛饲养 → 发酵床定期翻抛 → 补充、更新垫料 → 有机肥厂生产有机肥

图 4-11-21　原位发酵床处理模式工艺流程

三、技术要点

（一）发酵池设计与建设

发酵池四壁用水泥砌成垂直或较陡的斜坡，每个角砌成弧形，不用直角。发酵池底部尽可能保留土地面，略加平整即可，这样在节省建设成本的同时，可避免发酵池底部积水发霉，也利于发酵过程气体交换和保温。

1. 发酵床的垫料厚度

发酵池深度主要受垫料厚度影响，而垫料厚度又受到发酵类型、养殖对象、气候、季节等多种因素影响，如干撒式发酵床垫料厚度比湿式发酵床可降低 40%；饲养育成猪比饲养保育猪垫料厚度应至少增加 30%；南方地区的厚度可适当降低，北方地区的厚度可适当增加；夏季适当降低，冬季适当加高。总的来说，发酵池深度一般保持在 $40 \sim 100\ cm$，不得低于 $40\ cm$。

2. 发酵床的形式

为避免地下水位过高影响垫料发酵，发酵池一般分地上式、地下式和半地上式三种类型。

地上式发酵池建在地面上，垫料槽底部与猪舍外地面持平或略高，硬地平台及操作通道需垫高 $40 \sim 100\ cm$，保育猪 $40\ cm$ 左右、育成猪 $100\ cm$ 左右，利用硬地平台的一侧及猪舍外墙构成一个与猪舍等长的长槽，并视养殖需要在中间用铁栅栏分隔成若干单栏。地上模式的优点在于能够保持猪舍干燥，特别是可防止高地下水位地区雨季返潮；缺点是建设成本较高，如其屋檐高度相对于地下模式而言要高出 40 ～ 100 cm。地上模式主要适宜大部分雨量充沛的南方地区以及江、河、湖、海等地下水位较高的地区。

地下式发酵池建在地面以下，池深保持 40 cm 以上，冬季越寒冷越要加大发酵池深度，非常适宜老旧猪舍改建。地下模式的优点是冬季保温性能好，因此，非常适宜北方寒冷干燥地区及地下水位较低的地区。

半地上式发酵池一半建在地下、一半建在地上，池深与地上式基本一致。其优点在于建设成本相对地上式低，又比地下式便于养护，同时解决了季节性地下水位过高问题，适宜北方大部分地区、南方坡地或高台地区。

（二）养殖设备

粪污原位降解技术的饲养设备主要包括饲喂设备、饮水设备、降温设备和垫料养护设备等。饲喂设备与传统猪舍并无差别。

饮水设备的位置最好设置在与料槽相对一侧，在避免强壮猪长时间占据料位的同时，可增加猪的运动量。为防止饮水器漏水流入到发酵床中导致垫料湿度过大，要求在饮水器下面建边缘略高的饮水导流台，将饮水器滴漏的饮水引流到圈舍外，导流台一般宽 60 cm，长度可灵活掌握，以 1 m 为佳，一般占猪舍纵长的 1/3 左右。

垫料养护设备用于对垫料进行翻动使垫料保持疏松透气的良好发酵环境，防止板结。小型养猪场可使用叉、耙、铲、锹等工具，规模猪场除人工养护外，每次大规模翻动垫料可选择使用小型挖掘机或犁耕机等，而非接触型发酵床则必须安装全自动翻抛设备。

降温设备用于炎热夏季防暑降温。使用湿帘降温，必须配合风机，通过加速水分蒸发促进热量散失；而喷雾降温的关键是喷头雾化性能要好，尽量减少水珠洒落到垫料上，增加舍内湿度。

（三）垫料选择与制作

发酵床就是在发酵池内垫满混合有功能微生物、具有发酵功能并供猪生活的垫料层，发酵床良好运行的过程就是功能菌群正常生长繁殖，并完成粪尿降解转化的过程，在这个过程中以有氧代谢反应为主导，以厌氧和兼性厌氧反应为辅，维持这一过程正常反应的条件包括垫料中碳氮元素比例适宜的营养源、相对充分的氧气供应及合适的温度、水分含量和 pH 值等。因此，垫料的制作、功能菌群的选择、发酵床的养护都是粪污原位降解技术的核心。

1. 垫料原料选择

从技术角度看，垫料原料要求碳氮比高，木质粗纤维含量较高、不容易被分解、疏松多孔透气、吸水吸附性能良好、细度适当、无毒无害、无明显杂质等。从实用的角度来说，垫料原料必须来源广泛，采集采购方便，价格尽可能便宜，质量容易把握。

发酵床垫料的原料以木材锯末碳氮比最高，疏松多孔，透气性、保水性最好，最耐发酵，使用年限最长。木材加工生成的刨花也可替代锯末使用，可放置在发酵床的中下层，如果发酵池较深，如东北地区深达 1 m 以上的发酵池也可在底部用碎木块及树枝、细木段充当垫料，厚度一般掌握在 30 ～ 50 cm。

稻壳、棉籽壳粉、棉秆粗粉等也是很好的垫料原料，透气性能比锯末好，但吸附性能稍次于锯末。含碳水化合物比例比锯末低，灰分比锯末高，使用效果和寿命次于锯末。可以单独使用，也可与锯末混合使用。稻壳不宜粉碎，棉籽壳、棉秆不宜粉碎过细，因为过细不利于透气。锯末中掺入 1/4 上述垫料的效果与单一锯末的使用效果相近。这种垫料配方的优势在于提高了纯锯末的透气性，降低了纯锯末湿润后的黏结性。

玉米秆、麦秸、稻草等秸秆也可以作为垫料使用，但由于秸秆的粉碎费用较高，而且粉碎后的透气性能不佳，吸水后透气性能更差，且容易腐烂，因此，不宜粉碎使用。它们可以作为底层垫料直接铺到最下层，厚度不超过 20 cm，也可铡短到 2 cm 左右，与锯末混合使用，比例不超过 1/3。

2. 垫料发酵菌剂的选择

发酵床的发酵过程是通过不同温区活性菌种的相互配合、多种功能菌群系统的分工协作，由多种物质参与化学转化的复杂的生物化学反应过程。因此，理想的发酵床功能菌群要具备自身活力强大、休眠性好、对粪尿降解效率高、不产生明显有害物质等特点，是粪污原位降解技术最核心内容之一，也是发酵床最重要的组成成分。

目前而言，发酵床功能菌剂来源有两方面，一是土著菌种，即在当地落叶和腐殖质丰厚区域采集土壤中的土著菌，进行培养扩繁生产菌剂。二是商品菌剂，目前国内的专业公司可以提供商业化产品。相对于土著菌种，商品菌剂所含菌种更加丰富，一般包含光合菌、乳酸菌、酵母菌、芽孢杆菌、醋酸菌、双歧杆菌、放线菌等各大类好氧有益微生物，而且经过人工培养加工，可以和垫料及畜禽粪尿中的有益微生物产生协同功效，实现高效降解粪尿的目的，使用也相对简便，因此，在实际生产过程中，建议选择商品菌剂。但应当注意的问题是，由于各个专业化公司选择的原始菌种不同、生产菌剂的工艺不同，各类商品菌剂的使用方法、适用条件也会出现不同，在实际生产中要注意区分。

发酵床功能菌剂使用时一般要先用麸皮、玉米粉或米糠等稀释，一是确保菌剂与垫料混合均匀，二为菌群提供快速复活、发酵的高浓度营养物质。

3. 发酵床的铺设

湿式发酵床的铺设首先要调制加工垫料，可在猪舍内进行，但如果垫料数量较大，建议使用搅拌设备，选择专用场地进行加工。南方地区多选用发酵车间式结构，利于通风透气，北方地区多选用发酵棚式结构，便于冬季保温。

干撒式发酵床铺设可以逐次增加厚度，初次铺设 30 cm 厚度即可。垫料原料可以单用锯末或稻壳，也可锯末与稻壳任意比例混合使用，除此之外，可用刨花、棉花秆、麦秸、玉米秸、玉米芯和花生壳等多种原料替代，特别是最下层可完全使用其他替代原料，甚至碎木块、断树枝等也不影响使用效果。为了使发酵床中发酵菌剂分布均匀，可将垫料分成 5 层铺填，每一层用菌剂总量的 1/5。

（1）湿式发酵床的铺设

第一步：根据气候条件、饲养品种、夏冬季节不同，确定垫料厚度，并根据发酵池面积计算垫料和发酵菌剂用量。湿式发酵床垫料配方一般为锯末 50% ～ 60%，稻壳 30% ～ 40%，新鲜猪粪 10% ～ 20%，玉米粉、米糠或麸皮等 2% ～ 3%。

第二步：根据发酵菌剂使用说明，用麸皮、玉米粉或米糠进行稀释（一般是 5 ～ 10 倍）

第三步：将稀释好的发酵菌剂与各种垫料进行充分混合搅拌，在搅拌过程中不断向垫料中喷雾洒水，使垫料湿度达到 40% ～ 60%（与垫料配比有关，现场判定适宜与否的标准是手抓垫料可成团，松手即散，指缝无水渗出）。

第四步：将搅拌均匀的垫料堆垛发酵，一般夏天经过 5 ～ 7 天，冬天经过 10 ～ 15 天，垫料有发酵香味和蒸汽冒出后，即说明垫料发酵成熟。

第五步：将发酵好的垫料在发酵池中摊开铺平，在其表面覆盖 5 ～ 10 cm 的锯末、稻壳混合物，等待 24 小时后即可进猪。

（2）干撒式发酵床的铺设

第一步：根据垫料原料质量不同，确定每层铺垫的垫料种类，最底层应当铺设尺寸较大的替代原料。

第二步：根据发酵剂的使用说明，用麸皮、玉米粉或米糠进行稀释（一般是 5 ～ 10 倍）。

第三步：在发酵池内逐层铺上垫料，每层垫料上面手工均匀播撒一层稀释后的菌剂，达到预定的厚度后即可进猪，如果垫料太干起尘，可在进猪前在发酵床表面进行适当喷淋。

第四步：将猪排泄的粪尿埋入发酵床 10～30 cm 深处，一般情况下，如此反复数次，即可启动发酵。

（四）发酵床的养护

发酵床养护的目的主要是保持发酵床正常微生态平衡，确保发酵床对猪粪尿的消化分解能力始终维持在较高水平。发酵床养护主要包括垫料的通透性管理、疏粪管理、水分调节、通风管理、垫料补充、猪群出栏后的垫料管理等。

1. 垫料通透性管理

发酵床发酵过程需要保持正常水平氧气含量，以保持发酵床较高粪尿分解能力和抑制病原微生物繁殖，垫料要保持适当的通透性。通常简便的方式就是将垫料经常翻动，翻动深度保育猪为 15～20 cm、育成猪 25～35 cm，可结合疏粪或补水将垫料翻匀，每隔一段时间（50～60 天）要彻底将垫料翻动一次，并且要将垫料层上下混合均匀。一般来说，小猪粪尿量小，对垫料的踩踏也较轻，没有必要频繁翻动。但中大猪粪尿量较大，对垫料的踩踏也较重，垫料翻动的工作量也相应较大。

为了促使猪群对垫料的拱掘翻动，减少人工翻动的劳动强度，肉猪群最好采用限饲分餐饲喂，适当减少正常饲料喂量的 5%～10%，迫使猪为寻找食物增加拱掘。在日常维护翻动垫料时，最好用较大而且齿多的铁叉，也可用铁耙，这样不但比用铁锹操作轻快，而且掺和均匀。在大型猪场中进行垫料彻底翻动时，可采用蔬菜大棚使用的翻耕机械进入圈舍内操作，这样可大大提高工作效率。

2. 疏粪管理

生猪具有集中定点排泄粪尿的生活习性，如果粪尿长时间集中，就会破坏局部发酵环境，使这一区域丧失发酵功能。因此，要适时将明显集中的粪尿疏散分撒，与垫料混合均匀，填埋入发酵层，即疏粪管理。原则上，每天要将集中的粪尿与垫料混合填埋。但在小猪阶段也可两三天，甚至更多天操作一次。

3. 水分调节

不同物料因理化特性存在差异，适宜发酵的水分含量是不一样的，同时温度、湿度等环境因素也会对其产生影响，因此，发酵床适宜的水分含量应根据地域、气候、垫料及发酵菌剂的特点来适当调整。同时，还要注意发酵床不同区域的垫料在发酵过程中所起作用不同，其水分含量也不同。在发酵床表面以下 30 cm 左右的核心发酵层，水分应控制在 50%～60%，才能保证功能有益微生物正常生长繁殖和对粪尿进行降解；但在发酵床表面 10 cm 左右的垫料层，如果水分含量过高，不仅会降低垫料通透性，而且潮湿对猪生长不利，因此，水分含量控制在 30%～40%，不起飞尘为宜。

在核心发酵层，一般情况通过填埋粪尿即可满足水分含量要求，而不需要额外添加水分，即使干撒式发酵床的表层垫料，除使用初期可能需要喷水压尘外，正常饲养过程很少出现垫料水分过低问题。

垫料的含水量难以用仪器测定，一般来说，含水量在 20%～30% 时，垫料干燥，稍有潮湿感；含水在 40%～50% 时，有明显潮湿感，含水量达到 60% 时，手握略有黏结状，但手松开时马上散开超过；超过 60% 时，用力握垫料，指缝会有水渗出。

4. 通风管理

通风的原则是尽可能采用自然通风，当自然通风不能满足要求时，采用机械通风。在炎热季节，则使用由湿帘、喷雾等设备与风机组合成的降温系统，对发酵床猪舍进行降温。

5. 垫料补充

发酵床在消化分解粪尿的同时，垫料也会逐步损耗，及时补充垫料是保持发酵床性能稳定的重要措施。一般情况，育肥圈经 3 ~ 4 个月的饲养时间，垫料通常要减少 10%，继而需要补充垫料。

垫料补充有集中补充、定期补充和随时补充等形式。集中补充是在一批次猪群出栏或转圈后，一次补齐消耗的垫料；定期补充则是每间隔一定时间（如 2 个月）补充一次；随时补充，即视圈内垫料的情况，如部分区域粪尿集中、垫料过湿，随时将新垫料铺到需要的地方，大猪生长阶段垫料水分和粪尿较多时，可随时补充干垫料。

补充垫料的质量要以首次铺设时的要求为准，补充的新料要与发酵床上的垫料混合均匀，并调节好水分。在干撒式发酵床中补充垫料仍应按比例添加发酵菌剂，湿式发酵床的垫料仍需提前发酵。

6. 猪群出栏后的垫料管理

垫料的管理和养护直接关系到发酵床的使用寿命，如果管理和养护得当，发酵床可使用 3 年以上，可以饲养多批次的生猪。

每一批猪群出栏后，对垫料的管理应包括三方面工作：首先，为使老旧垫料能重新被利用，要彻底翻倒垫料，做到完全松散透气，粪尿与垫料混合均匀；其次，由于发酵床不能使用任何化学消毒剂，为杀灭前批生猪饲养过程可能遗留的寄生虫、细菌等病原微生物，应视情况适当在垫料中补充菌种、水分，并将垫料进行堆积进行高温发酵无害化处理；最后是在原有垫料的上层补充新垫料，达到要求厚度，间隔 24 小时后再进猪饲养。

📝 练一练

> 1. 解释原位发酵床技术原理。
> 2. 简述原位发酵床技术要点。

📖 拓展学习

微生物发酵床主要生态安全问题

1. 垫料资源缺乏，引起资源生态安全问题

目前养猪场所使用的发酵床垫料主要为谷壳和木屑，谷壳主要来源于米业加工，木屑则主要来源于木材加工行业。每头猪饲养面积需 1.2 ~ 1.5 m^2，使用垫料厚度 40 ~ 80 cm，需垫料为 0.48 ~ 1.2 m^3，其中 50% 为木屑，则需木屑 0.24 ~ 0.6 m^3。按一个存栏 10 000 头的养猪场来计算，则需木屑 2 400 ~ 6 000 m^3。农业部畜牧业司发布 2009 年 11 月生猪存栏 46 590 万头，如果大面积采用微生物发酵床技术，对垫料资源的需求将是一个极其庞大的数字，必将对木材相关行业以及谷壳的市场供应形成巨大的影响。

2. 抗生素、重金属等在垫料中累积，造成新的污染

抗生素在全球范围内广泛应用于畜牧业和水产养殖业，其中约 70% 的用量被用于此目的。大多数抗生素并不能被动物完全吸收，而是以母体或代谢物的形式排出体外，这部分抗生素占总使用量的比例为 40% ~ 90%。此外，为了改善猪的生长性能，企业会在猪饲料中大量添加含有锌和铜等重金属的添加剂。这些金属元素中有高达 90% 的铜元素和 90% ~ 95% 的锌元素会被动物体内吸收，并从粪便中排出。采用发酵床养猪的方法，未能被充分利用的抗生素和重金属将会被垫料所吸附并大量积累。当这些垫料被直接利用时，其中的有害物质还会在土壤中继续累积。一旦这些物质被农作物吸收，就可能会最终富集于人体内，对人类健康造成严重威胁。

3. 发酵床垫料可能成为动物病原菌的滋生地，存在病害累积暴发的隐患

自然界存在着各种微生物，其中有各种病原菌，在普通养猪模式下，养猪场每天冲洗猪舍，定期对猪舍消毒，大大减少了微生物的存在，也能在很大程度上减少病原菌的存在。而

在发酵床养猪模式下，只能对猪舍及垫料表面进行消毒，垫料则可能成为微生物良好的繁殖场所。据检测，每克新鲜垫料中，各种微生物的含量可达 1 亿个以上。虽然通过接种环境益生菌进行充分发酵后，达到 70 ℃ 的高温能消灭不耐受高温的微生物，但部分发酵不完全的垫料仍然保存了大量的微生物。在饲养过程中，一些生病的猪只携带的病原菌也可能保留在垫料中，造成病害累积暴发的隐患。

4. 垫料使用后出栏，缺乏相应的利用途径，大量堆积，形成新的废弃物污染

发酵床养猪在近几年大量兴起，一般的使用时间为 2～3 年，现在已经有许多垫料出栏，对于废弃的垫料，因地制宜的处理技术研究目前尚属空白领域，目前最简单直接的方法就是将其当作有机肥使用。然而，由于养猪场一般都处于比较偏远的地方，运输成本较高，加之农产品价格原因，有机肥的销量也十分有限；再者，多数养猪场经营比较专一，对有机肥的市场状况缺乏相应了解，也缺乏相应的使用或经营条件，因而，养猪场只好把出栏垫料堆积闲置，从而造成了新的废弃物污染，也形成了一种新的资源浪费。

任务 11.6　养殖场粪污异位发酵床处理技术

【学习目标】

掌握异位发酵床处理系统的构建及运行原理，熟悉发酵床的特点及优势，学会建立猪场粪污异位发酵床处理系统。

【任务实施】

一、异位发酵床技术原理

异位发酵床是将养猪与粪污发酵处理分开，在猪舍外另建垫料发酵棚舍，猪不接触垫料，猪场粪污收集后，利用潜泵均匀喷在垫料上进行生物菌发酵的粪污处理方法。这是近年来各地大力推广的一项新型环保养猪方式，具有减少臭味产生和改善环境的作用。它具有投资少、操作简单、方便实用、不需要人工清理粪污等特点。与原位发酵床相比，该模式有效克服了消毒不方便、易诱发呼吸道疾病、猪舍改造成本高等问题，为保护环境、生态养猪开辟了一条新的途径。

异位发酵床由发酵槽、发酵垫料、发酵微生物接种剂、翻堆装备、粪污管道、防雨棚等组成。异位发酵床具体是利用谷壳、锯糠、椰糠等作原料，加入微生物发酵剂，混合搅拌，铺平在发酵池内，将猪等动物的排泄物直接导入在发酵床上，利用自动翻堆机翻耙，使粪污和垫料充分搅拌混合，调整垫料湿度在 40%～60%，通过搅拌增加垫料通气量，有利于发酵微生物充分发酵，分解粪污等有机物质，同时产生较高的温度（40～60 ℃）将水分蒸发，多次导入粪污循环发酵，最终转化产生生物有机肥。其技术核心在于"异位发酵床"的建设和管理，可以说"异位发酵床"效率高低决定了污染治理效益的高低。

二、生产工艺

异位发酵床是为了适应传统养猪污染治理方法而建立的，整个工艺装备由排粪沟、集粪池、喷淋池、异位发酵床、翻堆机等组成。异位发酵床处理工艺流程见图 4-11-22。猪舍内的粪污通过尿泡粪，经过排粪沟进入集粪池，在集粪池内通过粪污切割搅拌机搅拌防止沉淀，粪污切割泵打浆并抽到喷淋池，喷淋机将粪污浆喷洒在异位发酵床上，添加微生物发酵剂，由行走式翻堆机翻堆，将垫料与粪污混合发酵，消除臭味，分解猪粪，产生高温，蒸发水分。喷淋机周期性地喷淋粪污，翻堆机周期性地翻耕混合垫料，如此往复循环，完成粪污的处理，最终产生生物有机肥。

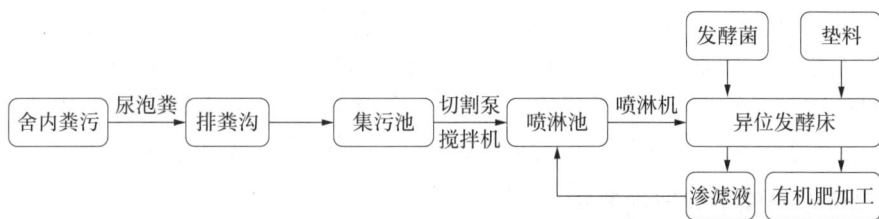

图 4-11-22 粪污异位发酵床处理工艺流程

三、结构设计

典型的异位发酵床由钢构房、发酵池、翻堆机、喷淋泵等构成（图 4-11-23）。发酵池宽度 4 m、深度 1.5 m、长度 40 m（可以根据面积要求变化），一般一个发酵床由 4 个发酵池组成（可以根据面积要求变化），两个发酵池中央有一个喷淋池，宽度为 2 m，深度和长度与发酵池相同。这样，典型异位发酵床的标准面积为 720 m²。

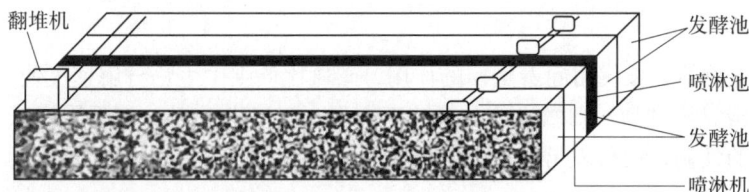

图 4-11-23 异位发酵床示意图

发酵池上方配有依轨道运行的翻堆机。翻堆机可升降的高度为 1～1.5 m，行走速度为 4 m/min，10 分钟完成一趟（40 m），发酵床的两头有变池轨道装备，可以横向运动，翻堆机通过变池轨道从一个池变轨到另一个池，继续作业。配合翻堆机的作业，在喷淋池上方配有依轨道运行的粪污浆喷淋机，进浆管口潜入喷淋池，出浆喷头安装在横跨发酵池的水管上，每个喷头对准一个发酵池，喷淋机边行进边把喷淋池内的粪污喷淋在发酵床上，喷淋机与翻推机共享同一套行走轨道，喷淋机行走速度为 4 m/min，一次作业完成一个来回的粪污浆喷淋后，喷淋机放回发酵床一端的喷淋机架上，而后，翻堆机开始作业，如此往复循环，完成粪污的喷淋吸附、翻堆混合，进而发酵分解。

四、异位发酵床猪粪消纳机制

（一）异位发酵床垫料配比方案

异位发酵床的垫料很大一部分来源于农业副产物，而不同的原料其所含木质素以及碳氮比不同，这对发酵床垫料的发酵水平和耐久性影响较大。垫料分为硬垫料和软垫料，硬垫料是指那些木质素含量较高的农作物秸秆，其碳氮比较高，微生物分解不容易，发酵耐用时间较长，如锯糠、椰糠、树枝、棉籽壳等；软垫料是指那些木质素含量较低的作物秸秆，其碳氮比较低，微生物分解较为容易，发酵耐用时间较短，如稻草、麦草、玉米秸秆、花生壳等。

异位发酵床垫料选择尽量将硬垫料和软垫料结合使用，一般来说，垫料碳氮比在 55 以上的农作物秸秆都可以作垫料，原理上垫料配比为硬垫料 50% + 软垫料 50%。垫料发酵使用到碳氮比小于 15 时，不能继续使用。

发酵床垫料使用原则：高碳氮比，含难降解物料，连续流加氮素，尽量延长使用寿命，保存更多肥效。例如：

配方 1：谷壳（C/N 值 = 75）+ 锯糠（C/N 值 = 450），平均 C/N 值 = 262。

配方 2：谷壳（C/N 值 = 75）+ 菌糠（C/N 值 = 85），平均 C/N 值 = 80。

配方 3：稻草（C/N 值 = 58）+ 麦秆（C/N 值 = 96），平均 C/N 值 = 77。

配方 4：锯糠（C/N 值 = 450）+ 稻草（C/N 值 = 58），平均 C/N 值 = 254。

配方 5：椰糠（C/N 值 = 82）+ 谷壳（C/N 值 = 75），平均 C/N 值 = 78。

粪污资源化利用方案制定

举例说明：麦秸 C/N 值 = 96，1 000 kg 的麦秸中的含碳量 = 1 000 × 0.470 3 = 470.3 kg，1 000 kg 的麦秸中的含氮量 = 1 000 × 0.004 8 = 4.8 kg。如果按要求物料堆的适宜碳氮比为 30∶1，则物料堆应有总氮量 15.68 kg，尚需补充氮量 = 15.68 - 4.8 = 10.88 kg，猪粪含氮 2%，则需要添加 500 kg 猪粪。1 000 kg 麦秆 + 500 kg 猪粪的 C/N = 30∶1，发酵 20 天后 C/N = 16 腐熟。

（二）异位发酵床猪粪消纳原理

1. 垫料发酵

堆肥理论上讲应趋于微生物菌体碳氮比在 16 左右。一般认为，C/N 值从最初 25 ~ 30 或更高降低到 15 ~ 20，表示堆肥腐熟，达到稳定程度。异位发酵床与猪粪。

堆肥最大的区别在于，异位发酵床采用猪粪连续流加和翻抛通气好氧发酵技术，周期性地将污物喷洒在垫料上，通过翻抛机翻抛增加氧气以利于好氧发酵，连续流加技术让猪粪在垫料上的发酵始终处于较好的发酵环境（营养和通气充足），提高了猪粪降解水平。

2. 垫料配比

碳氮比对微生物的生长代谢起着重要的作用，碳氮比低则微生物分解速度快，温度上升迅速，堆肥周期短；而碳氮比过高，则微生物分解速度缓慢，温度上升慢，堆肥周期长。异位发酵床由于氮素流加技术的使用，使得发酵床较长时间处于高温发酵阶段，让猪粪降解效率得到较大的提升。

3. 氮素损失

不同碳氮比对猪粪堆肥 NH_3 挥发和腐熟度的影响：低碳氮比的 NH_3 挥发明显大于高碳氮比处理，说明碳氮比越低，其氮素损失越大。异位发酵床流加技术，使得一批猪粪高温发酵后补充的营养（猪粪）还能继续进行高温发酵，好氧发酵杀灭了猪的厌氧病原菌，不会进一步让猪粪深度消解，保存了较多的营养，减少了氨气的挥发。

4. 营养调节

低碳氮比堆肥盐分过高会抑制种子发芽率，而高碳氮比会导致堆肥肥料养分含量不达标。相比之下，碳氮比为 24.0 ~ 32.4 的处理较有利于减小氮素的损失和促进堆肥的腐熟。因此，综合考虑各方面因素，堆肥的碳氮比以控制在 25 ~ 30 为宜。异位发酵床初期粪污的营养物质太少，应增加干清粪。异位发酵床发酵过程中，垫料的碳氮比会逐渐降低，随之而来的是发酵效能的降低，此时必须添加垫料（碳素营养），调节碳氮比以保持异位发酵床的发酵水平。

（三）异位发酵床垫料碳氮比变化动态

对于 1 t 锯糠与谷壳等量配比的垫料（3 m^3），发酵前碳氮比大于 200，每天加粪污 20 kg，21 天加粪量 400 kg，水分蒸发量 280 kg，固体物存量 120 kg，垫料消存量 448 kg，垫料碳氮比下降 32%，水分蒸发量 70%；其发酵能力随着时间的变化逐渐衰减（图 4-1-24）。

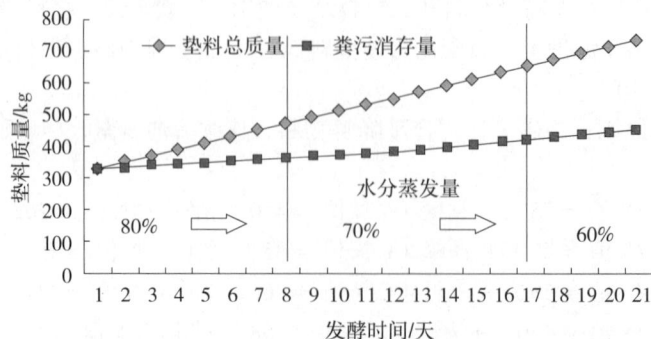

图 4-11-24　异位发酵床 21 天发酵过程的粪污消存能力

异位发酵床年度发酵过程垫料碳氮比和体积的变化如图 4-11-25 所示。考察异位发酵床 1 t 垫料（3 m³）消纳粪污的过程，出发垫料碳氮比为 280，每天添加粪污 20 kg，随着发酵时间进程，垫料的碳氮比和体积逐渐下降，形成 4 个阶段：①高发酵水平阶段，在前 3 个月，垫料碳氮比从 260 下降到 127，仍然处于微生物适合发酵的范围，垫料维持较高水平发酵；②中发酵水平阶段，在 3 ~ 6 个月，垫料碳氮比从 127 下降到 43，仍处于适合微生物发酵的范围，继续添加粪污，进一步降低碳氮比，影响到微生物发酵水平，垫料处于中等发酵水平；③低发酵水平阶段，在 6 ~ 9 个月，垫料碳氮比从 43 下降到 14，这个阶段的前期微生物仍可发酵，后期碳氮比低于 30 时微生物发酵受到抑制，垫料处于低发酵水平状态；④不发酵阶段，在 9 ~ 12 个月，垫料碳氮比从 14 下降到 5，发酵停止。

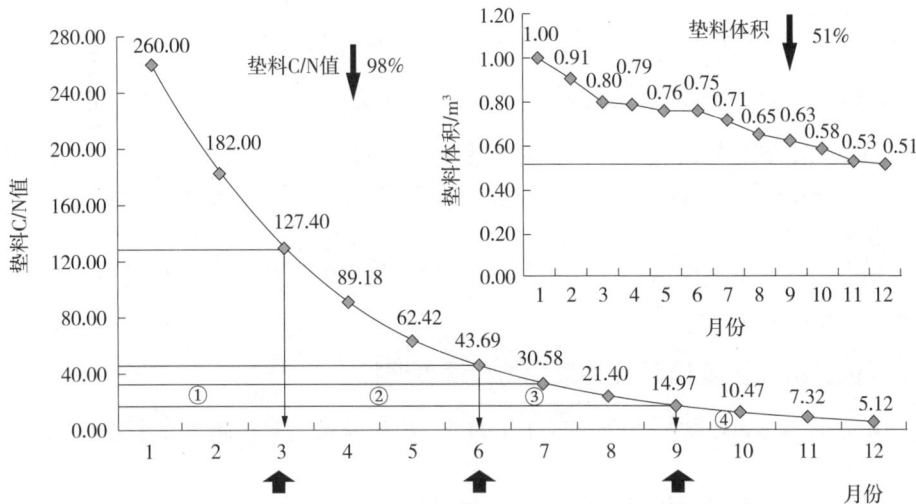

图 4-11-25　异位发酵床年度发酵过程垫料碳氮比和体积的变化

异位发酵床年度垫料发酵过程，垫料碳氮比理论上每月下降 30%，年度垫料体积下降 51%，到 C/N = 15% 不发酵，所以每 3 个月补料 30%，年补料 120%，保障 20 kg/d，整个垫料使用寿命 2 年。

（四）异位发酵床死床的防控

异位发酵床由垫料、粪污流加、翻抛通气形成了微生物发酵的环境，根据发酵的营养和条件（通气、温度、pH 值、含水量等）选择微生物组。异位发酵床出现死床的原因就是发酵条件（营养和环境）不能满足微生物的生长需要，营养太低，碳氮比太高，均会影响微生物的发酵，如新建的异位发酵床初期营养太低，垫料不足以发酵，此时应增加营养，添加固体猪粪；而含水量过高，也会影响垫料发酵，如添加过多的粪污，使得垫料湿度大于 70%，影响发酵通气量的供应，限制发酵，此时应平衡含水量，如减少粪污添加或添加干的垫料，促进微生物发酵；在垫料发酵后期，碳氮比严重下降，低于 30 时限制了微生物的生长，此时应通过添加垫料提升碳氮比，促进微生物生长。控制异位发酵床死床的措施有添加垫料、添加猪粪、曝气降湿、辅助微生物菌剂使用等。

五、异位发酵床运行管理

（一）异位发酵床垫料配方

采用椰壳粉、锯末、谷壳各 1/3，加入微生物发酵剂，混合搅拌，填入发酵池铺平，将粪污导入异位发酵床，通过翻堆机翻堆，每天多次。异位发酵床微生物迅速发酵，分解猪粪、除臭。异位发酵床可连续使用，连续添加垫料，连续产出有机肥。

（二）异位发酵床治污能力

每吨垫料含水量达 50% 时，其吸污能力为 1.2 倍，即每吨垫料第一次可以吸纳粪污（干物质 10%）1 200 kg，每天翻抛 2 次垫料，每天每吨垫料吸污料可蒸发水分 10%，即每天蒸发掉 120 kg

水分,每天可补充(吸纳)粪污 120 kg,每个月能够吸纳 3 600 kg 粪污,即每吨垫料每月能够处理大约 3 t 的粪污。

(三)异位发酵床治污面积

每吨垫料体积约 3 m³,每吨垫料每个月可以吸纳粪污 3 600 kg;按每头母猪平均每天产生 10 kg 粪污计算,每头母猪每个月产生粪污量 300 kg,需要 0.25 m³ 垫料来吸纳;1 000 头母猪的粪污量需要的垫料为 250 m³,即 4 头母猪 1 m³ 垫料;按发酵池深度 1.5 m、宽度 4 m 计算,需要发酵池的长度为 41.7 m。配套一个 1 000 头母猪场,可建造 30 m 长、1.5 m 深、4 m 宽的发酵池 2 条;这样建立一个钢构房,加上两边走道各留 1 m,发酵池两头各留 2.5 m 翻堆机移位机位,总面积为 12 m × 35 m=420 m²。育肥猪每日排泄量为 6 kg,为母猪排泄量的 60%,按同样的计算方法,1 000 头育肥猪需要的垫料为 150 m³,钢构房面积为 252 m²,长度 21 m,宽度 12 m。

(四)异位发酵床营养诊断及其微生物组营养调控

① C/N 值 >75,初建发酵床(1 个月):垫料较黄,营养太低,增加干清粪,2 天翻耕 1 次。

② C/N 值 >50,运行发酵床(>6 个月):垫料转褐色,粪污喷洒 25 kg/(d·m²),1 天翻耕 1 次,添加垫料。

③ C/N 值 >25,腐熟发酵床(>12 个月):垫料转黑褐色,粪污喷洒 25 kg/(d·m²),1 天翻耕 1 次,曝气 1 小时。

(五)异位发酵床湿度诊断及其微生物组湿度调控

① 55% < 湿度 <65%,初建发酵床(1 个月):垫料较黄,粪污喷淋垫料湿度 <65%,发酵槽头不渗水。

② 湿度 <65%,运行发酵床(>6 个月):垫料转褐色,粪污喷洒 25 kg/(d·m²),槽头不渗水,高湿曝气。

③ 湿度 >65%,腐熟发酵床(>12 个月):垫料转黑褐色,粪污喷洒 25 kg/(d·m²),槽头不渗水,高湿曝气。

(六)异位发酵床通气诊断及其微生物组通气调控

异位发酵床的翻耕不是越多越好,在发酵旺盛时期,垫料中真菌起到很大的作用,如果此时翻抛太频繁会破坏真菌菌丝的生长,反而破坏了发酵状态。初建发酵床(1 个月)翻耕 2 天 1 次:垫料较黄,2 天翻耕 1 次,湿度 <65%,曝气 3 min/h(日 4 次)。运行发酵床(>6 个月)翻耕 1 天 1 次:垫料转褐色,粪污喷洒 25 kg/(d·m²),1 天翻耕 1 次,曝气 6 min/h。腐熟发酵床(>12 个月)翻耕 1 天 1 次加曝气:垫料转黑褐色,粪污喷 25 kg/(d·m²),翻耕 1 次/天,曝气 15 min/h;此时曝气可以迅速降低湿度,有利于发酵。

(七)异位发酵床技术适用性

异位发酵床适用于面积大小不同的传统猪舍,猪群不与垫料直接接触,在猪场的外围建立异位发酵床,将各个猪舍的粪污通过沟渠或管道送到异位发酵床,统一发酵处理。垫料选择范围大,可以是谷壳、锯糠、椰糠、秸秆粉、菌糠等。发酵处理周期灵活,如需要生产有机肥,发酵时间可以控制在 45 天左右,将有机肥取出后,补充垫料,继续运行。如果不是急需有机肥,垫料更换时间可以延迟至 600 天左右。

📝 练一练

1. 解释异位发酵床技术原理。

2. 比较原位发酵床、异位发酵床堆肥技术的异同点。

📖 拓展学习

异位发酵床翻堆机：FJNK

福建省农业科学院与福建省农科农业发展有限公司合作研发设计和生产的"轨道行走升降式异位发酵床翻堆机（FJNK 型）"，实现了异位发酵床粪污喷淋、翻堆增氧、连续发酵的技术创新，广泛应用于异位发酵床有机废弃物的无害化处理。该机导轨式行走设计，可前进、倒退、转弯，由一人操控驾驶。

FJNK 型翻堆机宽度为 4 m，翻堆深度为 1.5 m，行驶中整车骑跨在发酵池边的轨道上，由机架下挂装的旋转刀犁对发酵池垫料实施翻拌、破碎、蓬松、移堆、混合等动作，翻堆机车过之后形成新的条形垛堆，促进垫料发酵，随着物料发酵形成高温使垫料逐渐脱水，具有破碎装置的刀犁可有效地破碎发酵过程形成的板结垫料，翻拌蓬松的垫料提高了对粪污的吸附能力，使得异位发酵床处理效率提升、使用成本降低，从根本上解决了异位发酵床通气量制约的问题。

FINK 型翻堆机的特点：①适用于畜禽粪便、糟渣饼粕和秸秆锯屑等有机废弃物的发酵翻堆，广泛应用于有机肥厂、复混肥厂等的发酵腐熟和除水分作业；②适用于好氧发酵的物料翻松增氧，可与太阳能增温发酵室等配套使用，提高发酵温度；③翻堆机与移行机配套使用可实现一机多池应用的功能，运行平稳、坚固耐用，翻抛均匀；④翻堆机采用集中控制，可实现手动或自动控制，配有软启动器，启动时冲击负荷低，设计限位行程开关，起到安全和限位作业；⑤翻堆机配有刀犁液压升降系统，可在 0～1.4 m 内调节升降高度，适应不同高度的物料翻堆，对物料具有一定的打碎和混合功能。

技能 10　堆肥

【学习目标】

了解堆肥发酵技术参数，掌握简易堆肥发酵操作方法。

【实训内容】

（一）了解堆肥发酵生产条件

堆肥发酵是一种适用范围较广的通用技术，生产上主要采用好氧发酵方式。堆肥技术在生产中需要严格控制生产条件（表 4-11-11）。

表 4-11-11　堆肥发酵生产条件

项目	最低条件	最佳条件	说明
料层厚度	1.0～1.3 m	1.6～2.0 m	保温需要
温度	60 ℃	70～90 ℃	杀菌杀虫
物料水分	不大于 60%	50%～55%	透气和发酵
碳氮比	（10～30）:1	25:1	保证菌种正常生存
翻抛次数	5 天/次	1 天/次	保证腐熟时间

（二）常用辅料选择

堆肥需要选择好辅料，既要经济节约，又要收集方便，还要数量保障，常用辅料的优缺点见表 4-11-12。

表 4-11-12　常用辅料的优缺点

名称	效用	优点	缺点
糠麸	水分调节舒松透气	采购方便，易于发酵	价格昂贵
锯末	水分调节舒松透气	采购方便，易于发酵	水分含量高，外源性寄生虫危害
谷壳	疏松透气	可用于底层曝气填料	吸水性差，腐熟慢
木炭粉	水分调节	价格便宜，提高肥效	不利于物料疏松透气
秸秆粉	水分调节舒松透气	价格便宜，易于发酵	采购运输麻烦，收购困难
竹纤维	水分调节舒松透气	价格便宜	地缘限制，发酵慢

（三）堆肥技术操作方法

1. 主要设备

主要设备包括铁锹、平板车、塑料膜、堆肥场地（槽）和小型翻堆机等。

2. 场地要求

堆积场地为水泥地或铺有塑料膜的地面，也可在水泥槽中进行。堆粪场地面要防渗漏，堆粪场地大小可根据实际情况而定。

3. 操作步骤

（1）物料配比　将干粪与辅料（米糠、锯末、草粉、秸秆等）按体积约 4∶1 搅拌混合均匀。

（2）调节水分　发酵物料的水分应当控制在 65% 左右。过低和过高均不利于发酵，水过少，发酵慢，水过多又会导致通气差、升温慢，并产生臭味。调整物料水分方法为水分过高时添加锯末屑、秸秆、干泥土粉、蘑菇渣等。水分的合适与否判断办法为用手紧抓一把物料，指缝中见水印但不滴水，落地即散为宜。

（3）物料建堆　在物料建堆时不能做得太矮太小，太小会影响到发酵，高度在 1.5 ～ 2 m，长度在 2 ～ 4 m 以上，宽度 2 m 的堆发酵效果比较好。

（4）翻堆通气

发酵初期 2 ～ 3 天翻堆 1 次，之后每 5 ～ 7 天翻堆 1 次，并使用竹棒在堆内打孔通气。翻堆可以保持温度，调整水分，改善氧化状况。

（5）遮盖与贮存

发酵 40 ～ 60 天后，堆肥温度下降，颜色呈深褐色均匀，气味回甜，即可盖上塑料布遮盖，并贮存在通风干燥处。

【实训作业】

结合你所在地区养殖业情况，选择一个养殖场调研堆肥处理方法并形成总结汇报，需根据已经掌握的堆肥技能为该养殖场粪污处理建言献策。

项目 12

养殖场畜禽尸体无害化处理

◆ 项目提要

随着规模化、集约化饲养模式的逐渐推进，畜禽的养殖数量逐年递增，畜禽的转运、卖出、购入等行为发生频繁，这使得畜禽的传染性疾病发病率增高，病死畜禽数量增加，由此而引发的公共卫生安全问题日益凸显。病死畜禽如果不按照要求进行无害化处理，不仅会对环境造成污染，也会增加畜禽疫病传播的可能性，引发大规模的畜禽传染病疫情，造成巨大的经济损失。因此，正确采用养殖场畜禽尸体无害化处理方法是预防和控制动物传染病的关键，也是避免环境污染的必要措施。本项目主要介绍养殖场畜禽尸体的无害化处理方式及流程。

◆ 项目教学案例

黄浦江漂猪

2013 年，黄浦江发现了大量漂浮的死猪，引起了社会的广泛关注。这一事件不仅是环境污染的典型，也暴露了畜禽尸体处理不当的严重后果。近几年非洲猪瘟暴发导致大量生猪死亡，在全球内引起极大关注。如果养殖场不能妥善处理病死猪，将会对环境和人类健康造成严重的危害。

思考：为什么病死猪的无害化处理对防控非洲猪瘟至关重要？黄浦江漂死猪事件对环境和公共卫生有哪些潜在影响以及如何有效防止类似事件的再次发生？

◆ 知识目标

1. 了解养殖场畜禽尸体无害化处理过程中的安全措施和环保要求。
2. 熟悉养殖场畜禽尸体无害化处理的相关法律法规和政策。
3. 掌握养殖场畜禽尸体无害化处理的常见技术和方法。

◆ 技能目标

1. 掌握畜禽尸体无害化处理的常见技术和方法，如深埋法、化制法、焚烧法、高温生物降解法等。
2. 能够正确进行畜禽尸体无害化处理的实践操作。
3. 能够区别并灵活运用不同的畜禽尸体无害化处理流程。

◆ 素质目标

1. 了解《畜禽规模养殖污染防治条例》《中华人民共和国环境保护法》等相关法律法规。
2. 增强保护环境的责任担当与法治精神。
3. 增强按照规范流程处理畜禽尸体的标准操作意识。

任务 12.1 畜禽尸体深埋无害化处理

【学习目标】

理解深埋法的概念，能够熟练操作畜禽尸体深埋无害化处理的相关流程，同时熟悉畜禽尸体深埋无害化处理过程中的注意事项。

【任务实施】

一、深埋法

深埋法是目前对病死畜禽进行无害化处理中最常见的方法之一，该法主要是将病死畜禽尸体按照其数量投入化尸窖或深埋坑中，利用生石灰和漂白剂进行消毒，再用泥土将深坑完全掩埋并夯实的一种技术。深埋法分为直接掩埋和化尸窖处理，具有操作方法较简单、费用比较低的优点；但其无害化过程缓慢，某些病原微生物能长期生存，如果填埋不当，容易造成水源和土地污染。根据《病死及病害动物无害化处理技术规范》，深埋法适用于发生动物疫情或自然灾害等突发事件时病死及病害动物的应急处理，不适用于患有炭疽等芽孢杆菌类疾病、牛海绵脑病、痒病的染疫动物的处理。

适用于深埋法的常见动物疫病见表 4-12-1。

表 4-12-1 适用于深埋法的常见动物疫病

动物种类	疫病名称
猪	猪瘟、猪繁殖与呼吸道综合征、口蹄疫、猪伪狂犬病
鸡	禽流感、新城疫、鸡瘟
羊	蓝舌病、口蹄疫
其他	狂犬病、结核病

注：资料引自：史迎迎.河南省病死畜禽集中无害化处理场现状调查研究 [D]. 郑州：河南农业大学，2021.

（一）深埋场的选址及建设要求

1. 深埋坑的选址要求

深埋坑的选址主要参照《病死及病害动物无害化处理技术规范》以及地方标准《病死动物无害化处理场所非洲猪瘟防控技术规范》（DB 4103/T 136—2021），主要包括：选择合适的深埋地点时，应考虑地势高且干燥、地下水位低、土质干燥多孔，如沙土，以利于尸体的快速腐败分解。同时，深埋地应远离居民区、学校、水源等人口密集或重要区域，确保至少距离居民生活区和主要交通干线 500 m 以上，以及远离动物养殖、屠宰场所和饮用水源地 3 000 m 以上，以保障环境和公共卫生安全。找到合适深埋地开挖之前需要先建立标识，向有关部门进行报备，严格按照相关标准进行。

2. 深埋坑的建设要求

（1）勘察和设计　首先对深埋坑的场地进行勘察和设计，主要包括了解场地的地质、历年水位线、气候等条件；并掌握周边建筑、管线等设施的分布情况。

（2）施工准备　施工设备和材料，主要包括挖掘机、装卸机、推土机等。

（3）深埋坑的挖掘　一头成年猪、羊（100 kg）掩埋容积约需 1 m^3；1 只禽类的掩埋坑容积为 0.093 m^3。深埋坑大小按照需要掩埋多少病死畜禽及其体高、体长、体宽来计算。

①坑宽：深埋坑的宽度至少要能水平填埋一头需要掩埋的生猪（2 m 左右）；具体挖多宽需要根据实际掩埋数量进行计算。

②坑深：畜禽尸体深埋无害化处理的坑深应不小于 1.5 m，掩埋病死猪的坑应尽可能挖至 3～8 m 深甚至以上。

③坑底：深埋坑底部应保持平坦，并且具备足够的承载力，以支撑畜禽尸体的重量。为防止水渗透和泄漏，坑底宜铺设不透水材料。

（4）修建堤埂　深埋坑的周围需要修建堤埂，以防止深埋坑中液体的流出导致病原通过空气进一步扩散。

（二）深埋的技术工艺与注意事项

1. 技术工艺

主要参照《病死及病害动物无害化处理技术规范》，畜禽尸体直接掩埋流程如图 4-12-1 所示。

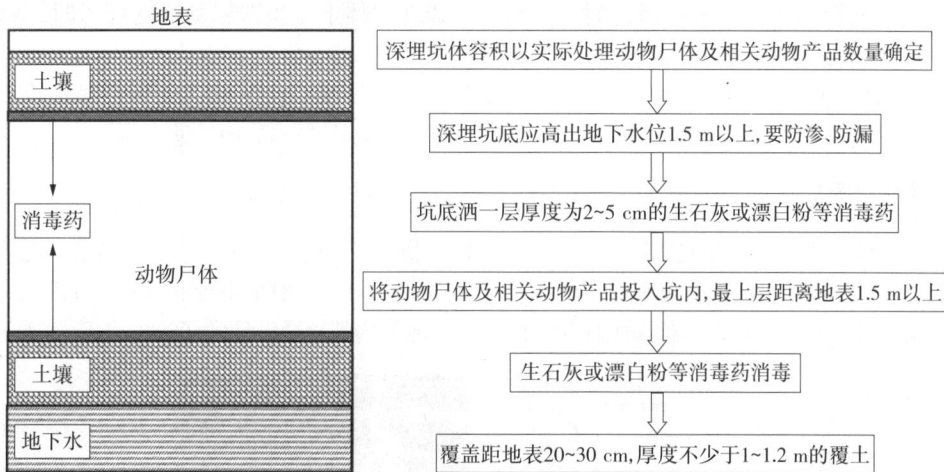

图 4-12-1　畜禽尸体直接掩埋流程图

在深埋前，对畜禽尸体进行预处理，使用 10% 的漂白粉进行 2 h 消毒；深埋坑底应高出地下水位 1.5 m 以上，坑底铺设 2 ～ 5 cm 厚的生石灰或漂白粉作为消毒层。将病死畜禽尸体及相关污染物品投入坑内；掩埋 40 cm 土壤后，铺撒 5 cm 的漂白粉和生石灰进行二次消毒后进行覆土；盖土层最上层距地表 1.5 m 以上，覆土避免过于密实，以防腐败气体和液体渗漏。

覆土后，使用氯制剂、漂白粉或生石灰等消毒药对深埋场所进行彻底消毒。处理完成后，设置警示标识牌，如"请勿靠近""化尸窖"等，定期检查并维护这些标识的完整性。在处理后期，定期进行环境监测。旨在确保处理有效性，保障公共卫生安全和生态环境质量。

病死猪掩埋、无害化处理警示标识如图 4-12-2 所示。

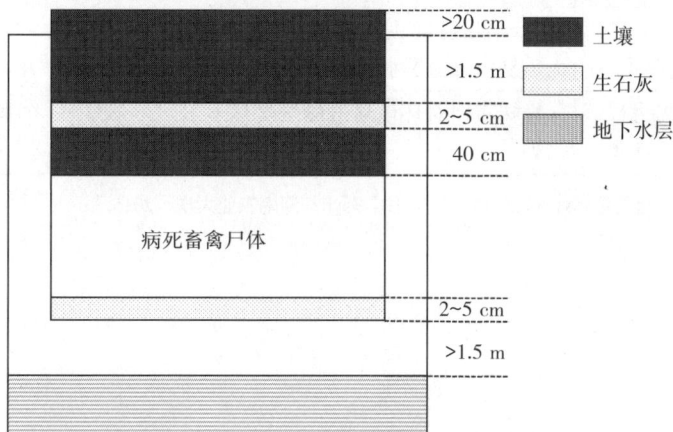

图 4-12-2　病死猪掩埋（左）、无害化处理警示标识（右）

病死畜禽直接掩埋法处理示意图如图 4-12-3 所示。

图 4-12-3　病死畜禽直接掩埋法处理示意图

2. 注意事项

①在畜禽尸体深埋无害化处理过程中，要确保处理方法符合当地政府或相关机构的法律法规。

②在进行无害化处理时，务必穿戴个人防护装备，如手套、口罩和防护服等，防止疾病传播或感染。

③使用石灰粉或漂白剂进行消毒时，切忌直接撒在尸体上。当遇到潮湿的环境时，熟石灰会减缓或阻止尸体的分解过程。

④完成深埋处理后，第一周应每日进行一次巡查，以确保一切正常。从第二周开始，每周巡查 1 次，并持续 3 个月。如果发现深埋坑有塌陷情况，应及时进行覆土处理。

二、化尸窖法

化尸窖也称作密闭沉尸井或化尸池，是一种利用生物热让动物尸体腐烂降解的方法，通过将尸体沉积在具有合适容积的化尸窖中来实现（图 4-12-4）。这种化尸窖一般采用砖混结构。标准化尸池通常的有效容积为 $30.0\,m^3$，其首选形状为圆柱状。圆柱状尸池的内部直径设计为 2.5 m，深度为 4 m。

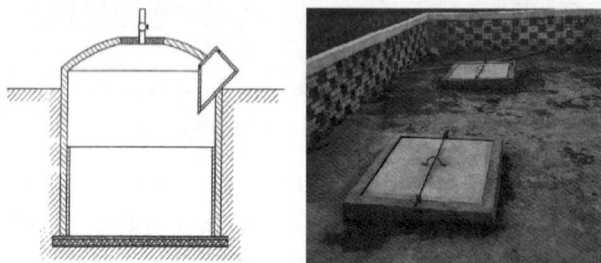

图 4-12-4　化尸窖结构图（左）、化尸池实图（右）

根据《畜禽养殖业污染防治技术规范》的要求，化尸窖的选址与直接掩埋法类似，需要在地面挖坑后，采用砖、钢筋和混凝土等密封材料进行施工建设，确保其具有防渗防漏的特性。为了方便投放病死猪，化尸窖的顶部设置有投放口，并配备有密封盖，同时还需安装异味吸附、过滤等除味装置，以有效控制异味的扩散。在投放病死猪之前，应在化尸窖底部撒布一定量的化尸菌剂或消毒药物（$0.5 \sim 2.0\,kg/m^2$），并在使用过程中不定期地添加，以促进尸体的降解过程。

化尸窖具有设施投入低、建造简单、操作简便易行以及运行成本低等优点。然而，化尸窖也存在一些缺点。当化尸窖内容物达到 3/4 时，必须停止使用并进行封存，无法循环利用。其次，化尸窖内尸体的自然降解过程容易受到地域和季节的影响，例如在夏季时腐烂速度较快，而在冬季寒冷时期则降解速度相对较慢。此外，化尸窖占用土地资源，并且如果处理不当，可能会对地下水产生污染。

病死畜禽深埋法无害化处理技术比较见表 4-12-2。

表 4-12-2　病死畜禽深埋法无害化处理技术比较

处理方法	优点	缺点	适用规模	排除事项
直接掩埋法	操作简单 投资低	劳动力强度大、占地面积大、易污染地下水和土壤	小散养户	不适用于患有炭疽等芽孢杆菌类疾病及牛海绵脑病、痒病的染疫动物及产品的处理
化尸窖法	投资少 运行简单	异味重、对环境易造成二次污染	中小规模养殖场	

（引自：韩斐. 河南省病死猪无害化处理现状调查研究 [D]. 郑州：河南农业大学，2015.）

✎ **练一练**

一、单选题

1. 深埋坑的深度主要应根据（　　）来确定。

　　　　A.畜禽种类的体型大小　　　　B.当地的气候条件

　　　　C.土壤的质地和承载能力　　　　D.深埋坑的尺寸大小

　　2.掩埋法规定动物尸体掩埋后需覆土，病死畜禽尸体上层应距地表（　　）以上。

　　　　A.1.5 m　　　　　B.2 m　　　　　　C.2.5 m　　　　　D.3 m

　　3.下列哪种疫病不适合用深埋法进行无害化处理?（　　）

　　　　A.口蹄疫病畜　　　B.猪瘟病畜　　　　C.炭疽病畜　　　D.布鲁氏菌病畜

二、判断题

　　1.深埋是一种有效的畜禽尸体无害化处理方法，因此无须再进行其他处理。（　　）

　　2.在进行畜禽尸体深埋无害化处理时，必须遵守相关法规和标准，确保处理效果符合要求。

（　　）

　　3.在选择深埋地点时，应该将畜禽尸体就近深埋，以方便日后查找和处理。（　　）

📖 拓展学习

布鲁氏菌病

　　布鲁氏菌病（Brucellosis）是由布鲁氏菌引起的一种人畜共患病，可感染多种动物，甚至对人也有传染性。布鲁氏杆菌是一种能在细胞内寄生的革兰氏阴性球杆菌。布鲁氏菌病原可通过家畜的呼吸、生殖系统，破损的皮肤以及黏膜进入机体。特点：布鲁氏菌病的潜伏期短则一周，长则可达一年，多为两周左右。布鲁氏菌病的症状根据感染的部位和严重程度而有所不同，临床症状主要表现为发热、多汗、关节痛、乏力，体征可出现睾丸肿大、肝脾肿大。

　　某大学于2010年12月因教学实验中买到患布鲁氏菌病的动物，导致学校27名学生及1名教师陆续感染布鲁氏菌病。通过该实验感染事件，让我们意识到动物疾病防控尤其是人畜共患病的防控非常重要。我们作为畜牧行业的从业人员，必须遵守相关法律法规，具有基本的职业道德，不能让带人畜共患病的动物进入市场。因此我们应该做好动物安全的防控，坚守职业道德的初心。

　　畜禽患布鲁病无害化处理：对于患布鲁氏菌病的动物，应立即隔离并避免与人类接触。处理畜禽尸体时，应使用专业的生物安全设备，并遵循严格的卫生和消毒程序。严格按照《病死及病害动物无害化处理技术规范》要求，可选择深埋、焚烧、高温生物降解、化制、发酵堆肥等方法进行无害化处理。

任务 12.2　畜禽尸体焚烧无害化处理

【学习目标】

　　通过学习和实践，能够准确、专业地掌握畜禽尸体焚烧无害化处理的整个操作流程和核心技术。同时熟悉在畜禽尸体焚烧无害化处理过程中需要注意的安全事项。

【任务实施】

一、认识焚烧法

　　焚烧是指将病死畜禽投入特定的焚烧容器内，使其在无氧或者有氧条件下发生氧化反应或者热解反应的处理方法。根据所采取的技术工艺不同，焚烧法可分为直接焚烧法和炭化焚烧法。焚烧法适用于处理患有炭疽等芽孢杆菌类疫病、牛海绵状脑病和痒病的染疫动物。根据农业农村部

2017 发布的《病死及病害动物无害化处理技术规范》，对于染疫动物，病死或死因不明的动物尸体，屠宰前确认的病害动物，以及在屠宰过程中经检疫或肉品品质检验确认为不可食用的动物产品，都必须进行焚烧无害化处理。

二、焚烧法处理方式

（一）直接焚烧法

直接焚烧法也被称作有氧焚烧法，直接焚烧法是将动物尸体及动物产品进行破碎预处理，投入焚烧炉燃烧室，经氧化、热解，最终成为炉渣经出渣机排出。直接焚烧法的优势在于其能够高效地消灭各类细菌、病毒等病原微生物，确保环境的安全与卫生。

1. 选址要求

选择焚烧地点时，选择地势平坦开阔的地方。同时，焚烧场地应远离居民区、学校、水源等人口密集或重要区域，确保至少距离居民生活区和主要交通干线 500 m 以上，以及远离动物养殖场、动物隔离场所、动物集贸市场、动物诊疗场所、屠宰场所和饮用水源地 3 000 m 以上，以保障环境和公共卫生安全。选址应符合相关法律法规的要求，如《中华人民共和国动物防疫法》《中华人民共和国环境保护法》等。

2. 主要设备

直接焚烧法的设备主要包括焚烧炉（图 4-12-5）、燃烧室、二次燃烧室以及相关的排放处理设备。其中，焚烧炉用于将病死及病害畜禽或其破碎产物进行高温焚烧；燃烧室是焚烧过程中的主要反应区域，病死畜禽进行充分的热解；二次燃烧室用于进一步燃烧产生的高温烟气，以确保所有的有机物质都得到完全的处理；处理设备用于处理产生的废气和炉渣，以达到环保标准。

图 4-12-5　焚烧炉

3. 技术工艺

参考《病死及病害动物无害化处理技术规范》，直接焚烧无害化处理技术工艺主要包括以下几点：

病死及病害畜禽使用裹尸袋进行包装并放入全封闭的收集车中；对病死及病害畜禽进行适当的肢解和破碎预处理；将病死及病害畜禽投入焚烧炉内焚烧 1 h，燃烧室里温度需要 ≥ 850 ℃，以确保充分的氧化和热解；燃烧室内产生的高温烟气进入二次燃烧室继续燃烧，产生的烟气从最后的助燃空气喷射口或燃烧器出口到换热面或烟道冷风引射口之间的停留时间不得少于 2 秒（燃烧产生的烟气从最后的助燃空气喷射口或燃烧器出口到换热面或烟道冷风引射口之间的停留时间不得少于 2 秒）。焚烧炉产生的炉渣与除尘设备收集的焚烧飞灰应分别收集、贮存和运输，炉渣按照一般固体废物处理或进行资源化利用。

畜禽尸体直接焚烧无害化处理流程图如图 4-12-6 所示。

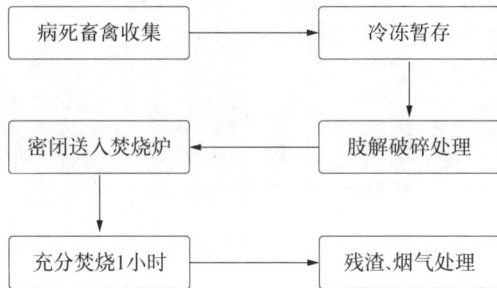

```
┌──────────────┐        ┌──────────────┐
│  病死畜禽收集  │ ────→ │   冷冻暂存    │
└──────────────┘        └──────────────┘
                              │
                              ↓
┌──────────────┐        ┌──────────────┐
│ 密闭送入焚烧炉 │ ←──── │  肢解破碎处理  │
└──────────────┘        └──────────────┘
      │
      ↓
┌──────────────┐        ┌──────────────┐
│  充分焚烧1小时 │ ────→ │  残渣、烟气处理 │
└──────────────┘        └──────────────┘
```

图 4-12-6　畜禽尸体直接焚烧无害化处理流程图

4. 注意事项

①焚烧进料的频率和重量需要加以严格控制，从而使病死及病害动物和相关病害动物产品能够充分暴露在空气中，以确保完全燃烧。

②燃烧室内应始终保持负压状态，以防止在焚烧过程中发生烟气泄漏。

③在二次燃烧室顶部设置紧急排放烟囱，以便在紧急情况下随时开启以排放烟气。

④配备烟气净化系统，包括急冷塔、引风机等设施，以确保烟气得到有效的净化处理。

（二）炭化焚烧法

炭化焚烧法也称无氧热解法，炭化焚烧是畜禽尸体置于热解炭化室，在无氧条件下经充分热解，焚烧中产生的热解烟气进入燃烧室继续燃烧，产生的固体炭化物残渣经热解炭化室排出。烟气可以经热解炭化室热回收利用后，降至 600 ℃左右，废气经过湿式冷却塔进行"急冷"和"脱酸"、活性炭吸附、除尘器除尘后达标排放。炭化焚烧法的优点在于其将病死及病害畜禽尸体和相关畜禽产品高效裂解为碳质，从而实现对待处理畜禽尸体的资源化利用，具有极高的环保价值。

病死畜禽焚烧法无害化处理技术比较见表 4-12-3。

表 4-12-3　病死畜禽焚烧法无害化处理技术比较

处理方法	优点	缺点	适用范围
直接焚烧法（小锅炉法）	投资小、简便易行、燃烧效果好	处理量小、废气和异味处理难	散养户、专业养殖户、集中处理中心
直接焚烧法（大锅炉法）	处理量大且彻底	需切割且防疫要求高、废气处理难、焚烧耗能大	规模养殖户、集中处理中心
炭化焚烧法	彻底、减量、资源化	投资大、废气和异味处理难	规模养殖户、集中处理中心

（引自：司瑞石. 风险认知、环境规制与养殖户病死猪无害化处理行为研究 [D]. 咸阳：西北农林科技大学，2020.）

1. 选址要求

炭化焚烧法的选址要求与直接焚烧法基本一致。

2. 主要设备

炭化焚烧法的设备主要包括热解炭化炉（图 4-12-7）、湿式冷却塔（图 4-12-8）、空压机、制氮机等。

3. 技术工艺

参考《病死及病害动物无害化处理技术规范》，炭化焚烧无害化处理技术工艺主要包括以下几点：

图 4-12-7　热解炭化炉（左）、湿式冷却塔（右）

病死及病害畜禽使用裹尸袋进行包装并放入全封闭的收集车中；对病死及病害畜禽进行适当的肢解和破碎预处理。将病死畜禽尸体投入热解炭化室，在无氧环境下，经过充分的热解过程，产生的热解烟气会被引导至二次燃烧室进行继续燃烧；产生的固体炭化物残渣将通过热解炭化室进行排出。热解温度必须达到或超过 600 ℃，而二次燃烧室的温度则需达到或超过 850 ℃。此外，焚烧后的烟气在温度达到 850 ℃以上的环境中，其停留时间不得少于 2 s。经过热解炭化室热能回收后的烟气，其温度会降至大约 600 ℃。此后，烟气会经过净化系统进行处理，以符合国家环保标准 GB 16297 的要求，并最终进行排放。

畜禽尸体炭化焚烧无害化处理流程图如图 4-12-8 所示。

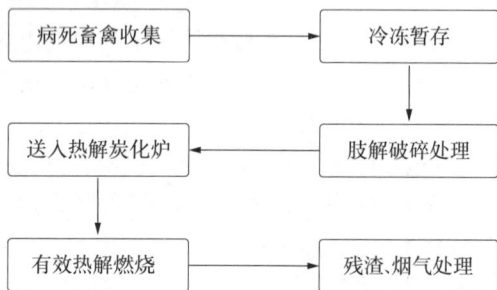

图 4-12-8　畜禽尸体炭化焚烧无害化处理流程图

4. 注意事项

①定期检查和清理热解气输出管道，以防止管道阻塞，确保热解气的顺利输出。

②热解炭化室顶部需设置与大气相连的防爆口，当热解炭化室内压力过大时，防爆口可自动开启泄压，以防压力过大可能对设备和人员造成的危险。

③工作人员在进行收集、暂存、装运、无害化处理等操作时，必须穿戴防护服、口罩、护目镜、胶鞋及手套等防护用具，以确保自身安全。

④完成工作后，一次性防护用品应进行销毁处理，而对于可循环使用的防护用品，则需进行消毒处理，以防止交叉污染或疾病传播。

练一练

一、选择题

1. 在进行畜禽尸体炭化焚烧无害化处理时，应该使用哪种炉型？（　　）
　　A. 回转窑式焚烧炉　　　　B. 热解炭化炉　　　　　　C. 焚烧炉　　　　　　　D. 气化炉

2. 在进行畜禽尸体焚烧无害化处理时，应该如何控制燃烧温度？（　　）
　　A. 保持高温　　　　　　　B. 保持中温　　　　　　　C. 保持低温　　　　　　D. 随意控制

3. 在进行畜禽尸体焚烧无害化处理时，应该如何控制烟气排放？（　　）
　　A. 不进行烟气处理　　　　　　　　　　　B. 进行简单的烟气处理

C. 进行有效的烟气处理　　　　　　D. 无须处理

二、判断题

1. 畜禽尸体焚烧无害化处理过程中，需要严格控制燃烧时间和温度。（　　）

2. 畜禽尸体焚烧无害化处理后，可以直接排放烟气。（　　）

📖 **拓展学习**

炭疽病

炭疽是由炭疽杆菌引起的各种家畜、野生动物以及人类的共患传染病。炭疽杆菌主要通过皮肤接触、吸入或食入而感染；它在接触空气后可以形成芽孢，芽孢的抵抗力很强，可以长期散布感，对人畜的危害巨大，要特别引起重视。炭疽杆菌对温度的耐受性不高，一般在72 小时内可以被杀死。

特点：临床上主要表现为急性、热性、败血性症状。炭疽病的症状根据感染部位的不同而有所不同，皮肤炭疽是最常见的类型，表现为皮肤上的斑疹、丘疹、水泡和黑色焦痂。吸入性炭疽可能导致发热、头痛、全身不适和呼吸急促。胃肠型炭疽可能引起呕吐、腹泻和腹痛。

炭疽是我国重点防控的人畜共患病。炭疽病的检测包括血常规和病原学检查，其中炭疽杆菌的病原学操作，应在生物安全二级实验室中进行。严格按照《动物炭疽诊断技术》（NY/T 561—2015）要求对病死畜采样送检，坚决防止疫情扩散蔓延。

按照中国动物疫病预防控制中心、中国疾病预防控制中心关于印发《炭疽防控技术要点（第一版）》的通知：对炭疽确诊病例，严格按照《炭疽防治技术规范》进行无血扑杀和无害化处理，原则上就地焚烧；确实需要移动，应将死亡动物天然孔塞紧后，严格包裹，以防扩大污染地区。动物尸体焚烧按照《疫源地消毒总则》（GB 19193—2015）有关措施执行，不得对尸体直接进行掩埋处置。无害化处理时，避免使用生石灰。参与疫情处置的有关人员，应穿防护服和胶靴，戴口罩、手套、护目镜，采取有效的卫生防护、医疗保健措施，做好自身防护处置完毕后，应及时对个人及环境进行消毒，接受健康检查，出现不良症状时及时就医。

猪炭疽病如图 4-12-9 所示。

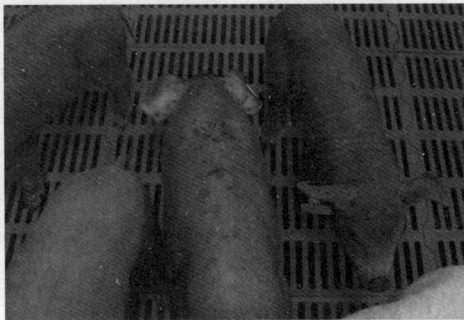

图 4-12-9　猪炭疽病

任务 12.3　畜禽尸体发酵无害化处理

【学习目标】

通过学习和实践，能够准确、专业地掌握畜禽尸体发酵无害化处理的整个操作流程和核心技术。同时熟悉在畜禽尸体发酵无害化处理过程中需要注意的安全事项。

【任务实施】

一、认识发酵法

发酵法是指将病死及病害畜禽与稻糠、木屑等辅料按要求摆放利用病死及病害畜禽产生的生物热或加入特定生物制剂，发酵或分解病死及病害畜禽的方法。主要分为堆肥发酵法和高温生物降解法。本任务主要介绍畜禽尸体高温生物降解无害化的一般处理程序。

二、畜禽尸体高温生物降解法

高温生物降解法是一种将生物降解法与化尸窖法相结合的优化方法，实现了全程自动化操作，简化了操作流程，降低了设备占地面积，避免了废水和废气的产生，无异味，不会对环境造成污染。

（一）高温生物降解法的作用机理

（1）尸体自溶　在机体死亡后，其体内释放的酶会开始发挥作用，导致组织细胞发生分解，从而使各器官和组织逐渐变得柔软或液化；高温环境会加速尸体的自溶过程，而低温环境则能延缓自溶的发生。

（2）尸体腐败　当动物死亡后，其体内原本存在的细菌会活跃起来，导致尸体的自溶速度显著加快，尸体开始发生腐败和分解。

（3）外源性微生物　高温生物降解利用高温对尸体进行灭菌，随后在尸体周围混合一定量的辅料，如锯末、稻草、稻壳和生物酶。这些辅料中的多种外源性微生物有助于实现尸体的"三化"即矿质化、腐殖化和无害化。

（二）主要设备

高温生物降解设备主要有发酵罐、搅拌装置、加热、冷凝、自动控制、气体过滤系统等（图4-12-10）。

图 4-12-10　发酵罐（左）、循环水冷凝系统（右）

（三）技术工艺

畜禽尸体高温生物降解法无害化处理的工艺流程如图 4-12-11 所示。

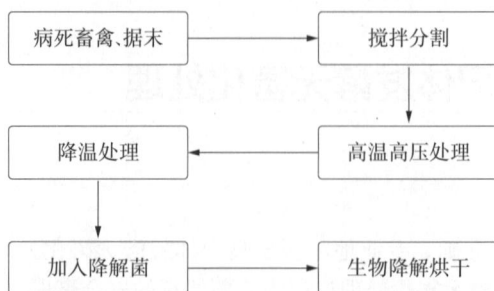

图 4-12-11　畜禽尸体高温生物降解流程

将冷藏库中储存的病死畜禽进行集中处理，使用智能化的运输系统运输到罐体中；启动加热系统，将温度逐渐升高至 160～190 ℃，进行持续 90～360 分钟的高温高压灭菌处理；对发酵罐进行加热，以促进微生物的发酵和分解；在高压灭菌处理后，启动搅拌破碎系统，当温度降至 60 ℃左右时，加入 10%～25% 的秸秆等辅料和酵母菌等降解菌，开始对处理物进行降解；经过 6～8 小时的降解处理后，将处理后的产物卸载出罐体。

（四）注意事项

①冷冻堆放的动物在进行生物降解前需要完全解冻。

②在添加辅料时，小动物的辅料添加比例为处理量的 15%，而大动物的添加比例为处理量的 25%。

③使用降解菌之前，需要先进行活化处理；以确保降解菌处于活跃状态，从而有效缩短生物降解所需的时间。

④对于疑似烈性传染病的处理物，需要优先考虑生物安全问题；应先进行高温灭菌处理，然后再添加降解菌进行生物降解。

三、畜禽尸体堆肥发酵法

堆肥发酵法是一种利用堆肥法的原理，通过相应的设施对病死猪进行生物发酵处理的方法。病死猪作为有机物，在微生物的作用下腐熟分解，并利用发酵过程中产生的高温杀灭病原微生物，实现无害化处理。堆肥发酵法简单实用、环保经济，能产生高效的农业肥料，实现病死猪的资源化利用。堆肥发酵法的优点在于其操作成本较低，生物安全性好，节能环保，同时能够将废弃物转化为有价值的肥料。然而，该技术也存在一些技术难点和不利方面，主要包括发酵时间较长、风险大、堆肥温度不易掌控，以及生物安全性需要进一步评估。

堆肥法与高温生物降解法技术比较见表 4-12-4。

表 4-12-4　堆肥法与高温生物降解法技术比较

方法	堆肥法发酵法	高温生物降解法
优点	成本效率低、易操作、不产生废气和废水、处理彻底及资源化	操作简单、处理彻底、疫病扩散风险低、环保节能、资源利用
缺点	锯末、秸秆等垫料不能重复使用、需求量大，处理时间长、处理能力有限	处理周期长、投资大、运营费高
适用规模	散养户、专业养殖户、集中处理中心	散养户、专业养殖户、集中处理中心

（引自：司瑞石.风险认知、环境规制与养殖户病死猪无害化处理行为研究 [D].咸阳：西北农林科技大学，2 020.）

（一）选址要求

距离动物屠宰加工场所、动物隔离场所、动物诊疗场所、动物和动物产品集贸市场、生活饮用水源地 3 000 m 以上；城镇居民区、村庄、学校、公共场所等人口集中区域及公路、铁路等主要交通干线 500 m 以上；堆肥发酵的场地应该位于居民生活区以及养殖场的下风口。

（二）堆肥发床建设

堆肥发床建设主要参照地方标准 DB 37/T 3114—2018，发酵池建设及制作要求包括以下几点。

1. 发酵池建设

（1）设计规模　根据规模养猪场饲养数量和场地面积而定，年出栏万头的自繁自育猪场建设病死猪处理发酵池 20 m 以上。

（2）模式选择　发酵池形状一般选择长方形或正方形，根据地下水位高低确定建设模式，可设置为地上或半地上：发酵池深 120 cm 以上，防渗处理，配套建设遮雨棚。

畜禽尸体堆肥发酵池结构示意图如图 4-12-12 所示。

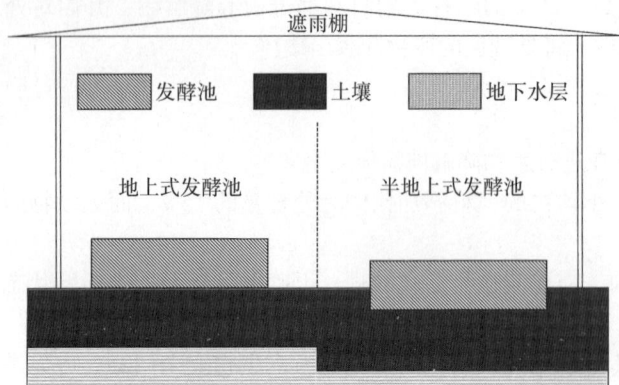

图 4-12-12　畜禽尸体堆肥发酵池结构示意图

2. 发酵池制作

（1）准备好各种垫料原料　注意优先选择碳氮比高、降解慢的原料作垫料，垫料原料碳氮比应大于 25∶1。原料碳氮比及配方见表 4-12-5、表 4-12-6。

（2）菌种稀释　将发酵菌种与米糠、皮等营养添加剂按 1∶9 混合均匀。

（3）垫料混合　将垫料原料填于发酵池内，每立方米垫料原料添加预混合后的菌种 2 ～ 3 kg 混匀，加水调整垫料湿度到 40% ～ 50% 为宜。

（4）堆积发酵　新制作的垫料应堆积成丘状或梯状，进行堆积发酵。堆积发酵时间至少 7 天，发酵过程中垫料 20 cm 深处的最高温度不低于 60 ℃。

表 4-12-5　常见原料的碳氮比

种类	碳 /%	氮 /%	C/N
锯末	58.4	0.12	492
稻壳	75.60	0.20	158.64
玉米秸	46.7	0.48	97.3
麦秸	46.5	0.48	96.9
谷壳	41.64	0.46	90.52
稻草	42.30	0.72	58.7
玉米芯	42.3	0.48	88.13

注：数据来源：DB 37/T 3114—2018。

表 4-12-6　常见垫料的组合配方

序号	配方
1	40% ～ 60% 锯末，40% ～ 60% 不粉碎的稻壳
2	30% 未粉碎谷壳，70% 粉碎谷壳（20 目左右）
3	40% 锯末，30% 未粉碎稻壳，30% 未粉碎花生壳
4	40% 锯末，40% 未粉碎稻壳，20% 未粉碎玉米芯

注：数据来源：DB 37/T 3114—2018。

（三）工艺流程

工艺流程主要参照地方标准 DB 36/T 964—2017、DB 37/T 3114—2018。堆肥发酵的工艺流程主要包括以下几点：

收集畜禽尸体，从发酵池一端开始，将发酵池内的垫料挖开一道能存放病死猪的沟槽，深度距底部地面 20 cm 以上。将畜禽尸体放到挖好的沟槽内，30 kg 以上的病死猪要进行切分解或破碎，尸体堆放不能重叠，每放一层病死猪之间都要间隔 10 cm 以上的发酵垫料。整个沟槽填满后，间隔 30 cm 以上再开在第二条沟槽，依次类推填埋。

畜禽尸体堆肥发酵流程如图 4-12-13 所示。

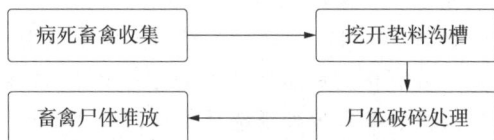

图 4-12-13　畜禽尸体堆肥发酵流程

堆肥发酵如图 4-12-14 所示。

图 4-12-14　堆肥发酵

（四）注意事项

①每天检查垫料湿度情况，湿度控制在 60% 左右。

②使用过程中，发酵时间夏季在 7 天以上、冬天 15 天以上对病死猪区域要进行深翻一次，定期挑出发酵后未分解的大块骨骼。

③根据分解效果，应及时补充垫料，保持垫料损失不得超过 20%。

练一练

一、选择题

1. 畜禽尸体高温生物降解法无害化处理的原理是（　　）。

　　A.通过高温杀灭病原体　　　　　　B.通过微生物分解尸体

　　C.通过高温焚烧处理　　　　　　　D.通过高温高压处理

2. 畜禽尸体高温生物降解法的最佳处理温度范围是（　　）。

　　A.100～120 ℃　　　B.120～150 ℃　　　C.150～180 ℃　　　D.180～200 ℃

3. 在进行畜禽尸体堆肥发酵无害化处理时，以下哪种物质不适宜作为碳源？（　　）

　　A.木屑　　　　　　　B.稻壳　　　　　　　C.塑料　　　　　　　D.玉米芯

二、判断题

1. 畜禽尸体堆肥发酵无害化处理对环境没有影响。（　　）

2. 畜禽尸体高温生物降解法和畜禽尸体堆肥发酵法都可以将畜禽尸体转化为肥料。（　　）

3. 畜禽尸体高温生物降解处理时，需要持续保持高温状态直至处理完毕。（　　）

📖 拓展学习

高温生物降解无害化处理生产有机肥料

高温生物降解是一种创新的病死猪无害化处理方法，能够通过一系列高级的工艺流程，包括机械绞碎、高温灭菌、添加辅料、发酵降解和除湿干燥等，将病死猪转化为一种可贮藏、可利用的有机肥料。与自然发酵方法相比，使用高温生物降解处理粉碎的病死猪能更迅速地消灭细菌、病毒等微生物，并显著降低重金属含量，同时提高氮、钙、磷等营养成分的含量。

吴志坚等人的研究进一步证实，高温生物降解处理病死猪的效果显著，特别是在处理过程中将温度设定为140 ℃，保持3～4小时，可有效消灭病原微生物。而且，经过高温生物降解处理后的产物经过检测，其有机质和总养分含量均高于有机肥标准 NY/T525—2021。因此，高温生物降解不但能够安全、有效地处理病死畜禽，而且还能将处理后的产物转化为有机肥料，为果园、农田等养殖业提供养分，既无安全隐患，又能提高企业的生产效益。这种技术和方法的运用，无疑将为病死畜禽的无害化处理和资源化利用带来革命性的影响。

湖南长沙绿丰源有机肥有限公司采用畜禽尸体堆肥获得有机肥，实现了资源的循环利用。四川利用畜禽尸体堆肥产生有机肥的企业主要有：四川佑民生物科技有限公司。

任务 12.4　畜禽尸体湿性化制法无害化处理

【学习目标】

通过学习和实践，能够准确、专业地掌握畜禽尸体干化制法无害化处理的整个操作流程和核心技术。同时熟悉在畜禽尸体干化制法无害化处理过程中需要注意的安全事项。

【任务实施】

一、认识湿性化制法

湿性化制法是在一个密闭的高压容器内直接通入高温饱和蒸汽加热的方式对病死猪尸体进行高温高压灭菌处理，然后固液分离，对固态物进行粉碎、烘干，对液态产物进行油水分离处理的过程。该方法不得用于患有炭疽等芽孢杆菌类疫病，以及牛海绵状脑病、痒病的染疫动物及产品、组织的处理。

二、湿性化制法处理技术

（一）湿性化制法原理

畜禽尸体湿性化制法无害化处理的原理主要是利用高压饱和蒸汽直接与动物尸体组织接触，当蒸汽遇到动物尸体而凝结为水时，则放出大量热能，可使油脂融化和蛋白质凝固，同时借助于高温与高压，将病原体完全杀灭，从而达到无害化处理的目的。

（二）湿性化制法主要设备

湿性化制法主要设备有密闭式冷藏车、封闭式尸体破碎机、高温化制罐、压榨机、储油罐、生物喷淋净化塔、湿化机、除臭器、油水分离器、电控箱、进排气管道和排水排油管道。

湿性化制法常见设备如图 4-12-15 所示。

(a)密闭式冷藏车　　　　　(b)喷淋消毒系统　　　　　(c)储油罐

(d)尸体破碎机　　　　　(e)高温化制罐　　　　　(f)湿化机

图 4-12-15　湿性化制法常见设备

（三）技术工艺流程

参照《病死及病害动物无害化处理技术规范》，湿性化制法无害化处理技术工艺主要包括以下几点：

将病死畜禽送入缓存仓进行封闭式尸体破碎处理；病死及病害畜禽及其破碎产物放入高温高压容器内，总质量不超过容器总承受力的 80%；在处理过程中，处理物的中心温度必须 ≥ 135 ℃，压力需 ≥ 0.3 MPa（绝对压力），并且处理时间 ≥ 30 分钟；高温高压处理结束，应对处理产物进行初步的固液分离；分离出的固体物经过破碎处理后，将被送入烘干系统进行进一步处理；而液体部分则会被送入油水分离系统进行专业处理；处理后的物料可以用作有机肥的原料，得到的油脂可以用于工业用油或提炼生物柴油。

畜禽尸体化制处理流程如图 4-12-16 所示。

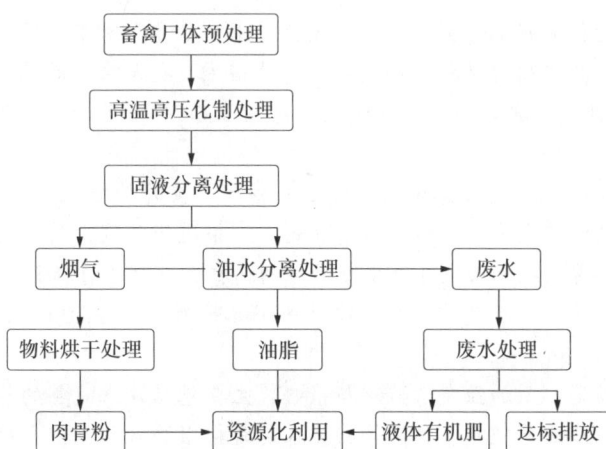

图 4-12-16　畜禽尸体化制处理流程

（四）湿性化制法处理注意事项

①处理流程完成后，必须对车间的墙面、地面及所有使用过的工具进行彻底的清洗和消毒，以确保环境的安全和卫生。

②冷凝排放水在排放前必须经过充分的冷却，同时，产生的废水也需要经过污水处理系统进

行深度处理，确保达到 GB 8978 的严格规定后才能进行排放。

③处理车间产生的废气，需要通过配置自动喷淋消毒系统、排风系统以及高效微粒空气过滤器（即 HEPA 过滤器）等高级设备进行处理，确保废气在排放前能够完全达到 GB 16297 的排放标准。

练一练

一、单选题

1.畜禽尸体湿性化制法无害化处理的主要目的是（　　）。

  A. 防止疾病传播　　B. 减少环境污染　　C.回收利用资源　　D. 提高经济效益

2.畜禽尸体湿性化制法无害化处理中的高温高压化制过程主要依靠（　　）实现。

  A. 高温高压设备　　B. 酸碱处理液　　C.真空干燥设备　　D. 压榨脱脂设备

3.在畜禽尸体湿性化制法无害化处理过程中，哪个步骤是用来减少环境污染的？

  A. 废气处理　　B. 废水处理　　C.废渣处理　　D. 噪声处理

4.畜禽尸体湿性化制法无害化处理是指（　　）。

  A. 将畜禽尸体进行高温高压化制，再通过一系列处理流程，使其达到无害状态

  B. 将畜禽尸体进行冷藏处理，再通过一系列处理流程，使其达到无害状态

  C. 将畜禽尸体进行干燥处理，再通过一系列处理流程，使其达到无害状态

  D. 将畜禽尸体进行粉碎处理，再通过一系列处理流程，使其达到无害状态

二、判断题

1.畜禽尸体湿性化制法无害化处理后的物料可以作为有机肥的原料（　　）。

2.畜禽尸体湿性化制法无害化处理是一种环保型的处理方法（　　）。

3.畜禽尸体湿性化制法无害化处理过程中产生的废气无危害，可直接排放（　　）。

拓展学习

猪伪狂犬病

伪狂犬病是由伪狂犬病病毒引起的可导致猪、生、羊多种家畜和多种野生动物发病甚至死亡的一种传染病，其中猪为伪狂犬病病毒的自然宿主，也是唯一的病毒贮存宿主，猪感染伪狂犬病病毒主要引起吸系统质、脑脊髓炎、母猪生殖衰竭和小猪生长缓慢等，病死率为 50% ～ 80%。

据报道，伪狂犬病病毒也可感染人，引起脑炎及严重的神经症状，直接危害人类健康。国际期刊《临床感染疾病杂志》在线发表研究论文，报道了 4 例由伪狂犬病病毒感染引起的人急性脑炎病例，并首次从患者脑脊液中分离得到伪狂犬病病毒毒株 hSD-1/2 019。该患者是一名兽医，从事种猪的繁育及疫苗接种工作，并且该患者工作的猪场中出现了猪伪狂犬病毒暴发流行的情况。

伪狂犬病防控措施：①加强疫情监测与报告，主要包括建立完善的疫情监测网络；加强野生动物疫情监测；鼓励养殖户、兽医等相关人员积极报告疑似病例，确保疫情及时发现和处理。②实施疫苗接种，定期对养殖场内的动物进行疫苗接种，确保疫苗接种率达到 100%。③加强生物安全措施，主要包括严格控制养殖场内外人员、车辆和物品的流动，减少病毒传播风险；对进出养殖场的动物进行严格检疫，防止病毒输入和输出；定期对养殖场、屠宰场等场所进行彻底消毒，消灭病毒污染源。④提高公众防范意识，加强伪狂犬病的宣传教育，提高公众对疾病的认知度和防范意识。

通过这次伪狂犬病病毒感染事件，我们更应该加强动物安全的防控工作，坚守职业道德

的初心，保障人类健康和社会安全。畜禽患伪狂犬病无害化处理：应立即隔离并避免与人类接触。处理畜禽尸体时，应使用专业的生物安全设备，并遵循严格的卫生和消毒程序。严格按照《病死及病害动物无害化处理技术规范》要求，可选择深埋、焚烧、高温生物降解、化制、发酵堆肥等方法进行无害化处理。

项目 13

养殖场有害气体处理技术

◆ **项目提要**

随着畜牧业的发展，畜禽产品的生产量不断增加，但同时也产生了大量的有害气体，对畜禽健康、抗病能力和生产性能产生严重影响，这些有害气体也会危害饲养人员健康，排放后可能形成酸雨，对环境造成污染。因此，养殖场的气体污染问题越来越受到关注。为了处理或控制畜禽生产中的有害气体，保证养殖场生产的可持续发展，需要熟悉的气体来源、分类及其影响特性，本项目将介绍养殖场主要有害气体的来源、分类以及监测分析场内气体指标的方法和技术。通过了解和掌握这些技术和方法后可以有效地配合相应有害气体处理技术，以此减少养殖场有害气体对畜禽、人员以及环境的危害，提高畜禽的健康水平和生产性能，同时也有利于保护环境和人类健康。

◆ **项目教学案例**

2021 年 9 月，黄冈市某养猪场因臭气问题引起周边居民不适被投诉（图 4-13-1）。问题源自员工交接班和除臭设施暂停期间的气味外排。养猪场已进行整改，包括增设第二道除臭墙，但施工过程可能导致气味泄漏。黄梅县要求该场全面检修粪污管道，加速除臭墙施工，减少养殖数量，并规范管理。相关部门将强化监管，确保居民生活质量和环境保护，同时督促养猪场采取有效措施彻底解决臭气问题。

思考： 在养殖场生产活动中会产生哪些有毒害气体产生？我们又该如何监测和处理，以避免有害气体对养殖场带来损失，也避免有害气体对周边居民和环境带来影响？

◆ **知识目标**

1. 熟悉国家关于养殖有害气体排放的相关标准，认识养殖有害气体来源与种类。
2. 学习养殖有害气体处理遵循的基本原理与原则。
3. 掌握养殖有害气体的监测与分析技术。

◆ **技能目标**

1. 具备不同类型有害气体对应处理能力。
2. 能够熟练使用常用气体监测仪器，熟悉多种有害气体检测技术。
3. 掌握养殖有害气体综合处理控制技术。

◆ **素质目标**

1. 了解《中华人民共和国环境保护法》等相关法律法规。
2. 增强保护大气环境的责任担当与法治精神。
3. 增强按照规范流程处理养殖有害气体的标准操作意识。

任务 13.1 养殖场有害气体及监测

【学习目标】

理解养殖场有害气体对环境和人畜健康的影响，强调定期监测有害气体在环保、养殖效率和动物福利中的重要性，学习使用各种气体监测工具以及气体检测方法。

【任务实施】

掌握养殖场常见有害气体成分，如氨气、硫化氢、甲烷和二氧化碳等，以及它们对环境和人畜健康的潜在影响；学习并掌握不同的有害气体监测设备的使用，如气体检测仪器、传感器和采样技术；培养分析监测数据（趋势分析、阈值判定、异常检测）的能力；了解气体检测方法的实验原理及其操作。

一、养殖场有害气体来源

养殖场有害气体主要包括氨气、硫化氢、甲烷、二氧化碳、氮氧化物、挥发性有机化合物以及粉尘和颗粒物。这些气体的产生主要源于动物消化过程及其排泄物和有机物质的降解等。

（一）动物消化过程及其排泄物

在畜禽胃肠道菌群的作用下，饲料经发酵后产生的有害气体，经由肛门或食道排出。同时，动物排泄也是有害气体排放的主要来源之一。排泄物在不同条件下会产生多种有害气体，其主要包括以下几种。

1. 氨气（NH_3）

肠道中的蛋白质、动物排泄物中的尿素和其他氮含量高的废物，在微生物作用下分解产生氨气。氨气不仅对动物和人类健康有害，还可能导致周边环境中氮的积累，对生态系统产生负面影响。

2. 硫化氢（H_2S）

硫化氢源于排泄物中含硫蛋白质和其他硫化物分解。通常在缺氧或低氧环境中进行，由特定微生物催化。高浓度硫化氢是剧毒，对动物和人类的呼吸系统造成威胁。

3. 甲烷（CH_4）

在厌氧消化的条件下，排泄物中的有机物会被微生物分解，产生甲烷。例如，在反刍动物（如牛和羊）的胃肠道（主要是瘤胃），厌氧环境为产甲烷微生物提供了理想的生存条件，饲料经由微生物群落发酵分解产生大量甲烷。甲烷是一种强效温室气体，对全球气候变化有显著影响。

4. 二氧化碳（CO_2）

在动物消化过程中，碳水化合物的分解会产生二氧化碳。这个过程是动物呼吸和新陈代谢的一部分，而二氧化碳随着气体交换通过呼吸排出。

5. 氮氧化物（NO_x）

这些气体在排泄物的分解过程中产生，特别是当粪便在空气接触下干燥时。氮氧化物对大气层和人类健康都有负面影响。

6. 挥发性有机化合物（VOCs）

动物皮肤分泌的油脂和其他有机物在微生物作用下可能产生各种挥发性有机化合物。这些化合物种类繁多，可能包括醇类、酮类和醛类等。

7. 臭味化合物

动物皮肤的微生物群落分解皮脂和汗液等分泌物时，可能产生具有特定气味的化合物，如异戊酸和丁酸等。

（二）有机物质分解

1. 未及时清理的尸体

无论是因自然原因还是因疾病而死亡的畜禽，其未及时清理的尸体通常含有众多病原体。尸体腐败并释放难闻的气味，从而使空气受到病原微生物的污染，增加疾病传播的风险。腐败气体除含氧、氮、氢、二氧化碳、甲烷外，还含有氨、硫化氢以及二氧化硫等具有强烈臭味的成分。尸体腐败还会产生散发恶臭的毒性液体，如尸胺、腐胺等。雏鸡 CO 中毒如图 4-13-3 所示。

2. 未被完全食用、发酵或腐败的饲料

在养殖过程中，未被完全食用、发酵或腐败的饲料如果未能及时清理，就会在养殖区域内残留，并且其中的多肽、氨基酸、硝酸盐和酰胺等成分在分解时会产生氨和硫化氢等具有强烈臭味的气体。如，某些养殖场在自制饲料时，如未能妥善处理或长时间储存的下脚料（例如青贮的马铃薯），其蛋白质分解也可能产生难闻的气体。

二、养殖场有害气体影响畜禽生产

畜禽的健康状况与它们所处环境中有害气体的浓度和接触时长紧密相关。在大多数情况下，短暂接触低浓度有害气体对畜禽的健康影响不大，但长时间暴露于低浓度或短时间暴露于高浓度有害气体会对其健康造成严重损害。典型的养殖环境中，畜禽通常长时间处于低浓度有害气体中，可能引起慢性中毒，导致体质减弱、免疫力下降，影响生长和生产效率。

例如，氨气和硫化氢等明显刺激性气体，以及封闭环境中常见的高浓度二氧化碳，都可能直接损害畜禽的健康。因此，养殖场工作人员必须警惕有害气体对畜禽健康的潜在风险。

常见有害气体来源及危害见表 4-13-1。

表 4-13-1　常见有害气体来源及危害

来源	种类	原理
消化及排泄物	NH_3	蛋白质及含氮化合物的微生物分解
	H_2S	含硫蛋白质和其他硫化物分解
	甲烷（CH_4）	厌氧消化条件下的有机物分解
	二氧化碳（CO_2）	动物消化过程中碳水化合物的分解
	氮氧化物（NO_x）	排泄物分解过程
	挥发性有机化合物（VOCs）	动物皮肤分泌物在微生物作用下分解产生
	臭味化合物	动物皮肤微生物群落分解皮脂和汗液等分泌物时产生
动物尸体	多种恶臭气体	尸体腐败释放 NH_3、H_2S、SO_2；恶臭毒性液体：如尸胺，腐胺等
饲料	NH_3 和硫化氢等	饲料分解产生 NH_3 和 H_2S 等

（一）氨气对畜禽的危害

氨气（NH_3）是公认的应激源，是动物圈舍内最有害的气体。NH_3 的水溶解度高，吸附在鸡的皮肤黏膜和眼结膜上，从而对其产生刺激并引发各种炎症。氨被认为是肉鸡舍里最有害的气体，腹水症、胃肠炎、呼吸道疾病都与高浓度的氨相关（图 4-13-1）。一般鸡舍内的 NH_3 浓度应保持在 20 mg/L 以下。

不同浓度氨对家禽的健康造成的影响不同（表 4-13-2）。随着鸡舍中 NH_3 浓度不断增加，其刺

激性将不断加大，常造成肉鸡角膜炎、结膜炎、皮肤炎、法氏囊萎缩、气囊炎和大肠杆菌病等。长时间处在 20 mg/L 的 NH_3 环境中，鸡只会流泪、肿头肿脸、厌食和体重减轻；当浓度增至 1 000 mg/L 时，3 天内即见流泪、怕光；8 天内角膜变白，表面出现溃疡，胸气囊炎和严重的球虫病。由于厌食的结果，即使低浓度也会使生长发育不良，性成熟推迟，产蛋量减少和死亡率增多。氨对雏鸡呼吸的影响也随着浓度的增加而加剧。对猪而言，在 50 mg/kg NH_3 水平下，小猪的生长效率减少 12%；在 100 和 150 mg/kg 水平，生长效率减少 30%，气管上皮细胞和鼻甲骨受刺激而损害。在 50 和 75 mg/kg 的 NH_3 会使健康小猪肺部清除细菌的能力减弱。关节炎高发生率、猪应急综合征损害和脓肿都与圈舍中空气氨水平呈正相关。

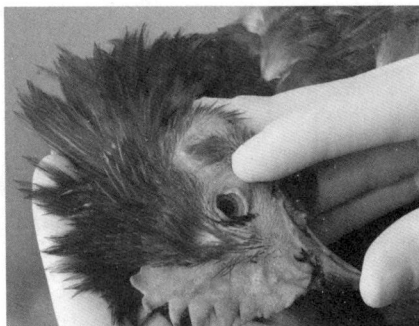
图 4-13-1　蛋鸡氨气中毒

表 4-13-2　不同浓度氨气对畜禽的生产性能和健康的影响

动物种类	体重或日龄	氨气浓度 /（mg·kg⁻¹）	氨气控制	测定指标与结论
哺乳仔猪	7 日龄	5、10、15、25、35、50	环境控制室	10 mg/kg 氨气下，猪萎缩性鼻炎最严重，呼吸道黏膜损伤
断奶仔猪		6～7	环境控制室	对高浓度氨气环境有逃逸行为
断奶仔猪	10 kg	7～8	猪舍 + 氨水挥发	氨气浓度 60 mg/kg 时生长性能↓，萎缩性鼻炎发病率↑
断奶仔猪	29 日龄	0、35、50	环境控制室	35 和 50 mg/kg 氨气导致血液白细胞、淋巴细胞和单核细胞数↑
断奶仔猪	8.4 kg	0、5、10、20、40	环境控制室	呼吸道疾病 NS；40 mg/kg 氨气下，猪膝盖关节出现炎症
育肥猪	112 日龄	0、10、25、50	环境控制室	氨气浓度↑，呼吸道 α - 溶血性球菌含量↑，机体免疫功能↓
生长猪		5、20	密闭环境室	生长性能和肝基因的表达 NS
生长猪	25 kg	18.6～33.9	猪舍	氨气浓度↑，死亡率、肺炎发病率↑
肉鸡	21 日龄	3.75	环境控制室	75 mg/kg 氨气干扰免疫器官和肠绒毛的发育，生产性能↓、加速肠道组织氧化磷酸化
肉鸡	21 日龄	0、25、50、75	呼吸仓	死亡率、羽毛清洁度 NS；75 mg/kg 附关节损伤最大
肉鸡	21 日龄	0、75	呼吸仓	75 mg/kg 氨气肉鸡生长性能↓、死亡率↑，炎性因子和黏蛋白分泌↑
蛋鸡	196 日龄	5、50、100	环境控制室	100 mg/kg 氨气下，蛋鸡采食量↓、产蛋量↓、蛋重↓

注：↑表示增加，↓表示减少。

　　此外，氨气对人类呼吸系统十分不利，长期暴露于低浓度氨气可能导致慢性呼吸道炎症，高浓度则引起严重呼吸道损伤。它还刺激眼睛和神经系统，可能引发头痛和恶心。作为重要温室气体，氨气促进酸雨形成和土壤及水体酸化，影响水生生物和生态系统，可能污染地下水。因此，养殖场应严格控制氨气排放。《畜禽场环境质量标准》（NY/T 388—1999）对圈舍内氨气的浓度做了规定，见表 4-13-3。

表 4-13-3 养殖场空气环境质量

序号	项目	单位	缓冲区	场区	舍区		猪舍	牛舍
					禽舍			
					雏	成		
1	氨气	mg/m³	2	5	10	15	25	20
2	硫化氢	mg/m³	1	2	2	10	10	8
3	二氧化碳	mg/m³	380	750	1 500		1 500	1 500
4	PM$_{10}$	mg/m³	0.5	1	4		1	2
5	TSP	mg/m³	1	2	8		3	4
6	恶臭	稀释倍数	40	50	70		70	70

注：表中数据皆为日均值。

（二）硫化氢对畜禽的危害

硫化氢（H_2S）可溶于水，其水溶液为氢硫酸，对黏膜有刺激和腐蚀作用。硫化氢化学性质不稳定，能与多种金属离子发生反应，H_2S 遇黏膜水分很快分解，与 Na^+ 结合生成 Na_2S，产生强烈的刺激作用，引起家禽眼炎和呼吸道症状，出现畏光、流泪、咳嗽，发生鼻塞、气管炎甚至引起肺水肿、出血、呼吸困难、窒息。H_2S 具有强烈的还原性，H_2S 随空气经肺泡吸收进入血液循环，与细胞中氧化性细胞色素氧化酶中的 Fe^{3+} 结合，使酶失活而造成组织缺氧。所以长期处在低浓度

图 4-13-2 鸡眼流泪

硫化氢的环境中，家畜体质变弱、抗病力下降、易发生肠胃病、心脏衰弱等高浓度的硫化氢可直接抑制呼吸中枢，引起窒息，以致死亡。鸡舍内硫化氢可引起肉鸡角膜炎、结膜炎导致鸡眼肿流泪（图 4-13-2），刺激呼吸道黏膜，引起气管炎、咽部灼伤、咳嗽水肿。经常吸入低浓度的硫化氢，可导致植物神经功能紊乱，发生多发性神经炎，会使其体质变弱、抵抗力下降，同时容易发生肠炎、心脏衰弱等，影响正常生长和产蛋；如硫化氢浓度较高，可导致呼吸中枢神经麻痹而窒息死亡。因此建议鸡舍内硫化氢的浓度应控制在 8×10^{-6} 以下。

硫化氢对不同动物健康的影响见表 4-13-4。

表 4-13-4 硫化氢对不同动物健康的影响

动物种类	硫化氢浓度 / (mg·kg^{-1})	结论
肉仔鸡	18	气管黏膜变薄、生长性能下降、抗新城疫能力下降等
肉鸡	20	气管细胞凋亡、加重 LPS 诱导的肺炎等
断奶仔猪	18	肺部损伤等

注：数据来源：孟庆平等，2009。

（三）二氧化碳对畜禽的危害

二氧化碳（CO_2）主要产生于畜禽的呼吸过程以及畜舍内有机物的分解。通常情况下，CO_2 本身是无毒的，且畜舍中的 CO_2 浓度很少达到有害水平。然而，在封闭的大型畜舍中，如果通风系

统发生故障并且没有得到及时的修复，就有可能出现 CO_2 中毒的情况。高浓度 CO_2 的出现通常意味着畜舍长期通风不佳，导致舍内氧气过度消耗，同时可能伴随着其他有害气体的增加和氧气相对不足，从而引发畜禽慢性缺氧。因此，监测 CO_2 浓度可以作为判断空气污染程度的一个可靠的指标。《畜禽场环境质量标准》（NY/T 388—1999）对圈舍内 CO_2 的浓度做了规定，见表4-13-3。

（四）一氧化碳对畜禽的危害

一氧化碳（CO）主要产生于冬季，尤其是在封闭的畜舍环境中使用煤炭或木材取暖时，由于这些含碳物质燃烧不完全而生成。CO 进入畜禽的体内通过肺泡进入血液循环，由于 CO 与血红蛋白的亲和力比氧气高出 200 ～ 300 倍，它显著干扰了氧气与血红蛋白的结合，导致组织缺氧，进而引发血管和神经细胞的功能障碍，影响机体各器官的正常工作，并可能导致呼吸、循环和神经系统疾病。中枢神经系统对缺氧极其敏感，长时间的缺氧可能导致血管壁细胞发生变性，渗透压上升，严重时甚至会导致脑水肿，以及大脑和脊髓的充血、出血和血栓形成。肉鸭 CO 中毒如图4-13-3 所示。

图 4-13-3　肉鸭 CO 中毒

CO 的危害性与其在空气中的浓度和接触时间密切相关。血液中与 CO 结合的血红蛋白（HbCO）含量与空气中 CO 的浓度成正比。中毒的症状严重程度取决于血液中 HbCO 的含量，呈现出明显的剂量 - 效应关系。因此，监控圈舍内 CO 的浓度并保持良好的通风，对于维护畜禽健康至关重要。

三、养殖场空气质量与有害气体排放标准

这些有害气体的危害性与其在空气中的浓度有关。畜牧场不同部位有害气体浓度不同，因此，针对不同区域的空气质量有其相应的标准，养殖场环境质量标准（NY/T 388—1999）中对圈舍内硫化氢的浓度做了规定，见表4-13-3。

四、有害气体监测

畜牧场需要有效的气体监测作为保障生产顺利、人员安全和环境健康的关键措施。从便携式多气体检测器的灵活性到固定式气体检测系统的稳定性，各种气体检测仪器在监测和控制养殖场环境中发挥着至关重要的作用。这些仪器，如红外光谱气体分析仪和电化学气体传感器，不仅提高了对有害气体的检测效率和准确性，而且在预防环境污染、降低健康风险以及遵守法规方面发挥着关键作用。这些仪器的使用和发展，标志着养殖行业在环境监控和可持续发展道路上的重要进步。

养殖场气体检监设备见二维码。

养殖场气体
检监设备

任务 13.2　养殖场有害气体控制技术

【学习目标】

学习各种有害气体处理方法的原理和应用以及各种有害气体处理方法的优缺点、适用条件和操作注意事项。学习有害气体排放监测的相关要求。学习常见有害气体测定的化学分析法。尝试从有害气体产生源头减排的角度进行扩展思考。

【任务实施】

认识各种有害气体处理方法如，生物滤床、化学洗涤、活性炭吸附等。熟悉各种有害气体处理方法的优缺点、适用条件和操作注意事项。掌握常见有害气体测定的化学分析法。从有害气体产生源头减排的角度进行扩展思考，结合目前相关研究进展，展开讨论。

一、有害气体控制技术

畜禽舍中有害气体种类多样复杂，有害气体的控制也需要从多方面入手。做好对有害气体产生以及释放初期的控制，对于保证和提高家畜的健康和生产力，保障饲养人员的健康，减少对环境的污染，减轻后端有害气体处理的压力与成本，在饲养管理中有重要意义。

1. 科学进行畜禽舍建筑设计

畜禽舍的建筑合理与否直接影响舍内环境卫生状况，因而在建筑畜禽舍时就应合理设计畜禽舍的通风换气系统，选择恰当的通风系统，正确布局通风装置；科学设计道路和排水系统，应使路面易清洁、少产生污泥等问题，保证排水系统通畅，实行雨污分流制度；设置良好的除粪装置和设施从根本上减少臭味。此外，还需建设绿化隔离带，在养殖场周围和每栋栏舍之间种植绿色植物，能有效吸收有害气体和净化空气，还能释放氧气，调节气候，是养殖场的绿色安全屏障。

2. 科学饲养管理

保持圈舍卫生，及时清除粪尿和污水、制定严格的消毒制度，定期消毒、消灭有害微生物；注意畜禽舍防潮，可使用吸湿性小、导热性小、吸附性大的垫料，保持舍内干燥；勤换垫料与垫草；根据畜禽的品种、年龄、性别等因素来确定适当饲养密度；建立合理的通风换气制度；在粪便中加入化学试剂和采用微生物活菌剂降解有害物质等。根据养殖场具体条件，科学合理地设计饲养管理体系，能够有效把控和降低各环节有害气体的产生。

3. 科学设计饲粮和合理使用饲料添加剂

畜禽粪尿中未完全消化的营养物质在堆放过程中被无氧降解所产生的臭气是养殖场有害气体产生的主要来源，同时也反映了畜禽消化过程对营养物质的利用率。科学设计饲粮如合理采用低蛋白日粮、添加合成氨基酸和改进饲料加工工艺等。合理使用饲粮添加剂，如添加酶制剂、酸制剂、丝兰提取物以及复合微生物制剂等。通过提高动物对营养物质的利用率、改变日粮本身的理化性质等方法，减少消化过程气体产生，减少粪便排出量，降低排泄物中蛋白质、脂肪等营养物质的残留，由此减少动物消化过程和排泄物腐败分解产生的有害气体。

二、有害气体处理技术

养殖场的有害气体处理是一个复杂的过程，涉及多种技术和方法。这些方法旨在减少恶臭、有害气体的排放，并确保环境的可持续性。主要的处理方式包括：

1. 生物滤池

生物滤池利用微生物在填料层上的生长来分解恶臭气体。这种方法对于去除有机化合物和部分无机化合物（如氨）非常有效。生物滤床环保、成本较低，但需要适当的湿度和温度来维持微生物的活性。生物滤床适用于处理氨、酰胺、某些胺类、有机酸（如脂肪酸）、某些硫化物（低浓度）等。

猪粪堆肥 - 生物滤池除臭车间示意图如图 4-13-4 所示。

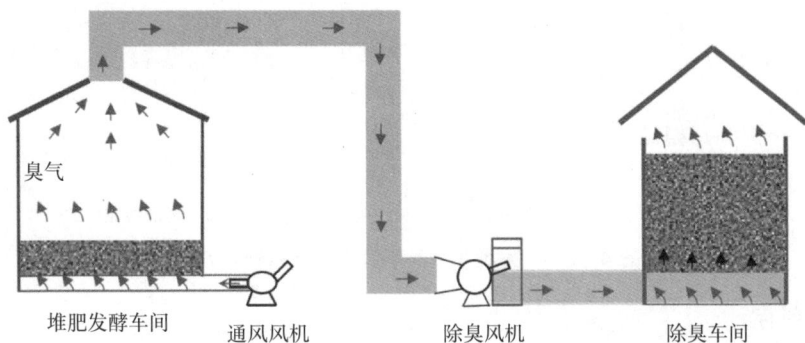

堆肥发酵车间　通风风机　　除臭风机　　除臭车间

图 4-13-4　猪粪堆肥 - 生物滤池除臭车间示意图

2. 化学洗涤

化学洗涤通过化学反应将恶臭气体转化为无害物质。这种方法通常用于处理含硫和含氮化合物等特定类型的有害气体。化学洗涤设备可以高效去除恶臭气体，但运行成本相对较高，且可能产生二次污染。化学洗涤法特别适用于处理含硫化合物（如硫化氢）、含氮化合物（如氨）、某些挥发性有机化合物。

有害气体化学洗涤工艺如图 4-13-5 所示。

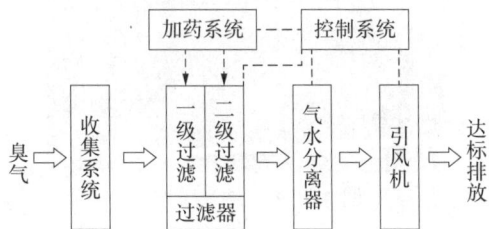

图 4-13-5　有害气体化学洗涤工艺

3. 活性炭吸附

活性炭吸附利用活性炭的吸附性质来去除空气中的恶臭物质（图 4-13-6）。这种方法对多种气体有很好的去除效果，操作简单，但活性炭需要定期更换。活性炭适用于广泛的气体，包括各种挥发性有机化合物、某些含硫化合物、含氮化合物。

图 4-13-6　活性炭吸附

4. 好氧和厌氧消化

好氧和厌氧消化对畜禽粪便等有机废物进行处理，减少恶臭气体的产生。好氧消化需要氧气参与，而厌氧消化在无氧环境下进行。这些方法可以将有机废物转化为肥料和能源，但需要专门的设施和管理。主要用于处理有机废物，从而减少氨和硫化氢等气体的产生。

猪场废水厌氧消化液好氧处理方法如图 4-13-7 所示。

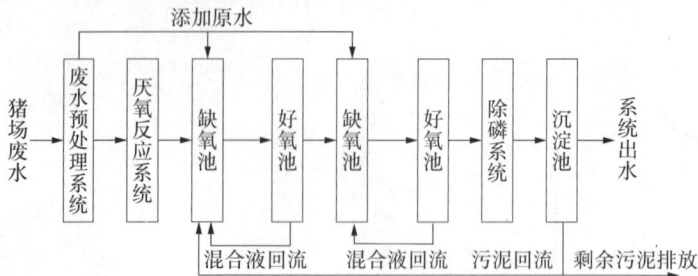

图 4-13-7　猪场废水厌氧消化液好氧处理方法

5. 覆盖和封存

覆盖和封存主要用于减少畜禽粪便和尿液在存储和处理过程中释放的气体。通过覆盖塑料膜或其他材料，可以有效地封闭恶臭气体，减少其散发到空气中，主要用于减少氨、硫化氢等气体从粪便和尿液中的逸出。

纳米膜堆肥如图 4-13-8 所示。

图 4-13-8　纳米膜堆肥

6. 喷雾和雾化系统

通过喷雾或雾化特定的消臭剂或中和剂，可以在一定程度上减轻恶臭问题。这些系统可以安装在养殖区域的关键位置，如粪便处理区域或畜舍内部。适用于减轻轻度的氨、硫化氢等恶臭气体。

高压喷雾除臭装置如图 4-13-9 所示。

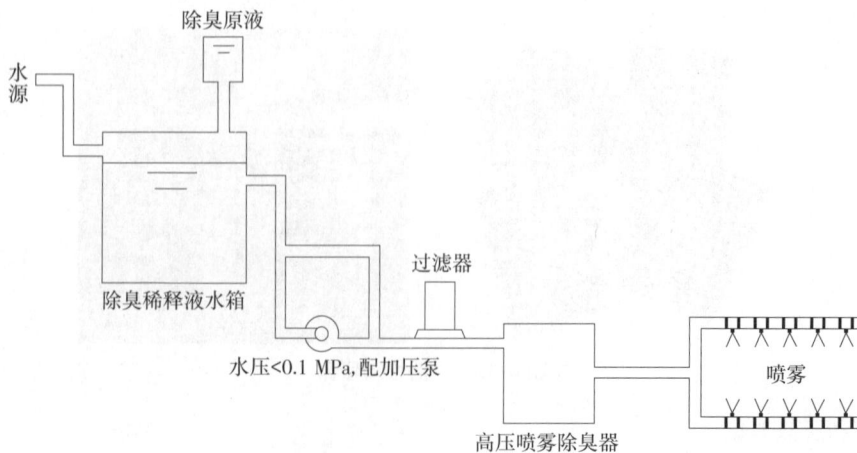

图 4-13-9　高压喷雾除臭装置

7. 增加通风和空气稀释

在畜舍中增加通风，可以有效稀释和减少内部的恶臭气体浓度。这是一种相对简单且经济的方法，但并不能从根本上解决有害气体问题。适用于所有类型的气体，但主要是用于减少气体浓度。

猪舍纵向通风设计如图 4-13-10 所示。

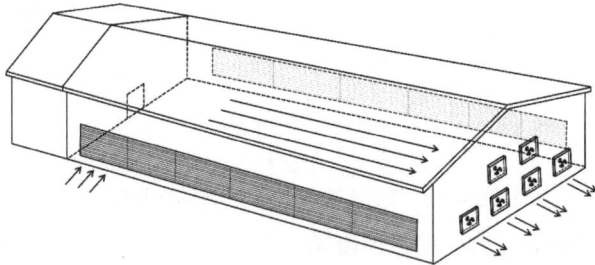

图 4-13-10　猪舍纵向通风设计

实际生产中，养殖场有害气体处理需要综合考虑各种技术的适用性、经济性和环境影响，通常采用多种方法组合应用以达到最佳效果。目前使用率较高的方法有增加通风和空气稀释、覆盖和封存、生物滤床和堆肥处理等，这些处理方式通常具有效果显著、成本适中、操作相对简单的特点。但具体选择合适的处理方法取决于养殖场的规模、有害气体成分、地理位置以及经济条件。每种方法都有其适用范围和限制，养殖场在选择有害气体处理方法时，需要考虑到有害气体的具体成分、处理效率、成本以及环境影响等因素（4-13-5）。

表 4-13-5　有害气体处理方法

方法	原理	适用气体和场景	优势和局限
通风	提高空气流通	所有类型	简单经济； 不能解决根本问题
覆盖和封存	通过覆盖材料减少气体逸出	粪便和尿液	简单有效成本低； 不适用于高浓度气体
活性炭吸附	利用活性炭吸附恶臭物质	H_2S、NH_3	去除效果优秀，操作简单； 需定期更换活性炭
喷淋雾化系统	通过喷淋设备形成水膜	易溶于水的气体	效果好，可根据规模灵活调节； 注意安装高度、使用频率等
生物滤池	微生物分解臭气	NH_3、酰胺、某些胺类、有机酸、硫化物（低浓度）	环保、成本低； 需要适当的湿度和温度
化学洗涤	通过化学反应将恶臭气体转化为无害物质	H_2S、NH_3、VFA、VSCs	高效，易操作； 成本较高，可能产生二次污染

三、方法应用及案例分析

【案例一】水喷淋技术在规模猪舍末端气体处理中的应用

1. 水喷淋处理系统原理

现代化规模猪场建设较集中，猪舍养殖密度大、每天产生的气体量大、气体成分复杂，猪舍内气体通常由末端的通风设备排出。受非洲猪瘟和环保政策的影响，为了降低猪舍排出气体的臭味浓度，现有新建或改扩建猪场均配套有除臭系统，目前主要采用水喷淋工艺。猪场水喷淋处理系统一般有墙式和立式 2 种设计方式，其处理工艺一致，工艺流程如图 4-13-11 所示。

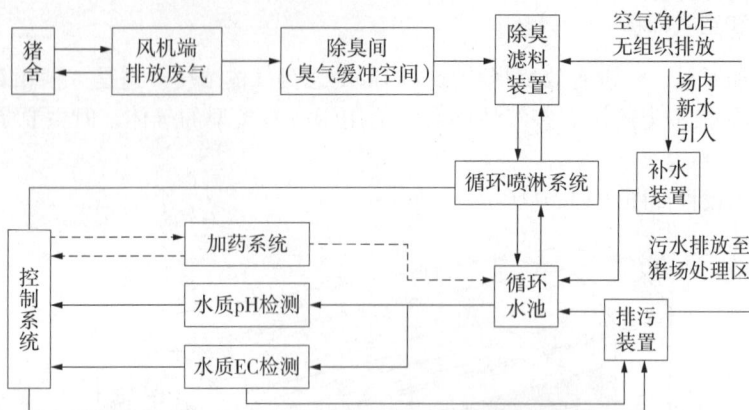

图 4-13-11　水喷淋处理系统工艺流程

水喷淋处理系统的原理是猪舍内的气体由风机抽入除臭间,通过除臭间滤料墙前部(或上部)的喷淋设备喷出形成水膜并依附于填料层内,进入除臭间的气体与水膜接触,此时气体中的氨气和硫化氢溶解于水中,达到气体处理的目的。墙式和立式水喷淋处理系统示意图如图 4-13-12 所示。

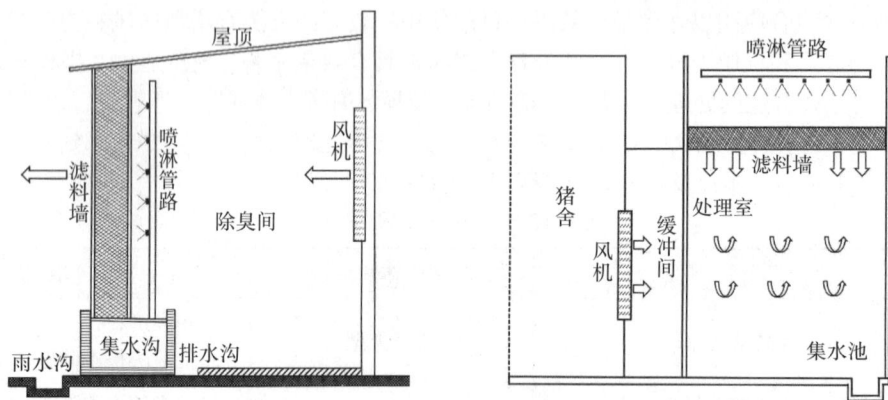

图 4-13-12　立式水喷淋处理系统(左)和墙式水喷淋处理系统(右)

2. 应用案例分析

猪场位于广东省河源市某县,应用场景为 - 公猪舍和后备公猪舍。

(1)公猪舍除臭布置情况　公猪舍养殖 248 头种猪,猪舍的空气过滤系统采用初效 + 高效两级过滤猪舍采用空调 + 湿帘 + 风机 + 百叶窗联合调控以达到种猪适宜的生活环境;末端气体处理采用立式水喷淋处理工艺,根据该猪舍的整体布局和猪舍所需的通风量情况,分别在猪舍的两侧山墙端安装除臭间,其宽度 3 m、高度 4.5 m。公猪舍立面图如图 4-13-13 所示。

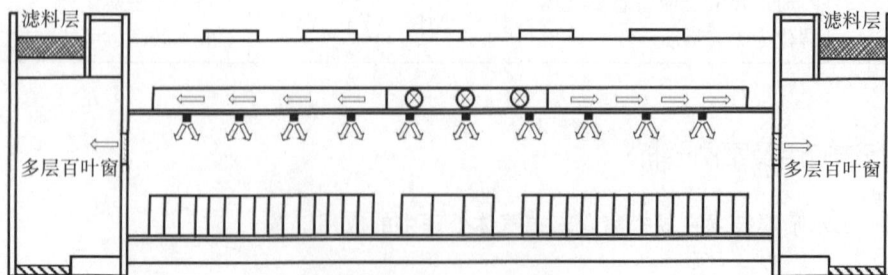

图 4-13-13　公猪舍立面图

(2)后备公猪舍除臭布置情况　后备公猪舍养殖 156 头种猪,猪舍的空气过滤系统为袋式初效过滤;采用卷帘 + 湿帘 + 进风窗 + 风机联合调控猪舍的环境;末端气体处理采用墙式水喷淋处理工艺,根据该猪舍的整体布局和猪舍所需的通风量情况,在猪舍的一侧山墙端安装除臭间,其宽度为 5 m、高度为 3 m。后备公猪舍立面图如图 4-13-14 所示。

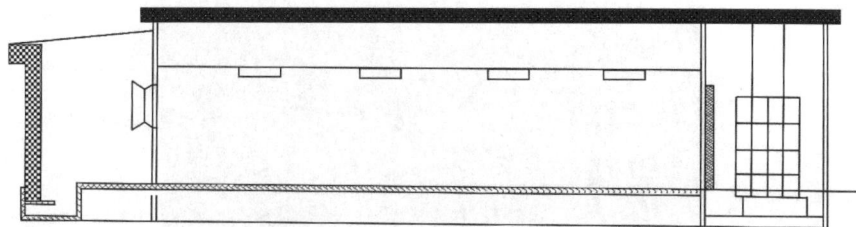

图 4-13-14　后备公猪舍立面图

两个猪舍除臭间的滤料均采用共聚 PPB 材料 + 抗 UV 成分，孔隙率 ≥ 97%，比表面积为 125 m²/m³、韧性足、承压力强、抗霉变、抗氧化、挂膜效果好，水液分布良好、空载风阻 5 ～ 8 Pa，采用全焊点焊接。喷淋泵组为不锈钢离心泵，功率 3.0 kW/380 V，目标喷淋量为 20 m³，目标扬程 20 m；选用优质螺旋喷头。

（3）现场测试　测试过程中，两个猪舍均同时进猪，测试时长为 2 个月，除臭间的水均按 20 天一换。测试表明，两个猪舍采用不同方式的水喷淋处理技术，均能在很大程度上降低猪舍末端排出气体的臭味浓度；公猪舍在测试期间的水蒸发量为 785 L、换水量 51 L、总用水量为 836 L；后备公猪舍的水蒸发量为 498 L、换水量 30 L，总用水量为 528 L。

【案例二】低温季节肉鸡舍通风与保温

1. 通风 - 保温设计的意义

冬季属于肉鸡疾病多发的季节，主要是由于冬季气候寒冷加上肉鸡舍通风设计不合理，导致肉鸡舍内有害气体和致病性微生物等浓度升高，最终造成肉鸡引发各种疾病，严重导致鸡只死亡，给肉鸡养殖户带来严重的经济损失。肉鸡舍外墙维护结构保温效果差，通风不畅，导致低温季节舍内环境不利于鸡只生长。良好的通风可以保证舍内氧气含量不低于 19.3%，充足的氧气促进鸡的新陈代谢，保持机体健康，提高饲料转化率。良好的通风可以排出舍内水汽、氨气、尘埃及多余的热量，使二氧化碳浓度低于 1 500 mg/m³，H_2S 浓度低于 9 mg/m³，氨气浓度低于 15 mg/m³，PM_{10} 低于 4 mg/m³ 可为鸡群提供充足的新鲜空气。

冬季肉鸡舍内气流速度一般控制在 0.1 ～ 0.2 m/s，不宜超过 0.3 m/s，进气口风速一般都大于 3 m/s，低温季节，舍内如果不加温，增设导流措施冷风会导致鸡出现流鼻液和甩头现象，并造成肉鸡的抵抗力下降。合理设计鸡舍通风 - 保温系统，对鸡只健康有着重要意义。

2. 应用案例分析

（1）保温要求　要使舍内温度保持在适合鸡只生长的范围内，温差不能超过 4 ℃，不急剧升降温，应围护结构密封严实，不出现贼风，进气口要增加预加热设施和设备。对进入肉鸡舍的冷空气进行预加热，减小舍内空气的温度波动，避免出现因风冷效应导致的鸡只受凉现象，这在进气口和出气口附近都有表现。适合鸡只生长的温度随肉鸡日龄的增大，温度逐渐降低，温度参考表 4-13-6。纵向通风鸡舍见图 4-13-15。

表 4-13-6　不同日龄肉鸡生长适宜温度

日龄 /d	适宜生长温度 /℃
≤ 3	34 ～ 35
4 ～ 7	31 ～ 33
8 ～ 14	25 ～ 28
21 ～ 28	22 ～ 25
29 ～出栏	20 ～ 25

图 4-13-15　纵向通风鸡舍

（2）肉鸡舍保温设计　在围护结构设计时要贯彻保温隔热设计理念，既要满足结构刚度、强度和稳定性要求，又能使肉鸡舍内部冬暖夏凉、昼夜温度波动幅度小，见表 4-13-7。

表 4-13-7　肉鸡舍保温设计

结构		材料	规格	安装	注意
屋顶		彩钢聚苯乙烯泡沫夹芯板 / 彩钢岩棉夹芯板	厚度：100 ～ 150 mm	南方地区取厚度小值；寒冷地区取厚度大值	冬季肉鸡舍内湿度大，潮气易在夹芯板内层结露，吸收空气中 NH₃，引起钢板锈蚀，可以用 PVC 替代彩钢层
墙体	寒冷地区	厚砖结构 + 外贴厚模塑聚乙烯外保温体系	厚砖结构：120 mm、180 mm、240 mm 厚模塑聚乙烯：100 ～ 150 mm	南方地区取厚度小值；寒冷地区取厚度大值	
	非严寒地区	轻钢结构 + 复合彩钢聚苯乙烯夹芯板 彩钢岩棉夹芯板 / 水泥钢丝网架聚苯乙烯夹芯板	墙体：75 ～ 100 mm		
门		复合彩钢夹心门 / 塑钢门	宽 1 m 或 0.9 m 高 2.0 ～ 2.4 m	纵墙两端	
窗	推拉窗户	双层玻璃塑钢	宽 1 m 或 1.2 m 高 0.5 m 或 0.6 m		考虑矩形进气窗的进气射流夹角为 18.3°～ 18.8°，窗间墙宽度不宜大于 1.5 m
	可调高小窗		宽 0.5 m 或 0.4 m 高 0.3 m 或 0.2 m	窗上沿低于吊顶面 窗下沿高于顶笼上沿 ≥ 100 mm	
地面		3∶7 灰土			

（3）肉鸡舍通风设计与管理　为了保证鸡只正常的生长和健康，需要根据空气水汽使用相关公式计算通风换气量。再根据换气量和综合排风机的规格等，合理设计进风口面积。冬季换气，要求舍内温度相对平稳，通风均匀，可以选用较大规格的风机，降低风速，经济节能效果较显著。实际设计中肉鸡舍一般采用大小风机配合使用方式。

根据肉鸡换气量冬季为 0.75 m³/（h·kg），夏季 5.0 m³/（h·kg），地面水分蒸发为鸡只产生水汽 10% 计算，鸡只通风换气参数见表 4-13-8。

表 4-13-8　鸡只通风换气参数

| 周龄 | 体重 /kg | 换气量 / [m³·(h·只) ⁻¹] | | 气流速度 / (m·s⁻¹) |
		冬季	夏季	
1 ～ 2	0.5	0.4	2.5 ～ 2.8	0.2 ～ 0.5
3 ～ 4	1.0	0.8	5.0 ～ 5.5	0.2 ～ 0.5
5	1.5	1.1 ～ 1.2	7.5 ～ 8.3	0.2 ～ 0.5
6	2.0	1.5 ～ 1.7	10.1 ～ 11.0	0.3 ～ 0.6
7	2.5	1.9 ～ 2.1	12.5 ～ 13.8	0.3 ～ 0.6
	3.0	2.3 ～ 2.5	15.0 ～ 16.5	0.3 ～ 0.6
	3.5	2.6 ～ 2.9	17.5 ～ 19.3	0.3 ～ 0.6

肉鸡舍通风设计与管理见表 4-13-9。

表 4-13-9　肉鸡舍通风设计与管理

通风量	根据鸡只通风换气量计算 舍内通风量 Q（m³/h）： $Q = R \times n$	R：为每只家禽的推荐通风需要量 [m³/（h·只）⁻¹]； n：为动物数量（只）	两种方法计算舍内通风量时，如有不同，取其中较大值
	根据气流速度计算 舍内通风量 Q（m³/h）： $Q = v \times A \times 3\,600$	v：为鸡只适宜的气流速度（m/s）； A：为肉鸡舍得横截面积（m²）	
进风口（纵向通风）	每 1 000 m³/h 换气量取 0.15 m²	一般应与肉鸡舍断面面积大致相等或为排风机面积的 2 倍	低温季节通风，要求进风口内侧设置导流板，防止肉鸡受凉
	根据进风口风速确定进气口面积	进风口的风速一般要求夏季 2.5 ～ 5.0 m/s，冬季 1.5 m/s	
	使用湿帘降温的肉鸡舍，其进气口面积即湿帘面积	一般取垫面风速为 1.0 ～ 1.5 m/s	
风机	根据通风换气量计算风机数量：$N = Q \times \eta/q$	N：风机台数； Q：总的通风换气量（m³/h）； q：风机的风量（m³/h），参数见附表； η：风机的有效率考虑风机的损耗与其他产生的阻力，η 一般取 1.10 ～ 1.15	选择适合于纵向通风的风机型号

重锤式负压风机主要技术参数见表 4-13-10。

表 4-13-10　重锤式负压风机主要技术参数

型号规格	风量 / (m³·h⁻¹)	全压 /Pa	噪声 /dB	输入功率 /kW	额定电压 /V	电机转速 / (r·min⁻¹)	电流 /A	电机功率 /kW	尺寸 / (cm × cm × cm)
710	18 000	55	≤ 65	370	380	1 400	55	370	80 × 80 × 40
800	22 000	60	≤ 65	370	380	1 400	55	550	90 × 90 × 40
900	25 000	60	≤ 65	550	380	1 400	61	750	100 × 100 × 40
1000	32 500	60	≤ 65	750	380	1 400	60	750	110 × 110 × 40

续表

型号规格	风量 /(m³·h⁻¹)	全压 /Pa	噪声 /dB	输入功率 /kW	额定电压 /V	电机转速 /(r·min⁻¹)	电流 /A	电机功率 /kW	尺寸 /(cm×cm×cm)
1100	38 000	60	≤ 65	750	380	1 400	62	1 100	122×122×40
1250	44 000	60	≤ 65	1 100	380	1 400	55	1 100	138×138×40
1400	55 800	60	≤ 65	1 500	380	1 400	55	1 500	153×153×40

QX 系列热风炉性能指标见表 4-13-11。

表 4-13-11　QX 系列热风炉性能指标

型号	额定发热 /(kJ·h⁻¹)	供热面积 /m²	设计风温 /℃	燃煤量 /(kg·h⁻¹)	电机功率 /kW	外形尺寸 /(mm×mm×mm)
QX-5	20.93 万	150 ~ 400	60 ~ 90	5 ~ 8	鼓风机 2.2；引风机 0.75	1 400×850×1 400
QX-10	41.82 万	400 ~ 700	60 ~ 90	10 ~ 15	鼓风机 3；引风机 0.75	1 600×100×1 500
QX-15	62.80 万	600 ~ 900	80 ~ 100	15 ~ 20	鼓风机 3；引风机 1.1	1 700×1 100×1 600
QX-20	83.74 万	800 ~ 1 000	80 ~ 100	20 ~ 25	鼓风机 4.4；引风机 1.1	1 800×1 200×1 700
QX-30	125.60 万	1200 ~ 1 800	80 ~ 120	25 ~ 30	鼓风机 6；引丨风机 1.1	1 900×1 300×1 700
QX-40	167.47 万	1 500 ~ 2 100	80 ~ 120	30 ~ 35	鼓风机 7；引风机 1.1	2 000×1 400×1 700

（4）加热设备选用与管理　选择肉鸡舍的加热设备需计算肉鸡舍内采暖系统热负荷。根据热平衡，肉鸡舍内采暖系统的热负荷（Q_h）为通风耗热量加上围护结构传热耗热量减去畜禽的显热散热量。因为通风耗热量是失热的主要途径，可根据气流速度计算的通风量估算出通风耗热量。根据围护结构密封性能乘以附加系数 1.05 ~ 1.1 就可以直接求出加热器最小热负荷，计算公式见表 4-13-12。肉用仔鸡的适宜温度为 21 ~ 27 ℃，最适温度为 24 ℃。要保证舍内温度的稳定，换气流失的热量用加热设备补充，控制空气流速不超过 0.2 m/s，避免冷空气直接吹到鸡只身上。

加热设备有很多种，见表 4-13-13。根据肉鸡生长所需最适温度，使用最小热负荷公式计算鸡舍内采暖系统热负荷，并根据所计算出的热负荷对照发热设备型号参数表选择合适的发热设备。采用便携式热风炉（内循环）系统单位投入成本最低运行成本最低，效果最好，其次是燃气锅炉＋暖风机、空气能热源空调系统。但空气能热源空调系统运行中容易出现故障，技术不成熟。加热设备优选便携式热风炉（内循环），其次是燃气锅炉＋暖风机。

表 4-13-12　加热设备选择

Q_h	$Q_h = (1.05 \sim 1.1) v A \rho_a c_p (t_i - t_0) \times 3\,600$	v：鸡只适宜气流速度，m/s； A：肉鸡舍横截面积，m²； ρ_a：空气密度，取 $\rho_a = 353/$，$t_0 + 273$； c_p：空气定压比热容取 $c_p = 1.03$ kJ/，kg·℃； t_i：室内温度，℃；t_0：室外计算温度，℃
加热设备	便携式热风炉（内循环） 燃气锅炉＋暖风机 空气能热源空调 便携式热风炉（外循环） 煤炭锅炉＋地暖 煤炭锅炉＋散热片	便携式热风炉（内循环）系统： 单位投入成本最低运行成本最低，效果最好

例：

某肉鸡舍长 60 m，宽 12 m，檐高 4 m，冬季空气调节室外计算温度 –6 ℃，肉鸡密度 6 只 /m²，平均每只鸡体质量为 2.5 kg。屋顶和墙壁均为 100 mm，享 30 kg/m 的彩钢聚苯乙烯泡沫复合夹芯板，水泥砂浆地面，纵向通风，设计低温季节风速不超过 0.2 m/s，试选择加热设备。（QX 系列热风炉性能指标见表 4-13-12）

根据肉鸡适宜温度，取室内排气口温度 $t_0 = 21$ ℃。根据最小 Q_h 估算公式：

$$Q_h = (1.05 \sim 1.1) v A \rho_a c_p (t_i - t_0) \times 3\,600$$
$$= (1.05 \sim 1.1) \times 0.2 \times 12 \times 4 \times 353/(-6 + 273) \times 1.03 \times (21 + 6) \times 3\,600$$
$$= (133.42\,万 \sim 139.78\,万) \text{ kJ/h}$$

显然，根据热负荷，选择 QX-40 型热风炉最合适。

低温季节肉鸡舍的环境影响鸡只的生长发育和健康状况，通过从围护结构设计、通风设计和管理以及加热设备选型等方面着手，对肉鸡舍环境的通风和保温设计要求进行探讨，提出使养殖需求与设备功能匹配的措施，保证低温季节肉鸡舍内空气温度的均匀稳定，降低传染病发生概率，以获得较好的经济和社会效益。

四、有害气体排放标准

在治理畜牧场有害气体排放时，需要针对具体化合物制订相应的控制措施和安全标准。《畜禽养殖业污染物排放标准》（GB 18596—2001）对集约化畜禽养殖业恶臭气体排放进行了规定，见表 4-13-13。部分恶臭气体的排放受污染物厂界标准值限制，具体指标参考《恶臭污染物排放标准》（GB 14554—93），其中对部分恶臭气体的排放高度和排放量进行了规定，见表 4-13-14 和表 4-13-15。

表 4-13-13　集约化畜禽养殖业恶臭污染物排放标准

控制项目	标准值	监测方法	方法来源
臭气浓度（无量纲）	70	三点式比较臭袋法	GB/T 14675

表 4-13-14　恶臭污染物厂界标准值

序号	控制项目	单位	一级	二级		三级	
				新改扩建	现有	新改扩建	现有
1	氨	mg/m³	1.0	1.5	2.0	4.0	5.0
2	硫化氢	mg/m³	0.03	0.06	0.1	0.32	0.6
3	臭气浓度	无量纲	10	20	30	60	70

表 4-13-15　恶臭污染物排放标准值

序号	控制项目	排气筒高度 /m	排气量 / (kg · m⁻¹)
1	硫化氢	15	0.33
		20	0.58
		25	0.9
		30	1.3
		35	1.8
		40	2.3
		60	5.2

续表

序号	控制项目	排气筒高度/m	排气量/（kg·m⁻¹）
		80	9.3
		100	14
		120	21
2	氨	15	4.9
		20	8.7
		25	14
		30	20
		35	27
		40	35
		60	75
3	臭气浓度	15	2 000
		25	6 000
		35	15 000
		40	20 000
		50	40 000
		≥ 60	60 000

五、有害气体排放监测

（一）有组织排放源监测

①排气筒的最低高度不得低于 15 m，凡在表 4-13-15 所列两种高度之间的排气筒，采用四舍五入方法计算其排气筒的高度。表 4-13-15 中所列的排气筒高度系指从地面（零地面）起至排气口的垂直高度。

②采样点：有组织排放源的监测采样点应为有害气体进入大气的排气口，也可以在水平排气道和排气下部采样监测，测得臭气浓度或进行换算求得实际排放量。经过治理的污染源监测点设在治理装置的排气口，并应设置永久性标志。

③有组织排放源采样频率应按生产周期确定监测频率，生产周期在 8 小时以内的，每 2 小时采集一次，生产周期大于 8 小时的，每 4 小时采集一次，取其最大测定值。

（二）无组织排放源监测

①采样点：厂界的监测采样点，设置在工厂厂界的下风向侧，或有臭气方位的边界线上。

②采样频率：连续排放源相隔 2 小时采一次，共采集 4 次，取其最大测定值。间歇排放源选择在气味最大时间内采样，样品采集次数不少于 3 次，取其最大测定值。

③水域监测：水域（包括海洋、河流、湖泊、排水沟、渠）的监测，应以岸边为厂界边界线，其采样点设置、采样频率与无组织排放源监测相同。

（三）测定

标准中各单项恶臭污染物与臭气浓度的测定方法，见表 4-13-16，以畜牧场常见刺激性气体为例。

表 4-13-16 恶臭污染物与臭气浓度测定方法

序号	气体	测定方法
1	氨	GB/T 14679
2	硫化氢	GB/T 14678
3	二氧化碳	《水和废水监测分析方法》（第 3 版）中国环境科学出版社，1989

📖 拓展学习

> **绿色践行"一方多效"——让微生物，展大身手**
>
> 通过营养手段从源头减少有害气体的产生是一种高效且可持续的方法。EM 制是一种新型的复合微生物制剂，它可通过增加畜禽消化道内有益微生物的数量，调节体内的微生物生态平衡，提高饲料转化率，减少肠道内氨、吲哚等有害气体的产生，从而减少粪便的有害气体来控制环境污染，实现"一方多效"。李维炯等报道，用 EM 饲喂畜禽或处理粪便，能有效地消除粪便恶臭，抑制蚊蝇滋生，净化养殖场及其周边的环境。

技能 11 空气中有害气体的测定

猪场有害气体
监测及处理
技术

【学习目标】

掌握畜禽舍空气中有害气体的测定原理和方法；学会大气采样器的使用，熟练掌握有害气体的测定方法为畜禽舍空气卫生评定提供依据。

【实训准备】

仪器：大气采样器、大型气泡吸收管，5 mL 移液管等。

用具：乳胶管、吸收管架、检气管、滴定管、滴定台和干燥箱等。

试剂：分别见各测定项目。

实训场所：猪舍、鸡舍、牛舍。

【实训内容】

（一）大气采样

进行空气中有害气体的测定，首先要进行空气样品的采集。大气采样器是现场采集气体用的仪器，由收集器、流量计和抽气动力三部分组成（图 4-13-16）。

1. 收集器

一般采用吸收管，它盛有吸收液，用以采集液态或蒸汽态的有害物质的样品。常用的有气泡吸收管、冲击式吸收管和多孔筛板吸收管（图 4-13-17）。

2. 流量计

用来测量空气流量常用转子流量计。

3. 抽气动力

常用小流量采样动力多为微电机带动薄膜泵，使用方法参阅仪器说明书。

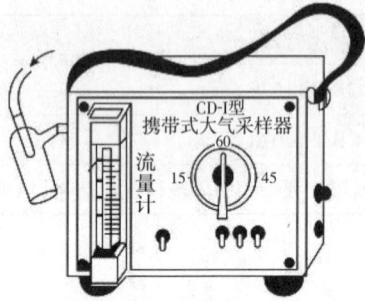

图 4-13-16　CD-1 型大气采样器

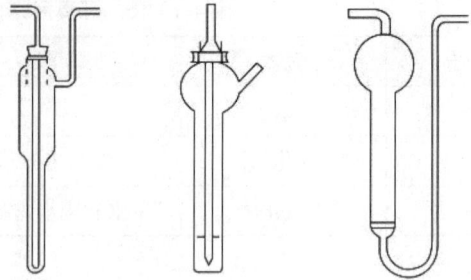

(a)气泡吸收管　(b)冲击式吸收管　(c)多孔筛板吸收管

图 4-13-17　气体吸收管

采样时注意事项如下。

（1）采样点的高度　一般以畜禽呼吸带为准，离地高度与温度测量相同。在测定畜禽舍通风装置效果时，应在有通风装置和无通风装置时采样，并在通风前后分别采样测定。

（2）采样要求　测定前检查仪器，采样时应在同一地点同时至少采两个平行样品，两个平行样品结果之差，不应超过 20%。

（3）采样　采样时做好详细记录，包括：采样时间、地点、编号、采样方法；有害物质名称、采气速度、采气量；采气时的气温和气压。采样气体体积 V_1（L）应根据采样时的气温（t，℃）和气压（p，kPa），换算成标准状态下的体积 V_0（L）。

$$V_0 = （273 \times V_1 \times P）/ [101.325 \times （273 + t）]$$

（4）及时送检。

（二）空气中二氧化碳的测定（容量滴定法）

1. 原理

利用过量的氢氧化钡来吸收空气中的二氧化碳。氢氧化钡与空气中二氧化碳形成碳酸钡白色沉淀，然后用草酸溶液滴定剩余的氢氧化钡，从而求得空气中二氧化碳的浓度。

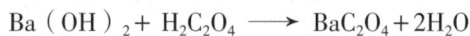

$$Ba（OH）_2 + CO_2 \longrightarrow BaCO_3 \downarrow + H_2O$$
$$Ba（OH）_2 + H_2C_2O_4 \longrightarrow BaC_2O_4 + 2H_2O$$

2. 试剂

①氢氧化钡溶液。称取 7.16 g 氢氧化钡 [Ba（OH）$_2$] 置于 1 000 mL 容量瓶中，加蒸馏水至刻度，此溶液 1 mL 可结合 1 mg CO_2。此吸收液应在采样前两天配制，密封保存，避免接触空气。采样时吸上清液作为吸收液。

②草酸标准溶液。准确称量草酸（$H_2C_2O_4$）2.863 6 g，置于 1 000 mL 容量瓶中，加蒸馏水至刻度，此溶液 1 mL 与 1 mg CO_2 相当。

③3.1% 酚酞酒精溶液。称取 1 g 酚酞溶于 65 mL 的酒精中，震荡溶解后加蒸馏水定容于 100 mL 容量瓶中。

3. 操作

（1）采样　取喷泡式吸收管 1 个，用乳胶管把上端口与玻璃管连接，用双联球排出内部原有气体，然后迅速从装有氢氧化钡溶液的二氧化碳测定器（图 4-13-18）中向喷泡式吸收管放入 20 mL 氢氧化钡溶液。把吸收管侧面管口接到大气采样器上，打开胶管夹，把大气采样器计时旋钮按反时针方向拨至 4 分钟，并迅速将转子流量计调节到 0.5 L/min。采样结束，取下吸收管，静置 1 小时，取样滴定。采样时同时记录气温和气压。

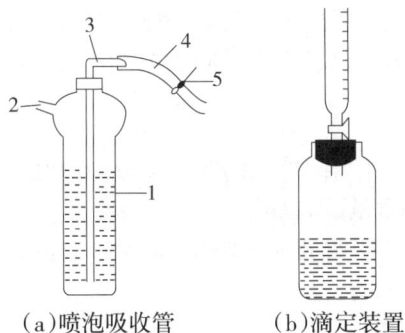

图 4-13-18　二氧化碳测定器

1—吸收液；2—连接大气采样器；3—玻璃管；4—乳胶管；5—夹子

（2）氢氧化钡溶液的标定　把滴定装置开口与钠石灰管相连，排出其中空气，然后在滴定装置中迅速加入 5 mL 氢氧化钡溶液（A_1）和 1 滴酚酞指示剂，使溶液呈红色，迅速盖上带滴定管的瓶塞，在上部小滴定管中加入草酸标准溶液（切勿超过上刻度）进行滴定，红色刚褪色为止，记下草酸用量（C_1）。

（3）吸收液的滴定　用移液管吸取沉淀后的吸收液上清液 9 ～ 10 mL，迅速而准确地将其中 5 mL（A_2）移入滴定装置的瓶中，使溶液恢复红色。再继续用草酸滴定（滴定管中草酸不足时可以补加），使红色再次消褪，记下草酸标准液的消耗量（C_2）。

4. 结果计算

$$\varphi(CO_2) = (C_1/A_1 - C_2/A_2 \times 20 \times 0.509 \times 100) / V_0 \times 100$$

式中　$\varphi(CO_2)$——空气中 CO_2 体积百分比，%；

A_1，A_2——吸收 CO_2 前后标定和滴定氢氧化钡时的取液量，mL；

C_1，C_2——标定和滴定 $Ba(OH)_2$ 时，草酸标准液的消耗量，mL；

20——吸收液的用量，mL；

0.509——CO_2 由质量换算为容量的系数；

V_0——换算成标准状态下的采样体积，L。

（三）空气中氨的测定（滴定法）

1. 原理

空气中氨吸收在硫酸溶液中，根据硫酸吸氨前后的浓度之差（用氢氧化钠滴定），求得空气中氨的含量。

2. 试剂

0.005 mol/L 硫酸液；0.01 mol/L 氢氧化钠液；1% 的酚酞酒精液。

3. 操作

（1）采样

①采样点的高度：一般以畜禽呼吸带为准，离地高度与温度测量相同。

②采样方法：用 5 mL 移液管在 2 个 U 形气泡吸收管中分别装入 5 mL 0.005 mol/L 硫酸溶液（干燥条件下一次加入，不能外流），将 2 个管串联起来，正确地接到大气采样器上，采样 2 L，然后把靠近采样器的 2 号管反接于 1 号管，用洗耳球将 2 号管中的吸收液压入 1 号管，摇匀后进行滴定。记录采样当地的气温和气压，校正大气采样体积。

（2）硫酸的标定　用 20 mL 移液取管吸 0.005 mol/L 硫酸 20 mL 于三角瓶中，滴入 1 ～ 2 滴酚酞指示剂，用 0.01 mol/L 氢氧化钠滴定至出现微红色并在 1 ～ 2 分钟内不褪色，记录氢氧化钠用量（A_1）。

（3）滴定　用移液管吸取 5 mL 吸收氨后的硫酸液，放入三角瓶中，加 1～2 滴酚酞指示剂，用 0.01 mol/L 氢氧化钠滴定至出现微红色为止，记录氢氧化钠用量（A_2）。

4. 结果计算

$$\rho（NH_4）=[（A_1/20-A_2/20）\times 10 \times 0.17]/V_0 \times 1\ 000$$

式中　$\rho（NH_4）$——空气中氨的含量，mg/m^3；

A_1，A_2——标定硫酸和滴定吸收液时氢氧化钠的用量，mL；

20——标定时取硫酸量，mL；

5——滴定时取硫酸量，mL；

10——吸收液总量，mL；

0.17——氨的摩尔数，即 1 mL 0.005 mol/L 硫酸可吸收 0.17 mg 氨；

V_0——换算成标准状态下的采样体积，L。

（四）空气中硫化氢的测定

1. 原理

硫化氢通过碘溶液形成碘氢酸，用硫代硫酸钠测定碘溶液吸收硫化氢前后之差，求得空气中硫化氢的含量。

2. 试剂

（1）0.1 mol/L 碘液　称取碘化钾 2.5 g 溶于 15～20 mL 蒸馏水中，再精确称取碘 1.269 2 g 倒入 1 000 mL 容量瓶中，将碘化钾液也倒入同一。容量瓶中振摇，使碘全部溶解后，加蒸馏水至刻度，保存于褐色玻璃瓶中备用。

（2）0.005 mol/L 硫代硫酸钠　称取化学纯的硫代硫酸钠 2.481 0 g，倒入 1 000 mL 容量瓶中，加部分蒸馏水使其全部溶解后，再加蒸馏水至刻度。硫代硫酸钠能吸收空气中的二氧化碳，应定期用 0.01 mol/L 碘液进行标定。

（3）0.5% 淀粉溶液　称取可溶性淀粉 0.5 g，溶于 10 mL 凉蒸馏水的试管中，再倒入装有 90 mL 煮沸的蒸馏水的烧杯中，煮沸，冷却后即可使用。最好在用前配制。需要保存时可加入 0.5 mL 氯仿防腐。

3. 测定步骤

采样方法与氨的测定相同。

3 个气泡吸收管中各装碘液 20 mL。以 1 L/min 的流量采气 40～60 L。采气完毕，将 3 个吸收管中的碘吸收液倒入 200 mL 容量瓶中，用少量蒸馏水分别洗涤 3 个洗气瓶后，一起倒入容量瓶中，最后加蒸馏水至刻度。

取上述稀释后的吸收液 50 mL 于锥形瓶中，用 0.005 mol/L 硫代硫酸钠液滴定至红褐色消褪为淡黄色时，加入淀粉液 0.5 mL，振荡后继续滴定至完全无色为止，记录硫代硫酸钠的用量（V_2）。用未吸收过硫化氢的 0.01 mol/L 碘液 15 mL 按上述方法，记录硫代硫酸钠的用量（V_1）。

4. 结果计算

$$\rho（H_2S）=[（V_1-V_2）\times n \times 0.34/V_0]\times 1\ 000$$

式中　$\rho（H_2S）$——空气中硫化氢的含量，mg/m^3；

V_1，V_2——空白滴定与吸收液的滴定中代硫酸钠的用量，mL；

n——吸收液容量总量为取液量的倍数（即 200 mL/50 mL）；

0.34——1 mL 碘液，相当于 0.34 mg 硫化氢；

V_0——换算成标准状态下的采样体积，L。

【实训作业】

按照实训要求，请你使用便携式气体检测仪对所在周边相关场所气体成分进行检测，并完成实训报告。

项目 14

养殖场颗粒物处理技术

◆ 项目提要

随着畜禽养殖集约化、规模化程度的提高，高密度饲养引起畜禽养殖场空气质量问题日益突出，特别是养殖舍内环境颗粒物（particulate matter，PM）污染引起的畜禽呼吸道健康问题不容忽视。本项目主要阐明养殖场颗粒物的来源、危害及控制技术。

◆ 项目教学案例

某养猪户近期反映，猪群采食量下降，猪群普遍被毛粗乱、有些猪只背部皮肤有干裂，有些猪只出现呼吸道炎症，饲养管理按照常规消毒进行，因人手紧张，近期没有清扫圈舍。

思考：请大家发挥乐于助人的精神，积极探索分析下此养殖户猪只出现这些问题的原因，并帮他制订一个解决方案。

◆ 知识目标

1. 了解畜禽养殖场颗粒物的分类及来源。
2. 理解畜禽养殖场颗粒物对畜禽健康和生产造成的影响。
3. 熟悉畜禽养殖场颗粒物的化学组成。
4. 理解和掌握影响畜禽舍颗粒物浓度的因素。
5. 掌握畜禽养殖场颗粒物的防控技术。

◆ 技能目标

1. 能熟练进行减少和控制养殖场颗粒物产生的技术操作。
2. 具备养殖场颗粒物防控管理能力。

◆ 素质目标

1. 具有乐于助人的精神。
2. 具有爱护、保护环境的环保生态意识。
3. 具备刻苦钻研、勇于探索、乐观向上的职业精神。

任务 14.1　养殖场颗粒物来源及危害

【学习目标】

熟悉养殖场颗粒物的分类；理解和掌握养殖场颗粒物的来源及危害，能针对颗粒物的来源制订相应的防治措施，减少颗粒物的产生，从而减少对畜禽产生的危害。

【任务实施】

畜禽生产过程中产生并释放大量的颗粒物（particulate matter，PM）对家畜的健康和生产以及现场工作人员健康产生不利影响。PM通过呼吸进入呼吸道，严重危害动物和人的呼吸道健康。长期暴露于$PM_{2.5}$浓度较高鸡舍的生产管理一线人员，易患呼吸道疾病、哮喘以及慢性阻塞性肺病。

另外，舍内 PM 通过通风设施排放到大气中，还会对大气造成污染。有研究表明大气中 PM_{10} 和 $PM_{2.5}$ 的 8% 和 4% 来自畜禽生产。

一、颗粒物概念及分类

颗粒物（PM）通常用于表述空气质量，指悬浮在气体介质中的固体或液体颗粒，也适用于对气溶胶的定义，在大气科学中更为常用。传统观点认为，来源于养殖场的 PM 是影响人类健康和动物生产性能的主要室内污染源。吸入的粒子可以进入呼吸道深部，危害人和动物的呼吸系统，增加养殖户及周边人群患慢性咳嗽 / 痰、慢性支气管炎、过敏反应、哮喘等疾病的发生率。现有研究表明，PM 不仅影响养殖舍内空气质量，对外环境同样有影响。通过排风系统，养殖场 PM 外排到环境中，对环境空气质量造成很大影响。高浓度的 PM 除影响大气环境，还会影响云的形成、大气可见度等。尽管目前养殖场来源的 PM 排放量仅占 PM_{10} 总量的 8%、$PM_{2.5}$ 的 4%，但根据现行的政策来看，在其他来源的 PM 排放量受控而占比下降的情况下，未来农业，尤其畜牧业将是 PM 的重要来源。大气 PM 一般是指粒径小的、分散的、悬浮在气态介质中的固体或气体粒子。大气 PM 一般可分为初级 PM 和次级 PM。初级 PM 是直接释放到大气中的粒子，包括土壤粒子、海盐粒子、生物碎片等；次级 PM 是指大气中污染气体组分与正常气体组分通过化学反应生成的 PM。根据 PM 的形成和来源不同，其性质、形状、大小、密度和化学组成也不尽相同。这就造成 PM 的异质性。这种异质性同样适用于畜禽舍中的 PM。畜禽舍内的 PM 浓度一般为其他室内 PM 浓度的 10～100 倍，它是多种气味化合物及氨气、硫化氢等气体的载体，其表面一般附着多种不同种类的微生物，如细菌、病毒、支原体、衣原体、立克次氏体等，悬浮于气体介质中形成微生物气溶胶。畜禽舍环境中的病原微生物气溶胶的存在可引起环境污染及气源性传染病的暴发流行，影响动物健康，同时危害人类。

颗粒物的分类方法主要有沉降特性法、粒子大小法和健康大小法。按照沉降特性法，颗粒物分为降尘和飘尘。降尘一般是指粒径大于 10 μm 的粒子，它们在空中易于沉降，速度大约为 0.3 cm/s，当粒子直径大于 30 μm 时，沉降速度为 1 cm/s。飘尘是指粒径小于 10 μm，能在空气中长期漂浮的粒子。根据粒子大小法，颗粒物可分为总悬浮颗粒物（total suspended particulates, TSP，粒子直径 0～100 μm），粗颗粒物（粒子直径介于 2.5～10 μm，$PM_{2.5}$～10），细颗粒物（粒子直径小于 2.5 μm，$PM_{2.5}$）和超细颗粒物（粒子直径小于 0.1 μm，PM0.1）。健康大小法是根据颗粒物进入呼吸道不同深度来进行分类的。国际标准化组织规定将直径小于等于 10 μm 的颗粒物定为可吸入颗粒物，在可吸入颗粒物中，大于 5 μm 的粒子被阻挡在上呼吸道，小于 5 μm 的粒子进入气管和支气管，而粒径小于 2.5 μm 的粒子能进入肺泡，这部分颗粒物称为可呼吸颗粒。

二、养殖场颗粒物来源

目前对养殖舍内 PM 来源的研究主要集中在发生源上，其中猪和家禽舍中主要的 PM 来源已经得到确认。猪舍中 PM 主要来源于饲料，且更倾向于粗颗粒。粪便也是猪舍内 PM 的重要来源，且多数属于可吸收粒子范畴，对肺组织有更强的危害作用。Heber 等人也得到了相似的结果，指出养殖舍 PM 主要来源于饲料，较少一部分来源于粪便。对猪舍内 PM 粒径分化源分析显示 5%～10% 的总颗粒物是皮毛颗粒物，占 7～9 μm 粒径范围内总粒子数的一半。Aarnink 认为饲料和皮毛是猪舍 PM 的最主要来源，而 Nilsson 曾报道动物本身也是一重要来源。在家禽舍中，羽毛、尿液中的矿物晶体和垃圾是 PM 的主要来源。Qi 等人曾指出皮肤、羽毛、粪便、尿液、饲料和垃圾是养殖舍内 PM 的重要来源。在育肥猪舍，以秸秆作为垫料比混凝土地面的养殖舍 PM 浓度增加了一倍。育肥期结束时，秸秆垫料变得更加"多尘"，也更脏、更容易分解，从而产生更多的颗粒物。此外，垃圾的类型和含水量也会影响 PM 浓度。在兔舍中，毛皮、粪便、尿液、饲料、垫料和消毒剂是 PM 的主要来源。

由于养殖舍中 PM 形态相似、化学成分复杂、有机物质含量高，所以不能像普通空气颗粒物源分析那样通过无机元素进行区分和归类。畜禽舍 PM 来源（主要是饲料和粪便）中绝大多数有机颗粒形态非常相似，所以区分是饲料颗粒物还是粪便颗粒物，抑或是未消化的饲料颗粒物非常困难。Honey 和 McQuitty 发现，在很多研究中，往往都高估了饲料颗粒物对 PM 的贡献率，因为没能有效区分饲料和粪便来源颗粒物。Donham 等人提出使用染色剂可能会对这种区分有帮助，可以用碘来染色饲料颗粒中的淀粉，用硫酸耐尔蓝来染色粪便颗粒。

三、评价大气颗粒物的常用指标

总悬浮颗粒物（TSP）：直径为 0.1 ~ 100 μm 的颗粒；

可吸入颗粒物（PM10）：直径小于 10 μm 的颗粒物。

四、PM 的环境危害

近年来，气溶胶污染受到广泛关注。畜牧业生产在一定程度上增加了 PM 的产生，作为大气气溶胶的主要来源之一，国内外相关学者针对养殖舍源气溶胶的危害进行了一系列的研究。养殖舍 PM 表面携带大量重金属、挥发性有机化合物、NO_3^- 和 SO_4^{2-} 等。现有研究表明，导致畜舍异味的主要因素与 PM 所携带的化合物有关。它们可以吸附刺激性气体，特别是 NH_3 和异味化合物。PM 能长时间吸附大量 NH_3 分子（7 μg/mg），并主要集中在 $PM_{2.5}$ 上，占气相总氨量的 24%。臭氧也可以吸附在 PM 上，产生强烈的气味。现已从猪场 PM 中鉴定了 50 余种化合物，归属不同化学类别，主要是烷烃、醇、醛、酮、酸、胺、硫化物和硫醇、芳族化合物和呋喃类等，研究结果显示较小的颗粒物更倾向于携带这些化合物。Das 等采集不同农场的 PM，发现直径为 5 ~ 20 μm 的 PM 所吸附的 H_2S、NH_3、$(CH_2)_6CHO$、$C_9H_{18}O$ 等化合物的浓度明显高于 20 ~ 75 μm 的较大颗粒。PM 自养殖舍排出后，会迅速发生物理和化学变化，并不断扩散传播。这些变化会影响它们的粒径大小、分布和化学性质，与农业环境中二次无机颗粒的形成直接相关。氨（NH_3）可与硫酸（H_2SO_4）、硝酸（HNO_3）和盐酸（HCl）反应形成二次无机颗粒，如硫酸铵（$(NH_4)_2SO_4$）、硫酸氢铵（$NH_4 \cdot HSO_4$）、硝酸盐（NH_4NO_3）和氯化铵（NH_4Cl），可以是固体形式，也可以是液体形式。尽管畜牧业产生的 PM 可能对环境产生诸多影响，但到目前为止，关于畜牧业 PM 排放量既没有得到充分的评估，也没有证据证实它们与生态系统改变的直接关系。

五、颗粒物对畜禽的危害

①颗粒物落在家畜皮肤上，与皮脂腺、汗腺分泌物及微生物、皮屑、细毛等混合在一起，对皮肤产生刺激作用，引起发痒、发炎。大量颗粒物落在眼结膜上，易引起结膜炎。

②颗粒物堵塞畜禽皮脂腺和汗腺管道，使皮脂分泌受阻，皮肤变干裂，造成皮肤感染，汗腺分泌受阻，散热功能下降，热调节机能发生障碍，同时使皮肤感受器反应迟钝。

③颗粒物进入畜禽呼吸道，引起相应的炎症。畜禽舍空气中大于 10 μm 颗粒物会进入畜禽鼻腔。5 ~ 10 μm 颗粒物会进入畜禽的支气管、气管，小于 5 μm 的颗粒物会进入畜禽的肺泡。进入呼吸系统的这些微粒可刺激呼吸道黏膜，引起畜禽气管炎、支气管炎、肺炎等疾病。据调查 37% 的猪肺炎发生在颗粒物高的猪舍。

④导致尘肺病。颗粒物可侵入畜禽的肺淋巴管，引起淋巴液潴留、结缔组织增生和肺组织坏死等。

⑤引起黏膜损伤和呼吸道疾病。颗粒物是微生物的良好载体和庇护所，畜禽舍大量颗粒物的存在，会增加舍内微生物的数量，并可吸附 NH_3 和 H_2S 等有毒有害气体，从而对畜禽的黏膜和呼吸道造成伤害。

⑥颗粒物影响畜禽生产。颗粒物通过影响畜禽机体健康而影响畜禽生产性能的充分发挥；也可直接影响动物的产品质量，比如在毛皮动物生产中，过分干燥的环境，加之尘埃的作用，会极大地降低毛绒品质与板皮质量。

关于颗粒物对机体的损伤机制研究目前主要集中在颗粒物对呼吸道的致炎作用。但颗粒物成分复杂，并处在不断变化中，因此颗粒物诱导机体损伤的机制也十分复杂，仍需进一步探究颗粒物对机体的损伤机理并总结出不同来源颗粒物对不同细胞损伤的共通性，以找出颗粒物引起细胞损伤的治疗靶点和适合的缓解物质。

六、标准

TSP：场区 $< 2\ mg/m^3$；猪舍 $< 3\ mg/m^3$；牛舍 $< 4\ mg/m^3$；禽舍 $< 8\ mg/m^3$。

📝 练一练

1. 养殖场颗粒物的来源有哪些？
2. 颗粒物对畜禽的危害有哪些？

📖 拓展学习

非规模养殖场排放恶臭气体环境违法典型案例

某市生态环境局执法人员对辖区某肉牛养殖户现场检查时，发现该户虽未达到畜禽规模养殖，但养殖棚未安装废气处理设施，部分牛粪露天堆放，现场气味明显。经委托环境检测机构对养殖棚周边无组织废气采样检测，结果显示氨最高值 $14.2\ mg/m^3$，超过《恶臭污染物排放标准》厂界三级标准 $5\ mg/m^3$。该行为违反了《中华人民共和国大气污染防治法》第八十条"企业事业单位和其他生产经营者在生产经营活动中产生恶臭气体的，应当科学选址，设置合理的防护距离，并安装净化装置或者采取其他措施，防止排放恶臭气体"的规定，该市生态环境执法人员依法立案查处。

处罚依据是根据《中华人民共和国大气污染防治法》第一百一十七条第八项"违反本法规定，有下列行为之一的，由县级以上人民政府环境保护等主管部门按照职责责令改正，处一万元以上十万元以下的罚款；拒不改正的，责令停工整治或者停业整治"。

目前，生态环境保护法律法规规定的罚则大都为规模养殖，但规模以下养殖场气味问题，群众反映强烈。本案的查处，给各类畜禽养殖经营户敲响警钟，不论是否达到规模都会产生废水、臭气和固体废物，都要进行有效收集治理，一旦缺少治理就会影响周边环境，污染周围的空气、土壤、水源等问题。

作为畜牧行业从业者，我们应以上面的案例为警戒，遵守法律法规，落实国家政策，心系环境质量，参与环境保护。从此刻积极行动起来，保护环境，从自己做起，从一点一滴做起。

任务 14.2　养殖场颗粒物控制技术 ·······

【学习目标】

熟悉畜禽舍颗粒物的化学组成；深刻理解影响畜禽舍内颗粒物的因素；熟悉和掌握畜禽舍颗粒物的控制技术。

【任务实施】

畜禽养殖生产过程中释放的大量颗粒物严重影响环境空气质量和畜禽健康和生产，而颗粒物对环境和畜禽健康、生产的危害程度与其组成和浓度密切相关，因而确切掌握颗粒物的组成和形态以及排放规律对减少和控制颗粒物的产生非常重要。

一、畜禽舍颗粒物的化学组成

畜禽舍内 90% 的 PM 由有机粒子组成，主要有生物来源的初级粒子，如真菌、细菌、病毒、内毒素及过敏原，还有来源于饲料、皮肤和粪便的粒子等。舍内 PM 的组成成分与家畜种类、畜禽舍废弃物（畜禽粪便、畜禽舍垫料、废饲料及散落的毛羽等废物）的组成有关。畜禽舍 PM 成分中主要的元素为 C、O、N、P、S、Na、Ca、Al、Mg 和 K。猪舍和禽舍内的 PM 富含 N 元素，而来自牛舍的 PM 中 N 元素含量少。牛舍中 PM 湿度较大同时含有较多的矿物质和灰烬。对育肥猪舍 PM 成分分析结果发现，Na、Mg、Al、P、S、Cl、K 及 Ca 含量较高。也有研究报道，猪舍内不同粒径的 PM 中 P、N、K 及 Ca 含量较高。粪便粒子含有较高的 C、P 和较高的有机磷酸酯和焦磷酸盐。在肉鸡舍中不同来源的 $PM_{2.5}$ 和 PM_{10} 中含有的元素成分不同，粪便来源的 PM 中 N、Mg、P 和 K 元素含量最高；皮肤来源的 PM 中 S 元素含量最高；木屑来源的 PM 中 Na 和 Cl 元素浓度最高；饲料来源的 PM 中 Si 和 Ca 元素含量最高；舍外的 $PM_{2.5}$ 中 Al 元素含量最高。

二、影响畜禽舍内颗粒物浓度的因素

畜禽舍内 PM 的浓度和排放与舍内的通风率、湿度及畜禽的活动量、饲养管理、体重及生产状态有关。多因子线性分析揭示了在肉鸡舍中，通风效率、垫料类型、舍内温度、建筑物年限对舍内 PM_{10} 的浓度影响较大，而舍内 $PM_{2.5}$ 的浓度与舍内鸡数量、通风水平及湿度有关。通风率、温度和相对湿度是影响 PM 形成的重要因素，它们决定 PM 的形成、排放过程和粒子分布。在肉鸡舍中的研究结果表明，舍内温度和相对湿度对 TSP 浓度影响较大。

1. 不同家畜种类对舍内 PM 浓度的影响

禽舍中 PM 的浓度高于猪舍，肉鸡舍 PM 浓度高于笼养蛋鸡舍，平养蛋鸡舍 PM 浓度高于笼养蛋鸡舍。

2. 家畜日龄对舍内 PM 浓度的影响

有研究报道，肉鸡舍 PM 的浓度随着肉鸡日龄的增加呈线性增长。YODER 等人也研究发现禽舍 $PM_{2.5}$ 的浓度随动物日龄的增加呈现对数增长。禽类日龄增加引起舍内 PM 浓度升高可能是随着动物日龄的增长，干粪增多，鸡活动增强，羽毛量增多等造成的。相反，猪舍内 PM_{10} 浓度随着猪体重的增加而降低，这可能是随着体重增加，猪的活动量减少造成的。

3. 家畜活动对舍内 PM 浓度的影响

每天的喂料时间以及光照程序会通过影响家畜活动来影响舍内 PM 的形成和浓度。白天，由于喂料和养殖人员的活动，家畜采食等活动量增多，易引起畜舍建筑物表面的 PM 分散，使舍内 PM 浓度上升。相对于肉鸡，蛋鸡在白天的活动量较大，因此蛋鸡舍内 PM 的浓度相对较高。另外，光照也会影响畜禽舍内 PM 浓度的变化。在鸡舍中，光照较强位置处的 PM 浓度明显高于黑暗处，这是因为在光照下动物活动增强。在猪舍中，PM 在喂料时间明显升高，白天 PM 浓度高于夜间。这些结果充分说明，动物活动与 PM 浓度密切相关，任何能引起动物活动的因素均会影响 PM 的浓度和分布。

4. 季节因素对舍内 PM 浓度的影响

季节因素引起的 PM 浓度变化与舍内通风率密切相关，增加通风率可降低畜禽舍内 PM 浓度，夏季舍内的通风率比冬季高，因此夏季舍内 PM 的排放率较高，舍内 PM 浓度较低。

三、畜禽养殖场颗粒物控制技术

目前畜禽舍颗粒物初级来源和次级来源难以区分，排放量计算存在差异，分析方法不统一，这些还有待进一步提高改进。已有大量关于鸡舍和猪舍中颗粒物排放特点的研究。畜禽舍类型、饲养方式、畜禽类型、环境因子等均为影响颗粒物水平的重要因素，因此，PM 的减排措施也需因地制宜。相关的研究为制定 PM 的减排战略奠定了基础，如采用低尘饲养、除尘垫料、使用饲料添加剂、水或者油雾喷洒、调整通风率和风量分布、真空除尘、end-of-pipe 技术、静电吸尘、离子化等方式来控制畜禽舍的颗粒物产生。这些策略大致可分为三类：源头控制技术、风量分配、空气净化技术。

练一练

1. 如何降低畜禽舍的颗粒物产生？
2. 影响畜禽舍颗粒物浓度的因素有哪些？

拓展学习

环保政策知多少

保护环境从我做起，从了解环保政策开始。国务院于 1973 年成立了环保领导小组及其办公室，在全国开始"三废"治理和环保教育，这是我国环境保护工作的开始。经过多年的发展，我国的环境保护政策已经形成了一个完整的体系，它具体包括三大政策八项制度，即"预防为主，防治结合""谁污染，谁治理""强化环境管理"这三项政策和"环境影响评价""三同时""排污收费""环境保护目标责任""城市环境综合整治定量考核""排污许可""限期治理""污染集中控制"等八项制度。

1. 三大政策

（1）预防为主，防治结合　环境保护政策是把环境污染控制在一定范围，通过各种方式达到有效率的污染水平。因此，预先采取措施，避免或者减少对环境的污染和破坏，是解决环境问题的最有效率的办法。中国环境保护的主要目标就是在经济发展过程中，防止环境污染的产生和蔓延。其主要措施是：把环境保护纳入国家和地方的中长期及年度国民经济和社会发展计划；对开发建设项目实行环境影响评价制度和"三同时"制度。

（2）谁污染，谁治理　从环境经济学的角度看，环境是一种稀缺性资源，又是一种共有资源，为了避免"共有地悲剧"，必须由环境破坏者承担治理成本。这也是国际上通用的污染者付费原则的体现，即由污染者承担其污染的责任和费用。其主要措施有：对超过排放标准向大气、水体等排放污染物的企事业单位征收超标排污费，专门用于防治污染；对严重污染的企事业单位实行限期治理；结合企业技术改造防治工业污染。

（3）强化环境管理　由于交易成本的存在，外部性无法通过私人市场进行协调而得以解决。解决外部性问题需要依靠政府的作用。污染是一种典型的外部行为，因此，政府必须介入环境保护中来，担当管制者和监督者的角色，与企业一起进行环境治理。强化环境管理政策的主要目的是通过强化政府和企业的环境治理责任，控制和减少因管理不善带来的环境污染和破坏。其主要措施有：逐步建立和完善环境保护法规与标准体系，建立健全各级政府的环境保护机构及国家和地方监测网络；实行地方各级政府环境目标责任制；对重要城市实行环境综合整治定量考核。

2. 八项制度

（1）环境影响评价制度　环境影响评价制度，是贯彻预防为主的原则，防止新污染，保护生态环境的一项重要的法律制度。环境影响评价又称环境质量预断评价，是指对可能影响环境的重大工程建设、规划或其他开发建设活动，事先进行调查，预测和评估，为防止和养活环境损害而制定的最佳方案。

（2）"三同时"制度　"三同时"制度是新建、改建、扩建项目技术改造项目以及区域性开发建设项目的污染防治设施必须与主体工程同时设计、同时施工、同时投产的制度。

环境是我们人类及所有生物赖以生存的基础，爱护地球，维护生态，保护环境既是国家的基本国策，又是我们每一个人义不容辞的责任。

（3）排污收费制度　排污收费制度，是指一切向环境排放污染物的单位和个体生产经营者，按照国家的规定和标准，缴纳一定费用的制度。我国从1982年开始全面推行排污收费制度到现在，全国（除台湾省外）各地普遍开展了征收排污费工作。目前，我国征收排污的项目有污水、废气、固废、噪声、放射性废物等五大类113项。

（4）环境保护目标责任制　环境保护目标责任制，是通过签订责任书的形式，具体落实地方各级人民政府和有污染的单位对环境质量负责的行政管理制度。这一制度明确了一个区域、一个部门及至一个单位环境保护的主要责任者和责任范围，理顺了各级政府和各个部门在环境保护方面的关系，从而使提高环境质量的任务能够得到层层落实。这是我国环境环保体制的一项重大改革。

（5）城市环境综合整治定量考核制度　城市环境综合定量考核，是我国在总结近年来开展城市环境综合整治实践经验的基础上形成的一项重要制度，它是通过定量考核对城市政府在推行城市环境综合整治中的活动予以管理和调整的一项环境监督管理制度。

（6）排污许可制度。

（7）限期治理制度　限期治理制度，是指对污染危害严重，群众反映强烈的污染区域采取的限定治理时间、治理内容及治理效果的强制性行政措施。

（8）污染集中控制　污染集中控制是在一个特定的范围内，为保护环境所建立的集中治理设施和所采用的管理措施，是强化环境管理的一项重要手段。污染集中控制，应以提高区域环境质量为目的，依据污染防治规划，打基础按照污染物的性质、种类和所处的地理位置，以集中治理为主，用最小的代价取得最佳效果。

项目 15
养殖场医疗废弃物处理技术

◆ **项目提要**

随着养殖业的快速发展，动物健康和环境保护成为养殖生产的重要环节。养殖场产生的医疗废弃物不仅可能对动物健康造成威胁，还可能对环境造成污染。因此，掌握并灵活应用医疗废弃物处理技术是保障养殖业可持续发展的必备技能。本项目主要介绍养殖场医疗废弃物的来源、分类、处理方法，并对养殖场医疗废弃物处理的关键步骤、实施要点进行了详细阐述。通过本项目的学习，使同学们能够熟练掌握养殖场医疗废弃物处理技术，为养殖业的绿色发展提供有力保障。

◆ **项目教学案例**

2018 年 4 月，据《人民日报》报道，某地环保局接到群众举报，发现当地一垃圾池内有医疗废物（图 4-15-1）。经调查，这些废弃物为当地某种猪场张某倾倒，涉嫌违反《中华人民共和国环境保护法》和《医疗废物管理条例》。张某被移送至公安机关，依法处以行政拘留 3 天的处罚。

医疗废弃物可能含有大量细菌、病毒等病原微生物或有毒有害试剂，未处理或处理不彻底的医疗废弃物极易对水体、土壤或空气造成污染，并存在较大的疫病传播风险。

思考：我们该如何正确、安全及有效地处理医疗废弃物呢？

◆ **知识目标**

1. 了解养殖场医疗废弃物处理过程中的安全措施和环保要求。
2. 熟悉养殖场医疗废弃物处理的相关法律法规和政策要求。
3. 掌握养殖场医疗废弃物处理的常见技术和方法。

◆ **技能目标**

1. 能熟练地对养殖场医疗废弃物分类。
2. 掌握养殖场医疗废弃物处理的常见技术和方法，包括消毒、焚烧、填埋等。
3. 具备针对不同医疗废弃物制订不同处理方法的能力。

◆ **素质目标**

1. 了解《中华人民共和国环境保护法》《医疗废物管理条例》等法律法规。
2. 树立对养殖场医疗废弃物处理的责任感和环保意识。
3. 增强正确对待和处理医疗废弃物的操作及意识。

任务 15.1　一般废弃物处理技术

【学习目标】

深刻理解并掌握常见废弃物处理的方法，能针对不同废弃物熟练选择、应用处理方法。

【任务实施】

一般废弃物主要是指正常使用、生产化验等操作过程中使用产生的，无感染病原废弃物，如棉签、纱布、医用手套、废弃纸张及药品包装等。

一般废弃物处理流程如图 4-15-1 所示常见一般医疗废弃物。如图 4-15-2 所示。

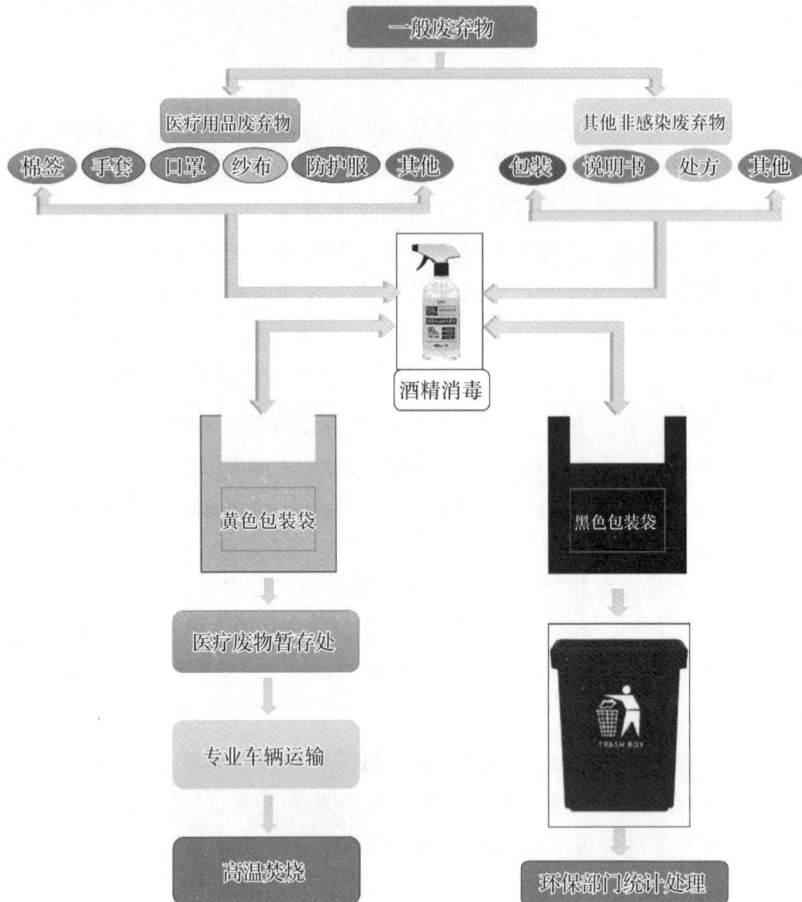

图 4-15-1　一般废弃物处理流程

对于医疗用品废弃物的处理步骤：①分类收集：按照不同的废弃物分类收集，使用酒精进行消毒后放入黄色的塑料袋中，避免混淆，并且标明"医疗废弃物"字样。②运输：将医疗废物暂存处的废弃物由专门的处理车辆运输到当地有关部门指定地点进行处理。③处理：将废弃的医用棉签和纱布无害化处理，通常使用高温焚烧（其高温焚烧要求应按照 GB/T 18773—2008 相关规定处理，下同）。

对于其他一般废弃物如药品的说明书，包装盒等经过收集消毒后丢入无害垃圾桶，随后由环卫部门统一处理。

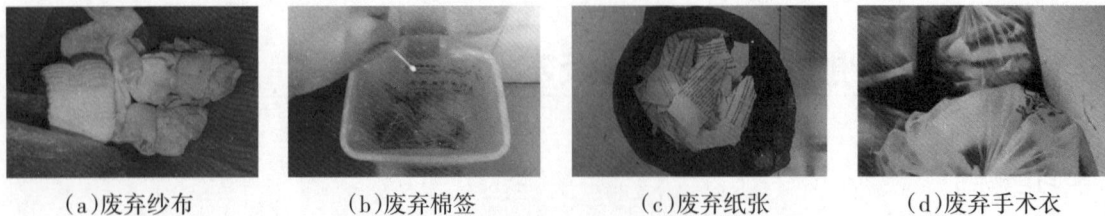

（a）废弃纱布　　　　（b）废弃棉签　　　　（c）废弃纸张　　　　（d）废弃手术衣

图 4-15-2　常见一般医疗废物

注意事项：

①不要直接接触：在处理这些废弃物时，应避免直接接触，防止疾病传播。

②使用专用容器：废弃的医用棉签和纱布应放入专用的医疗废弃物收集容器中，而不是普通的垃圾桶。

③定期清理：应定期清理这些废弃物，以防止在养殖场内积累。

📝 练一练

一、选择题

1. 以下哪种方式不适合处理废弃的医用棉签和纱布？（　　）

　　A. 高温焚烧

　　B. 直接丢入普通垃圾桶

　　C. 无害化处理

　　D. 使用专门的医疗废弃物处理车辆运输

2. 在处理废弃的医用手套和手术衣时，以下哪项是不正确的？（　　）

　　A. 应将使用过的手套及手术衣进行消毒处理

　　B. 应将消毒后的废弃物分类放入专用的黄色包装袋中

　　C. 可以直接丢入普通垃圾桶

　　D. 应进行高温焚烧，以灭杀其中的病菌和有害物质

3. 对于废弃纸张的处理，以下哪项是正确的？（　　）

　　A. 应将医疗废纸张与其他类型的医疗废物分开收集

　　B. 可以直接丢入普通垃圾桶

　　C. 不需要进行高温焚烧

　　D. 文件资料不需要进行粉碎处理

二、简答题

1. 简述养殖场普通医废的来源和类型。

2. 简述养殖场普通医废处理的基本流程。

3. 在处理废弃的医用手套和手术衣时，需要注意哪些事项？

任务 15.2　特殊医疗废弃物处理技术　·······

【学习目标】

1. 理解特殊医疗废弃物的定义、分类和特点。

2. 学习特殊医疗废弃物的收集、运输、储存和处理等环节的要求和注意事项。

3. 掌握特殊医疗废弃物的安全处理方法及其适用范围。

【任务实施】

由于特殊医疗废弃物具有特殊的性质和来源，需要采用特定的处理方式，以防止对环境和人体健康产生危害。在处理这些废弃物时，应遵守相关的法律规定和标准，以确保废弃物的安全和有效处理。养殖场应当参照《医疗卫生机构医疗废物管理办法》要求，及时分类收集医疗废物，根据其的类别，应将其分置于符合规定的包装物或容器内。

在收集前，需检查包装物或容器是否完好无损、无渗漏等缺陷。不同类型的医疗废物不能混合收集，少量药物性废物可混入感染性废物，但需在标签上注明。对于麻醉、精神、放射性、毒性等药品及其相关废物的管理，应按照法律、行政法规和国家有关规定执行。

批量的废化学试剂和废消毒剂应交由专门公司处理。含有汞的体温计等医疗器具报废时，也应由专门公司处理。隔离传染病性动物产生的具有传染性的排泄物应经过严格消毒，达到排放标准后方可排入污水处理系统。

特殊医疗废弃物分类见表 4-15-1。

表 4-15-1　特殊医疗废弃物分类

分类	主要物品
损伤性医疗废弃物	废弃针头、注射器、手术刀片、玻璃器皿等
感染性医疗废弃物	动物血液、体液、排泄物污染的物品等
药物性医疗废弃物	过期的一般药物、废弃的疫苗等
化学性医疗废弃物	过期药品及具有毒性、腐蚀性、易燃性、反应性的废弃的化学物品

一、损伤性废物的处理

损伤性医疗废弃物是指在医疗活动中产生的对人体或环境造成损伤的废弃物，包括手术刀、解剖刀、剪刀、注射器针头以及玻璃碎片等。

损伤性医疗废弃物在处理前需要进行分类整理，并使用专门的防穿刺、密封容器进行包装。在收集过程中，应佩戴口罩和手套。每个容器都应标明内容物、日期、收集者和处理机构的信息。运输应由经过培训的人员进行，确保容器密封，避免泄漏。存储地点应干燥、通风良好，远离火源和高温。处理应由专业公司进行，根据内容物采取不同的处理方法，如焚烧热解、微波消毒、高温蒸汽消毒等。处理后，废弃物应按照当地和国家的规定进行处置。所有与损伤性医疗废弃物处理相关的活动都应有详细的记录。

损伤性医疗废弃物处理流程如图 4-15-3 所示。

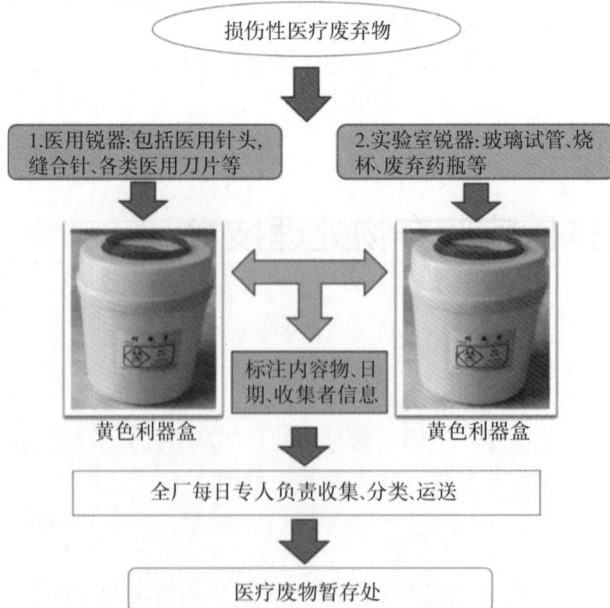

图 4-15-3　损伤性医疗废弃物处理流程

对于破碎体温计的处理，收集人需佩戴口罩、手套，用硫黄覆盖，再用硬纸片做成小套，收集散落的水银珠。然后将套内收集的水银球放进有盖的小药瓶中，里面应有一定量的水。

注意事项：

①养殖场应建立健全的医疗废弃物管理制度，明确责任人，确保操作规范和安全。

②严禁混装混运，以防止交叉感染和污染。

③处理损伤性废弃物时，应遵循"小心防范，避免伤害"的原则。

④培训：所有涉及损伤性医疗废弃物处理的人员都应接受适当的培训，了解其重要性和处理方法。

二、感染性废物的处理

感染性废物需要进行专门的处理，以防止传播病原体，包括患病动物排泄物以及污染的物品，废弃的血液、血清以及剖检动物的组织和器官，病原体的培养基、标本、使用过的一次性医疗用品等。

感染性废弃物处理流程如图 4-15-4 所示。

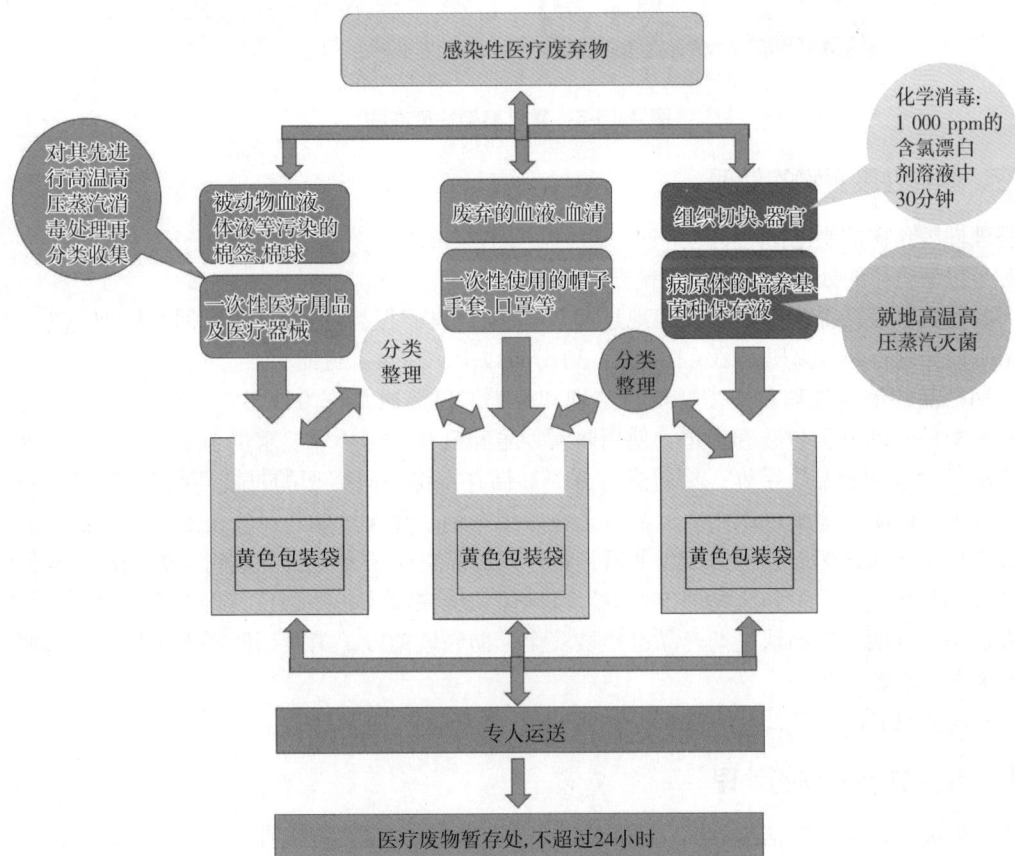

图 4-15-4　感染性废弃物处理流程

对于感染性医疗废物的处理，首先进行分类整理，将不同种类的废弃物用专用密闭容器进行收集，并贴上专用标识。对于一次性医疗器械应先进行高压蒸汽灭菌后再将其收集到专用容器中；动物组织器官等如过大，应先进行预处理，将组织器官破碎，对其进行化学消毒（将废弃物浸泡在浓度为 10^{-3} 的含氯漂白剂溶液中 30 分钟）后再装入密闭容器；病原体培养基，可就地高压蒸汽灭菌。

有条件的养殖场可对猪瘟防治过程产生的感染性医废实行专场存放、专人管理，不与其他医废和生活垃圾混放、混装。暂时贮存场所应按照规定的方法和频次消毒，暂存时间不超过 24 小时。最后，联系有相关资质的第三方处理公司对感染物进行处理。

常见感染性废弃物如图 4-15-5 所示。

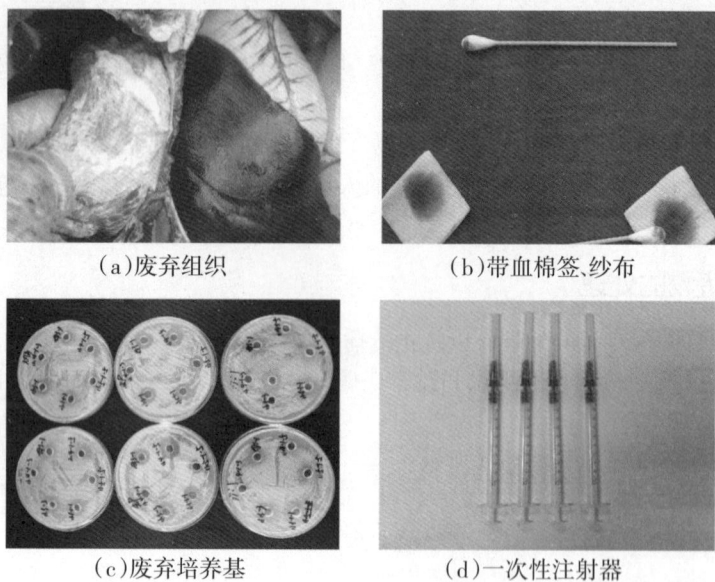

(a)废弃组织   (b)带血棉签、纱布

(c)废弃培养基   (d)一次性注射器

图 4-15-5　常见感染性废弃物

三、药物性废弃物的处理

病理性废弃物主要包括过期的一般药物、废弃的疫苗等。

对于过期药品的处理，有回收和销毁两种方式。

回收是指联系药品生产厂商或当地过期药品回收机构对过期的药品进行回收处理。对于带毒的疫苗则应先进行高温高压灭菌（121 ℃，30 分钟以上）后再进行回收。

过期药品的销毁处理首先需要进行鉴别和分类，兽药通常分为液态、气态、半固态和固态，将不同种类的药品分类包装和标记，使用防漏、防碎以及符合环保要求的包装材料，并在外包装上明确标注"过期药品"字样；然后进行分离和储存：将不同类型的过期药品分开存放在安全、密封的场所，以防止泄漏或误用。运输时选择专用车辆，确保过期药品安全地运送至指定的销毁场所，避免泄漏或损坏。到达销毁场所后，将过期药品交付给专业公司进行销毁处理，常见的方式包括高温焚烧、化学中和或物理破坏等，以确保完全摧毁药品并防止其再次流入市场。销毁机构应提供销毁证明，以确认过期药品已经被安全、彻底地销毁。销毁证明通常包括销毁日期、数量以及销毁方式等信息。

过期药品的销毁流程如图 4-15-6 所示。

四、化学性废弃物的处理

化学性废弃物主要包括废弃的化学试剂、化学消毒剂以及具有毒性、腐蚀性、易燃性、反应性的废弃的化学物品。

1. 实验室废液的处理

将有机废液与无机废液分开投放，禁止将能相互反应甚至爆炸的废液存放于同一容器中。废液不宜装太满，容器口与液面的距离不小于 15 cm 或保留容器约 10% 的剩余容积。实验室危险废弃物标签应粘贴在废液桶上，标签内容包含废弃物种类、危险性、主要成分、实验室名称、负责人及联系电话等信息。废弃物主要成分应用完整的中文名称填写。每次投放废液后，如实填写实验室危险废物分类投放登记表。

常见废液桶如图 4-15-7 所示。

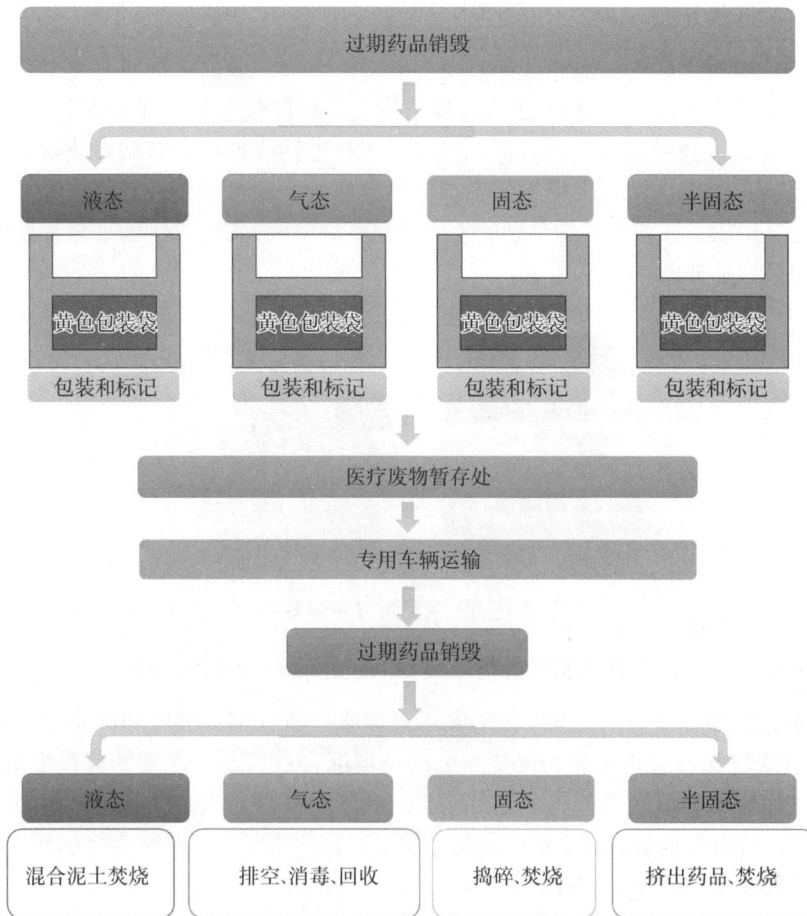

图 4-15-6　过期药品的销毁流程

图 4-15-7　常见废液桶

2. 废弃固态化学药品的处理

废弃固态化学药品必须有明确的试剂标签。所有固态化学药品应按药品危险性分类收集，用专用试剂包装箱、瓶口朝上包装暂存，包装箱外应粘贴待报废药品清单。

常见固体化学药品如图 4-15-8 所示。

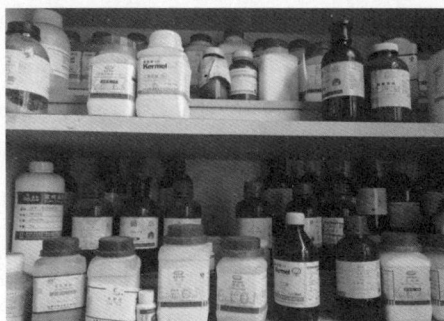

图 4-15-8　常见固体化学药品

3. 废弃包装容器的处理

处理废弃试剂瓶时，应先清洗并处理前两次清洗的废液。玻璃试剂瓶与塑料试剂瓶应分开投放。完好的玻璃试剂瓶应使用专用的试剂包装箱包装，瓶口朝上并确保稳固。含有或沾染毒性、反应性或腐蚀性危险废物的破损玻璃器皿，应使用塑料容器或纸箱内套塑料袋盛装密封；不含或未沾染毒性、反应性或腐蚀性危险废物的破损玻璃器皿，用塑料容器或纸箱包装、密封、标识并按生活垃圾处理。最后，在包装容器粘贴完整的实验室危险废弃物标签。

常见废弃包装容器如图 4-15-9 所示。

图 4-15-9　常见废弃包装容器

4. 含有或沾染毒性、反应性或腐蚀性危险废物的过滤吸附介质的处理

常见的吸附介质如硅胶、活性炭、滑石粉、硅藻土、氧化铝、凝胶和树脂等，必须使用能够密封的塑料桶或铁质容器进行包装，严禁与生活垃圾混合放置。一次性的成型吸附和过滤介质，如过滤头，应该使用塑料纸箱或塑料盒进行盛放。成型的吸附介质必须与粉末和固体吸附剂分开包装，不能混装，且所有包装容器上都必须粘贴填写完整的实验室危险废弃物标签。

常见废弃吸附介质如图 4-15-10 所示。

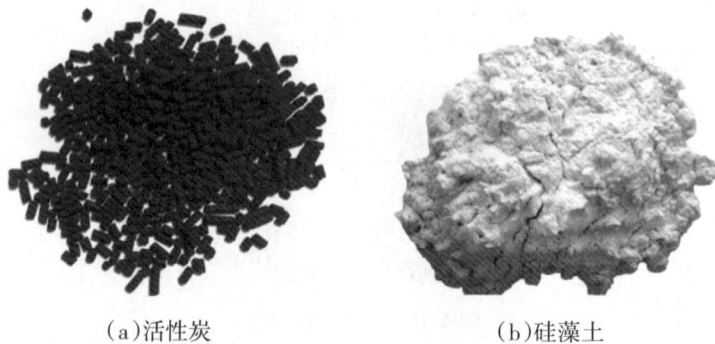

(a)活性炭　　　　　　　　　　(b)硅藻土

图 4-15-10　常见废弃吸附介质

5. 危险废弃物的转运和交接程序

在危险废弃物的转运和交接时禁止将废液从一个桶倾倒进另一个桶，防止产生二次污染，养殖场应向危险废弃物处理单位提交《危险废弃物交接单》，交接单中的危险废弃物重量现场称重后填写。

📝 练一练

一、选择题

1. 对于过期药品的处理，以下哪个选项是正确的？（　　）
　　A. 将过期药品直接丢入普通垃圾桶　　　　B. 将过期药品直接倒入下水道
　　C. 将过期药品进行高温焚烧处理　　　　　D. 将过期药品直接埋入土壤

2. 以下哪种属于特殊医废？（　　）

　　A. 手术器械　　　　B. 针头和注射器　　　　C. 病死动物　　　　D. 化学试剂瓶

3. 处理特殊医废时，以下哪种方法不适用？（　　）

　　A. 焚烧法　　　　　B. 化学消毒法　　　　　C. 生物降解法　　　　D. 倾倒法

二、简答题

1. 描述一下损伤性废物的处理流程，并解释为什么这些步骤的意义。

2. 你认为在处理废弃物时，应该注意哪些安全事项？

3. 描述一下如何处理实验室废弃物，并解释为什么这些步骤是必要的。

拓展学习

医用废物锐器刺伤 / 擦伤等损伤后处理步骤

　　暴露的黏膜受伤应当用生理盐水反复冲洗；可用肥皂水、清水、无菌水清洗受到污染的皮肤；如有伤口，应当在伤口旁端轻轻挤压，尽可能挤出损伤处的血液再用肥皂和流动水进行冲洗。

　　禁止进行伤口局部的重力挤压，受伤部位的伤口冲洗后，应当用如75%酒精、0.5%碘伏等浸泡或涂抹消毒并包扎伤口；伤者应第一时间保留废弃物样本，以便辨认其传染性。

　　向管理人员汇报，内容包括事故、事件的实际情况，发生时间、发生地点及哪些人直接参与及其相关的情况。根据具体情况，尽快采取医疗措施，必要时进行医学观察和预防治疗。

　　作为畜牧行业的从业者，不可避免地会遇到被医疗废弃物刺伤等问题，但我们遇到后，应该及时冷静地进行专业、正确的处理，降低自己所受到的伤害。

项目 16

生态养殖的常见模式及其要点

◆ 项目提要

我国作为畜牧业养殖大国和畜禽产品需求大国，规模化生产过程中的环境污染问题愈发受到人们的关注。中华人民共和国农业部令第31号——《水产养殖质量安全管理规定》将生态养殖定义为："指根据不同养殖生物间的共生互补原理，利用自然界物质循环系统，在一定的养殖空间和区域内，通过相应的技术和管理措施，使不同生物在同一环境中共同生长，实现保持生态平衡、提高养殖效益的一种养殖方式。"生态养殖推动了畜牧业和环保之间的协调发展，促进各项资源的循环利用和养殖业的可持续发展。本项目主要阐明猪、鸡常见的生态养殖模式及其要点，为养殖户传统养殖模式的转变提供参考。

◆ 项目教学案例

在党的二十大报告中，习近平总书记提出："大自然是人类赖以生存发展的基本条件，尊重自然、顺应自然、保护自然是全面建设社会主义现代化国家的内在要求。必须牢固树立和践行绿水青山就是金山银山的理念，站在人与自然和谐共生的高度谋划发展"。

思考：作为养殖行业未来的从业者，我们该如何将规模化养殖与生态化生产充分结合，推进畜牧业高效、绿色发展？

◆ 知识目标

1. 了解不同畜禽适用的生态养殖模式。

2. 理解不同生态养殖模式的构建原理。

3. 掌握不同生态养殖模式的选择方法。

◆ 技能目标

1. 能针对不同地域特点和畜禽品种选择适合的生态养殖模式。

2. 具备应用所学的生态养殖模式的规划布局能力。

3. 具有合理统筹生态养殖结构的能力。

◆ 素质目标

1. 树立畜禽生态养殖理念。

2. 具备绿色、协调的新发展理念。

3. 具有资源循环利用的科技创新意识。

任务 16.1 猪生态养殖的常见模式及其要点

【学习目标】

了解猪常见的生态养殖模式，掌握不同生态养猪模式中的要点，学会不同模式下的结构合理布局。

【任务实施】

生态养猪主要分为原生态养猪模式和现代生态养猪模式，在实际生产中，应结合当地环境特点选择适宜的生态养猪模式。原生态养猪模式主要有猪 - 沼 - 果（草、林、菜）、猪 - 沼 - 草 - 猪以及猪 - 粪尿 - 牧草 - 猪等。现代生态养猪模式包括"发酵床"养猪、诺廷根暖床养猪工艺和厚垫草饲养生产工艺等。以下主要介绍发酵床养猪模式、北方"四位一体"养猪模式和猪 - 沼 - 果生态养殖模式设计要点。

一、发酵床养猪

日本最早从事发酵床养猪技术的研究，并于 1970 年构建了第一个以木屑作为垫料的发酵床系统，加拿大的 Biotech 公司于 1985 年推出了以秸秆为深层垫料的发酵床系统。我国最初的发酵床养猪技术于 20 世纪 90 年代由江苏镇江市科学技术局先后从韩国、日本引进，现已在全国多个地区得到有效推广。发酵床养猪是通过微生物的发酵作用，实现对环境的无污染、零排放的一种生态养猪方式。

1. 发酵床养猪的原理

以稻壳、木屑和麸皮等混合制成的垫料作为有利于微生物生长的培养基，猪粪尿中的有机物质通过垫料中优势菌群的作用使其充分的降解，在产生自身代谢物如菌体蛋白、酶类物质等的同时，释放出的热量使得发酵床的温度升高，消灭对猪有害的微生物。在整个过程中，猪排泄的粪尿为优势菌群提供养分，菌群代谢产生的菌体蛋白等的营养物质供猪采食，实现资源循环利用的目的，减少粪尿对环境的污染。

2. 发酵床养猪的设计要点

（1）发酵床的建造　目前，猪场常用的发酵床主要分为三种类型：地上式、半地上式和地下式。南北地区根据地下水位的高低选择适宜的发酵床类型。南方地区地下水位较高，适合采用地上式发酵床，在猪舍地面用砖砌成 80～100 cm 的垫料池，再铺上配制好的垫料；半地下式适用于地下水位适中的地区，在猪舍地面上砌 30～50 cm 的矮墙，向地下深挖 30～50 cm 的坑，保证垫料层在 60～100 cm 的高度即可；北方地区地下水位较低，故多采用地下式发酵床，将猪舍向下深挖 60～100 cm 的深度（北方 > 南方）用于铺设垫料。

常见的发酵床类型如图 4-16-1 所示。

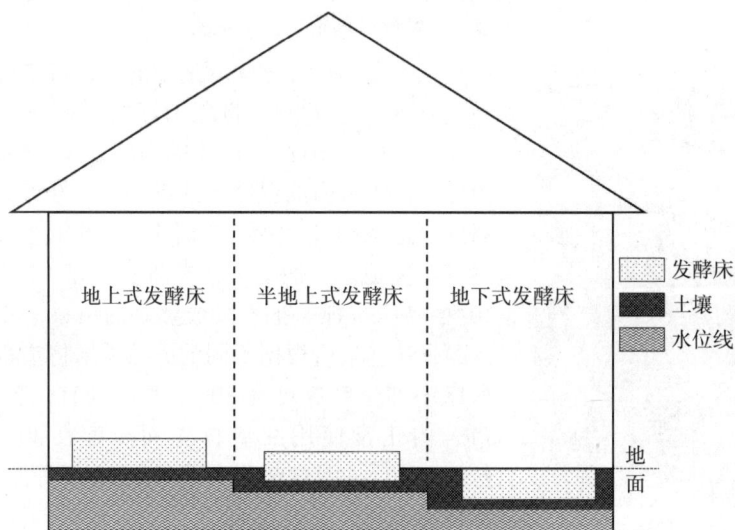

图 4-16-1　常见的发酵床类型

采用发酵床养猪，应在猪舍内规划一定面积的水泥地面，用于安装饮水、饲喂装置，同时给猪提供了在炎热天气舒适的休息区域，猪舍内水泥地面与发酵床的比例以 1:4 为宜。垫料池的底部以 1 m 覆盖厚度的土质最为理想,有利于发酵的进行,切勿采用水泥地面。

(2)发酵床垫料的制作 发酵床垫料的主要成分有稻壳、木屑和麸皮等,垫料原料应是新鲜、无霉变和无异味的。垫料中稻壳具有疏松透气的作用,为微生物的发酵提供氧气;木屑的主要作用是为微生物发酵提供充足的水分和碳素;麸皮可为微生物提供营养。用于发酵的菌种主要有光合细菌、酵母菌、乳酸菌、土著菌等,可通过购买或自己制种,不同类型的猪所需发酵垫料的量见表 4-16-1。

表 4-16-1　每头猪所需的发酵垫料的具体参数

猪只类型	垫料厚度 /cm	垫料体积 / (m³ · 头 ⁻¹)	垫料面积 / (m² · 头 ⁻¹)
妊娠母猪	90 ～ 150	>1.3	0.9 ～ 1.4
哺乳母猪	80 ～ 90	>1.5	1.7 ～ 1.9
种公猪	55 ～ 60	1.5 ～ 1.6	2.5 ～ 2.9
保育猪	55 ～ 60	0.2 ～ 0.3	0.3 ～ 0.5
生长猪	80 ～ 90	0.7 ～ 0.9	0.78 ～ 1
育肥猪	80 ～ 90	1 ～ 1.2	1.1 ～ 1.5
后备种猪	80 ～ 90	1 ～ 1.2	1.5

引自:资料引自张世海.发酵床生态养殖技术［M］.北京:中国农业出版社,2020.

以配制 1 m³ 的发酵垫料为例,将 2 kg 的麸皮或米糠与 0.2 kg 的发酵菌种混匀后,再将体积约 1 m³ 的垫料［木屑和稻壳按（1 ～ 2）:1 混匀］与菌种混合物均匀混合。发酵床养猪工艺流程图如图 4-16-2 所示。

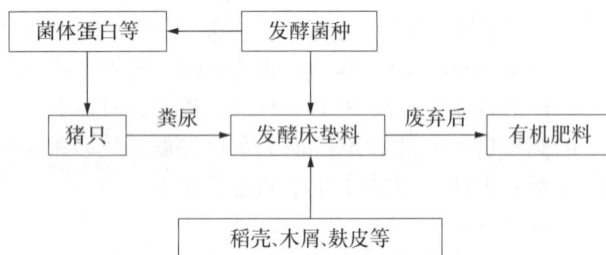

图 4-16-2　发酵床养猪工艺流程图

图 4-16-3　发酵床垫料堆积发酵

在混合的过程中喷洒适量的水,将垫料混合物的含水量控制在 50% ～ 60%。将配制好的垫料进行堆积发酵,每堆的体积不少于 10 m³,堆积的高度至少 1.5 m。一般在发酵的第 2 天,垫料内的温度可达到 40 ～ 50 ℃,第 4 ～ 7 天最高温度可达 70 ℃,然后下降平稳至 45 ℃ 左右时,表明垫料发酵基本完成。一般夏季需要堆积发酵 7 ～ 10 天,冬季需要 10 ～ 15 天。抓一把发酵成熟好的垫料,可闻到一股淡淡的清醇香味。最后根据不同的养殖需求将垫料铺入发酵床,发酵床中的垫料厚度在 80 cm 左右为宜,至少不低于 50 cm。猪舍内正常使用的垫料表面温度在 30 ℃ 左右,pH 值为 7 ～ 8;20 cm 深度垫料具有木屑味和酒香味;30 cm 深度的垫料无氨味,温度在 40 ℃ 左右,相对湿度在 50% 左右,可见到菌种代谢产生的白色菌丝。

发酵床垫料堆积发酵如图 4-16-3 所示。

3. 发酵床的管理

从进猪的第二周开始，养殖人员应根据舍内的垫料湿度和发酵的情况，每周将垫料翻耙 1 ~ 2 次，深度在 30 cm 左右，对于粪尿集中的地方，应将其分散后与垫料充分混匀发酵。切记发酵床不能用水冲洗，防止垫料含水量过大外，同时也要避免垫料过细过干，可进行适当洒水处理，以猪活动时不扬起灰尘为宜。

舍内发酵床养猪如图 4-16-4 所示。

图 4-16-4 舍内发酵床养猪

图 4-16-5 工人对发酵床垫料进行翻耙

应做好舍内通风换气工作，使垫料在翻动过程中，保证有足够的氧气流通，充足的氧气是微生物分解粪尿的必要条件之一，堆体含氧量应保持在 8% ~ 18%。发酵床引入猪只后，不提倡实施猪体消毒，保证发酵床内有充足的良种菌群。猪只饲养过程中，最好选择与改善有益菌群生存环境相关的饲料，禁止在日粮中添加抗生素。发酵床养猪实行"全进全出"制，当全部转群或出栏销售后，将发酵床垫料空置 2 ~ 3 天，待蒸发掉部分水分后，将垫料从底部翻动，可视情况在垫料中补充麸皮或米糠和菌种，经过微生物发酵产热充分杀死垫料中的病原微生物后即可循环利用。当发酵床垫料在各项养护措施到位的情况下，出现氨味、臭味渐浓或垫料用手指轻轻揉搓变成粉末等特征时，表明垫料到达使用期限，需更换垫料。若在出栏前出现这些现象，可采取补充适量未发酵的新鲜木屑或清出部分垫料后再加新鲜木屑等措施，适当延长垫料使用时间，待出栏后再全部更新垫料。

工人对发酵床垫料进行翻耙如图 4-16-5 所示。

二、北方"四位一体"生态养猪模式

"四位一体"养殖模式适合在北纬 32 以北的地区以及低纬度高寒山区的使用。"四位一体"即将猪舍、厕所、沼气池和作物栽培集合形成一个封闭资源循环利用生态体系，是以庭院土地资源为基础，以太阳能为动力，将养殖技术、沼气技术和种植技术有机结合起来，合理利用自然资源、维持农业生态平衡和促进农业可持续发展的一种生态养殖模式。

1. "四位一体"养猪模式原理

"四位一体"养猪模式是集合猪舍、厕所、沼气池和作物栽培的一个密闭生态系统，是实现能量和物质较快循环的生态农业工程。人畜的粪尿通过在沼气池内发酵产生沼气和沼肥，沼肥可作为农作物的天然肥料，沼气可用于养殖户的日常生活所需，猪只呼吸和沼气燃烧产生的 CO_2 作为气肥促进了温室内作物的增产，作物的副产物可作为饲料饲喂猪只，整个模式的运行如图 4-16-6 所示。

2. "四位一体"养猪模式设计要点

（1）选址和布局 "四位一体"模式的建筑朝向

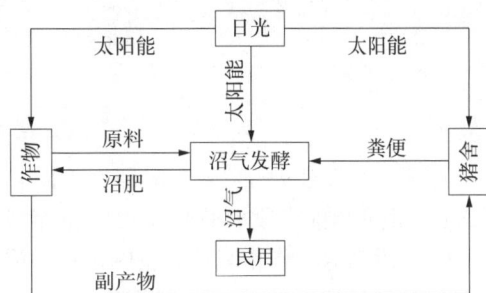

图 4-16-6 "四位一体"养殖模式运行结构图

对作物的生长具有一定的影响，一般坐北朝南。北纬 38°～40° 的地区，温室方向可朝向正南或以南偏东 5°～10° 为宜；北纬 40° 以北的地区，温室朝向以南偏西 5°～10° 为宜。温室所朝方向没有高大的树木或建筑物遮挡阳光，一般建设在养殖户住房前。建筑物总体面积视养殖规模大小而定，通常在 100～500 m²，猪舍修筑在作物栽培室的一侧，面积为 20～25 m²，可饲养 6～10 头猪，在猪舍北侧一角修建大小为 0.5～1 m² 的厕所，地下修建 8～10 m³ 的沼气池，沼气池距离养殖户的灶房一般不超过 15 m。

"四位一体"养殖模式布局的立体结构图如图 4-16-7 所示。

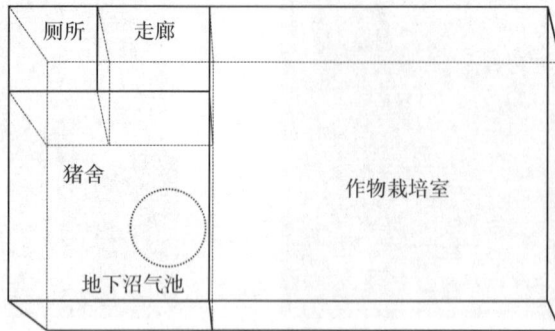

图 4-16-7 "四位一体"养殖模式布局的立体结构图

（2）猪舍与厕所的设计 猪舍位于作物栽培室的一侧，沼气池的上方，大小为 15～20 m²，靠近北墙和后墙之间要留有人行道，猪舍后墙的中央设有距地面 1 m 的通风窗（高 0.4 m，宽 0.3 m）。猪槽倚北墙排列，便于饲喂。猪舍的南侧距离棚角 0.7～1 m 处设高 1 m 的铁栅栏或围墙，利于通风和光照。作物栽培室和猪舍之间要用砖砌一道内山墙，0.7 m 以下墙宽为 0.24 m 左右，0.7 m 以上墙宽为 0.12 m 左右，内山墙靠近北墙的位置要留有一道作为栽培室的作业通道门。内山墙的中部要留有 O_2 和 CO_2 的气体交换孔，高孔距离地面 1.5 m 左右，低孔距离地面 0.7 m 左右，孔的大小为 0.12 m×0.18 m。猪舍在距离南棚角脚 1.5～2 m，距外山墙 1 m 处修筑一条长 0.4 m、宽 0.3 m、深 0.1 m 的溢水槽。用水泥浆铺设猪舍地面，高出自然地面的 0.1 m，铺成以 5% 的坡度，坡向溢水槽。

猪舍布局平面图如图 4-16-8 所示。

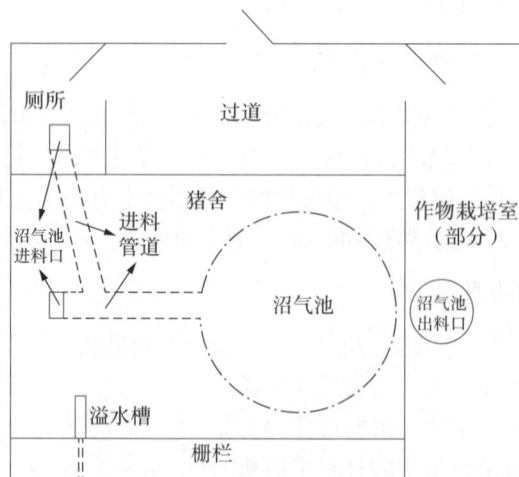

图 4-16-8 猪舍布局平面图

厕所大小设计为 0.8～1 m² 即可（长 1 m，宽 0.8 m）。厕所蹲位及滑粪道长 0.6 m，宽 0.15～0.18 m，滑粪道前半段水平夹角 10°，后半段水平夹角 60°，滑粪道与猪的粪尿进池口连通。

（3）沼气池与作物栽培温室的设计 沼气池的组成主要包括发酵间、进料口和出料口等，厕所和猪舍通过地下的进料管道相连，人畜排泄的粪尿最终汇集到沼气池内进行发酵。将与沼气池相连的出料口和水压间设在作物栽培室内，水压间的下端通过出料管道与沼气发酵间相通，出料口应设置盖板等防护物。以体积 8 m³ 的沼气池为例，沼气池直径为 2.4 m，池墙高 1 m，池顶失高 0.48 m。池底中心设计为向下凹的弧形，弧底比边缘深 0.25 m，下返坡度 5%，便于底层出料。采用直径 0.2 ～ 0.3 m，长 0.6 m 的陶瓷管作为进料管道，插入沼气池的深度距拱脚 0.25 ～ 0.3 m。出料口管道以高 1.1 m，宽 0.9 m 为宜。沼气池容积及其供应能力见表 4-16-2。

表 4-16-2　沼气池容积及其供应能力

池容 /m³	沼气产量 / (m³·d⁻¹)	供应人数
6	1.2	3
8	1.6	4 ～ 5
10	2.0	5 ～ 6

作物栽培室的采光角度可根据公式：$\cos \lambda_s = \sin \alpha_0 \times \cos H_s \times \cos (\gamma_s - \gamma_n) + \cos \alpha_0 \times \sin H_s$ 来进行计算，λ_s 为太阳光入射角，γ_s 为太阳方位角。不同纬度合理采光时段设计的屋面采光角计算值见表 4-16-3。

表 4-16-3　不同纬度合理采光时段设计的屋面采光角参数

a_0 (λ)	北纬						
	38°	39°	40°	41°	42°	43°	44°
高纬度	27.33°	28.33°	29.33°	30.33°	31.33°	32.33°	33.34°
低纬度	34.14°	35.14°	36.14°	37.14°	38.14°	39.14°	40.14°

注：λ 为太阳直射光对倾斜面的入射角；资料引自：孙贝烈，陈丛斌，刘洋. 北方"四位一体"生态农业模式标准化结构设计 [J]. 中国生态农业报，2008，（5）：1279-1282.

栽培室的跨度（L）一般为 6 ～ 8 m，高度（H）可由公式 $H = m \cdot \tan \alpha$ 计算，高纬度地区不宜超过 3.5 m。大棚棚膜采用聚氯乙烯无滴膜。室内适宜种植玉米、黄瓜、番茄和葡萄等。"四位一体"中作物栽培室的结构及参数如图 4-16-9 所示。

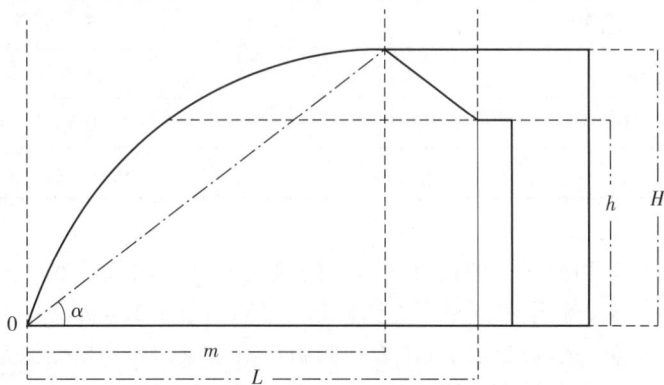

α—屋面设计采光角；h—后墙高度；H—日光温室高度；
m—前坡水平投影值；L—日光温室跨度
图 4-16-9　"四位一体"中作物栽培室的结构及参数

三、猪 - 沼 - 果（草、林、菜）生态养殖模式

猪 - 沼 - 果生态养殖模式是一种循环经济型养殖模式，以沼气为纽带，将生猪养殖与果蔬等种植紧密结合，实现资源的循环利用，促进养殖业和种植业的良性发展。通过这种模式，猪在养殖过程中产生的大量粪污经过发酵后可作为有机肥用于种植业，不仅减少粪污对环境的污染，还有效解决了种植业有机肥的来源问题，种植产生的农副产品也可作为养殖的饲料原料，降低养殖成本。

1. 猪 - 沼 - 果生态养殖模式的生产工艺

猪排泄的粪污需要先经过干清粪、格栅拦截和固液分离，再将粪渣固体进行堆积发酵成有机肥，集中运输至果园、菜园、树林或草地等用于施肥或出售；经过格栅过滤后的污水流入沼气池，通过微生物的作用进行厌氧发酵，产生的沼气可供养殖户日常生活的使用，池中发酵后的沼液可通过管道或车辆运输至果园或周边农田用作基肥、追肥。

猪 - 沼 - 果生态养猪模式结构图如图 4-16-10 所示。

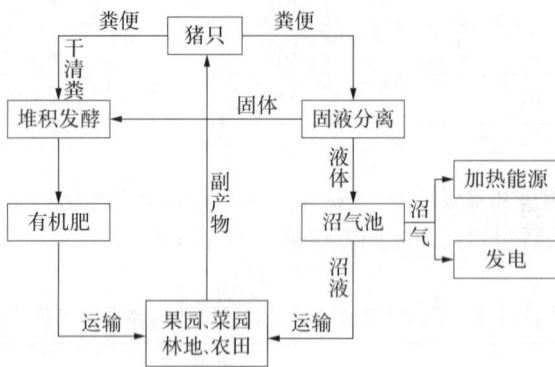

图 4-16-10　猪 - 沼 - 果生态养猪模式结构图

2. 猪 - 沼 - 果生态养殖模式设计要点

（1）猪场选址　猪场的选址与规划设计参照本书模块二中项目 3 的要求，此外，还需要配套足够面积的果园、菜园、农田或林地等对沼渣、沼液进行消纳。因此，采用猪 - 沼 - 果模式的养殖规模不宜太大，适合山区和猪年出栏数在 1 万头以下的中、小型养殖场以及散养户。自繁自养的猪舍面积一般设计以每头存栏猪（大小平均）1.5 m² 为宜，具体参数见表 4-16-4。猪场配套的生活区、环保设施区、道路和绿化等占地面积一般为猪舍的 3 倍。

表 4-16-4　不同类型的猪所需猪床的面积

猪的类型	猪床面积 /（m²·头⁻¹）
妊娠哺乳母猪	5.5
公猪	10.5
断奶仔猪	0.5
育肥猪	0.9 ～ 1.1

（2）沼气池、储粪池和滤粪柜的设计　猪床的地势要高出沼气池水平面 15 cm 以上，并以大于 5% 的坡度向沼气池进料倾斜。猪舍外围修建宽 15 cm、深 10 cm 的排粪和污水沟道，沟底呈半圆形，并以 3% ～ 5% 的坡度向沼气池方向倾斜。沼气池的大小根据生猪存栏量而定，见表4-16-5。

表 4-16-5　不同生猪存栏量的沼气池大小设计参数

存栏量 / 头	沼气池容量 /（头·m⁻³）
200 ～ 500	5 ～ 6
500 ～ 1 000	6 ～ 7
1 000 以上	7 ～ 8

沼气池以"圆、小、浅"的原则进行设计，池型以圆柱形为主，不仅节省建设材料，而且池壁受力均匀，池体更加牢固；主池容积依据养殖规模而定，不宜过大；减少挖土深度，增加发酵液的表面积，利于产气和出料，还有利于避免污染地下水。为方便施工，沼气池单体设计在 $100 \, m^2$ 以下。储粪池的大小可按每 $5 \sim 6$ 头存栏生猪需要 $1 \, m^3$ 的标准进行修建，也可依据每 20 头生猪排泄的粪便储存 1 个月需要 $1 \, m^3$ 的储粪池进行设计。单个滤粪柜的大小为 $12 \, m^3$ 左右（长 $1.5 \, m$、宽 $2 \, m$、高 $4 \, m$），要设置格栅拦截粪污中各种渣质。

（3）配套果园、菜园和林地等的设计 配套的果园、菜园、农田和林地等的面积，根据种养平衡的原则，每亩土地承载的生猪数为：柑橘园 $4 \sim 4$ 头/亩，菜地 $3 \sim 6$ 头/亩，茶园 $2 \sim 2.5$ 头/亩，水稻田 $2 \sim 3$ 头/亩，黑麦草地 $2 \sim 2.5$ 头/亩，林地 $1 \sim 2$ 头/亩。据统计，1 个 $6 \, m^3$ 的沼气池发酵产生的沼气量作为燃料使用，一年可节约柴草 $2.5 \, t$，相当于 $0.35 \, hm^2$ 的林木一年的生长量。

练一练

1. 简述发酵床养殖模式的技术原理。
2. 简述"四位一体"生态养殖模式的设计原理。
3. 简述猪-沼-果生态养殖模式的生产工艺。

拓展学习

种养循环

"以草代粮"生态种养循环模式

安徽省固镇县仲兴镇陈圩村"80 后"退伍军人张青退伍不褪色，创办安徽丰安生物有限公司，利用农作物秸秆、牧草制作发酵饲料，以草代粮，开展生态养猪。张青在杨庙镇张巷村投资建设了 $2 \, 000 \, m^2$ 以上的厂房，通过收购周边农民的花生秧、山芋藤、豆秸等农作物秸秆和牧草加工生物发酵饲料，不仅满足了养猪的需求，还增加了农民的收入。使用生物发酵饲料，以草代粮的生态养猪模式，既降低养殖成本，还可以改善粗饲料适口性，增加猪肠道有益微生物和消化酶，促进生猪健康。养殖场产生的粪污通过沼气池发酵处理后，用于肥田、种藕、养鱼等。

目前，玉米、豆粕等饲料原料短缺，人畜争粮的矛盾日益突出，推广以草代粮、种草养猪，可缓解饲料原料短缺，牧草用于养猪，猪排泄的粪尿入沼气池，生产的沼气可用于做饭、照明等，沼液、沼渣可作为牧草的肥料，形成生态循环的立体种养模式，有效解决了养猪业快速发展与环境保护之间的矛盾。

任务 16.2　鸡生态养殖的常见模式及其要点

【学习目标】

了解鸡常见的生态养殖模式并掌握其设计要点，具有对不同的生态养殖模式的规划设计能力。

【任务实施】

生态鸡的养殖主要有"小规模、大群体"分散养殖模式、两段式分散养殖模式和牧草放养模式。"小规模、大群体"分散养殖是目前许多养殖户应用的养鸡模式，做到小规模培养，群体出售。两段式分散养殖模式即将 2 月龄以内的鸡进行舍内圈养，以后进行室外放养。牧草地放养模式是将鸡放入林地、果园等自然环境中，实行舍饲和散养相结合的一种生态养鸡模式。以下主要介绍林下养鸡和发酵床养鸡的生态养殖模式的设计要点。

一、林下生态养鸡模式

林下生态养鸡很好地改善了传统高密度集约化模式下生产的鸡肉肉品差的问题，满足了消费者对高品质、无公害产品的需求。林下养鸡即在林地或山地进行土鸡的养殖，是将舍饲和放养结合在一起的一种健康、生态的养殖模式。在林下饲养的鸡群可通过采食昆虫有效防治树木病虫害，还可将野草、树叶等作为天然食物来源，从而降低饲料成本，鸡排泄的粪便可直接作为树木生长的优质肥料，减少对环境污染。林下生态养鸡模式有效结合了养殖业和种植业，促进资源良性循环利用。

1. 林下生态养鸡设计要点

（1）鸡舍选址和布局　鸡舍的选址直接关系到鸡的产量和质量，发展林下生态养鸡需充分考虑鸡群的生活习性和生理特性，选择适宜的饲养环境，此外，林下生态养鸡场的选址还需考虑交通、生产管理便利等其他因素，要与交通要道和厂区保持1 000 m以上，与居民区保持3 000 m以上的距离。养殖场地背风向阳、地势干燥、坡度不宜过大，根据需要设置生活区、生产区和无害化处理区，各区域之间要有明显的界线和明确的标识。

林地以成年林为主，控制林分密度以50%～80%为宜，不仅要避免林分密度过大造成的通风透光率降低而增加疫病的发生，同时也要防止由于密度过小而不能满足鸡养殖的足够的饲料需求。每公顷林地保持900～1 500株的树木，并收集7.5～15 t的玉米秸秆或稻草等经过粉碎处理后撒入林间作为鸡生活的垫料，这样可有效地降低鸡腿部疾病的发生率。鸡舍按15只/m²的饲养密度计算鸡舍面积，长度取决于饲养规模，宽为5 m，高为2.5 m，养殖场外围每间隔3 m打一木桩，用尼龙网或铁丝网等制成2 m的围栏。

（2）鸡种选择　深入当地或周边目标市场进行市场调研和销售渠道对接，结合市场喜好和规模，选择体形合适、品质优良、适应性广、抗病能力强、觅食能力强、抗逆性强、适销对路的优质鸡品种，如广东清远麻鸡、北京油鸡、江苏的狼山鸡和四川的旧院黑鸡、广元灰鸡（图4-16-14）等，引种鸡群应来自非疫区的同一正规的种鸡场或育雏场，经过产地检疫，持有有效检疫合格证明，同一鸡舍的所有雏鸡应来源于同一种鸡场相同批次的雏鸡。

2. 林下生态养鸡优化管理措施

（1）进鸡前的准备工作　一般按照每30只鸡配备1个大料桶和1个大的自动饮水器（普拉松自动饮水器），根据养殖实际情况做出适应的调整。提前购置日常消毒剂如百毒杀、碘络威和生石灰等，交替使用消毒剂，避免细菌产生耐药性。做好疫苗、驱虫药物以及全家鸡饲料（20天的量）的准备工作。进鸡的前1周对鸡舍和配备的设备设施进行消毒处理，全面清除林地和周边的杂物和垃圾并对林地进行喷雾消毒。

（2）育雏期的管理　刚购进的雏鸡应先饮水再开食，在温开水中加入2%～5%的葡萄糖和2%的电解多维，增强雏鸡的抗病力，在饮水3～5小时后即可开食。育雏期第一周的湿度控制在70%～80%，第二周为55%～60%，此后逐渐降至放养的环境湿度。1～3日龄的雏鸡室温控制在35～36 ℃，每3天降低1 ℃，直至与外界环境相适应。育雏密度以40～50只/m²为宜，育雏时间一般为15～20天。

（3）放养期的管理　林下放养鸡的密度以300只/亩左右为宜，每年的4～10月份的环境温度和湿度都比较适宜，昆虫种类较多，能很好地满足鸡群的食物需求。在放养前10天需进行出舍和归巢的调教训练，以吹哨子或敲料桶等方式使鸡群形成条件反射便于傍晚召回鸡群，在放养期间仍需补充全价饲料和充足的饮水。林下生态养鸡需根据林地大小进行分区轮牧，减少对草地土壤的破坏，一般设置2～3个轮牧区，每10天轮牧一次。

二、发酵床养鸡

发酵床不仅在猪的养殖中广泛使用，同时也是一种新型的生态养鸡技术。传统的养鸡模式效益较低，而且难免会对周围的环境造成污染，规模化的养鸡必然成为我国养鸡业发展的主流，但是规模化养殖的背后带来的是严重的环境污染问题，通过发酵床养鸡，实现了零排放、无污染、无臭气，舍内环境清新，减少了鸡的疾病发生。养殖过程中，鸡舍不用清粪，降低了约 50% 的人力资源投入。

1. 发酵床养鸡的原理

发酵床养鸡是利用有益如光合菌、乳酸菌和酵母菌等的占位原理，鸡排泄的粪便作为微生物的营养来源，经过发酵后有益微生物大量繁殖，借助有益微生物的作用迅速降解、消化鸡粪便中的有机物质，减少鸡粪产生的硫化氢和氨气等具有恶臭味的气体，达到改善鸡舍环境的目的，粪便在垫料微生物的作用下进行厌氧发酵，降解、转化成的菌体蛋白可作为饲料给鸡提供营养，

2. 发酵床养鸡的设计要点

（1）发酵床的建造　发酵床有大棚养鸡发酵床和网上养鸡发酵床两种类型。采用大棚养鸡发酵床技术应选择在地势高燥的地带修建鸡舍，大棚两端顺风向设定，便于通风管理。大棚的长宽比例以 3:1 左右为宜，高 3.5 m 左右。养鸡发酵床的深度在 30～40 cm，可采用地上式、半地上式或地下式进行设计，值得注意的是，当采用地上式或半地上式发酵床时，大棚高度应以发酵床高度为基准，高出 3.5 m 左右。

大棚养鸡发酵床类型如图 4-16-11 所示。

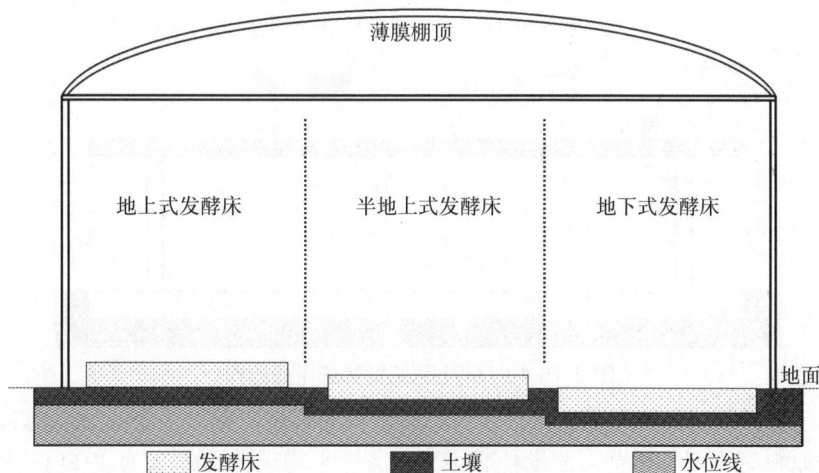

图 4-16-11　大棚养鸡发酵床类型

大棚上覆盖塑胶薄膜和遮阳网，搭配摇膜装置便于控制裙膜的高低，调控大棚内的温度和湿度。大棚依靠自然的通风方式，主要有垂直通风和纵向通风，前者依靠在棚顶设置可活动的天窗，便于发酵气体直接上升排走；后者通过摇膜器升起前后的裙膜可实现横向通风，把大棚两端的门敞开可实现纵向通风。发酵床养鸡的密度见表 4-16-6，一般不建议将 7 日龄以前雏鸡放到发酵床上饲养，不便于雏鸡的保温工作的开展。

表 4-16-6　发酵床养鸡的密度

日龄 / 天	密度 /（只·m⁻²）
1～7	30
8～14	25
15～21	15

续表

日龄 / 天	密度 / (只·m^{-2})
22 ～ 28	12
29 ～ 35	10
36 ～出栏	8

网上养鸡发酵床是在鸡网上平养的饲养方式基础上，在网下铺设发酵床的一种新型生态养鸡方式。这种方法兼具网上平养和发酵床饲养的优点，南方铺设的发酵床厚度在 20 cm 左右，北方在 30 cm 左右。

网上发酵床养鸡鸡舍如图 4-16-12 所示，网上养鸡发酵床平面结构如图 4-16-13 所示。

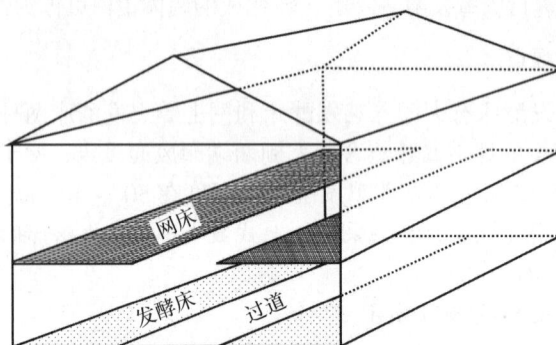

图 4-16-12　网上发酵床养鸡鸡舍

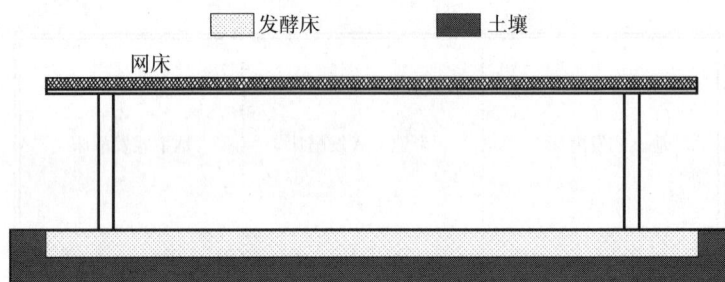

图 4-16-13　网上养鸡发酵床平面结构

（2）发酵床垫料的制作　理论上讲，作为垫料原料的碳氮比应大于 25，比值越高，使用期限越长，常用的原料有锯末、稻草、玉米秆和小麦秸等，平均碳氮比依次为 492∶1、59∶1、53∶1、97∶1。首先将新鲜干净的锯末和 10 ～ 15 cm 碎秸秆按 1∶1 或 3∶2 的比例均匀混合，然后对所选择的菌种进行激活处理，激活后的菌液按 0.25 kg/m^2 喷入垫料，搅匀后通过加水将垫料湿度控制在 35% ～ 45%，最后将制作好的垫料铺入发酵床进行发酵后再进鸡，一般需要 7 天左右。

3. 发酵床的管理

发酵床温度、湿度、pH 值和氧气含量均会影响有益菌的生长、繁殖。一般将发酵床温度控制在 20 ～ 40 ℃利于菌种的生长，低于 10 ℃会抑制菌种的活性。养殖过程中要经常观察发酵床的湿度，保持湿度在 35% ～ 45% 为宜，若发酵床较干时，可通过喷洒 1∶200 的菌液稀释液增加湿度，若发酵床湿度过大，可采用翻耙的方式降低湿度。发酵床 pH 值在 7.5 左右时，菌种的活性较好。发酵床中的菌种以兼性好氧菌为主，日常管理中需通过人工翻耙（1 次 / 周）和通风换气，控制发酵床中氧气含量保持在 5% ～ 18%，若氧含量过高或过低，均会产生大量的有害气体。

大棚养鸡发酵床人工翻耙如图 4-16-14 所示。

图 4-16-14　大棚养鸡发酵床人工翻耙

发酵床的垫料可重复使用，出栏一批鸡后，在发酵床中补足一些新的垫料和菌种即可，将湿度调至 60% ～ 70%，密封堆积发酵 7 天左右可进第二批鸡，一般情况下发酵床垫料可使用 1.5 ～ 2 年。鸡群出栏后，发酵床可立即大翻一次，让原有表层粪便分解发酵，进鸡前 5 天整圈消毒，不动床面，然后进鸡前 1 天翻倒床面即可。

练一练

1. 简述林下生态养鸡的要点。
2. 简述发酵床养鸡的原理。
3. 简述养鸡发酵床的管理要点。

拓展学习

地笼养鸡模式

地笼式养鸡在美国的家庭农场盛行，是将鸡圈养和放养的完美结合的一种新型的生态养鸡模式。地笼式养鸡主要由养鸡棚和可移动的地笼式隧道组成，通过可移动的隧道将养鸡棚与果园、菜园等适宜的区域自由连接，精准实现鸡在青草资源丰富的地带进行采食，减少了杀虫剂和除草剂的使用，鸡排泄的粪便可以直接作为肥料灌溉土地。地笼养鸡模式既保证了鸡有足够的、舒适的生活、运动空间和自主获得食物的途径，还保护了鸡免受其他动物的伤害，通风采光极佳，减少病虫害的滋生。这种投资小、环保、易于管理、产出稳定的生态养鸡模式非常适合小型的家庭农场。

随着养鸡产业向规模化、集约化发展，粪污的无害化处理、资源化利用技术的创新是非常必要的，我们必须牢固树立和践行绿水青山就是金山银山的理念，站在人与自然和谐共生的高度谋划发展。

菜园地笼式养鸡平面图如图 4-16-15 所示，无底三面地笼（单个）如图 4-16-16 所示，弧形地笼（单个）如图 4-16-17 所示。

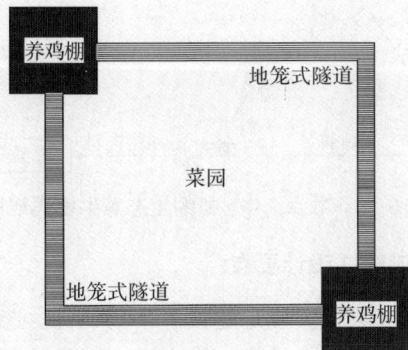

图 4-16-15　菜园地笼式养鸡平面图

图 4-16-16　无底三面地笼（单个）　　　　图 4-16-17　弧形地笼（单个）

任务 16.3　牛生态养殖的常见模式及其要点

【学习目标】

了解牛常见的生态养殖模式，能根据不同模式中的设计要点针对不同区域的地理环境特点规划适宜的生态养殖结构。

【任务实施】

牛生态养殖中最大的特点是变废为宝，通过对牛粪便的资源化利用，将养牛业与种植业紧密结合，实现对环境的无污染、零排放，有效推进畜牧业高效、绿色发展。牛的生态养殖可分为放牧、半舍饲的传统的自然生态养殖模式和舍饲的现代生态养殖模式，前者强调的是利用现成的资源，牛排泄的粪便直接还田，后者是以粪污资源化利用为纽带，构成物质循环利用的生态养殖体系。以下主要以肉牛为对象，介绍"农作物 - 牛 - 蚯蚓"和发酵床现代生态养牛模式的设计要点。

一、农作物 - 牛 - 蚯蚓生态养殖模式

规模化的养牛场每天产生的粪污量大，对牛的健康、安全生产和生态环境等造成严重影响，牧草 - 牛 - 蚯蚓生态养牛模式是集合养养结合与种养结合的一种生态养殖模式，通过结合传统的粪便堆肥方法与生物处理法，发酵后的粪便由蚯蚓消化并转换为自身或其他生物可利用的营养物质，生长、繁殖的大量蚯蚓可作为猪、鸡的蛋白质等营养来源，蚓粪是农作物等优良的有机肥料。牧草 - 牛 - 蚯蚓生态养殖模式充分利用粪污资源，既降低了肉牛的饲料投入成本，还促进了养殖业与生态环境的协调发展。

牧草 - 牛 - 蚯蚓生态养牛模式结构图如图 4-16-18 所示。

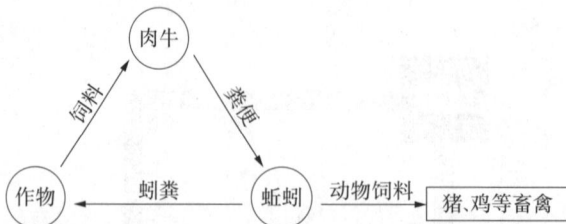

图 4-16-18　牧草 - 牛 - 蚯蚓生态养牛模式结构图

1. 农作物 - 牛 - 蚯蚓生态养殖模式设计要点

（1）选址和布局　严格按照国家相关规定建设养牛场，科学选址，合理布局，确保养殖场交通便利，远离居民区和工厂等，选择地势较高，排水良好，背风向阳的开阔地，牛场内规划的各区之间保持一定的距离，场内配备的粪污无害化处理设施应做好防渗、防漏工作，确保使其充分发挥作用。

牛场各区布局图如图 4-16-19 所示。

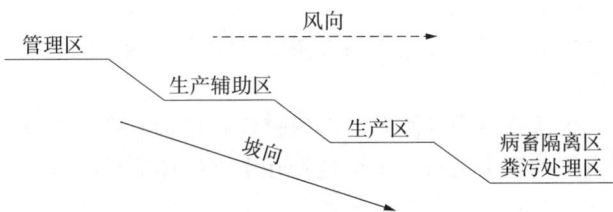

图 4-16-19　牛场各区布局图

（2）肉牛品种选择　牛的品种直接关系到整个养殖的经济效益，在开展选种工作时，应优先选择体格高大、生长速度快、饲料转化率高、肉质好的优良品种，若对肉质有更高的要求，应主要选择非杂交牛品种。我国优良的地方肉牛品种有山东的渤海黑牛和鲁西黄牛、河南的南阳牛以及陕西的秦川牛等。

（3）粪污的收集与处理　在不同地区养殖不同类型的牛在不同饲养阶段每天的粪便产生量可通过以下公式计算：

$$M = \sum (N_i \times f_i)$$

式中　M——牛场每天的粪便产生量，kg；

　　　i——不同饲养阶段；

　　　N_i——相应饲养阶段的牛的头数，头；

　　　f_i——相应饲养阶段的粪便量产污系数，[kg/（头·d）$^{-1}$]。

不同养殖类型的牛在不同饲养阶段的粪便量产污系数见表 4-16-7。

表 4-16-7　不同养殖类型的牛在不同饲养阶段的粪便量产污系数

地区	奶牛 /[kg·（头·d）$^{-1}$]		肉牛 /[kg·（头·d）$^{-1}$]
	育成牛	产奶牛	育肥牛
华北	14.83	32.86	15.01
东北	15.67	33.47	13.89
华东	15.09	31.6	14.80
西南	15.09	31.6	12.10
西北	10.50	19.26	12.10

引自：高春国.肉牛生态养殖与加工技术［M］.昆明：云南大学出版社，2021.

牛场的清粪方式主要有干清粪、刮板清粪和水冲清粪等，用于养殖蚯蚓的基料可分为干湿分离的牛粪、干牛粪和普通牛粪，其中以干湿分离的牛粪最佳。无论选择哪种类型的牛粪作为养殖蚯蚓的基料，都要先经过预处理以防止刺激性气味（如氨气）和因牛粪的碱性较强等因素对蚯蚓的生长、繁殖造成不利影响，在收集的牛粪中添加 15%～20% 的粉碎的植物秸秆（玉米、水稻等）并混合均匀，也可添加适量 EM 活性菌清除牛粪中的有害细菌并对蚯蚓不易消化吸收的成分进行分解，提高蚯蚓的成活率和产量。

蚓床铺设结构图如图 4-16-20 所示。

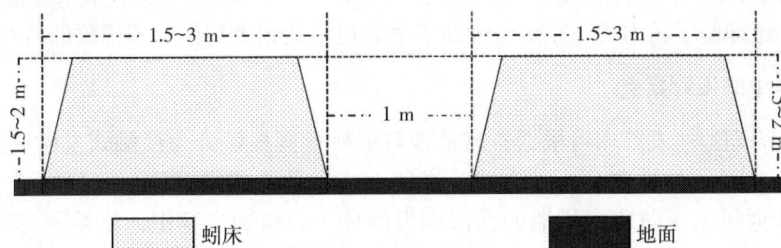

图 4-16-20　蚓床铺设结构图

将配制好的养殖垫料堆成宽 1.5 ～ 3 m，高 1.5 ～ 2 m，长度依据场地大小或堆肥量而定的长条形状进行发酵，料温保持在 15 ～ 65 ℃内，水分控制在 55% 左右，pH 值以 6 ～ 8 为宜，每 5 ～ 7 天翻堆一次，大约堆肥发酵 15 天左右，垫料呈黑褐色、无酸臭味、质地松软不沾手，则表明已发酵腐熟，可用于蚯蚓的养殖。

（4）蚯蚓的养殖 蚯蚓适宜在阴暗潮湿、透气较好和相对安静的环境中生长，因此蚯床应铺设在无阳光直射、通风良好的露天区域，也可选择在空旷的场地搭建养殖大棚。将腐熟的养殖垫料铺设成宽 1.5 ～ 2 m，高 20 cm，长度依据场地大小而定的蚯床，床间距为 1 m，左右，切记在铺

图 4-16-21　太平二号蚯蚓

设过程中不可将蚯床压实，保证床内有一定量的空气。蚯蚓选择耐热抗寒、繁殖率高、适合人工养殖的品种［如太平二号（图 4-16-21）、太平三号等］。在正式养殖前，应对蚯床环境做投试鉴定工作，先投放少量的蚯蚓于蚯床上，若蚯床环境不适宜，蚯蚓则不会向蚯床内钻或出现逃逸现象，用于养殖的垫料仍需进行发酵调整。确定蚯床适宜蚯蚓生长后，选择生长发育阶段一致且活跃的蚯蚓分散投放在蚯床上，避免扎堆拥挤的情况，蚯蚓投放密度见表 4-16-8，若 30 分钟后仍有蚯蚓未钻入蚯床，表明其健康状况不佳，应淘汰。

表 4-16-8　不同生长阶段的蚯蚓投放密度

类型	密度 /（条·m⁻²）
幼年蚯蚓	5 000 ～ 10 000（2 ～ 3 kg）
成年蚯蚓	50 000 ～ 80 000（5 ～ 8 kg）

2. 蚯床的管理

每天观察蚯床的变化，通过喷水等措施控制蚯床湿度在 60% ～ 70% 内，pH 值为 6 ～ 8，保证养殖场地通风透气，环境温度控制在 15 ～ 25 ℃，定期消毒。蚯蚓生长 38 天产卵，每 35 天左右即可采收一次成蚓，此时密度达到 20 000 ～ 30 000 条 /m²，80% 的个体质量在 0.3 g 以上，每次采收后需添加适量新的腐熟垫料。蚯粪的收集采用侧方位投料的方法，待蚯蚓钻至新鲜的两侧垫料时，收集蚯床下的蚯粪，最后将两侧的垫料合拢至蚯床上。种蚓每年更新 1 次，蚯床每年倒换 1 次，以保证蚓群的旺盛。

二、发酵床养牛

近年来，发酵床养牛模式在我国南方地区发展较快，尤其是在新建的规模化肉牛育肥场较多采用。发酵床养牛是以发酵床为载体，利用微生物的分解作用处理粪便，有效解决现代规模化养殖过程中粪便对环境的污染等问题，促进了畜禽养殖与环境保护之间的协调发展，符合自然农业、生态农业的理念。

1. 发酵床养牛的原理

发酵床养牛和发酵床养猪、鸡都是利用微生物的有氧呼吸原理，牛排泄的粪尿在秸秆、锯末等垫料原料与微生物菌剂混合制成的发酵床上进行降解，生成水、CO_2 并释放大量能量，既消除了牛舍内的臭味，还抑制了其中的病原微生物的繁殖，最终达到无污染、零排放的目的。

2. 发酵床养牛的设计要点

（1）发酵床的建造 发酵床可根据畜禽是否与垫料直接接触分为接触式发酵床和非接触式发酵床，还可根据垫料所处位置分为地上式、半地上式和地下式发酵床。非接触式发酵床又称异位发酵床，是指通过人工收集牛排泄的粪尿到发酵床上，再通过翻耙，使粪尿与垫料充分混合，

发酵降解。非接触式发酵床主要用于栓式牛舍，牛床长度 1.8～2.2 m，牛床后方设置宽 1.5 m，深度 50～100 cm，长度根据牛场大小而定的发酵床，发酵床的四壁用水泥抹面，床底以土质最为理想。

非接触式发酵床养殖模式牛舍剖面图如图 4-16-22 所示。

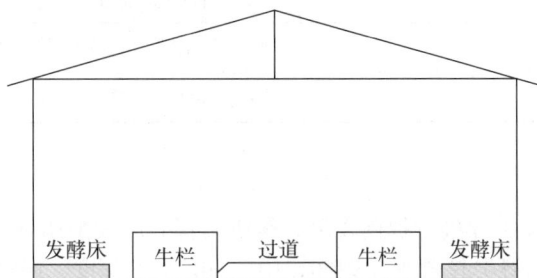

图 4-16-22　非接触式发酵床养殖模式牛舍剖面图

接触式发酵床又称原位发酵床，即牛直接生活在垫料上，通过人工的翻耙，使粪尿与垫料充分混合，通过微生物实现原位降解。

接触式发酵床养殖模式牛舍剖面图如图 4-16-23 所示。

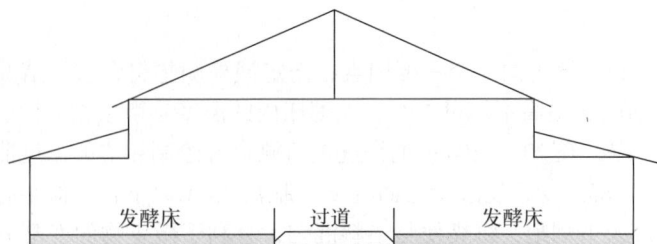

图 4-16-23　接触式发酵床养殖模式牛舍剖面图

（2）发酵床垫料的制作　因牛的体重较大且没有翻拱习性，因此挑选的垫料需具备透气性、吸收性强，耐受腐蚀等多种性能。南方地区可选择锯末、稻草等作为发酵床垫料原料，北方地区可选择秸秆、玉米芯等，杜绝使用腐烂、霉变和含有防腐剂等化学试剂的原料。酵母菌、乳酸菌、芽孢杆菌、双歧杆菌等都可作为垫料的发酵菌种，采用多种菌种之间的相互配合，可达到较好的发酵效果。发酵床垫料的高度以 30～40 cm 为宜，最多不超过 50 cm，按照 10 g/m² 添加复合发酵菌剂。发酵床根据垫料的含水量差异和垫料是否需要提前发酵，可分为湿氏发酵床和干撒式发酵床。

非接触式湿氏发酵床的铺设是将垫料发酵成熟后再铺设到发酵床中。垫料配方见表 4-16-9，再将用麸皮等稀释好的发酵菌剂与垫料原料混合，保持湿度在 40%～60%，垫料含水量快速判别方法见表 4-6-10，最后将混匀的垫料进行堆积发酵，一般夏季需 5～7 天，冬季需 10～15 天，待有发酵香味和蒸汽冒出则表明已发酵成熟。

表 4-16-9　垫料配方

原料	含量 /%
锯末	50～60
谷壳	30～40
新鲜牛粪	10～20
麸皮 / 米糠	2～3

表 4-16-10　垫料含水量快速判别方法

含水量 /%	感官判断
20 ~ 30	垫料干燥，稍微潮湿感
40 ~ 50	有明显潮湿感
60 左右	手握略有黏结状，松手后马上散开
60 以上	用力握时，指缝有水渗出

引自：姚亚铃.山地黄牛生态养殖［M］.长沙：湖南科学技术出版社，2021.

非接触式干撒氏发酵床无须进行提前发酵，是将稀释后的发酵菌种直接撒在垫料上并与垫料混合，一般分为 4 ~ 5 层，将牛粪尿埋入发酵床 10 ~ 30 cm 的深度，如此反复数次即可启动发酵。

接触式发酵床的铺设方法一种是采取与非接触式发酵床一样的措施，不同的是垫料铺满整个牛舍，另一种是采用分层铺设的方法，选择长短不一的垫料，最底层铺稻草，中间层铺整株玉米秸秆，最后再铺上一层粉碎的玉米秸秆和一些锯末，每层深度在 20 ~ 30 cm。上层细碎的垫料便于与粪便的混合发酵，中间层则起到一个支撑的作用，防止垫料塌陷、板结。

3. 发酵床的管理

水分是影响菌种生长、繁殖的一个重要因素，需定期检测垫料含水量情况并及时补水，控制垫料含水量在 40% ~ 50%，最高不超过 55%。发酵床内的温度是微生物活性的重要指标，选择发酵床上不同角度的 3 个点，在 20 ~ 30 cm 的深度进行测量并绘制相应的温度曲线，当垫料温度在 30 ~ 40 ℃内，则表明发酵成功，发酵床表面温度控制在 25 ℃以下，最低不超过 2 ℃。牛具有定点排泄的特点，需通过人工翻耙，将粪便与垫料混匀，有利于微生物的发酵分解。为避免垫料板结，需定期对发酵床翻新，每 7 ~ 10 天翻新一次，深度在 25 ~ 35 cm，每 50 ~ 60 天需进行 1 次深翻，将垫料翻到底。一般垫料消耗 10% 左右时需进行补料，每周需进行 1 次补菌。牛发酵床的饲养密度见表 4-16-11。

表 4-16-11　牛发酵床适宜养殖密度

体质量 /kg	每头养殖空间 /m²
100 ~ 200	2 ~ 3
300 ~ 400	4 ~ 5
500 以上	6 ~ 7

📝 练一练

1. 简述牧草 - 牛 - 蚯蚓生态养殖模式的原理。
2. 简述牧草 - 牛 - 蚯蚓生态养殖模式的设计要点。
3. 简述发酵床养牛的设计要点。

📖 拓展学习

奶牛生态种养循环案例

格润富德农牧科技有限公司位于山东省烟台市龙口市黄山馆镇，2017 年，格润富德从智利引进 2 000 头西门塔尔牛，种植玉米、小麦、饲用苜蓿草等农作物 2 400 余亩，解决养牛的饲粮问题，除了自己种植，还向周边农民购买玉米，并下地帮农民收小麦秸秆，降低农民收割成本，减少秸秆焚烧污染。格润富德使用德国 GEA 设备对牛粪进行干湿分离，固体使用全进口分子膜发酵、杀菌后制成卧床垫料，进行循环使用，液体分四级过滤发酵后达到灌溉标准，形成有机肥料灌溉田地。通过这项技术，格润富德打造了种养封闭循环的生态化农牧产业链，实现粪污 100% 利用。

随着国内现代农业的快速发展，集约化养殖程度不断提高，畜禽养殖与环境保护之间的矛盾日益突出，如何实现养殖业与生态环境的协调发展是时代赋予我们行业从业者的责任和使命。

References 参考文献

[1] 贺卫华，翟晓虎，汪春雪，等.饲养密度对肉鸡生长性能、抗氧化能力和免疫功能的影响[J].中国饲料，2019(24)：28-32.

[2] 黄必昌.饲养密度对猪群生产性能及健康影响[J].畜牧兽医科学（电子版），2023(19)：20-22.

[3] 肖克权.冬夏季饲养密度对猪舍环境及生长猪生长性能和血清生化指标的影响[D].长沙：湖南农业大学，2020.

[4] 唐彩琰.热应激如何影响哺乳母猪的采食行为[J].国外畜牧学（猪与禽），2021，41(4)：7-9.

[5] 李春来，孙守强.热应激条件下不同胎次奶牛采食量和产奶性能差异的研究[J].当代畜牧，2022(3)：5-7.

[6] 白鹏翔，呼格吉乐图.羔羊早期断奶技术研究进展[J].畜牧与兽医，2023，55(7)：124-132.

[7] 彭津津，陈亚强.畜禽场建设与环境控制[M].重庆：重庆大学出版社，2022.

[8] 刘继军，贾永全.畜牧场规划设计[M].2版.北京：中国农业出版社，2018.

[9] 王鸿英，付永利，于海霞.规模畜禽养殖场应急技术指南[M].天津：天津大学出版社，2021.

[10] 范春蕾，罗盛旭，罗明武.分析化学实验[M].2版.北京：化学工业出版社，2023.

[11] 国家市场监督管理总局，国家标准化管理委员会.生活饮用水卫生标准：GB5749—2022[S].北京：中国标准出版社，2023.

[12] 中华人民共和国农业部.无公害食品畜禽饮用水水质：NY5027—2008[S].北京：农业出版社，2008.

[13] 上海市环境保护局，上海市质量技术监督局.畜禽养殖业污染物排放标准：DB31/1098—2018[S].北京：中国标准出版社，2019.

[14] 周永亮.规模化猪场科学建设与生产管理[M].郑州：河南科学技术出版社，2016.

[15] 俞美子，赵希彦.畜牧场规划与设计[M].2版.北京：化学工业出版社，2016.

[16] 刘凤华.家畜环境卫生学[M].2版.北京：中国农业大学出版社，2021.

[17] 王国强，李玉冰.畜禽生产环境卫生与控制技术[M].北京：中国农业大学出版社，2018.

[18] 赵希彦，郑翠芝.畜禽环境卫生[M].2版.北京：化学工业出版社，2020.

[19] 中国养殖业可持续发展战略研究项目组.中国养殖业可持续发展战略研究：环境污染防治卷[M].北京：中国农业出版社，2013.

[20] 成冰，陈刚，李保明.规模化养猪业粪污治理与清粪工艺[J].世界农业，2006(5)：50-51.

[21] 常志州，朱万宝，叶小梅，等.禽畜粪便生物干燥技术研究[J].农业环境保护，2000，

19(4)：213-215.

[22] 马怀良，许修宏.畜禽粪便高温堆肥化处理技术 [J].东北农业大学学报，2005，36(4)：536-540.

[23] 李玥函.畜禽粪便堆肥过程的影响因素 [J].中国畜牧兽医文摘，2014，30(3)：47.

[24] 林聪.养殖场沼气工程实用技术 [M].北京：化学工业出版社，2010.

[25] 刘波.养殖污染微生物治理及其副产品资源化利用 [J].兽医导刊，2016(21)：7.

[26] 曹东，陈新忠，刘兴华，等.发酵床养猪技术的研究与应用 [J].汉中科技，2012(4)：43-44.

[27] 蔡婷，赵芳芳，刘天宝，等.生物发酵床垫料的筛选研究 [J].广东农业科学，2014，41(11)：66-68.

[28] 刘波，戴文霄，余文权，等.养猪污染治理异位微生物发酵床的设计与应用 [J].福建农业学报，2017，32(7)：697-702.

[29] 邓良伟，蔡昌达，陈铬铭，等.猪场废水厌氧消化液后处理技术研究及工程应用 [J].农业工程学报，2002，18(3)：92-94.